Die Rundfunkgebühr

Europäische Hochschulschriften

Publications Universitaires Européennes
European University Studies

Reihe II
Rechtswissenschaft

Série II Series II
Droit
Law

Bd./Vol. 3351

PETER LANG
Frankfurt am Main · Berlin · Bern · Bruxelles · New York · Oxford · Wien

Christian Dargel

Die Rundfunkgebühr

Verfassungs-, finanz- und europarechtliche Probleme ihrer Erhebung und Verwendung

PETER LANG
Europäischer Verlag der Wissenschaften

Die Deutsche Bibliothek - CIP-Einheitsaufnahme

Dargel, Christian :

Die Rundfunkgebühr : Verfassungs-, finanz- und europarechtliche Probleme ihrer Erhebung und Verwendung / Christian Dargel. - Frankfurt am Main ; Berlin ; Bern ; Bruxelles ; New York ; Oxford ; Wien : Lang, 2002
(Europäische Hochschulschriften : Reihe 2, Rechtswissenschaft ; Bd. 3351)
Zugl.: Hamburg, Univ., Diss., 2001
ISBN 3-631-38960-4

D 18
ISSN 0531-7312
ISBN 3-631-38960-4

www.peterlang.de

Meinen Eltern

Vorwort

Die vorliegende Arbeit ist im Sommer 2001 von dem Fachbereich Rechtswissenschaft der Universität Hamburg als Dissertationsschrift angenommen worden. Rechtsprechung und Literatur konnten für die Publikationserfassung bis Oktober 2001 Berücksichtigung finden.

Mein herzlicher Dank gilt Herrn Professor Dr. Peter Selmer, der die Behandlung vorliegender Problematik angeregt und sich bereitwillig mit der Betreuung der Arbeit einverstanden erklärt hat. Als stets ansprechbarer Betreuer hat er die Arbeit mit wohlwollender Kritik begleitet und mir größtmöglichen Gestaltungsspielraum gelassen. Die angenehme Atmosphäre in der Zusammenarbeit mit Herrn Professor Dr. Peter Selmer wird mir in guter Erinnerung bleiben. Herrn Professor Dr. Karl-Heinz Ladeur danke ich für die Erstellung des Zweitgutachtens.

Besonderer Dank gilt meinen Eltern, die mich während meiner Ausbildung stets großzügig gefördert und in jeder in Hinsicht weit über das Gewöhnliche hinausgehend unterstützt haben. Ihnen sei die Arbeit gewidmet.

Daneben möchte ich mich jenen danken, die mir während des Erstellens dieser Arbeit durch ihre sachkundige und/oder freundschaftliche und liebevolle Unterstützung geholfen haben.

Hamburg, November 2001

Christian Dargel

Inhaltsverzeichnis

A. Einleitung und Gang der Darstellung

I. Problemstellung

1. Ausgangsbefund: Die Problematik der Rundfunkgebühr

Das derzeitige Finanzierungssystem der öffentlich-rechtlichen Rundfunkanstalten in der Bundesrepublik besteht aus Gebühreneinnahmen auf der Grundlage der Rundfunkgebührenstaatsverträge, Einnahmen aus Werbung sowie - zugunsten der finanzschwächeren Rundfunkanstalten - aus dem Finanzausgleich unter den einzelnen Landesrundfunkanstalten. Dabei bilden die Rundfunkgebühren gem. § 12 I Hs. 2 Rundfunkstaatsvertrag (RdfStV)[1] den finanziellen Hauptpfeiler der Rundfunkanstalten. Die Rundfunkgebühr setzt sich aus einer Grundgebühr in Höhe von 10,40 DM monatlich und der Fernsehgebühr in Höhe von 31,58 DM monatlich zusammen. Die Erträge aus Werbung können dagegen aus rechtlichen sowie aus praktischen Gründen nur als eine zusätzliche Finanzierungsquelle verstanden werden[2]. Besonders deutlich wird dies, sieht man sich die Werbebeschränkungen des § 15 RdfStV an, deren Intention es ist, den Werbeeinnahmen nur ergänzende Bedeutung bei der Finanzierung zukommen zu lassen[3].

Das Gebührenaufkommen beträgt derzeit insgesamt 11.574.903.404,34 Mio. DM[4]. Dabei steht das Aufkommen aus der Grundgebühr der jeweiligen Landesrundfunkanstalt zu, in deren Bereich das den Gebührentatbestand auslösende Empfangsgerät bereitgehalten wird. Mithin weichen die Gebühreneinnahmen der einzelnen Landesrundfunkanstalten aufgrund der unterschiedlichen Größe der jeweiligen Sendegebiete stark voneinander ab. Um dies auszugleichen, wird das einheitliche Gebührenaufkommen über einen Verteilungsschlüssel, der sich an den Teilnehmerzahlen der einzelnen Sendegebiete orientiert, aufgeteilt[5].

Aus der Höhe des Gebührenaufkommens und der Tatsache, daß die Rundfunkgebühren den finanziellen Hauptpfeiler für die öffentlich-rechtlichen Rundfunkanstalten bilden, ergibt sich die überaus wichtige Rolle, welche die Rund-

---

1 Soweit keine anderen Angaben gemacht werden, handelt es sich um Normen des Rundfunkstaatsvertrages vom 31.8.1991 in der Fassung des Fünften Rundfunkänderungsstaatsvertrages vom 26.9.2000. Gleiches gilt für den Rundfunkgebühren- sowie den Rundfunkfinanzierungsstaatsvertrag.

2 *Badura*, Rundfunkfreiheit und Finanzautonomie, S. 17.

3 *Merznicht*, Der Aufsichtsgroschen, S. 34.

4 GEZ Geschäftsbericht 2000, Seite 34.

5 *Oppermann/Kilian*, Rechtsgrundsätze der Finanzierung öffentlich-rechtlichen Rundfunks, S. 41.

funkgebühren im Bereich des „Rundfunkrechts“[6] spielen. So verwundert es nicht, daß man bei einer Betrachtung der rundfunkrechtlichen Entwicklung feststellen kann, daß es gerade zur Frage der Rechtsnatur der Rundfunkgebühr oder zur Finanzierung der Rundfunkanstalten sehr umfangreiche Literatur gibt. Unabhängig von allen unterschiedlichen Ansätzen besteht hier aber zumindest Einigkeit hinsichtlich ihrer Qualifizierung als öffentlich-rechtliche Abgabe, die für das Bereithalten eines Empfangsgerätes erhoben wird[7].

Die rechtliche Einordnung der Rundfunkgebühr ist insofern irritierend, als mit dem Begriff der Rundfunk“gebühr“ die rechtliche Charakterisierung bereits erfolgt scheint. Eine Gebühr im abgabenrechtlichen Sinne setzt eine unmittelbare Verknüpfung von Leistung und Gegenleistung voraus, was bedeutet, daß die bloße Möglichkeit der Inanspruchnahme nicht genügt[8]. Der für eine Gebühr damit charakteristische Leistungsaustausch besteht bei der Rundfunkgebühr allenfalls darin, daß sich nach dem Gebührenaufkommen die finanzielle Ausstattung der Rundfunkanstalt bestimmt, während die typische Verknüpfung der besonderen Inanspruchnahme der Verwaltung mit der entsprechenden Gegenleistung fehlt[9]. Die Rundfunkgebührenpflicht entsteht gem. § 2 II 1 Rundfunkgebührenstaatsvertrag (RdfGebStV)[10] und § 12 II RdfStV bereits aufgrund des Bereithaltens eines Rundfunkgerätes, unabhängig davon, ob ein öffentlich-rechtlich angebotenes Programm überhaupt in Anspruch genommen wird. Allein die Möglichkeit, am Rundfunk teilzunehmen, stellt damit den rechtserheblichen Vorteil dar, der die Erhebung der Rundfunkgebühr rechtfertigt[11]. Die Gebühr ist folglich kein Äquivalent für die tatsächliche Nutzung des Gerätes oder der damit verbundenen Sendungen, sondern für die Möglichkeit des Empfangs[12]. Die Dauer der Wahrnehmung der Programme, der Benutzerkreis, der Empfangswille, Anzahl und Qualität der Programme, etwaige Gebrauchsvorteile oder zugrundeliegende Motive sind gebührenrechtlich irrelevant[13]. Insoweit stimmen Rechtsprechung[14] und Literatur[15] überein. Im übrigen ist die rechtliche Einordnung der Rundfunkgebühr sehr umstritten.

6 „Rundfunk“ ist seit BVerfGE 12, 205 unstreitig der Oberbegriff für Hörfunk und Fernsehen.

7 *Libertus*, DÖV 1990, 636; *Hess*, Verfassungsrechtliche Probleme der Gebührenfinanzierung im dualen Rundfunksystem, S. 92; *Zeidler*, Probleme der Rundfunkgebühr, S. 20.

8 BVerfGE 50, 217, 226; BVerwG, DÖV 86, 655.

9 Abweichende Meinung von *Geiger*, *Rinck* und *Wand*, BVerfGE 31, 314, 344.

10 Soweit keine anderen Angaben gemacht werden, handelt es sich um Normen des Rundfunkgebührenstaatsvertrages vom 31.8.1991 in der Fassung des Fünften Rundfunkänderungsstaatsvertrages vom 26.9.2000.

11 BVerwGE 79, 90, 92.

12 *Gall*, ZUM 1991, 169; *Wenzel*, ZUM 1990, 497 f mwN.

13 *Grupp*, Grundfragen des Rundfunkgebührenrechts, S. 105 f.; *Wenzel*, ZUM 1990, 497.

2. Aufgabenstellung: Die Notwendigkeit der rechtlichen Einordnung der Rundfunkgebühr

Eine rechtliche Einordnung der Rundfunkgebühr ist aber unumgänglich, da die abgabenrechtliche Klassifizierung der Rundfunkgebühr unmittelbar die Zulässigkeit der Rundfunkgebührenpflicht berührt. Je nach Eigenart der Rundfunkgebühr sind an die rechtliche Zulässigkeit der Gebührenpflicht des Rezipienten unterschiedliche Anforderungen zu stellen. So weist eine gebühren- oder beitragsrechtliche Betrachtungsweise, die einen Gegenleistungscharakter der Abgabe erfordert, andere Zulässigkeitsvoraussetzungen auf als eine steuerliche Ausgestaltung der Rundfunkgebühr, die gegenleistungsunabhängig wäre, oder eine Bewertung der Rundfunkgebühr als Sonderabgabe, welche insbesondere eine Sachnähe und Gruppenverantwortung der zahlungspflichtigen Rezipienten zu der zu finanzierenden Aufgabe und eine gruppennützige Verwendung des Finanzaufkommens verlangt[16].

Die rechtliche Einordnung der Rundfunkgebühr wird also durch ihren Verwendungszweck geprägt, so daß die begriffliche Einordnung der Rundfunkgebühr unter Beachtung ihres Verwendungszweckes zu erfolgen hat. Andererseits determeniert die abgabenrechtliche Klassifizierung der Rundfunkgebühr wiederum den Verwendungszweck. Das bedeutet, daß die Bestimmung der Rechtsnatur der Rundfunkgebühr entscheidend ist für die Frage, zu welchen Zwecken die Gebührenmittel verwendet werden dürfen. Insofern besteht ein wechselseitiges Abhängigkeitsverhältnis von begrifflicher Einordnung und zulässiger Verwendung der Rundfunkgebühr.

Die Staatsverträge der Länder enthalten im Hinblick auf den Einsatz der allgemeinen Rundfunkgebühr keine Zweckbindungen. Maßstab kann deshalb nur das Verfassungs- und das Finanzrecht sein. Dem Verfassungsrecht lassen sich Vorgaben für den Verwendungszweck der Rundfunkgebühr entnehmen, indem man die vom BVerfG in seiner Rechtsprechung zur Konkretisierung der Rundfunkfreiheit herausgearbeiteten Aussagen zum Aufgabenbereich der öffentlich-rechtlichen Rundfunkanstalten näher betrachtet. Hier finden sich - teilweise indirekte - Aussagen zum Verwendungszweck der Rundfunkgebühr. Um dem Finanzrecht klare Voraussetzungen für die zulässige Verwendung des Rundfunkgebührenaufkommens entnehmen zu können, muß die Rundfunkgebühr

---

14 Stellvertr. für viele: BVerwGE 79, 90, 92.

15 Stellvertr. für div.: *Grupp*, Grundfragen des Rundfunkgebührenrechts, S. 105 f; *Oppermann/Kilian*, Rechtsgrundsätze der Finanzierung öffentlich-rechtlichen Rundfunks, S. 89, 91.

16 Zu den einzelnen Zulässigkeitsvoraussetzungen der jeweiligen Abgabetypen vgl. die Ausführungen zur begrifflichen Einordnung der Rundfunkgebühr (u. E II).

rechtlich charakterisiert sein. Es ist deshalb notwendig, die Rundfunkgebühr abgabenbegrifflich möglichst exakt einzuordnen, um klare finanzrechtliche Maßstäbe für die Verwendung der Rundfunkgebühr zu finden.

Außerdem erlangt die Rechtsnatur der Rundfunkgebühr praktische Bedeutung für die Frage, ob der mit dem bloßen Bereithalten eines Rundfunkempfangsgerätes anknüpfende Gebührentatbestand mit den materiellen Charakter der Rundfunkgebühr in einem durch das Hinzutreten privater Anbieter gewandelten Rundfunksystem noch zu vereinbaren ist. Im dualen Rundfunksystem ist der Teilnehmer durch die Möglichkeit, auch private Programme zu empfangen, nicht mehr ausschließlich auf die öffentlich-rechtlichen Programme angewiesen. Es erscheint denkbar, daß hieraus die Forderung entsteht, den „Zwangscharakter" der Rundfunkgebühr entfallen zu lassen, da es den Rezipienten nicht mehr zugemutet werden könne, Gebühren für ein Programm zu bezahlen, welches sie womöglich ablehnen[17]. Vor diesem Hintergrund wird zu untersuchen sein, inwieweit es zulässig ist, Rundfunkgebühren von jedem Teilnehmer zu verlangen, unabhängig davon, ob er öffentlich-rechtliche Programme oder ausschließlich private Programme konsumiert. Hierfür bedarf es einer klaren rechtlichen Einordnung der Rundfunkgebühr, da die rechtliche Eigenart der Rundfunkgebühr entscheidet, ob dem Rezipienten von ausschließlich privaten Rundfunkprogrammen eine Gebührenpflicht trifft. Würde man die Rundfunkgebühr als eine Gebühr mit unmittelbaren Gegenleistungscharakter verstehen, so wäre es nicht einzusehen, daß derjenige, der keine Gegenleistung von den öffentlich-rechtlichen Rundfunkanstalten in Form von Programmdarbietungen erhält, da er ausschließlich private Programme konsumiert, die Rundfunkgebühren an die öffentlich-rechtliche Rundfunkanstalt erbringen muß. Verstünde man jedoch die Rundfunkgebühr z.B. als gegenleistungsunabhängige Steuer, so bestünden auf den ersten Blick keine Bedenken gegen eine Erhebung von Rundfunkgebühren auch bei völligen Verzicht auf den Konsum öffentlich-rechtlicher Programme. Es zeigt sich also, daß der Bestimmung der Rechtsnatur der Rundfunkgebühr entscheidende Bedeutung für die Gebührenpflicht von ausschließlich private Programme empfangenden Rundfunkteilnehmern zukommt.

Die rechtliche Eigenart der Rundfunkgebühr beeinflußt schließlich auch die Zulässigkeit der seit 1982 zu verzeichnenden staatsvertraglichen Praxis, die monatliche Rundfunkgebühr um einen bestimmten Betrag zu erhöhen, um diese zusätzlichen Gebührenmittel zu finanziellen Unterstützung privater Rundfunkanbieter einzusetzen. Damit sind die von 1984 bis 1986 durchgeführten Kabelpilotprojekte sowie die Finanzierung der zunächst in Art. 6 I RdfStV 1987 festgelegten und später in § 29 I RdfStV 1991 bzw. dem heutigen § 40 I RdfStV

---

[17] *Geiger*, AfP 1977, 264; *Wenzel*, ZUM 1990, 497 ff.

weitergeführten Aufgaben aus einem Anteil an der Rundfunkgebühr gemeint. Fraglich ist hierbei, ob diese zusätzlichen Anteile an der Rundfunkgebühr unselbständige Bestandteile der allgemeinen Rundfunkgebühr sind und deshalb deren Rechtsschicksal teilen oder ob sie unabhängig von der allgemeinen Rundfunkgebühr eine selbständig zu bewertende Abgabenform darstellen, die möglicherweise anderen Rechtmäßigkeitsanforderungen genügen muß. Ein Indiz für eine selbständige abgabenrechtliche Beurteilung der zusätzlichen Anteile könnte es sein, wenn sie anderer Rechtsnatur wären als die Rundfunkgebühr. Es ist deshalb die Rechtsnatur der Rundfunkgebühr zu bestimmen und mit der Rechtsnatur der zusätzlichen Anteile zu vergleichen.

Es zeigt sich, daß der Streit um die Rechtsnatur nicht rein akademischer Natur ist, sondern daß die rechtliche Einordnung der Rundfunkgebühr weitreichende rechtliche Konsequenzen für die Zulässigkeit ihrer Erhebung und Verwendung mit sich bringt.

II. Ziel und Gang der Untersuchung

Die vorliegende Abhandlung soll klären, welche verfassungs-, finanz- und europarechtlichen Probleme bei der Erhebung und Verwendung der Rundfunkgebühr in der Bundesrepublik Deutschland zu beachten sind und wie sie gelöst werden können. Dazu ist es notwendig, sich zunächst der Rechtsnatur der Rundfunkgebühr bewußt zu werden und diese möglichst exakt zu definieren. Obgleich diese Problematik seit Einführung der Rundfunkgebühr Gegenstand von Auseinandersetzungen insbesondere in der Literatur ist, ist eine zufriedenstellende Einordnung der Rundfunkgebühr noch nicht erfolgt. Zumeist wurde die Rechtsnatur der Rundfunkgebühr nur so weit bestimmt, wie es für die jeweilige Fragestellung des Verfassers notwendig war. Eine Arbeit, welche die Zusammenhänge zwischen Begrifflichkeit, Erhebung und Verwendung aufdeckt und zusammenfassend darstellt, existiert bislang nicht. Diese Fragen bilden daher den Schwerpunkt der Abhandlung.

Ein weiteres Problem, das im Zusammenhang mit der Rundfunkgebühr immer wieder erörtert wird, ist die Möglichkeit private Rundfunkanbieter an der Rundfunkgebühr zu beteiligen. Angesichts der immer stärkeren Verbreitung privaten Rundfunks häufen sich die Forderungen nach einer Gebührenbeteiligung privater Anbieter[18]. Auch hierzu soll im Rahmen der Untersuchung Stellung genommen werden.

---

18 Vgl. die Nachweise bei J.

Zu Beginn der Arbeit wird einführend und abrißhaft die Entwicklung der heutigen Rundfunklandschaft und der Rundfunkgebühr sowie die wesentliche Rechtsprechung des BVerfG zur Rundfunkgebühr dargestellt. Dieses Vorverständnis zur besonderen Situation des Rundfunks in Deutschland ist notwendig, um die diversen rundfunkrechtlichen Eigenheiten, die sich im Laufe der Abhandlung zeigen werden, zu verstehen. Davon ausgehend, werden in den folgenden Abschnitten der Begriff und die Verwendung der Rundfunkgebühr festgelegt und sodann Einzelfragen der Verwendung des Gebührenaufkommens und der Gebühenpflichtigkeit im Blickpunkt des Interesses stehen.

Es soll auch gefragt werden, ob es vorstellbar und zulässig ist, die Rechtsnatur zu verändern, und wie sich eine solche Änderung auf den Verwendungszweck auswirken würden. Dazu werden andere mögliche Finanzierungsarten zu beleuchten sein.

Außerdem wird seit einiger Zeit die Problematik diskutiert, inwieweit die Teilfinanzierung des öffentlich-rechtlichen Rundfunks durch die Rundfunkgebühren mit den Beihilfevorschriften der Europäischen Union vereinbar ist. Ausgangspunkt dieser Frage waren die Beschwerden mehrerer europäischer privater Rundfunkveranstalter bei der Europäischen Kommission dahingehend, daß die Finanzierung des öffentlich-rechtlichen Rundfunks in ihren Ländern den Wettbewerb zwischen den öffentlich-rechtlichen Rundfunkanstalten und den privaten Sendern unzulässig zu Lasten der Privaten verzerre[19]. Ob dies zutrifft wird zu begutachten sein.

---

19 Vgl. 23. Wettbewerbsbericht der Kommission 1993, Rn. 146, 546; 25. Wettbewerbsbericht 1995, Rn. 200.

B. Verfassungsrechtliche Grundlagen der heutigen Rundfunklandschaft

I. Überblick über das heutige Rundfunksystem

1. Die bundesstaatliche Entwicklung einer Rundfunkordnung[20]

1950 wurde die Arbeitsgemeinschaft der öffentlich-rechtlichen Rundfunkanstalten Deutschlands (ARD) durch einen Zusammenschluß der einzelnen Landessendeanstalten gebildet[21]. Anfang 1959 begann dann die deutsche Bundespost mit dem Aufbau eines zweiten Fernsehsendernetzes. Daraufhin verabschiedete das Bundeskabinett im August 1959 den Entwurf eines Bundesrundfunkgesetzes. Inhalt des Gesetzes war die Errichtung von drei Rundfunkanstalten unter dem Dach des Deutschen Rundfunkverbandes. Zum einen die „Deutsche Welle" für das Ausland, zum zweiten der „Deutschlandfunk" für Deutschland und das Ausland und zum dritten das „Deutschland-Fernsehen"[22]. Das Gesetz fand im Bundestag aber nur die Mehrheit für den „Deutschlandfunk" und die „Deutsche Welle". Die Regelungen über das „Deutschland-Fernsehen" wurden abgelehnt, was dazu führte, daß die Bundesregierung am 25.7.1960 die „Deutschland-Fernsehen GmbH" gründete. Gegen die Gründung erhoben die Länder Hamburg und Hessen Verfassungsbeschwerde. Das Bundesverfassungsgericht sah die Gründung der Deutschland-Fernsehen-GmbH als verfassungswidrig an, da sie gegen Art. 30 iVm Art. 83 ff. GG verstoße[23]. Denn die Veranstaltung von Rundfunk sei Ländersache, soweit das Grundgesetz keine andere Regelung getroffen oder zugelassen habe. Außerdem hätten die Verhandlungen über die Gesellschaftsgründung den Verfassungsgrundsatz des bundesfreundlichen Verhaltens verletzt[24]. Obwohl auch an der Einrichtung der „Deutschen Welle" und des „Deutschlandfunks" kompetenzrechtliche Bedenken bestanden, wurde ihre Verfassungsmäßigkeit nie überprüft, so daß diese beiden Anstalten wie geplant gegründet wurden und danach in die ARD aufgenommen wurden[25]. Außerdem trafen die Bundesländer ein Abkommen zur Gründung einer weiteren Fernsehanstalt, der die neuen Frequenzen zur Nutzung zugewiesen werden konnten. Es handelte sich dabei um den „Staatsvertrag über die Errichtung der Anstalt des öffentlichen Rechts Zweites Deutsches Fernsehen (ZDF)" vom 6. Juni 1961. Aufgabe des neu gegründeten ZDF war die Veranstaltung eines

---

20 Eine ausführliche Darstellung der Enstehungsgeschichte findet sich bei: *Hartstein/ Ring/ Kreile*, Rundfunkstaatsvertrag,Teil B 1.

21 *Herrmann*, Rundfunkrecht, § 4 Rn. 34.

22 *Herrmann*, Rundfunkrecht, § 4 Rn. 48.

23 BVerfGE 12, 205, 243.

24 BVerfGE 12, 205, 255 f.

25 *Herrmann*, Rundfunkrecht, § 4 Rn. 55; *Hesse*, Rundfunkrecht, S. 18.

Fernsehprogramms in der Weise, daß sich die Zuschauer in der Bundesrepublik zwischen zwei inhaltlich unterschiedlichen Programmen entscheiden konnten[26].

2. Der Weg zum dualen Rundfunksystem

a) Die Einführung des privaten Rundfunks

In der Folgezeit drehten sich die entscheidenden Fragen im Rundfunkrecht um die Einführung des privaten Rundfunks. Hintergrund war das Bestreben der Bundesregierung, das Monopol der öffentlich-rechtlichen Rundfunkanstalten zu brechen. Dazu wurde versucht, den öffentlich-rechtlichen Anstalten die Rundfunkwerbung zu untersagen. Allerdings scheiterte auch dieses Vorgehen an der mangelnden Rundfunkkompetenz des Bundes[27]. Nachdem Ende der sechziger Jahre in den USA und in Japan neue Übertragungstechniken, wie insbesondere das Breitbandkabel und Satellit, vermehrt zur Rundfunkübertragung eingesetzt wurden, verstärkte sich auch in Deutschland der Ruf nach derartigen Übertragungswegen[28]. Es sollte der Weg zur Einführung des privaten Rundfunks geebnet werden, um auf diese Weise das Meinungsspektrum zu bereichern. Bedenken gegen die Einführung von privatem Rundfunk bestanden wegen einer befürchteten Kommerzialisierung und einer damit einhergehenden Verflachung des Programmniveaus[29]. Angesichts des erheblichen finanziellen Aufwandes für die Einführung neuer Kommunikationsdienste und des nicht abschätzbaren Bedarfs schlug eine von der Bundesregierung eingesetzte „Kommission für den Aufbau des technischen Kommunikationssystems" vor, die neuen Techniken zunächst einmal in Kabelpilotprojekten zu erproben[30]. Deren Durchführung wurde 1978 von den Ministerpräsidenten der Länder beschlossen. Finanziert werden sollten diese Kabelpilotprojekte, die 1984 ins Leben gerufen wurden, aus einem zusätzlichen Anteil an der allgemeinen Rundfunkgebühr[31].

Weiterer Schwung kam in die Diskussion um die Einführung des privaten Rundfunks durch eine Änderung der bayrischen Landesverfassung, in der gegen den Widerstand der Bevölkerung in Art. 111a festgelegt wurde, daß Rundfunk in öffentlich-rechtlicher Trägerschaft und Verantwortung betrieben wird.

---

26 *Hesse*, Rundfunkrecht, S. 18.

27 *Hesse*, Rundfunkrecht, S. 20 f.

28 *Herrmann*, Rundfunkrecht, § 4 Rn.78; *Hoffmann*, Möglichkeiten der Finanzierung öffentlich-rechtlichen Rundfunks, S. 20 f.

29 *Hesse*, Rundfunkrecht, S. 25.

30 *Becker*, Existenzgrundlagen der Rundfunkveranstalter, S. 14 ff. Genauere Ausführungen zu den Kabelpilotprojekten finden sich in dem Teil zu den zusätzlichen Anteilen an der Rundfunkgebühr im hinteren Teil der Arbeit.

31 *Hartstein/Ring/Kreile*, Rundfunkstaatsvertrag, Entstehungsgeschichte, Rn. 76 ff.

Dadurch wurde privater Rundfunk nicht grundsätzlich ausgeschlossen, sondern nur seine Überwachung durch öffentlich-rechtliche Anstalten festgelegt. Dies führte später zur Einrichtung des sog. Bayrischen Modells, wonach zwischen die Bayrische Landeszentrale für Neue Medien und den privaten Anbietern noch die gleichfalls privatrechtsförmig organisierten örtlichen und überörtlichen Kabelgesellschaften geschoben sind, die im wesentlichen organisatorische Aufgaben haben[32]. Auch im Saarland wurde ein Gesetz verabschiedet, welches die Errichtung privater Rundfunkanstalten zuließ. Allerdings wurde wegen des Widerspruchs der Bevölkerung keine Privatfunklizenz vergeben. Als ein Interessent für eine Privatfunklizenz, die „Freie Rundfunk Aktiengesellschaft in Gründung“ (FRAG), deswegen zunächst eine Untätigkeitsklage und nach ergangenem ablehnenden Bescheid erneut Klage vor dem Verwaltungsgericht erhob, setzte dies das Verfahren aus und legte das Gesetz wegen Zweifeln an seiner Verfassungsmäßigkeit dem Bundesverfassungsgericht vor[33]. Das Bundesverfassungsgericht erklärte in seinem sog. FRAG-Urteil von 1981[34] privaten Rundfunk zwar nicht für verfassungswidrig, doch verlangte es wirksame gesetzliche Vorkehrungen, welche sicherstellen, daß alle gesellschaftlichen Kräfte zu Wort kommen können. Die saarländische Regelung sei mit dem Grundgesetz unvereinbar und daher nichtig.

1983 beschloß die Bundesregierung den Aufbau eines Fernmeldesatellitensystems, da schnell erkannt wurde, daß eine flächendeckende Verkabelung der Bundesrepublik auf absehbare Zeit aussichtslos erschien. 1984 standen zwei Kanäle im europäischen Satellitensystem zur Verfügung, so daß sich erstmals die technische Möglichkeit bot, privaten Rundfunk bundesweit auszustrahlen[35]. Dies stellte die Länder vor die Notwendigkeit, konkrete Nutzungsentscheidungen zu treffen.

Die Vorgaben für diese Nutzungsentscheidungen sind durch das FRAG-Urteil des BVerfG verbindlich aufgestellt worden. Es bedarf einer gesetzlichen Regelung, die sicherstellt, daß alle Meinungsrichtungen im Gesamtprogramm tatsächlich zu Wort kommen können. Dabei ist es unerheblich, ob die Meinungsvielfalt durch ein binnen- oder außenpluralistisches Modell gewährleistet wird. Dies führte dazu, daß ab 1984 in den meisten Bundesländern neue Mediengesetze erlassen wurden, die sich im wesentlichen ähnelten[36]. Allerdings bestand neben den jeweiligen Landesmediengesetzen auch noch die

---

32 Vgl. im einzelnen: *Merznicht*, Der Aufsichtsgroschen, S. 44 ff.
33 *Becker*, Existenzgrundlagen der Rundfunkveranstalter, S. 62 ff.
34 BverfGE 57, 295 ff.
35 *Hesse*, Rundfunkrecht, S. 27.
36 *Herrmann*, Rundfunkrecht, § 4 Rn. 95 ff. ; *Hesse*, Rundfunkrecht, S. 28.

Notwendigkeit eines gemeinsamen Ordnungsrahmens, da die über Satellitenkanäle verbreiteten Programme, wie die beiden ersten bundesweiten deutschsprachigen privaten Fernsehprogramme RTL und SAT 1, schließlich im gesamten Bundesgebiet zu empfangen waren. Die Verhandlungen über eine gemeinsame Medienordnung stellte sich jedoch als schwierig heraus, da insbesondere über den Stellenwert von Werbung im privaten Rundfunk und die Aufteilung von TV-Sat-Kanälen zwischen öffentlich-rechtlichen und privaten Anbietern erhebliche Meinungsverschiedenheiten bestanden[37]. Erst nach dem Niedersachsenurteil des BVerfG[38] Ende 1986 kam es am 1. April 1987 zum Abschluß eines Staatsvertrages zur Neuordnung des Rundfunkwesens (Rundfunkstaatsvertrag 1987), der die grundlegenden Regelungen für den öffentlich-rechtlichen und den privaten Rundfunk in einer dualen Rundfunkordnung der Bundesrepublik Deutschland enthielt. Im Niedersachsen-Beschluß, bei dem sich das niedersächsische Landesrundfunkgesetz auf dem Prüfstand befand, bestätigte das BVerfG die dem privaten Rundfunk vorgeworfenen Defizite einerseits, jedoch zog es andererseits daraus nicht den Schluß auf die Verfassungswidrigkeit des privaten Rundfunks in der vorliegenden gesetzlichen Ausgestaltung. Vielmehr wurde ein Junktim zwischen der Zulassung von privaten Rundfunk und dem Funktionieren des öffentlich-rechtlichen Rundfunks hergestellt, in der Weise, daß die Vielfaltsanforderungen an den privaten Rundfunk reduzierbar seien, solange die „Grundversorgung durch die öffentlich-rechtlichen Programme gewährleistet sei[39]. Eine Auslegung des Begriffs der Grundversorgung erfolgte im 5. Rundfunkurteil des BVerfG[40]. Da heißt es: Grundversorgung durch die öffentlich-rechtlichen Anstalten sei „nicht eine Mindestversorgung, auf die der öffentlich-rechtliche Rundfunk beschränkt ist oder ohne Folgen für die an privaten Rundfunk zu stellenden Anforderungen reduziert werden könnte“[41]. Vielmehr umfaße sie die Meinungs- und politische Willensbildung, die Unterhaltung sowie die über die laufende Berichterstattung hinausgehende Information und Kultur, also schlechthin die Gestaltung eines vollständig ausgewogenem Programms.

b) Festlegung der dualen Rundfunkordnung im Rundfunkstaatsvertrag

Folge dieser Urteile war, daß Gegner und Befürworter des privaten Rundfunks erkannten, daß zwar der Einzug des privaten Rundfunks nicht verhinderbar, aber die Förderung privaten Rundfunks durch Beschränkungen zu Lasten der öffentlich-rechtlichen Anstalten ausgeschlossen war. Damit wurde der Weg zu

---

37 *Hesse*, Rundfunkrecht, S. 29.
38 BVerfGE 73, 118 ff.
39 BVerfGE 73, 118, 158 ff.
40 BVerfGE 74, 297 ff.
41 BVerfGE 74, 297, 325 f.

einer länderübergreifenden Einigung frei. Diese kam dann in Form des Rundfunkstaatsvertrages von 1987 zustande, nachdem zuvor vier Länder den Rundfunkgebührenstaatsvertrag zum 31. Dezember 1987 gekündigt hatten[42]. Der neue Rundfunkstaatsvertrag schaffte einen Ordnungsrahmen für öffentlich-rechtlichen und privaten Rundfunk[43]. Er enthielt im wesentlichen folgende Regelungen:

- In technischer Hinsicht wurden die öffentlich-rechtlichen Rundfunkanstalten durch Zuweisung von zwei Kanälen auf dem Rundfunksatelliten an Innovationen beteiligt. In programmlicher Hinsicht wurde eine ausdrückliche Rechtsgrundlage für die bereits vorhandenen Satellitenprogramm geschaffen. Als Finanzierungsquellen des öffentlich-rechtlichen Rundfunks wurden sowohl die Werbung als auch die Rundfunkgebühr als vorrangiges Mittel festgelegt.

- Für den privaten Rundfunk, der bundesweit verbreitet wird, wurde ein Rahmen geschaffen, der einheitliche Mindestanforderungen bei der Vielfaltssicherung, den Programmgrundsätzen, dem Jugendschutz und der Werbung enthielt. Lokale Programme unterliegen weiterhin der Regelungsautonomie des jeweiligen Landes. Außerdem wurde festgelegt, daß die Aufsichtsinstanzen für den privaten Rundfunk aus der allgemeinen Rundfunkgebühr finanziert werden sollen, da man es den privaten Anbietern nicht zumuten wollte, ihre eigene Aufsicht zu bezahlen, und für öffentliche Zuschüsse die Mittel fehlten[44].

Der Staatsvertrag wurde auf unbestimmte Zeit geschlossen und war erstmals nach zehn Jahren kündbar. Er wurde deswegen zusammen mit dem Niedersachsen-Urteil des BVerfG zur Grundlage eines dualen Systems aus öffentlich-rechtlichem und privatem Rundfunk.

Bestätigt wurde die duale Rundfunkordnung vom Bundesverfassungsgericht im 6. Rundfunkurteil[45]. Dort stand das WDR-Gesetz auf dem Prüfstand. Das BVerfG bestätigte und präzisierte zu Beginn seiner Begründung seine Grundsätze zur Rundfunkfreiheit[46]. Danach handelt es sich bei der Rundfunkfreiheit um eine „dienende Freiheit“. Das bedeutet, daß die Rundfunkfreiheit der Gewährleistung freier individueller und öffentlicher Meinungsbildung dient[47].

---

42 Vgl. zur ausführlichen Entstehungsgeschichte: *Hartstein/Ring/Kreile*, Rundfunkstaatsvertrag-Kommentar, Teil B 1.

43 *Herrmann*, Rundfunkrecht, § 4 Rn. 109.

44 *Hesse*, Rundfunkrecht, S. 33.

45 BVerfGE 83, 238 ff.

46 BVerfGE 83, 238, 295 ff.

47 BVerfGE 57, 295, 319; 59, 231, 257; 74, 297, 323.

c) *Folge der deutschen Einheit: Die Verabschiedung eines Staatsvertrages über den Rundfunk im vereinten Deutschland*

Nach der deutschen Einheit im Jahre 1990 wurde der staatliche Rundfunk der ehemaligen DDR aufgelöst und es wurden statt dessen neue Landesrundfunkanstalten gegründet[48]. Entsprechend dem Stand der dualen Rundfunkordnung in den alten Bundesländern erließen die fünf neuen Länder Gesetze, um private Rundfunkunternehmen zu ermöglichen. Dabei wurden auch die jeweiligen Landesmedienanstalten in den neuen Ländern errichtet. Als Folge wurde 1991 ein neuer Staatsvertrag über den Rundfunk im vereinten Deutschland verabschiedet, der am 1.1.1992 in Kraft getreten ist und aus insgesamt sechs Einzelstaatsverträgen besteht[49]. Nach der Intention der Ministerpräsidenten der Länder enthielt der RdfStV 1991 ein in den alten und neuen Ländern gleichermaßen geltendes Rundfunkrecht unter Einbeziehung der europäischen Regelungen über den grenzüberschreitenden Rundfunk sowie der seit 1987 eingetretenen Medienentwicklung und der neuen Rechtsprechung des BVerfG. Wie in der Präambel hervorgehoben, enthielt der RdfStV 1991 Regelungen für den öffentlich-rechtlichen und privaten Rundfunk in einem dualen Rundfunksystem. Dabei werden auch die Bestands- und Entwicklungsgarantie für den öffentlich-rechtlichen Rundfunk festgeschrieben. Gewährleistet werden die finanziellen Grundlagen des Anstaltsrundfunks ebenso wie seine Teilhabe an allen neuen Medientechniken, einschließlich der neuen Formen des Rundfunks. Auf der anderen Seite sollten den privaten Veranstaltern angemessene Einnahmequellen, insbesondere aus Werbung und Entgelten, erschlossen und ihnen nach Maßgabe des Landesrechts ausreichende Sendekapazitäten einschließlich terrestrischer Frequenzen zur Verfügung gestellt werden[50].

d) *Reformierung der Regelungen über die Rundfunkgebührenfestsetzung und die Konzentrationskontrolle*

Nachdem im achten Rundfunkurteil[51] die Verpflichtung ausgesprochen wurde, das Gebührenfestsetzungsverfahren „alsbald“ zu reformieren, haben die Ministerpräsidenten der Länder beschlossen, den RdfStV 1991 zu erneuern. Ergebnis war der Staatsvertrag über den Rundfunk im vereinten Deutschland, geändert durch den dritten Rundfunkänderungsstaatsvertrag, der am 1. Januar 1997 in Kraft trat. Dabei wurden das Bedarfsermittlungs- und das Gebührenfestsetzungsverfahren an die Vorgaben aus Karlsruhe angepaßt. Nunmehr melden

---

48 MDR und ORB. Mecklenburg-Vorpommern beteiligte sich am NDR und der SFB wurde auf ganz Berlin ausgedehnt.

49 Übersicht bei *Kreile*, ZUM 1991 569 ff.

50 *Hess*, Verfassungsrechtliche Probleme der Gebührenfinanzierung, S. 7 f.

51 BVerfGE 90, 60, 105. Vgl. dazu die Ausführungen in D IV 8.

die öffentlich-rechtlichen Rundfunkanstalten ihren Finanzbedarf bei der aus unabhängigen Sachverständigen zusammengesetzten Kommission zur Ermittlung des Finanzbedarfs der Rundfunkanstalten (KEF) an (§ 1 Rundfunkfinanzierungsstaatsvertrag (RdfFinStV)[52]). Die KEF überprüft die Bedarfsanmeldung nach den vom BVerfG vorgegebenen Kriterien, ob sich die Programmentscheidungen, für welche die Rundfunkanstalten ein Finanzbedarf angemeldet haben, im Rahmen des rechtlich umgrenzten Rundfunkauftrages halten und ob die Anmeldung zutreffend und im Einklang mit den Grundsätzen von Wirtschaftlichkeit und Sparsamkeit ermittelt worden ist. Ist die Prüfung abgeschlossen leitet die KEF die überprüfte Bedarfsanmeldung an die Rundfunkkommission der Länder weiter. Dies dient als Grundlage für die endgültige Entscheidung der Landesregierungen und Länderparlamente (§ 2-7 RdfFinStV)[53].

Außerdem wurden auf der Ministerpräsidentenkonferenz vom 9. und 10.11.1994 verschiedene Modelle zur Optimierung der bisherigen konzentrationsrechtlichen Überprüfung bundesweiter Fernsehveranstalter diskutiert[54]. Ergebnis war, daß die bisherige Programmanzahlbegrenzung sowie der Zwang, Anbietergemeinschaften zu bilden, entfallen sollte. Als Gegengewicht wurden bestimmte Mediennutzungsanteile festgelegt, die entsprechend den Messungen von Zuschauernutzungsanteilen durch die Gesellschaft für Kommunikationsforschung (GfK) ermittelt werden sollen (sog. Zuschaueranteilsmodell). Als erlaubte Größe schreibt § 26 II RdfStV einen Marktanteil für ein Unternehmen von max. 30 % vor, wobei sich die Berechnung gem. § 27 RdfStV auf alle deutschsprachigen Programme unter Einbeziehung der öffentlich-rechtlichen und bundesweit empfangbaren privaten Rundfunkprogramme bezieht. Dabei werden einem Unternehmen sämtliche Programme zugerechnet, die es selbst veranstaltet oder die von einem anderen Unternehmen veranstaltet werden, an dem es unmittelbar mit mindestens 25 % beteiligt ist. Weitere Zurechnungsregelungen von Programmen finden sich in § 28 RdfStV. Zur effektiveren konzentrationsrechtlichen Überprüfung durch die Landesmedienanstalten wurde die Kommission zur Ermittlung der Konzentration im Medienbereich (KEK) eingesetzt, welche die darüber wacht, daß es zu keiner vorherrschenden Meinungsmacht kommt[55].

---

[52] Soweit keine anderen Angaben gemacht werden, handelt es sich um Normen des Rundfunkfinanzierungsstaatsvertrages vom 31.8.1991 in der Fassung des Fünften Rundfunkänderungsstaatsvertrages vom 26.9.2000.

[53] Ausführliche Erläuterungen bei: *Hümmerich*, AfP 1996, 25 ff. *Badura*, Zur Auslegung des Rundfunkbegriffs, Oppermann-FS, S. 118 f., geht allerdings davon aus, daß der Gesetzgeber nicht an die Entscheidung der KEF gebunden sei.

[54] *Hess*, Verfassungsrechtliche Probleme der Gebührenfinanzierung, S. 8.

[55] Vgl. auch *Groß*, Verwaltungsrundschau 1997, 153.

An der Struktur der Rundfunklandschaft in einem dualen Rundfunksystem hat sich aber durch die Änderung des RdfStV nichts geändert. Dies stellt Abs. 1 der Präambel klar.

e) Das duale Rundfunksystem im digitalen Zeitalter

Im Zuge des Vierten Rundfunkänderunsgstaatsvertrages wurde 1999 mit § 19 III RdfStV eine Ermächtigungsgrundlage für digitale Angebote von ARD und ZDF im Rahmen ihres Programmauftrages geschaffen. Nach § 19 IV 4 RdfStV haben ARD und ZDF die Möglichkeit, je nach Marktentwicklung ihre bestandsgeschützten Programme durch andere neue Programme zu ersetzen. Einzige Grenze ist der öffentlich-rechtliche Programmauftrag. Dazu stellt § 19 IV klar, daß die Übetragungskapazität für die nach Absatz 3 bezeichneten Angebote den Umfang von drei analogen Fernsehkanälen nicht übersteigen darf, davon zwei für die ARD und einer für das ZDF. Insofern sind der Entwicklung Grenzen gesetzt, weil sich auf einem analogen Kanal trotz aller digitalen Kompressionen nur eine begrenzte Anzahl digitaler Programme unterbringen läßt[56]. Für ARD und ZDF wird zugleich mit den Ermächtigungen für digitale Angebote der Bestands- und Entwicklungsgarantie aus Art. 5 GG Rechnung getragen. Mithin haben ARD und ZDF auch in digitalen Zeitalter einen umfassenden öffentlichen Auftrag.“[57]

3. Die Strukturen des dualen Rundfunksystems

a) Verfassungsrechtliche Legitimation des dualen Rundfunksystems

Das BVerfG hat in seiner Rechtsprechung immer wieder betont, daß die in Art. 5 I 2 GG verankerte Rundfunkfreiheit keine bestimmte Form der Rundfunkorganisation vorschreibt, da es allein darauf ankomme, daß freie, umfassende und wahrheitsgemäße Meinungsbildung gewährleistet werde. Deshalb könnte auch eine Gesellschaft des privaten Rechts Veranstalter von Rundfunksendungen sein, sofern in ihr die gesellschaftlich bedeutenden Meinungsrichtungen zu Wort kommen und die Freiheit der Berichterstattung gewährleistet ist[58]. Den verfassungsrechtlichen Geboten der Rundfunkfreiheit könne „unter den Bedingungen der gegenwärtigen und für die nähere Zukunft absehbaren Entwicklungen auch eine duale Ordnung des Rundfunks entsprechen“[59]. Allerdings erkennt das BVerfG auch, daß im dualen Rundfunksystem der private Rundfunk

56 *Hesse* ZUM 2000, 184 f.

57 Zitiert bei: *Ring*, ZUM 2000, 177.

58 BVerfGE 12, 205, 262.

59 BVerfGE 74, 297, 324.

schon aufgrund seiner Finanzierungsweise nicht die Gewähr für ein meinungsvielfältiges Programmangebot bieten kann[60]. Diese Situation sei aber nur verfassungsrechtlich hinnehmbar, wenn einerseits die Ungleichgewichte im privaten Rundfunk keinen erheblichen Umfang annehmen, andererseits der öffentlich-rechtliche Rundfunk den Vorgaben gleichgewichtiger Vielfalt uneingeschränkt genüge und die Grundversorgung der Bevölkerung aufrechterhalten bliebe[61]. Damit hat das BVerfG die grundsätzliche verfassungsrechtliche Funktionstauglichkeit des dualen Rundfunksystems anerkannt.

Verfassungsrechtliche Bedenken werden zuweilen aufgrund der Tatsache geäußert, daß wegen des publizistischen Wettbewerbs zwischen öffentlich-rechtlichen und privaten Anbietern eine gewisse Annäherung im Programmbereich zu verzeichnen ist[62]. Diese Annäherung äußert sich zum einen in der Erweiterung des Informations- und Kulturanteils im privaten Rundfunkprogramm und ganz besonders in der stärkeren Berücksichtigung des Unterhaltungssektors seitens der öffentlich-rechtlichen Rundfunkanstalten. Hierin sehen Kritiker eine einseitige Anpassung an den privaten Rundfunk und zugleich eine Gefährdung des „klassischen Rundfunkauftrags"[63]. Dem kann jedoch nicht gefolgt werden. Schließlich erschöpft sich der „klassische Rundfunkauftrag" nicht nur in Bildungs- oder Informationssendungen, sondern er erfaßt die gesamte Palette umfassender Meinungsbildung einschließlich des Unterhaltungsbereichs[64]. Folglich ist auch der Unterhaltungssektor im öffentlich-rechtlichen Rundfunk der verfassungsrechtlich geschützten Grundversorgung zuzurechnen[65]. Außerdem dient die Veranstaltung publikumswirksamer Unterhaltungssendungen der Sicherung der publizistischen Konkurrenzfähigkeit des öffentlich-rechtlichen Rundfunks[66], welche notwendig ist, um den öffentlich-rechtlichen Rundfunk auch werbeattraktiv zu gestalten und so ein drastisches Ansteigen der Rundfunkgebühr zu vermeiden[67]. Somit begründen die Annäherungstendenzen zwischen öffentlich-rechtlichen und privaten Rundfunkveranstaltern im Programmbereich keine verfassungsrechtlichen Bedenken.

Zweifel an der Verfassungsmäßigkeit des dualen Systems ergeben sich auch nicht in Bezug auf die nach wie vor bestehenden programminhaltlichen Defizite

---

60 BVerfGE87, 181, 199.

61 BVerfGE73, 118, 157 ff.

62 *Hess*, Verfassungsrechtliche Probleme der Gebührenfinanzierung, S. 11.

63 *Kamann*, epd/KuR Nr. 45 vom 10.6.1998, S. 3 ff; *Schatz/Immer/Marcinowski*, epd/KuR Nr.53 vom 8.7.1989, S. 5 f.

64 BVerfGE 74, 297, 324; *Herrmann*, ZUM 1989, 448 ff.; *Libertus*, ZUM 1990, 126.

65 BVerfGE 74, 297, 326.

66 BVerfGE 87, 181, 203.

67 *Clement*, epd/KuR Nr. 44 vom 7.6.1989, S. 8 ff.

der privaten Rundfunkveranstalter. Denn solange und soweit der Grundversorgungsauftrag im Hinblick auf die verfassungsrechtlich gebotene Gewährleistung umfassender Meinungsbildung und der hiermit einhergehenden Berücksichtigung aller in der Gesellschaft vertretenen Meinungsrichtungen vom öffentlich-rechtlichen Rundfunk erfüllt wird, können diese strukturellen Schwächen des privaten Rundfunks verfassungsrechtlich toleriert werden[68].

Geht man also von der prinzipiellen Verfassungskonformität des dualen Rundfunksystems aus, so stellt sich die Frage nach den einzelnen Strukturmerkmalen.

b) Kompetenzrechtliche Strukturelemente des dualen Rundfunksystems

In kompetenzrechtlicher Hinsicht ist seit dem ersten Rundfunkurteil des BVerfG[69] klar, daß der Rundfunk als „kulturelles Phänomen“[70] zu begreifen ist, mit der Konsequenz, daß die Ordnung des Rundfunks der ausschließlichen Kulturhoheit der Länder aus Art. 30 GG unterfällt. Die vom Gesetzgeber zur Gewährleistung der Rundfunkfreiheit zu schaffende positive Ordnung ist demnach ein Landesparlamentsvorbehalt[71]. Demgegenüber beschränken sich die Kompetenzen des Bundes - neben der sendetechnischen Seite (Art. 73 Nr. 7 GG) und dem rein auslandsbezogenen Rundfunk wie der „Deutschen Welle“ (Art. 73 Nr. 1 GG) - auf bloße Teilaspekte wirtschafts- und wettbewerbsrechtlicher Regelungsgegenstände (Art. 74 Nr. 11 und 16 GG), soweit das Landesrecht eine Lücke aufweist[72] und damit nicht inhaltliche Vorgaben kommunikationsrechtlicher Natur verbunden sind[73]. Insbesondere ist es dem Bund versagt, über seine Wirtschafts- und Wettbewerbskompetenz materiellrechtliche Fragen aus dem Programm-, Organisations- oder Finanzbereichs des Rundfunks zu regeln[74].

Als weiteres formelles Strukturelement des dualen Rundfunksystems ist die föderale Struktur der Rundfunkordnung der Bundesrepublik zu nennen. Diese ist Ausdruck des im Bundesstaatsgebot verankerten Gewaltenteilungsprinzips[75]. Danach ist es untersagt, die landsmannschaftlichen Unterschiede in den einzelnen Bundesländern durch ein zentralistisch ausgerichtetes Rundfunkwesen zu

---

68 BVerfGE 73, 118, 158 f; 74, 297, 325; 83, 283, 297.
69 BVerfGE 12, 205 ff.
70 BVerfGE 12, 205, 229.
71 BVerfGE 57, 295, 321.
72 BVerfGE 83, 238, 305.
73 *Hess*, AfP 1990, 98.
74 BGH, ZUM 1990, 520.
75 BVerfGE 12, 205, 229.

reduzieren oder gar auszuschalten[76]. Vielmehr ist den regionalen Besonderheiten als Merkmal der kulturellen Identität der Länder sowohl in programmlicher als auch in organisatorischer und finanzieller Hinsicht Rechnung zu tragen. Deshalb verpflichten die Landesrundfunkgesetze die Rundfunkanstalten, die regionalen Besonderheiten ihrer Sendegebiete in ihrem Programmangebot zu berücksichtigen[77]. Auch in organisatorischer Hinsicht ist dem Gebot der föderalistischen Struktur des Rundfunks in den Landesrundfunkgesetzen Rechnung getragen worden, indem z.B. die Binnenorgane pluralistisch zu besetzen sind[78].

c) *Materielle Strukturelemente des dualen Rundfunksystems*

aa) *Die Rechtsnatur des Grundrechts der Rundfunkfreiheit*

Das BVerfG hat in seinen bisherigen Urteilen immer wieder die dienende Funktion des Rundfunks hervorgehoben[79]. Im Unterschied zu anderen Grundrechten handele es sich bei der Rundfunkfreiheit um ein Grundrecht, das seinem Träger weder zum Zweck der Persönlichkeitsentfaltung oder ökonomischer Interessenverfolgung eingeräumt werde, noch zum beliebigen Gebrauch des Grundrechts ermächtige. Die Rundfunkfreiheit sei vielmehr eine dienende Freiheit, die nicht primär im Interesse des jeweiligen Rundfunkveranstalters, sondern zur Verwirklichung freier individueller und öffentlicher Meinungsbildung gewährleistet werde[80]. Diesem Charakter würde ein Verständnis von Art. 5 I 2 GG, das sich in der bloßen Abwehr staatlicher Einflußnahme erschöpfe und den Rundfunk im übrigen den gesellschaftlichen Kräften überließe, nicht gerecht. Der Rundfunk bedürfe daher einer positiven Ordnung, die sicherstelle, daß der Rundfunk seine verfassungsrechtliche Funktion erfülle. Damit hat das BVerfG der Rundfunkfreiheit nicht nur einen subjektiv-grundrechtlichen Gehalt zugewiesen, sondern ihm auch einen objektiv-rechtlichen Bedeutungsgehalt zuerkannt[81].

bb) *Staats- und Gruppenferne des Rundfunks*

Der Rundfunk als Medium der öffentlichen Meinungsbildung ist streng von der staatlichen Willensbildung zu unterscheiden und wäre nicht denkbar, wenn er

---

76 *Stern* in: *Klekatsky/Stern/Weber/Bergström*, Rundfunkrecht und Rundfunkpolitik, S. 50.

77 Vgl. z.B. § 5 II NDR-StV.

78 Vgl. z.B. § 17 I NDR-StV.

79 BVerfGE 57, 295, 320; 73, 118, 152; 74, 297, 323; 83, 238, 296; 87, 181, 197; 90, 60, 87.

80 *Bethge*, Die verfassungsrechtliche Position des öffentlich-rechtlichen Rundfunks, S. 24 f.

81 *Hess*, Verfassungsrechtliche Probleme der Gebührenfinanzierung, S. 14.

durch den Staat oder einzelne Interessengruppen beherrscht würde. Der Gesetzgeber hat deshalb durch Schaffung geeigneter Maßnahmen sicherzustellen, daß der Rundfunk unabhängig von seiner Rechtsform weder dem Staat noch einzelnen gesellschaftlichen Kräften ausgeliefert ist[82]. Es besteht also ein „Auslieferungs- und Beherrschungsverbot"[83]. Jedoch erschöpft sich die Garantie der Rundfunkfreiheit nicht in einem bloßen Beherrschungsverbot. Vielmehr soll jede politische Instrumentalisierung ausgeschlossen werden[84]. Demnach sind die dem Staat bei der Ausgestaltung und Einrichtung des Rundfunks und mehr noch bei wiederkehrenden Maßnahmen der finanziellen Ausgestaltung und Beaufsichtigung zwangsläufig eröffneten Einflußmöglichkeiten auf die publizistische Tätigkeit des Rundfunks so weit wie möglich auszuschalten[85].

Andererseits kann dem Gebot der Staats- und Gruppenferne kein Verbot in dem Sinne entnommen werden, daß es dem Staat oder einzelnen Interessengruppen untersagt wäre, sich mit dem Medium Rundfunk zu beschäftigen. Ganz im Gegenteil sieht die demokratiestaatliche Implikation der Rundfunkfreiheit gerade den Zugang gesellschaftlich relevanter Gruppen zum Rundfunk vor[86].

Bei dem Grundsatz der Staats- und Gruppenferne ist zu beachten, daß er auf allen Ebenen des Rundfunks gilt. Zunächst ist ihm natürlich im Programmbereich Rechnung zu tragen. Deshalb sind alle unmittelbaren und mittelbaren Einflußnahmen auf Auswahl, Inhalt und Gestaltung der Programme verboten[87]. Diese vom Gesetzgeber zu schaffende Programmfreiheit des Rundfunks ist aber kein Selbstzweck zur Verwirklichung der individuellen Interessen des jeweiligen Veranstalters, sondern hat die dienende Funktion des Grundrechts der Rundfunkfreiheit zu beachten. Die Funktion des Rundfunks, der individuellen und öffentlichen Meinungsbildung zu dienen, wird dabei durch die Landesrundfunkgesetze konkretisiert[88]. Im Rahmen der verfassungsrechtlichen Zielsetzung und der gesetzlichen Aufgabenzuweisung ist der Rundfunkveranstalter aber in seiner Entscheidung frei, wie er seine Funktion erfüllt.

cc) Pluralistische Struktur des Rundfunks

Die pluralistische Struktur des Rundfunks resultiert aus der Funktion des Rundfunks als Medium und Faktor der öffentlichen Meinungsbildung und dem sich

82 Eingehend: *Gersdorf*, Staatsfreiheit des Rundfunks in der dualen Rundfunkordnung; *Schneider-Freyermuth*, ZUM 2000, 564 ff.; BVerfGE 90,60, 88.
83 *Bethge*, NJW 1990, 2452; *Ossenbühl*, Rundfunkfreiheit und Rechnungsprüfung, S. 35.
84 BVerfGE 90, 60, 88.
85 BVerfGE 90, 60, 89.
86 BVerfGE 12, 205, 262 f.
87 BVerfGE 83, 238, 323.
88 BVerfGE 87, 181, 200.

daraus ergebenden besonderen Stellenwert in einer demokratisch verfaßten Gesellschaft[89]. Dies verlangt, daß grundsätzlich alle gesellschaftlich relevanten Gruppen im Gesamtprogramm zu Wort kommen sollen, wobei die Pluralität der gesellschaftlichen Meinungen und Strömungen sowohl in einem binnen- als auch in einem außenpluralistischen Modell sichergestellt werden kann. Entscheidet sich der Gesetzgeber für ein binnenpluralistisches Organisationsmodell, so wird die Meinungsvielfalt in den anstaltsinternen Kollegialorganen sichergestellt. Bei der für den Privatrundfunk maßgeblichen außenpluralistischen Organisationsstruktur soll die gebotene Meinungsvielfalt nicht durch die Binnenorgane des jeweiligen Veranstalters, sondern extern durch die Anzahl aller Rundfunkanbieter verwirklicht werden[90].

dd) Die Grundversorgung durch den öffentlich-rechtlichen Rundfunk

Die Grundversorgung stellt ein wesentliches Element zur Erreichung von freier individueller und öffentlicher Meinungsbildung dar und nimmt insoweit an der Schutzwirkung des Art. 5 I 2 GG teil[91]. Dabei dient die Grundversorgung zunächst der individuellen Meinungsbildungs- und Informationsfreiheit der Rundfunkteilnehmer, da sie sicherstellt, daß der Gesamtheit der Bevölkerung Programme angeboten werden, die umfassend und in der vollen Breite des klassischen Rundfunkauftrages informieren, und daß im Rahmen dieses Programmangebotes Meinungsvielfalt in der verfassungsrechtlich gebotenen Art und Weise hergestellt wird[92]. Der klassische Rundfunkauftrag umfaßt die Meinungs- und politische Willensbildung, die Unterhaltung sowie die über laufende Berichterstattung hinausgehende Information und Kultur[93]. Er wird also durch die demokratische, die programmliche und die kulturelle Funktion des Rundfunks geprägt[94]. Darüber hinaus beinhaltet die Grundversorgung eine sozialstaatliche Komponente, die sich aus der besonderen Bedeutung des Massenkommunikationsmittels Rundfunk als Bestandteil der „kulturellen Daseinsvorsorge“[95] für den allgemeinen Lebensstandard der Bevölkerung begründet. Außerdem weist die Grundversorgung auch Bezugspunkte unter Gleichheitsgesichtspunkten auf, da sie eine gleichberechtigte Versorgung „für alle“ mit Rundfunkprogrammen zu gleichen Bedingungen erfordert[96].

---

89 BVerfGE12, 205, 260; 31, 314, 325.

90 BVerfGE 57, 295, 325.

91 *Hess*, Verfassungsrechtliche Probleme der Gebührenfinanzierung, S. 19.

92 *Jarass/Pieroth*, GG, Art. 5 Rn. 45.

93 *Hess*, Verfassungsrechtliche Probleme der Gebühranfinanzierung, S. 25.

94 Vgl. dazu ausführlich: *Hess*, Verfassungsrechtliche Probleme der Gebührenfinanzierung, S. 26 f. mwN; *Kresse*, ZUM 1995, 179 ff.

95 *Herrmann*, Fernsehen und Hörfunk, S. 300, 378.

96 *Hess*, Verfassungsrechtliche Probleme der Gebührenfinanzierung, S. 20 mwN.

Mit der Übertragung des Grundversorgungsauftrages an den öffentlich-rechtlichen Rundfunk hat das BVerfG sowohl den verfassungsrechtlichen Standort des Anstaltsrundfunks im dualen System bestimmt als auch die Absenkung des Programmstandards im privaten Rundfunk gebilligt[97]. Dementsprechend stellt die Wahrnehmung der Grundversorgungsaufgabe durch die öffentlich-rechtlichen Rundfunkanstalten zugleich die verfassungsrechtliche Legitimationsgrundlage für die Zulässigkeit der Veranstaltung privaten Rundfunks dar[98]. Dabei ist der Begriff der Grundversorgung für den öffentlich-rechtlichen Rundfunk weder auf eine „Mindestversorgung" beschränkt[99], noch stellt er eine Grenzziehung oder Aufgabenverteilung zwischen öffentlich-rechtlichem und privatem Rundfunk in dem Sinne dar, daß Programme oder Sendungen, die der Grundversorgung zuzurechnen seien, dem öffentlich-rechtlichen, alle übrigen dem privaten Rundfunk vorbehalten werden könnten[100]. Vielmehr hat das BVerfG der Grundversorgung drei wesentliche positive Elemente entnommen[101].

(1) Technische Empfangbarkeit für die gesamte Bevölkerung

Erstes Element ist eine Übertragungstechnik, bei der ein Empfang der Sendungen für alle sichergestellt ist, bis auf weiteres also die terrestrische Technik[102]. Die Programmübertragung via Satellit oder Kabel führt wegen der finanziellen Aufwendungen - trotz fallender Preise für Empfangsanlagen - bisher nicht zu einer ausreichenden Gesamtversorgung. Jedoch ist es vorstellbar, daß sich dieses in der Zukunft ändert, so daß die Grundversorgung nicht bis in alle Ewigkeit durch terrestrische Übertragungstechnik sichergestellt werden muß.

---

97 BVerfGE 73, 118, 157; 83, 238, 297.

98 *Fuhr*, ZUM 1987, 151; *Hendricks*, ZUM 1988, 210.

99 A.A. ist *Kull*, AfP 1987, 464, der in der 4. Rundfunkentscheidung des BVerfG die Garantie einer unerläßlichen Mindestversorgung sieht, die keinerlei Raum für eine Expansion des öffentlich-rechtlichen Rundfunk lasse.

100 *Degenhart*, Online-Angebote öffentlich-rechtlicher Rundfukanstalten, S. 43; *Hoffmann-Riem*, Pay-TV im öffentlich-rechtlichen Rundfunk, S. 65 ff; *Koch*, Möglichkeiten der Beteiligung, S. 27 f.

101 BVerfGE 74, 297, 326; Vgl auch *Scheble*, ZUM 1995, 384, wonach der klassische Rundfunkauftrag, als er nur die programmliche Seit der Grundversorgung neben den technischen und verfahrensrechtlichen Elementen beschreibt, enger ist als der Grundversorgungsauftrag. Ausführlich werden die Elemente der Grundversorgung dargestellt bei: *Bethge*, Die verfassungsrechtliche Position des öffentlich-rechtlichen Rundfunks, S. 50 f.

102 BVerfGE 74, 297, 326.

(2) Inhaltliche, d.h. programmliche Meinungsvielfalt

Zweites Element ist ein inhaltlicher Standard der Programme im Sinne eines Angebots für die Gesamtheit der Bevölkerung, das nach seinem Gegenstand und der Art der Darbietung oder Behandlung[103] dem Auftrag des Rundfunks nicht nur zum Teil, sondern voll entspricht[104]. Gemeint sind damit Programme, die umfassend und in der vollen Breite des klassischen Rundfunkauftrages, den das BVerfG immer wieder als Kern der Grundversorgung in den Vordergrund rückt[105], informieren[106]. Der klassische Rundfunkauftrag umfaßt dabei die Meinungs- und politische Willensbildung, die Unterhaltung und Information, die über eine laufende Berichterstattung hinausgeht, sowie eine kulturelle Verantwortung[107].

(3) Gegenständliche, d.h. verfahrensrechtliche Meinungsvielfalt

Das dritte Element ist die wirksame Sicherung gleichgewichtiger Vielfalt in der Darstellung der bestimmten Meinungsrichtungen, um zu verhindern, daß der Rundfunk einer oder einzelnen gesellschaftlichen Gruppen ausgeliefert wird, durch materielle[108], organisatorische und verfahrensrechtliche Vorkehrungen[109]. Es ist also die Meinungsvielfalt im Rahmen des Programmangebots in verfahrensrechtlich gebotener Weise herzustellen[110]. Möglich sind diesbezüglich binnenpluralistische Strukturen, wie bei den öffentlich-rechtlichen Rundfunkanstalten, jedoch sind auch andere Strukturen denkbar, sofern die Meinungsvielfalt gewährleistet ist.

(4) Sozialstaatsprinzip

Ergänzt wird die „Grundversorgung der drei Elemente“ durch den Aspekt der sozialen Verträglichkeit als Ausgestaltung des Sozialstaatsprinzips[111]. Darunter wird die Pflicht der staatlichen Organe verstanden, für wenigstens in ihrem Grundbestand sozial gestaltete Rundfunkkommunikation zu sorgen. Jeder Bevölkerungsgruppe sind die ihr zukommenden Rechte einzuräumen, insbesondere ist die wirtschaftliche und kulturelle Lebensfähigkeit auf ein angemessenes Niveau zu bringen oder aufrecht zu erhalten und Einrichtungen zu schaffen oder

---

103 BVerfGE 87, 181, 198.
104 BVerfGE 74, 297, 326.
105 *Scheble*, ZUM 1995, 384.
106 *Scheble*, Perspektiven der Grundversorgung, S. 38.
107 BVerfGE 73, 118, 158; 74, 297, 324.
108 BVerfGE 74, 297, 354.
109 BVerfGE 74, 297, 326
110 *Scheble*, Perspektiven der Grundversorgung, S. 40.
111 *Scheble*, Perspektiven der Grundversorgung, S. 25.

zu erhalten, welche die notwendige Daseinshilfe gewähren[112]. Darunter fallen insbesondere die Gebührenhöhe und die gleichmäßige technische Versorgung der Allgemeinheit, gerade auch in dünn besiedelten Gebieten[113].

(5) Finanzierung der Grundversorgung

Ein besonderes Augenmerk ist auf die Finanzierung der Grundversorgung zu legen. Hierzu hat das BVerfG klar Stellung bezogen. Finanziert werden soll die Grundversorgung durch den öffentlich-rechtlichen Rundfunk mittels Rundfunkgebühren, da nur dies die dem öffentlich-rechtlichen Rundfunk gemäße Art der Finanzierung sei[114]. Eine reine Werbefinanzierung würde programm- und vielfaltsverengende Zwänge mit sich bringen, wie sie beim privaten Rundfunk zu beobachten seien, da eine Werbefinanzierung viel stärker den Kräften des Marktes unterliege und in der Regel eine Fixierung aus massenattraktive Programme mit sich bringe[115].

Mit Blick auf den Umfang der Finanzierung stellt das BVerfG auf das Kriterium der „Erforderlichkeit" ab, um damit einen angemessenen Ausgleich zwischen der Programmautonomie der Rundfunkanstalten und den vom Gesetzgeber wahrzunehmenden finanziellen Interessen der Rundfunkteilnehmer zu erreichen[116]. Erforderlich soll all das sein, was zur Aufrechterhaltung der Grundversorgung unerläßlich sei[117]. Es stellt sich dabei die Frage, welche Programme im einzelnen zur unerläßlichen Grundversorgung gehören. Dazu erklärt das BVerfG in seinem siebten Rundfunkurteil[118], daß die Bezugsgröße für die Bestimmung des Erforderlichen nicht jedes einzelne Programm, sondern nur das Gesamtprogramm einer Rundfunkanstalt sein könne, da sich nur in diesem und nicht in jedem einzelnen Programm oder in jeder Sendung der Auftrag des öffentlich-rechtlichen Rundfunks in vollem Umfang verwirklichen müsse[119]. Es muß daher nicht geprüft werden, ob für jedes einzelne Programm die erforderlichen Mittel bereitstehen, sondern nur ob das Gebührenaufkommen ausreichend ist, um die Finanzierung des die Grundversorgung gewährleistenden Gesamtprogramms der öffentlich-rechtlichen Rundfunkanstalten sicherzustellen.

112 *Herrmann*, Rundfunkrecht, S. 297 ff.
113 *Herrmann*, Rundfunkrecht , S. 297.
114 BVerfGE 87, 181, 199.
115 BVerfGE 87, 181, 199 unter Hinweis auf BVerGE 83, 238, 311.
116 BVerfGE 87, 181, 202.
117 BVerfGE 87, 181, 293.
118 BVerfGE 87, 181 ff.
119 BVerfGE 87, 181, 203.

(6) Zuweisung der Grundversorgung

(a) Wahrnehmung der Grundversorgungsaufgabe durch den öffentlich-rechtlichen Rundfunk

Diesen so verstandenen Grundversorgungsauftrag im dualen Rundfunksystem hat das BVerfG dem Anstaltsrundfunk zugewiesen, da derzeit nur der öffentlich-rechtliche Rundfunk aufgrund seiner terrestrischen Frequenzen und seiner - durch die Gebührenfinanzierung bedingten - geringeren Einschaltquotenabhängigkeit ein inhaltlich umfassendes Programmangebot bieten könne[120]. Allerdings blieb die Frage nach dem Adressaten der Grundversorgungsaufgabe stets in der Diskussion[121]. Grund dafür sind sicherlich zwei Aussagen des BVerfG, die an der Unabänderlichkeit einer öffentlich-rechtlichen Grundversorgung Zweifel aufkommen lassen.

(b) Die „Jedenfalls"-Aussage

So heißt es in der fünften Rundfunkentscheidung des BVerfG: „Die Grundversorgung muß ... jedenfalls durch den öffentlich-rechtlichen Rundfunk wirksam sichergestellt sein"[122]. An anderer Stelle heißt es davon abweichend: „ Mit der Grundversorgungsaufgabe, die der öffentlich-rechtliche Rundfunk jedenfalls unter den gegenwärtigen Bedingungen im dualen System hat ..."[123]. Diese Aussagen lassen den Schluß zu, daß den öffentlich-rechtlichen Veranstaltern die Grundversorgung nicht unter allen Umständen garantiert ist und daß sich die Bedingungen wie die Frequenzknappheit, die hohen finanziellen Aufwendungen für die Veranstaltung von Rundfunk und Auswirkungen der Werbefinanzierung auf das Programm ändern können. Denkbar wäre zum Beispiel, daß die Grundversorgungsaufgabe unter geänderten Bedingungen ganz entfällt, was sehr unwahrscheinlich ist[124], oder von öffentlich-rechtlichem und privatem Rundfunk gemeinsam ausgeübt wird.

(c) Die „Solange und soweit"-Formel

Die eben angestellten Überlegungen können in Zusammenhang gebracht werden mit der „solange und soweit"-Formel des BVerfG: „Solange und soweit die Wahrnehmung der genannten Aufgaben jedenfalls durch den öffentlichen Rundfunk wirksam sichergestellt ist, erscheint es gerechtfertigt, an die Breite

120 BVerfGE 73, 118, 157; 74, 297, 324; 83, 238, 299.
121 *Scheble*, Perspektiven der Grundversorgung, S. 140.
122 BVerfGE 74, 297, 325.
123 BVerfGE 83, 238, 311.
124 *Scheble*, Perspektiven der Grundversorgung, S. 141.

des Programmangebots und die Sicherung gleichgewichtiger Vielfalt im privaten Rundfunk nicht gleich hohe Anforderungen zu stellen wie im öffentlich-rechtlichen Rundfunk“[125]. Das Programmangebot privater Veranstalter muß lediglich einem „Grundstandard gleichgewichtiger Vielfalt“[126] entsprechen und ermöglicht dadurch eine eingeschränkte Tendenzberichterstattung[127].

Das BVerfG hat allerdings bisher, bestätigt durch das achte Rundfunkurteil[128], hinsichtlich einer Neuverteilung der Aufgaben innerhalb der dualen Rundfunkordnung keinen Regelungsbedarf gesehen. Aktuell und traditionell wird die Grundversorgungsaufgabe vom öffentlich-rechtlichen Rundfunk wahrgenommen[129].

ee) Bestands- und Entwicklungsgarantie für den öffentlich-rechtlichen Rundfunk

Mit der Grundversorgungsaufgabe der öffentlich-rechtlichen Rundfunkanstalten korrespondiert die ihnen gewährte Bestands- und Entwicklungsgarantie[130]. In der sechsten Rundfunkentscheidung hat das BVerfG sein Grundversorgungsverständnis noch um den Begriff der „dynamischen Grundversorgung“ erweitert[131]. Der Begriff der Grundversorgung sei zeitlich offen und dynamisch und allein an die Funktion gebunden, die der Rundfunk im Rahmen des von Art. 5 I 2 GG geschützten Kommunikationsprozesses habe. Nach der Auffassung des BVerfG ist damit die Anerkennung einer Bestands- und Entwicklungsgarantie für den öffentlich-rechtlichen Rundfunk nicht nur zulässig, sondern sogar verfassungsrechtlich geboten, solange die privaten Rundfunkanbieter den klassischen Rundfunkauftrag nicht erfüllen[132]. Denn die Grundversorgung lasse sich im dualen Rundfunksystem unter den bestehenden Bedingungen nur gewährleisten, wenn der öffentlich-rechtliche Rundfunk nicht allein in seinem gegenwärtigen Bestand, sondern auch in seiner zukünftigen Entwicklung gesichert sei[133]. Demnach besteht die Bestands- und Entwicklungsgarantie um der

---

125 BVerfGE 73, 118, 158 f.

126 BVerfGE 73, 118, 159 f.

127 *Niepalla*, Grundversorgung, S. 90.

128 BVerfGE 90, 60 ff.

129 *Eberle*, AfP 1995, 559.

130 *Bethge*, Die verfassungsrechtliche Position des öffentlich-rechtlichen Rundfunks, S. 43 f.

131 BVerfGE 83, 238, 299.

132 BVerfGE 83, 238, 298. So auch *Scholz*, AfP 1995, 361 mwN; insgesamt kritisch: *Selmer*, Bestands- und Entwicklungsgarantie, S. 81.

133 *Bethge*, Die verfassungsrechtliche Position des öffentlich-rechtlichen Rundfunks, S. 51 f.

Programmgestaltung Willen und umfaßt deshalb als Grundlage der Grundversorgungsaufgabe die erforderlichen technischen, organisatorischen, personellen und finanziellen Voraussetzungen zur Sicherung einer programmlichen Vielfalt[134]. Somit sind zwar nicht einzelne Programme oder Programmteile in ihrem Bestand gesichert, wohl aber die Gesamtheit der terrestrisch verbreiteten öffentlich-rechtlichen Rundfunkprogramme als unerläßliche Grundversorgung[135]. Dementsprechend sind die Entwicklungsgarantien für einzelne Rundfunkanstalten in den neueren bzw. neugefaßten Rundfunkgesetzen und Staatsverträgen der Länder[136] enthalten. Auch im Rundfunkstaatsvertrag findet sich die Bestands- und Entwicklungsgarantie für den öffentlich-rechtlichen Rundfunk. Während diese früher als reine Absichtserklärung Abs. 4 der Präambel zum Rundfunkstaatsvertrag stand, hat sie nun mit der Aufnahme in § 11 I 2.Hs RdfStV eine rechtliche Aufwertung erfahren, indem sie rechtsverbindlich festgeschrieben wird. Jedoch gilt diese Garantie nur im Rahmen der Anstaltsaufgaben (§ 11 I 1.Hs RdfStV)[137].

4. Zusammenfassender Befund

Die Rundfunklandschaft in der Bundesrepublik hat sich seit dem zweiten Weltkrieg von zunächst einer Rundfunkanstalt zu einem dualen Rundfunksystem gewandelt, indem öffentlich-rechtlicher und privater Rundfunk nebeneinander existieren. Bedingt wurde dies durch eine stetige technische Fortentwicklung, die es ermöglichte immer mehr Programme auszustrahlen. Damit ging das Bestreben privater Unternehmer einher sich am Rundfunkmarkt zu beteiligen, so daß sich der Gesetzgeber irgendwann gezwungen sah, eine Rundfunkordnung für ein duales Rundfunksystem zu verabschieden. Anlaß waren Entscheidungen des BVerfG, das die Veranstaltung privaten Rundfunks grundsätzlich für zulässig erachtete. Überhaupt spielte das BVerfG eine entscheidende Rolle bei der Entwicklung hin zu einer dualen Rundfunkordnung, indem es immer wieder in seinem Entscheidungen den ziemlich generell gefaßten Art. 5 I 2 GG auslegte und damit dem Gesetzgeber den Weg wies.

So legte das BVerfG fest, daß Voraussetzung für die zulässige Veranstaltung von privaten Rundfunk mit reduzierten Vielfaltsanforderungen die Gewährleistung einer Grundversorgungsaufgabe sei, die den öffentlich-rechtlichen Rundfunkanstalten zugewiesen ist. Die Grundversorgung stellt sicher, daß der

---

134 *Hoffmann-Riem*, PayTV im öffentlich-rechtlichen Rundfunk, S. 68.

135 *Hoffmann-Riem*, PayTV im öffentlich-rechtlichen Rundfunk, S. 69.

136 Vgl. z.B. § 2 III Nr. 7 Radio Bremen-Gesetz.

137 *Gersdorf*, Der verfassungsrechtliche Rundfunkbegriff im Lichte der Digitalisierung der Telekommunikation, S. 74.

Gesamtheit der Bevölkerung Rundfunkprogramme angeboten werden, die umfassend und in voller Breite und Meinungsvielfalt informieren und unterhalten. Dazu ist notwendig, daß die die Grundversorgung gewährleistenden öffentlich-rechtlichen Rundfunkprogramme für die gesamte Bevölkerung empfangbar sind, in ihnen eine inhaltliche Meinungsvielfalt vorherrscht und diese Meinungsvielfalt auch verfahrensrechtlich gesichert ist. Deshalb sind die öffentlich-rechtlichen Programme auch so zu finanzieren, daß jeder sie in Anspruch nehmen kann. Das heißt die Rundfunkgebühr, als gemäße Art der Finanzierung, darf nur so hoch sein, daß sich jeder sie leisten kann.

Die duale Rundfunkordnung wird auch durch die dienende Funktion der Rundfunkfreiheit sowie durch das aus Art. 5 I 2 GG abgeleitete Gebot der Staats- und Gruppenferne des Rundfunks geprägt. Bezweckt wird damit eine möglichst weitreichende Unabhängigkeit des Rundfunks, die eine umfangreiche Meinungsvielfalt gewährleisten soll. Diesem Ziel dient auch die pluralistische Struktur des Rundfunks. Durch eine plurale Zusammensetzung der Aufsichtsgremien bei den Rundfunkanstalten wird gewährleistet, daß alle in der Gesellschaft vertretenen Meinungen im Rundfunkprogramm zu Wort kommen. Im Bereich des privaten Rundfunks wird die Meinungsvielfalt durch die Anzahl aller Rundfunkanbieter gewährleistet.

II. Dynamisierung der Rundfunklandschaft

1. Wandel der Rundfunkstrukturen durch neue technische Möglichkeiten

In der Vergangenheit war die Rundfunklandschaft durch eine Einwegkommunikationsstruktur gekennzeichnet, in welcher der Rezipient überwiegend passives Element war[138]. Dies wird sich in Zukunft ändern. Die Einführung digitaler Technik ist geeignet, zu einer Veränderung der Struktur der Rundfunklandschaft beizutragen. Schließlich wird durch die Möglichkeit des Transportes größerer Mengen von Daten und die damit einhergehende Möglichkeit der interaktiven Mediennutzung, der Mangel an Übertragungskapazitäten, der die Rundfunklandschaft der letzten Jahrzehnte geprägt hat, überwunden[139]. Dadurch werden kommunikationstechnische Prozesse immer stärker auf das Individuum ausgerichtet sein[140]. Ermöglicht wird dies, indem der bereits in den Rundfunknetzen bestehende Rückübertragungskanal vom Programmanbieter zum Rezipienten um einen Rückkanal vom Zuschauer zum Anbieter erweitert wird. Auf

---

138 *Gersdorf*, AfP 1995, 565; *Janik*, AfP 2000, 7.
139 *Kresse/Heinze*, AfP 1995, 574.
140 *Scholz*, AfP 1995, 358.

diesem Weg kann der Zuschauer mit dem Anbieter kommunizieren. Die elektronischen Medien, zu denen auch der Rundfunk gezählt wird[141], befinden sich also in einem Umbruch, der mit Schlagworten wie „Information Highway", „Interaktives Fernsehen", „Video on Demand" und „Home Shopping" nur unvollkommen beschrieben wird. Vielmehr ist eine Vielzahl von neuen Angeboten im Bereich der Rundfunk- und Kommunikationsdienste möglich[142]. Zu den neuen Angeboten gehören bereits oder werden gehören:

- Allgemeine Online-Dienste wie das Internet sowie Online-Dienste mit publizistischer Ausrichtung[143],
- Teleshopping, bei dem der Zuschauer in einem elektronischen Katalog zu jeder Zeit blättern und bestellen kann,
- Video on Demand, bei dem Zuschauer in der Lage ist, zu jeder von ihm gewünschten Zeit bestimmte Programme abzurufen;
- Near Video on Demand, bei dem Programme in kürzeren Zeitabständen wiederholt werden,
- Pay per View, bei dem der Zuschauer nur für die Sendungen zahlt, die er tatsächlich gesehen hat,
- Unterhaltungsprogramme, bei denen der Zuschauer die Handlung interaktiv beeinflussen kann[144].

Zusammenfassend läßt sich zwischen Verteil-, Zugriffs- und Abrufdiensten unterscheiden. Bei den Verteildiensten, der klassischen Form der Massenkommunikation, legt der Anbieter einseitig die Programminhalte fest und auch auf den Zeitpunkt, wann diese Inhalte abgerufen werden. Bei den Zugriffsdiensten werden die Informationen in raschen periodischen Abständen wiederholt. Der Rezipient kann in das zyklisch ausgestrahlte Programm zu einem individuell bestimmten Zeitpunkt einsteigen. Die Abrufdienste weisen schließlich den höchsten Standard interaktiver Kommunikation auf. Der Teilnehmer kann das Angebot, das er ansehen möchte selbst auswählen und den Zeitpunkt bestimmen, wann er das ausgewählte Angebot sehen möchte[145].

Der öffentlich-rechtliche Rundfunk steht vor der Frage, wie er in diesem Differenzierungsprozeß seine spezifische Funktion als Vermittler vielfältiger Information, Bildung und Unterhaltung bewahren kann. Die Rundfunkanstalten stellen bereits ihre Rundfunkdarbietungen sowie eigenständige Online-Angebote im Internet abrufbar bereit. Daneben stellen sich die Sender im Internet

---

141 Vgl. z.B. *Holznagel*, ZUM 1996, 16; *Kresse/Heinze*, AfP 1995, 574.

142 Vgl. hierzu auch *Koch*, Möglichkeiten der Beteiligung, S. 30 ff.; *Dittmann*, Der Rundfunkbegriff im deutschen Recht, Oppermann-FS, S. 25.

143 Vgl. z.B. die Internetangebote unter: www.ard.de, www.zdf.de.

144 Genauere Ausführungen zu den einzelnen Medienformen finden sich bei: *Holznagel*, ZUM 1996, 17 und *Gersdorf*, AfP 1995, 566 ff.

145 *Dörr*, „Multimedia" und der Rundfunkbegriff, Oppermann-FS, S. 122.

selbst dar, indem sie Programmkonzeptionen und Moderatoren vortsellen und Gewinnspiele anbieten. Nimmt der öffentlich-rechtliche Rundfunk alle diese Dienste als „Rundfunk“ für sich in Anspruch, so besteht die Gefahr, daß er sich in den vielen Einzelangeboten verzettelt und die vielfaltssichernden Vollprogramme vernachlässigt[146]. Klammert er dagegen die neuen Dienste aus, verpaßt er möglicherweise den Anschluß an die Entwicklung zu strukturell vielgestaltiger Nutzung der elektronischen Medien[147]. Dementsprechend wurde im Rahmen des Vierten Rundfunkänderungsstaatsvertrages mit § 4 III ARD-Staatsvertrag, § 4 III ZDF-Staatsvetrag und § 4 III DLR-Staatsvertrag festgelegt, daß der öffentlich-rechtliche Rundfunk berechtigt ist, Mediendienste im Sinne von § 2 II Nr. 4 Mediendienste-Staatsvertrag anzubieten. Dabei handelt es sich um „Abrufdienste, bei denen Text-, Ton-, oder Bilddarbietungen auf Anforderung aus elektronischen Speichern zur Nutzung übermittelt werden“. Nicht erfaßt sind Dienste, bei denen der individuelle Leistungsaustausch oder die reine Übermittlung im Vordergrund steht. Diese gehören zur Individualkommunikation.

Das Terrain jenseits der verfassungsrechtlich geschützten Rundfunkfreiheit ist den öffentlich-rechtlichen Rundfunkanstalten dagegen verwehrt[148]. Sie können ihren Funktionsbereich nicht eigenmächtig erweitern und sich auf diese Weise ohne gesetzliche Grundlage Zusatzkompetenzen verschaffen[149]. Dementsprechend haben die öffentlich-rechtlichen Rundfunkanstalten ein Interesse daran, den Rundfunkbegriff möglichst weit verstanden zu wissen, während die privaten Rundfunkanbieter den Rundfunkbegriff gerne eng ausgelegt haben möchten[150]. Dies hätte für sie zur Folge, daß sie bei der Veranstaltung neuer Kommunikationsdienste nicht der Aufsicht der Landesmedienanstalten und den Vorgaben der Rundfunkgesetze unterlägen[151].

2. Einbeziehung neuer Dienste in den Rundfunkbegriff

Inwieweit der öffentlich-rechtlichen Rundfunk die neuen Dienste für sich in Anspruch nehmen darf, hängt davon ab, ob die genannten neuen Angebote im Kommunikationsbereich dem Rundfunkbegriff unterfallen. Soweit dies der Fall ist, steht einem Angebot durch öffentlich-rechtliche Rundfunkanstalten nichts im Weg. Allerdings bleibt dann die Frage, ob die Rundfunkanstalten derartige

146 *Bullinger*, ZUM 1994, 596 f.; *Eberle*, ZUM 1995, 255 f.
147 *Bullinger*, AfP 1996, 1.
148 *Hoffmann-Riem*, AfP 1996, 9.
149 *Gersdorf*, Der verfassungsrechtliche Rundfunkbegriff; S. 65 f.
150 *Degenhart*, Online-Angebote öffentlich-rechtlicher Rundfunkanstalten, S. 26.
151 *Gersdorf*, AfP 1995, 568; *Rath-Glawatz*, AfP 1998, 263.

neue Programmangebote aus der Rundfunkgebühr finanzieren dürfen, oder ob sie eine alternative Finanzierung erstellen müssen. Aber auch für den Fall, daß es sich bei den neuen Angebotsmöglichkeiten nicht um Rundfunk handelt, sie jedoch trotzdem von den öffentlich-rechtlichen Anstalten angeboten werden dürfen, ist die zulässige Finanzierung zu klären[152].

Bei der Einordnung der neuen Dienste als Rundfunk ist darauf zu achten, daß nicht die Tatbestands- und die Rechtsfolgenseite vermengt werden[153]. Das bedeutet, daß zunächst der Rundfunkbegriff mit seinen Tatbestandsmerkmalen zu klären ist und dann zu prüfen bleibt, inwieweit sich die einzelnen Dienste hierunter subsumieren lassen. Es wäre methodisch unsauber, wenn diese Einordnung durch Erwägungen der Rechtsfolgenseite beeinflußt würden, weil man einige Dienste den Rundfunkanstalten zu- oder absprechen möchte.

a) Merkmale des Rundfunkbegriffs

Bei dem Begriff „Rundfunk" handelt es sich nicht um eine statische, sondern um eine dynamische gegenwartsbezogene Größe. Das BVerfG stellt dazu fest, daß bei der Bestimmung des Rundfunks nicht nur an eine bereits eingeführte Technik angeknüpft werden darf, da ansonsten die Rundfunkfreiheit unter den Bedingungen des raschen technischen Wandels ihre normative Kraft nicht bewahren kann[154]. Unter Zugrundelegung dieser Feststellung ist also der Rundfunkbegriff dynamisch und entwicklungsoffen zu verstehen. Trotzdem läßt sich der Rundfunkbegriff im Hinblick auf seine wesensbestimmenden Merkmale auslegen, wobei es aber nach Ansicht des Bundesverfassungsgerichtes ganz entscheidend auf die Funktionsbestimmung des Rundfunks ankommt. Entscheidend ist auch hier die dienende Funktion des Rundfunks, wonach die Rundfunkfreiheit primär im Interesse freier öffentlicher und individueller Meinungsbildung gewährleistet wird[155]. Rundfunk liegt demnach dann vor, wenn Sendungen gleichen Inhalts an eine bestimmte Anzahl von Zuschauern oder -hörern verbreitet werden und der Teilnehmer Auswahlentscheidungen durch Ein- und Ausschalten trifft[156]. Nicht entscheidend ist nach der Auffassung des BVerfG der gleichzeitige Empfang der gesendeten Inhalte durch sämtliche

---

152 Vgl. dazu im Einzelnen unten F II 3.

153 *Gersdorf,* Das Grundrecht der Rundfunkfreiheit als „Supergrundrecht"?, Oppermann-FS, S. 138 f.

154 BVerfGE 74, 297, 350; 83, 238; 299.

155 BVerfGE 57, 295, 320; 73, 118, 152; 74, 297, 323; 83, 238, 296, 90, 60, 88.

156 BVerfGE 74, 296, 352; *Bullinger,* AfP 1996, 7.

Rezipienten[157]. Auch wenn der Zeitpunkt des Empfangs durch den Teilnehmer in Eigenregie bestimmt werden kann, hindere dies nicht die Annahme von Rundfunk[158].

Eine ähnliche Definition von Rundfunk findet sich auch in § 2 I RdfStV, wo es heißt, Rundfunk sei die für die Allgemeinheit bestimmte Veranstaltung und Verbreitung von Darbietungen aller Art in Wort, Ton und Bild unter Benutzung elektromagnetischer Schwingungen ohne Verbindungsleitung oder längs oder mittels eines Leiters. Der Begriff schließe das Pay-TV und den Fernsehtext ein. Allerdings fehlt eine gesetzliche Einordnung der neuen Kommunikationsdienste. Weiter gehen da schon einige Landesmediengesetze, die wie z.B. in § 2 I HmbMedG auch die „rundfunkähnlichen Kommunikationsdienste“ erwähnen und vom „Rundfunk“ unterscheiden.

Aus dem Rundfunkbegriff, wie er in § 2 I RdfStV dargestellt ist, läßt sich nicht entnehmen, inwieweit einzelne Kommunikationsdienste hierunter subsumierbar sind. Deshalb sind die einzelnen Voraussetzungen des gesetzlichen Rundfunkbegriffs etwas genauer im Lichte der Vorgaben des BVerfG zur dienenden Funktion der Rundfunkfreiheit zu betrachten[159]: **Darbietungen** im rundfunkverfassungsrechtlichen Sinne sind sämtliche für den Prozeß individueller und öffentlicher Meinungsbildung relevanten Informationsinhalte. Für die **Allgemeinheit** des Adressatenkreises ist entscheidend, daß sich die entsprechenden Rundfunkprogramme an eine beliebige Öffentlichkeit wenden[160]. Nicht entscheidend für das Kriterium der Allgemeinheit ist es, ob der Rezipient den Zeitpunkt, zu dem das Programm empfangen werden kann, frei wählen kann oder ob ihm dies vorgegeben wird. Unter **Darbietungen aller Art** sind solche Kommunikationsangebote zu verstehen, die zur öffentlichen Meinungsbildung bestimmt oder wenigstens geeignet sind[161]. Dabei ist nicht die Zwecksetzung des Kommunikators, sondern die potentielle Wirkung auf den Rezipienten entscheidend[162]. Denn es ist gerade die herausgehobene Suggestivkraft des

---

157 So auch: *Bullinger*, AfP 1996, 6; *Hoffmann-Riem*, AfP 1996, 14; *ders.*, PayTV im öffentlich-rechtlichen Rundfunk, S. 58 f.

158 *Jarass*, AfP 1998, 134; *Kresse/Heinze*, AfP 1995, 576.

159 Vgl. zu den einzelnen Anforderungen des verfassungsrechtlichen Rundfunkbegriffs auch: *Degenhart*, Online-Angebote öffentlich-rechtlicher Rundfunkanstalten, S. 25 f. mwN; *Hoffmann-Riem*, PayTV im öffentlich-rechtlichen Rundfunk, S. 43 ff.

160 *Janik*, AfP 2000, 8; Bullinger, AfP 1996, 2; *Gersdorf*, AfP 1995, 569.

161 *Hoffmann-Riem*, AfP 1996, 11; *ders.*, PayTV im öffentlich-rechtlichen Rundfunk, S. 48 ff.

162 *Eberle*, Rundfunk - Regelungsmodell für Online-Dienste?, Oppermann-FS, S. 150; *Hoffmann-Riem*, AfP 1996, 12.

Rundfunks und speziell der bewegten Bilder des Fernsehens, welche die rechtliche Sonderbehandlung des Rundfunks rechtfertigen[163]. Das einfachgesetzliche Merkmal der **Verbreitung** hat keine verfassungsrechliche Bedeutung und ist demnach für den verfassungsrechtlichen Rundfunkbegriff entbehrlich[164]. Allerdings ist die Verbreitung als Beeinflussung der Öffentlichkeit vom grundrechtlichen Schutz des Art. 5 I 2 GG mit umfaßt[165]. Der verfassungsrechtliche Rundfunkbegriff umfaßt aber nur die Übermittlung von Darbietungen an ein beliebiges Publikum, unabhängig davon welcher Übermittlungsform man sich bedient. Die Verbreitung der Rundfunkdarbietungen muß unter Benutzung elektromagnetischer Schwingungen erfolgen. Dazu kommen die terrestrischen Frequenzen, das Breitbandkabelnetz, die Satellitenkanäle sowie das Telefonnetz und Glasfasernetze in Betracht[166].

b) Rechtliche Einordnung der neuen Kommunikationsdienste

aa) Darbietung für die Allgemeinheit

Es ist nun zu untersuchen, inwieweit sich die einzelnen Dienste unter den Rundfunkbegriff subsumieren lassen. Dabei ist zunächst zu klären, ob die neuen Dienste „Darbietungen" darstellen. Dies wird teilweise bestritten, da die „Darbietung" bei den neuen Diensten erst durch aktives Mitwirken des Zuschauers entstehe, welches über das bloße Ein- und Ausschalten hinausgehe[167]. Dem kann jedoch nicht zugestimmt werden, da ein Unterschied zwischen dem Rundfunkprogramm und dem Rundfunk als solchem gemacht werden muß. Ein Rundfunkprogramm ist die planvolle und zeitlich geordnete Folge von Rundfunksendungen eines Veranstalters. Für den Rundfunk als solches hingegen ist entscheidend, daß die für die Allgemeinheit bestimmten Beiträge dem öffentlichen Meinungsbildungsprozeß zu dienen geeignet und bestimmt sind[168]. Das ist der Fall, wenn es sich um Darbietungen handelt, die unter Verwendung elektromagnetischer Schwingungen an die Allgemeinheit übermittelt werden. Ob der Rezipient dabei über Abrufoptionen verfügt, die es ihm ermöglichen, sein eigenes Programm zusammenzustellen, ist für den verfassungsrechtlichen Rundfunkbegriff deshalb unbeachtlich, weil auch

---

163 BVerfGE 90, 60 87.

164 *Dörr*, „Multimedia" und der Rundfunkbegriff, Oppermann-FS, S. 124; *Gersdorf*, Der verfassungsrechtliche Rundfunkbegrif, S. 116 ff.

165 *Hoffmann-Riem*, AfP 1996, 12.

166 *Gersdorf*, AfP 1995, 570; *Hoffmann-Riem*, PayTV im öffentlich-rechtlichen Rundfunk, S. 51 ff; *Jarass*, AfP 1998, 136.

167 Vgl. die Position der Rundfunkreferenten bei *Gersdorf*, AfP 1995, 570.

168 *Hochstein*, NJW 1997, 2979.

abgerufene und interaktiv ausgestaltete Beiträge geeignet sind, den öffentlichen Meinungsbildungsprozeß zu beeinflussen und es auf die zeitliche Komponente gerade nicht ankommt[169].

bb) Rundfunkmäßige Verbreitung

Auch wenn dem Merkmal der Verbreitung keine verfassungsrechtliche Bedeutung für den Rundfunkbegriff zukommt, so ist doch zu überlegen, ob es bei den neuen Diensten gegeben ist. Dazu wird vereinzelt eine teleologische Auslegung des Begriffs der Verbreitung vorgenommen[170]. Diese geht dahin, daß der Rezipient der Programmentscheidung des Senders unterworfen sein soll, damit ihm die verschiedenen Inhalte dargebracht werden, die das gesamte Meinungsspektrum enthalten[171]. Der Rezipient hat damit nur die Möglichkeit, durch Ein- und Ausschalten seine Programmwahl zu betätigen. Eine inhaltliche Zusammenstellung des Programms bleibt ihm verwehrt[172]. Soweit der Rezipient nämlich eine inhaltliche Einflußnahmemöglichkeit auf das Rundfunkprogramm hätte, bestünde die Gefahr eines einseitigen Einflusses auf die Meinungsbildung[173]. Deshalb setze die rundfunkmäßige Verbreitung die passive Rolle des Rundfunkrezipienten voraus, der lediglich durch Ein- und Ausschalten eine Programmauswahl trifft. Da im z.B. Internet der Rezipient jedoch die Möglichkeit hat, die gewünschte Darbietung aufgrund der Anwahl einer Web-Site zu empfangen und darüber hinaus auch in der Lage sei, mit eigenen Inhalten selbst als Kommunikator aufzutreten, komme es zu einer Interaktivität und Gleichberechtigung zwischen den am Kommunikationsprozess Beteiligten, die bei der Rundfunkverbreitung undenkbar wäre[174]. Dieser Argumentation ist schwer zu folgen, da es nicht einzusehen ist, das Kriterium der Allgemeinheit, welches ein selbständiges Merkmal des Rundfunkbegriffs darstellt, auch noch auf die anderen Elemente des Rundfunkbegriffs auszudehnen. Außerdem hat bereits das Bundesverfassungsgericht der Unterscheidung zwischen „rundfunkähnlicher Kommunikation" (gemeint waren Zugriffs- und Abrufdienste) und den als Rundfunk bezichneten Sendungen im Hinblick auf das Merkmal der Verbreitung eine Absage erteilt[175]. Auch kann das Kriterium der Gleichzeitigkeit nicht für die Verbreitung maßgebend sein, da zum Beispiel auch Kinofilme zu unterschiedlichen Zeiten ausgestrahlt werden, was an ihrer beeinflussenden Wirkung auf den öffentlichen Meinungsbildungsprozeß nichts ändert. Mithin betrifft die

---

169 *Classen*, Der Rundfunk zwischen Wirtschaft und Kultur, Oppermann-FS, S. 64 f.; *Gersdorf*, AfP 1995, 572; *Jarass*, AfP 1998, 134.

170 *Ernst*, NJW 1997, 306; *Ricker*, ZUM 2001, 32.

171 *Degenhart*, Online-Angebote öffentlich-rechtlicher Rundfunkanstalten, S. 52 f.

172 BVerfGE 74, 295, 352.

173 *Degenhart*, Online-Angebote öffentlich-rechtlicher Rundfunkanstalten, S. 55 ff.

174 *Ricker*, NJW 1997, 3201; *ders.*, AfP 1998, 444; *ders.*, ZUM 2001, 30.

175 BVerfGE 74, 297, 351.

zeitliche Rezeptionsoption des Empfängers nur technische Aspekte, die allein für den Qualitätsstandard eines Systems von Bedeutung sind, nicht aber für den verfassungsrechtlichen Rundfunkbegriff von Relevanz sind. Doch kann die Frage dahingestellt bleiben, wenn es den neuen Kommunikationsdiensten an weiteren Merkmalen des Rundfunkbegriffs fehlt.

cc) Meinungsbildungsfunktion für die Allgemeinheit

Mit Sicherheit unbeachtlich für die Zuordnung der neuen Dienste zum Rundfunkbegriff ist ihre schmalbandige Übertragung über das Telefonkabel[176]. Doch muß gerade bei der neuen Form von Multimedia-Diensten wie dem Internet bezweifelt werden, inwieweit sie noch der Meinungsbildung für die Allgemeinheit dienen. Durch die Interaktivität des Internets ist es möglich, daß der einzelne Rezipient sein eigenes Rundfunkprogramm zusammenstellt und auch eigene Inhalte anbietet. Damit ist nicht gemeint, daß der einzelne Rundfunkteilnehmer selber auswählen kann, zu welcher Zeit er bestimmte Programme empfängt[177]. Vielmehr wird der Teilnehmer bei der typischen Struktur der neuartigen Abrufdienste wie dem Internet auch darüber entscheiden können, welche Teile eines bestimmten Programms oder einer bestimmten Sendung er sehen will, oder ob er zu bestimmten Themen zusätzliche Informationen und Hintergrundberichte wünscht. Er hat also erweiterte Auswahlmöglichkeiten nicht nur in zeitlicher Hinsicht, sondern auch in der Zusammenstellung der Informationsinhalte, auf die er Zugriff nimmt[178]. Diese Auswahl ist auch nicht mit der herkömmlichen Form des „Zappens“ zwischen mehreren Vollprogrammen vergleichbar[179]. Es entsteht vielmehr ein Prozeß der Kommunikation, der eher als Individualkommunikation zu verstehen ist und insofern keine „Darbietung für die Allgemeinheit“ mehr ist, da mit diesem Merkmal gerade die massenkommunikative Funktion des Rundfunks herausgestellt werden soll[180]. Vom Teilnehmer aus gesehen besteht keine Abhängigkeit mehr von einem

---

176 *Jarass*, AfP 1998, 139.

177 So *Libertus*, ZG 1999, 167 f., der Online-Dienste als für die Allgemeinheit bestimmt ansieht, da die Inhalte vom Veranstalter einseitig vorgegeben werden. Damit wird er jedoch der viel differenzierteren Struktur des Internet und der interaktiven Dienste nicht gerecht, die eine individuelle Auswahl an Programmen und Inhalten ermöglichen, abhängig davon, welche Anforderungen der Teilnehmer an die Dienste stellt.

178 *Degenhart*, MMR 1998, 138.

179 *Degenhart*, ZUM 1998, 342 f.; *Ricker*, ZUM 2001, 29.

180 *Bullinger/Mestmäcker*, Multimediadienste, S. 52 ff.; *Degenhart*, Online-Angebote öffentlich-rechtlicher Rundfunkanstalten, S. 29 f.; *Ricker*, NJW 1997, 3200. Dementsprechend lassen sich diese Online-Angebote auch eher unter § 2 II Teledienstegesetz oder § 2 I Mediendienstestaatsvertrag subsumieren, als unter den Rundfunkstaatsvertrag (*Libertus*, ZG 1999, 172). Allerdings bleibt zu beachten, daß gem. § 2 I Mediendienste-StVdie Bestimmungen des Rundfunkstaatsvertrag ausdrücklich unberührt bleiben.

bestimmten Programm oder von festen Programmzeiten, während aus der Sicht des Veranstalters vor allem die mit der gleichzeitigen Ausstrahlung an eine Allgemeinheit verbundene Einwirkungsmöglichkeit, damit also das spezifische Wirkungspotential des Rundfunks, nicht mehr zum Tragen kommt[181]. Zwar setzt sich der einzelne Rezipient von Online-Diensten aufgrund der individuellen Zusammenstellung sehr intensiv mit den einzelnen Inhalten auseinander, doch ist dadurch anders als beim Rundfunk stets nur eine individuelle Einflußnahme durch den Anbieter möglich, und nicht die massenmediale Wirkung durch Übermittlung der selben Inhalte an eine unbestimmte Anzahl von Zuschauern und Zuhörern. Damit bleibt festzuhalten, daß die speziellen technischen Leistungsmerkmale der Zugriffs- und Abrufdienste grundsätzlich zwar keine Ausklammerung aus dem verfassungsrechtlichen Rundfunkbegriff rechtfertigen, soweit durch diese Dienste Darbietungen, also für die öffentliche Meinungsbildung relevante Daten, an die Allgemeinheit übermittelt werden. Doch erscheint dies gerade für das Internet und andere Online-Dienste mehr als fraglich[182], so daß sie wohl nicht dem Rundfunkbegriff unterfallen[183]. Die Grenzen sind aber fließend und lassen keine generelle, dogmatische saubere, sondern nur eine eine wertende, auf den Einzelfall bezogene Einordnung eines jeden einzelnen Dienstes zu.

dd) Kommunikationsdienste anderer Medienbereiche

Auszuklammern aus dem Rundfunkbegriff sind auch solche Kommunikationsdienste, die sich einem anderen Medienbereich zuordnen lassen, wie z.B. die elektronische Presse, die eindeutig dem Pressewesen zuzuordnen ist, da sie sich lediglich anderer Verteilwege als die herkömmliche Presse bedient[184]. Gleiches gilt für die Individualkommunikationsdienste: Sie bedienen sich zwar der selben Übertragungswege wie der Rundfunk, doch fehlt ihnen die Zweckbestimmung zur öffentlichen Meinungsbildung, so daß auch sie nicht dem

---

181 *Degenhart*, Online-Angebote öffentlich-rechtlicher Rundfunkanstalten, S. 53 ff.

182 *Degenhart*, Online-Angebote öffentlich-rechtlicher Rundfunkanstalten, S. 40; *ders.*, ZUM 1998, 338 ff; *Ricker*, AfP 1998, 443. *Jarass*, AfP 1998, 140 ist der Meinung Abruf- und Verteildienste unterfallen dem Rundfunkbegriff. Allerdings geht er dabei von einer erheblichen Meinungsmacht der Abruf- und Verteildienste aus. Deshalb besteht grundsätzlich Übereinstimmung zwischen der hier vertretenen Auffassung und der Auffassung *Jarass*, daß auch die Anruf- und Verteildienste dem Rundfunkbegriff unterfallen, wenn sie zur Meinungsbildung Relevantes beitragen. Allein über den Inhalt dieser Dienste und damit über ihre Relevanz bei der Meinungsbildung besteht Uneinigkeit. A.A.: *Dörr*, „Multimedia“ und der Rundfunkbegriff, Oppermann-FS, S. 125 f.; *Libertus*, ZG 1999, 173 f.

183 *Classen*, Rundfunk zwischen Wirtschaft und Kultur, Oppermann-FS, S. 65 f.; *Hochstein*, NJW 1997, 2980; *Kressin*, Neue Medien, S. 91 ff. Vgl. hierzu auch unten G I.

184 *Michel*, ZUM 1998, 353; *Scherer*, AfP 1996, 218; *Schulze-Fielitz*, AfP 1998, 453; *Libertus*, ZG 1999, 164 f.

Rundfunkbegriff untergeordnet werden können. Schließlich sind noch die Teleshopping-Kanäle zu erwähnen, welche eine Form der Werbung darstellen und nur dann den Rundfunkbegriff zugeordnet werden können, wenn sie wie Rundfunkwerbung im Fernsehen in ein Unterhaltungsprogramm eingebettet werden[185].

ee) Dem Rundfunkbegriff zuzuordnende Dienste

Die übrigen Formen der neuen Dienste, wie insbesondere Video on Demand, Near Video on Demand und Pay-TV, lassen sich dem Rundfunkbegriff zuordnen[186], wenngleich dies dem Gemeinschaftsrecht zu widersprechen scheint, welches eine klare Abgrenzung zwischen Rundfunk[187] und Fernsehen und Telekommunikationsdiensten vorsieht[188]. Doch ist das Gemeinschaftsrecht wohl so zu verstehen, daß es mit Telekommunikationsdiensten Dienste im Sinne des Teledienstegesetz[189] meint, und nicht die Formen des modernen Fernsehens, die sich vom herkömmlichen Fernsehen nur in der Verbreitungsform unterscheiden (z.B. Video on Demand oder Pay-TV)[190]. Mithin scheint der vermeintliche Widerspruch aufgelöst.

3. Ausblick

Es sei abschließend ausdrücklich darauf hingewiesen, daß sich die neuen Dienste, insbesondere die Zugriffs- und Abrufdienste, noch im Anfangsstadium

---

185 *Bullinger*, AfP 1996, 5; *Hochstein*, NJW 1997, 2980 f.; *Hoffmann-Riem*, PayTV im öffentlich-rechtlichen Rundfunk, S. 49 f.; *Müller-Using/Lücke*, ArchivPT 1995, 44; *Koch*, Möglichkeiten der Beteiligung, S. 40; *Kressin*, Neue Medien, S. 119 ff.; *Schippan*, NJW 1997, 3208.

186 So auch: *Dittmann*, Der Rundfunkbegriff im deutschen Recht, Oppermann-FS, S. 29; *Hoffmann-Riem*, AfP 1996, 15; *ders.*, PayTV im öffentlich-rechtlichen Rundfunk, S. 43, 76 ff.; *Kressin*, Neue Medien, S. 82 ff.; *Ricker/Schiwy*; Rundfunkverfassungsrecht, S. 73 ff.; *Janik*, AfP 2000, 12; *Müller-Using/Lücke*, ArchivPT 1995, S. 42 für PayTV. Allerdings ordnen *Müller-Using/Lücke*, ArchivPT 1995, S. 42 und *Ricker/Schiwy*, Rundfunkverfassungsrecht, S. 77 f. Video On Demand nicht dem Rundfunk zu, da es am Kriterium der Allgemeinheit und der rundfunktypischen Verbreitung fehle. Deshalb ordnen *Ricker/Schiwy* Video On Demand den Abrufdiensten zu, so daß im Ergebnis kein Widerspruch zu den oben festgestellten Ergebnissen besteht.

187 Gemeint ist hierbei Hörfunk.

188 Vgl. etwa die Richtlinie 95/91/EG vom 18.10.1995 (Abl. EG Nr. L 256/49 v. 26.10. 1995).

189 Gesetz zur Regelung der Rahmenbedingungen für Informations- und Kommunikationsdienste -Art. 1 Gesetz über die Nutzung von Telediensten v. 22.7.97, BGBl. 1997, 1870.

190 *Degenhart*, Online-Angebote öffentlich-rechtlicher Rundfunkanstalten, S. 37 ff.

befinden, so daß ihre Zuordnung zum Rundfunkbegriff und die damit zusammenhängende Regulierbarkeit noch nicht von entscheidender Bedeutung für die Rundfunklandschaft in Deutschland sind. Doch gewinnt diese Form der Neuen Medien immer mehr an Bedeutung und verzeichnet höchste Wachstumsraten in den letzen Jahren. Dementsprechend haben auch die Rundfunkanstalten ihr sog. Online-Angebot in den letzten Jahren erheblich gesteigert[191]. Man muß sich deshalb den Problemen die aus den Online-Angeboten der Rundfunkanstalten erwachsen, wie ihre generelle Zulässigkeit und ihre Finanzierung, stellen. Dabei ist für die Frage der Zuordnung von Diensten zum Rundfunkbegriff nicht nur der status quo in Betracht zu ziehen. Vielmehr hat angesichts der Notwendigkeit dynamischer, die Entwicklung im Realbereich respektierender Zuordnung die begriffliche Einordnung auch nach dem publizistischen Potential zu erfolgen[192].

Es läßt sich auch nicht rechtfertigen, angesichts des zur Zeit noch begrenzten Anwendungsfeldes auf eine Regulierung der neuen Dienste ganz zu verzichten, da die großflächige Einführung dieser Dienste unmittelbar bevorsteht. Somit sind die regulatorischen Weichen zu stellen. Schließlich kann nicht ausgeschlossen werden, daß gerade die Zugriffs- und Abrufdienste in ihrer publizistischen Bedeutung den herkömmlichen Rundfunk überflügeln oder aber zumindest einen vergleichbaren Stellenwert erreichen[193]. Dieses Potential ist bei der Rundfunkregulierung zu berücksichtigen. Demtentsprechend ist in § 4 III ARD-Staatsvertrag, § 4 III ZDF-Staatsvetrag und § 4 III DLR-Staatsvertrag geregelt worden, daß der öffentlich-rechtliche Rundfunk berechtigt ist, Mediendienste im Sinne von § 2 II Nr. 4 Mediendienste-Staatsvertrag anzubieten.

Allerdings sei ausdrücklich noch einmal betont, daß auch die Zuordnung eines Teils der neuen Dienste zum Rundfunkbegriff noch nicht bedeuten soll, daß diese den gleichen strengen Regeln wie der herkömmliche Rundfunk unterliegen müssen. Vielmehr ist eine angemessene Diskussion um entsprechende Regelungen zu führen, die allerdings in Deutschland bisher nur sehr vereinzelt stattgefunden hat, aber in der letzten Zeit verstärkt Gegenstand wissenschaftlicher Abhandlungen geworden ist[194].

---

191 Vgl. die Internetangebote unter: www.ard.de, www.zdf.de.

192 *Hoffmann-Riem*, AfP 1996, 15; *Libertus*, ZG 1999, 174.

193 *Hoffmann-Riem*, PayTV im öffentlich-rechtlichen Rundfunk, S. 61 f.; *Hesse*, ZUM 2000, 192 f.; *Degenhart*, Kommunikation und Recht 2001, 330, die allerdings Zweifel an der Ablösung des Rundfunks durch Online-Dienste äußern.

194 So ist z.B. 1997 das Teledienstegesetz verabschiedet worden, welches Regelungen für bestimmte Formen von Kommunikationsdiensten, wie dem Internet, vorsieht. Sämtliche im Teledienstegesetz geregelten Dienste sind ausdrücklich vom Rundfunkbegriff ausgenommen. Beispielhaft für die erwähnten Abhandlungen seien genannt: *Degenhart*, ZUM 1998, 338 ff.; *Libertus*, ZG 1999, 161 ff. mwN.

Bei der Diskussion über neue Regelungen ist aber zu beachten, daß gerade der öffentlich-rechtliche Rundfunk einen Garanten gleichgewichtiger Meinungsvielfalt im dualen Rundfunksystem darstellt. Aus dieser Funktion für das Staatsganze ergibt sich die Verpflichtung, den öffentlich-rechtlichen Rundfunk mit seinem programmlichen Gesamtangebot wettbewerbs- und konkurrenzfähig zu erhalten[195]. Mithin darf diesem der Weg zu neuen Kommunikationsformen nicht versperrt werden.

Wenn nun aber dem öffentlich-rechtlichen Rundfunk gestattet wird, sich an den neuen Kommunikationsformen zu beteiligen, bleibt die Frage wie ein solches Engagement zu finanzieren ist. In Betracht käme sowohl eine Finanzierung aus dem allgemeinen Haushalt der Rundfunkanstalten, der hauptsächlich durch die Rundfunkgebühr aufgebracht wird, als auch eine Finanzierung aus gesonderten Einnahmequellen, wie spezielle Nutzungsentgelte. Hier wird man differenzieren müssen. Solange der öffentlich-rechtliche Rundfunk sich dieser neuen Angebotsformen bedient, um mit seinem programmlichen Gesamtangebot konkurrenzfähig zu bleiben und damit seine Grundversorgungsaufgabe zu gewährleisten, steht einer Gebührenfinanzierung nichts im Wege. Es kann keinen Unterschied machen, ob sich die Rundfunkanstalten der klassischen Programmform bedienen oder neue Wege gehen, solange sie sich im Bereich der Grundversorgung befinden und damit ihrer eigentlichen Aufgabe nachgehen. Wenn aber der öffentlich-rechtliche Rundfunk Angebote verbreitet, die jenseits der Grundversorgungsaufgabe liegen, so ist die Finanzierung aus der Rundfunkgebühr nicht eindeutig. Hier ist im Einzelfall zu fragen, für welche Angebotsformen das Rundfunkgebührenaufkommen verwendet werden darf[196].

---

195 *Eberle*, Die Rundfunkgebühr, S. 24. So kann wohl auch der VGH Baden-Württemberg, AfP 1999, 300 verstanden werden, der aufgrund der Bestands- und Entwicklungsgarantie für den öffentlich-rechtlichen Rundfunk eine Programmerweiterung und neue Programmformen für zulässig hält.

196 Vgl. im einzelnen die Ausführungen bei F II 3. Auch FAZ v. 27.10.2001, Seite 4.

C. Rundfunkgebührenrelevante Aspekte des Systems der öffentlichen Abgaben

Der Streit um die Rechtsnatur der Rundfunkgebühr, welcher diese Arbeit prägt, beruht zum Teil auf den unterschiedlichen Bergriffsbestimmungen der Gebühr, des Beitrags und der anderen nichtsteuerlichen Abgaben, auf welche die Autoren ihre Argumentation stützen[197]. Deshalb sollen zunächst die Grundlagen des Systems der öffentlich Abgaben dargelegt werden. Der Begriff der öffentlich-rechtlichen Abgabe wird dabei weit verstanden. Während sich die Abgabenordnung nämlich nur auf Steuern bezieht (§ 1 AO), liegen dem Kommunalrecht, dem Verwaltungsprozeßrecht und dem Gemeinschaftsrecht ein weiter Abgabenbegriff zugrunde[198]. Abgaben in diesem Sinne sind Steuern, Gebühren, Beiträge und bestimmte andere Abgaben (z.B. Kurtaxe) sowie die Sonderabgaben und die abgabenrechtlichen Nebenleistungen (z.B. Zinsen). Der Ausdruck „Abgabe" wird also als Oberbegriff für öffentlich-rechtliche Geldleistungen verwendet[199].

I. Das Fehlen eines geschlossenen Abgabensystems

Innerhalb des Oberbegriff „Abgabe" lassen sich im großen und ganzen vier Abgabenarten unterscheiden. Neben der klassischen Abgabentrias Steuern, Gebühren und Beiträge, sind auch die Sonderabgaben inzwischen zu den öffentlich-rechtlichen Abgaben zu zählen[200]. Desweiteren gibt es noch die Verbandslasten, die der Finanzierung einer öffentlich-rechtlichen Körperschaft durch ihre Mitglieder dienen und einem Beitrag ähneln sowie die Sozialversicherungsbeiträge[201]. Die beiden letztgenannten Abgabentypen passen jedoch offensichtlich nicht zur Rundfunkgebühr, so daß sie im weiteren Verlauf der Arbeit keine Berücksichtigung mehr finden.

Diese Abgabenarten hatten lange Zeit einen Ausschließlichkeitsanspruch. Andere Abgabentypen wurden nicht anerkannt. Es stellt sich allerdings die Frage, ob die Ausschließlichkeit der Existenz anerkannter Abgabenformen haltbar ist. Mit diesem Problem hat sich das BVerfG in seiner Wasserpfennig-Entscheidung[202] befaßt. Darin erklärt es, daß der bundesdeutschen Finanz-

---

197 *Gersdorf/Brosius-Gersdorf*, Teilnehmerentgeltsystem, S. 65; *Patzig*, DÖV 1981, 730 f.

198 *Wolff/ Bachof/ Stober*, VerwR I, § 42 Rn. 14.

199 BVerfGE 13, 181, 198; BVerwG DVBl. 1993, 441.

200 *Henneke*, Jura 1990, 65. A.A.: *F. Kirchhof*, Grundriß des Abgabenrechts, S. 10, der in der Sonderabgabe einen Auffangtatbestand für alle Sonderlasten sieht, die nicht in die übrigen Kategorien passen.

201 *F. Kirchhof*, Grundriß des Abgabenrechts, S. 9 f.

202 BVerfGE 93, 319 ff.

verfassung die Vorstellung zugrunde liege, die Finanzierung der staatlichen Aufgaben erfolge in erster Linie aus dem Ertrag der in Art. 105 ff. GG geregelten Einnahmequellen, nichtsteuerliche Abgaben seien aber nicht ausgeschlossen. Denn die Finanzverfassung enthalte keinen abschließenden Kanon zulässiger Abgabetypen[203]. Allerdings seien an die Erhebung einer nichtsteuerlichen Abgabe gewisse Voraussetzungen zu knüpfen. Zunächst einmal bedürfen sie einer besonderen sachlichen Rechtfertigung, die über die bloße Einnahmenerzielung hinausgehe, da der Schuldner einer nichtsteuerlichen Abgabe zugleich Steuerpflichtiger sei und als solcher schon zur Finanzierung der die Gemeinschaft treffenden Lasten herangezogen werde. Außerdem müssen sie sich von der voraussetzungslos geschuldeten Steuer deutlich unterscheiden[204]. So hat das BVerfG die herkömmlichen nichtsteuerlichen Abgaben wie Gebühren und Beiträge für grundsätzlich unbedenklich gehalten[205]. Ihre Erhebung werde durch ihre Ausgleichsfunktion legitimiert, da der Pflichtige auch einen besonderen Vorteil empfange. Allerdings sei es notwendig, daß die Höhe der nichtsteuerlichen Abgabe den Wert der öffentlichen Leistung nicht übersteige, da ansonsten die Abgabe quasi „voraussetzungslos" erhoben werde und sich damit nicht hinreichend von der Steuer abgrenzen ließe[206]. Für ebenso unbedenklich hält das BVerfG die von *Selmer* so bezeichneten sachkompetenzimpliziten Abgaben sowie die Sonderabgaben, an deren verfassungsrechtlicher Zulässigkeit wegen ihrer Ähnlichkeit zur Steuer allerdings strenge Anforderungen zu stellen sind[207]. Neben diesen Abgabentypen betont das BVerfG aber ausdrücklich auch die Zulässigkeit weiterer nichtsteuerlicher Abgaben. Es komme für die Zulässigkeit einer nichtsteuerlichen Abgabe nicht auf deren begriffliche Zuordnung an, sondern allein darauf, ob sie den Anforderungen standhalte, die sich aus der bundesstaatlichen Finanzverfassung ergeben. So sei die Zulässigkeit einer Abgabe nicht davon abhängig, ob sie sich den gebräuchlichen Begriffen, wie etwa der Gebühr oder dem Beitrag einfüge[208]. Fragen der Systematisierung und Katalogbildung aufgrund bestehender Gesetze seien keine Verfassungsfragen.

Es läßt sich damit als ein Tenor dieser Entscheidung festhalten, daß nichtsteuerliche Abgaben grundsätzlich verfassungsrechtlich zulässig sind, unabhängig davon, ob sie sich einem bestehenden Abgabenbegriff zuordnen lassen

---

[203] BVerfGE 93, 319, 342.

[204] BVerfGE 93, 319, 343.

[205] BVerfGE 82, 159, 181, 92, 91, 113.

[206] BVerfGE 93, 319, 347.

[207] BVerfGE 93, 319, 344.

[208] BVerfGE 93, 319, 345. Dagegen sprechen sich *Selmer/Brodersen*, DVBl. 2000, 1154 f. für eine Rückkehr zur Formenklarheit im Abgabenwesen aus, da diese für den Bürger eine grundrechtssichernde Wirkung besäßen.

oder eine selbständige Abgabenform, wie etwa eine Mischform aus verschiedenen Abgabentypen, darstellen[209]. Wichtig ist nur die deutliche Abgrenzung von der voraussetzungslos erhobenen und geschuldeten Steuer.

II. Typisierung der einzelnen öffentlichen Abgaben

Wenngleich es nach Meinung des Bundesverfassungsgerichts keinen abschließenden numerus clausus an Abgabenarten gibt, haben sich doch im Laufe der Zeit verschieden Abgabenarten herausgebildet. Diese sollen im folgenden zunächst typisiert werden, ohne daß bereits eine genaue Definition der einzelnen Abgabenbegriffe erfolgt[210]. Die in der Praxis vorkommenden Abgabenarten lassen sich am besten nach ihrem Erhebungsgrund typisieren.

1. Gemeindelast/Steuer

Die Gemeindelast Steuer wird zur Befriedigung des staatlichen Finanzbedarfs ohne weitere Rechtfertigung erhoben, soweit sie alle Bürger gleichmäßig belastet. Erst wenn es zu ungleichmäßigen Steuerlasten zwischen den Bürgern kommt, bedarf sie eines besonderen Rechtfertigungsgrundes. Sie kann die Einkommenserzielung, den Vermögensbestand oder die Vermögensverwendung belasten. Maßgebend für den Steuerbegriff ist, daß die Steuer hoheitlich bei allen, bei denen ein bestimmter Tatbestand zutrifft, auferlegt wird, zur Deckung des öffentlichen Finanzbedarfs dient und voraussetzungslos erhoben wird.

Die anderen nichtsteuerlichen öffentlichen Abgaben bedürfen stets eines besonderen Belastungsgrundes, da sie nicht alle, sondern nur einen Teil der finanziell leistungsfähigen Bürger betreffen (Sonderlasten)[211].

2. Vorzugslasten

Die zwei klassischen Sonderlasten sind die Gebühr und der finanzrechtliche Beitrag. Da beide vom Bürger gezahlt werden, weil ihm der Staat einen beson-

---

209 Dem stimmen auch *Selmer/Brodersen* in: *Hoffmann-Riem*, Indexierung der Rundfunkgebühr, S. 181; *dies.*, DVBl. 2000, 1153 ff. und *Gersdorf/Brosius-Gersdorf*, Rechtsfragen des Teilnehmerentgeltes, S. 65 zu. Ebenso *Koch*, Möglichkeiten der Beteiligung, S. 127.

210 Die Definition der einzelnen Begriffe ist erst notwendig, wenn es darum geht, die Rundfunkgebühr einem der Abgabentypen zuordnen und soll deswegen auch erst an dortiger Stelle erfolgen. Vgl. u. E II.

211 BVerfGE 75, 108, 158.

deren, anderen nicht zukommenden Vorteil angeboten hat, nennt man sie Vorzugslasten.

Eine Gebühr wird aus Anlaß einer individuell zurechenbaren Staatsleistung dem Empfänger durch öffentlich-rechtliche Norm oder hoheitliche Maßnahme auferlegt[212]. Ist die Leistung von einem personell geprägten Leistungsapparat erbracht worden, so spricht man von einer Verwaltungsgebühr. Hat der Staat die gebührenpflichtige Leistung primär durch seine öffentlichen Einrichtungen oder Sachmittel produziert, so handelt es sich um eine Benutzungsgebühr. Daneben besteht nach herrschender Ansicht noch ein dritter Gebührentyp der Verleihungsgebühr. Diese ist für die Übertragung eines subjektiv öffentlichen Rechts zu zahlen[213]. Zum Teil wird die Verleihungsgebühr auch als Konzessionsabgabe bezeichnet[214].

Der finanzrechtliche Beitrag zählt ebenfalls zu den Vorzugslasten. Auch er ist kein festes bundeseinheitliches Rechtsinstitut, sondern ein von Einzelgesetzen und Rechtspraxis geformter Typ[215]. Er wird bereits dafür gezahlt, daß der Staat dem Bürger einen individuellen Vorteil anbietet, unabhängig davon, ob dieser ihn in Anspruch nimmt[216].

3. Sonderabgaben

Neben die klassischen Sonderlasten schiebt sich die Sonderabgabe. Die Sonderabgaben werden inzwischen vom BVerfG als vierte klar konstituierte Abgabenart und nicht als Auffangtatbestand verstanden[217], wie die Entscheidungen zur Künstlersozialabgabe[218] und zur Fehlbelegungsabgabe[219] belegen. Mit Sonderabgaben darf der Staat in sich homogene Gruppen von Schuldnern belasten, die entweder für die Finanzierung einen besonderen Aufgabe eine besondere, deutlich erkennbare und objektiv vorgefundene Verantwortung tragen oder aus

---

212 BVerfGE 50, 217, 226; *Wilke*, Gebührenrecht und Grundgesetz, S. 24 ff.

213 OVG Hamburg, NVwZ 1990, 1003; *F. Kirchhof*, DVBl. 1987, 554 ff.

214 *Uffhausen*, Benutzungsgebühr, S. 21; *Wieland*, Konzessionsabgaben, S. 298 ff.

215 BVerwG, NJW 1987, 794.

216 BVerfGE, 7, 244, 254 ff.; 74, 196, 198; BVerwG, NJW 1987, 794.

217 *Selmer/Brodersen*, in: *Hoffmann-Riem*, Die Indexierung der Rundfunkgebühr, S. 179, 181; *Kirchhof* in: *Isensee/Kirchhof*, Handbuch des Staatsrechts IV, S. 184. Auch wenn andere Autoren in der Sonderabgabe einen Auffangtatbestand sehen (z.B. *Hess*, Verfassungsrechtliche Probleme der Gebührenfinanzierung, S. 104 mwN), so muß dieser Streit hier nicht entschieden werden, da ihm für die Frage nach der Rechtsnatur der Rundfunkgebühr keine Bedeutung zukommt.

218 BVerfGE 75, 108, 147 f.

219 BVerfG DVBl. 1988, 952, 953.

einem anderen, in gleichem Maße vorgegebenen Sachgrund finanziell besonders belastet werden können. Das BVerfG fordert dafür eine homogene Gruppe von Abgabenschuldnern, die eine spezifische Verantwortung für den mit der Abgabenerhebung verfolgten Zweck tragen sowie grundsätzlich eine gruppennützige Verwendung des Abgabenaufkommens[220].

Untersagt ist die Finanzierung allgemeiner Staatsaufgaben durch Sonderabgaben, weil dann ein zufälliger Kreis von Abgabenpflichtigen zugunsten des Gemeinwohls stärker belastet würde als die Gesamtheit der Steuerbürger und das in der Finanzverfassung der Art. 105 ff. GG zur Finanzierung der allgemeinen Staatsfinanzen vorgesehene Instrument der Steuer unterlaufen würde.

III. Die abgabenrechtlichen Erhebungsprinzipien

Für die unterschiedlichen Abgabentypen gelten verschiedene Erhebungs- und Bemessungsprinzipien, die sich aus dem Verfassungsrecht entwickeln lassen.

1. Der Grundsatz der Gesetzmäßigkeit der Verwaltung

Aus dem Grundsatz, daß die Verwaltung gesetzmäßig zu handeln hat, folgt für die Steuer der Grundsatz der Gesetzmäßigkeit der Besteuerung. Er enthält den Grundsatz des Vorrangs des Gesetzes und den Grundsatz des Vorbehalts des Gesetzes. Auf die Steuer bezogen heißt das, daß der gesetzliche Tatbestand, an den als Rechtsfolge die Steuerpflicht geknüpft wird, die Besteuerungs- und Bemessungsgrundlagen der jeweiligen Steuer möglichst präzise bezeichnen muß[221]. Auch hat die Finanzverwaltung keinen Spielraum, *ob* sie die gesetzlich festgelegte Steuer erheben will. Es gilt insoweit das verfahrensrechtliche Legalitätsprinzip, wonach Steuern nach Maßgabe der Gesetze festgesetzt und erhoben werden müssen (§ 85 AO).

Auch die Erhebung anderer öffentlicher Abgaben als die Steuer stellen einen Eingriff in die Freiheit des Bürgers dar. Ein solcher Eingriff bedarf nach dem Grundsätzen des Rechtsstaats einer rechtlichen Grundlage in Form eines Gesetzes. Mithin gilt der Vorbehalt des Gesetzes für die Erhebung sämtlicher öffentlicher Abgaben.

---

220 BVerfGE 57, 274, 306 f.

221 *Kirchhof* in *Isensee/Kirchhof*, Handbuch des Staatsrecht IV, S. 123 f.

2. Das Gebot der Steuergerechtigkeit

Weiter folgt für das Steuerrecht aus dem Gleichheitssatz des Art. 3 I GG das „Gebot der Steuergerechtigkeit“[222]. Dies ist, sieht man von der Kompetenzverteilung zwischen Bund und Ländern einmal ab, nahezu die einzige Schranke der Besteuerung[223]. Dieser spezielle Gleichheitssatz verlangt, daß die Besteuerung an der wirtschaftlichen Leistungsfähigkeit ausgerichtet wird[224]. Das bedeutet, daß in vertikaler Hinsicht die Besteuerung niedriger Einkommen im Vergleich zur Besteuerung höherer Einkommen dem Gerechtigkeitsgebot genügen muß und in horizontaler Hinsicht Steuerpflichtige mit gleicher Leistungsfähigkeit gleich hoch belastet werden[225]. Dieses Prinzip muß allerdings nicht in reiner Form verwirklicht werden. So sind z.B. auch lenkende Steuern oder eine Typisierung zulässig[226]. Dementsprechend ist der Gesetzgeber nicht gehindert statt des individuellen Wirklichkeitsmaßstabes aus Gründen der Praktikabilität pauschale Maßstäbe zu wählen, es sei denn, daß die steuerlichen Vorteile der Typisierung nicht mehr im rechten Verhältnis zu der mit der Typisierung notwendig verbundenen Ungleichheit der Steuerbelastung stehen[227]. Außerdem gilt der Grundsatz der Leistungsfähigkeit nur für Steuern, die auf die Leistungsfähigkeit des Steuerpflichtigen abstellen. Deshalb hat er nur wenig Aussagekraft für Verbrauchsteuern und die allgemeinen Verkehrssteuern.

Hinsichtlich der Erschließung von Steuerquellen hat der Gesetzgeber einen sehr weiten Spielraum[228], ebenso für die Höhe des Steuersatzes[229].

3. Das Äquivalenzprinzip

Eine Abgabe, die als Gebühr oder Beitrag einzuordnen ist, unterliegt anderen Erhebungsprinzipien, die ihre Wurzeln jedoch auch im Verfassungsrecht finden. Soweit Gebühren zur Abschöpfung eines Vorteils oder zum Überwälzen von Kosten gerechtfertigt sind, so sind sie es nur in dem Maße, indem dem Pflichtigen Vorteile zugeflossen oder dem Hoheitsträger Kosten erwachsen sind[230]. Maßgebend sind das Äquivalenz- und das Kostendeckungsprinzip. Je nach Grundtyp der Gebühr ist das zutreffende Prinzip heranzuziehen: bei der

---

222 BVerfGE 66, 214, 223.
223 *Rüfner* in Bonner Kommentar, GG, Art. 3 I , Rn. 197 ff.
224 BVerfGE 8, 51, 68 f.; 74, 182, 200; 89, 346, 352.
225 BVerfGE 82, 60, 89 f.
226 BVerfGE 85, 238, 244 bzw. BVerfGE 43, 58, 71 f.
227 BVerfGE65, 325, 354 f.
228 BVerfGE 49, 343, 360; 65, 325, 354; 81, 108, 117.
229 BVerfGE 85, 238, 244.
230 *Kirchhof* in: *Isensee/Kirchhof*, Handbuch des Staatsrechts IV, Rn. 198.

Vorteilsabschöpfung das Äquivalenzprinzip, bei der Kostenprovokation das Kostendeckungsprinzip. Wenn Gebühren sowohl durch einen Vorteil als auch durch eine Kostenverantwortung gerechtfertigt sind, kann der Gesetzgeber beide Prinzipien kombinieren.

Das Äquivalenzprinzip, welches dem Gebührenbegriff immanent ist[231], findet seine Grundlage im Gleichheitssatz und stellt die gebührenrechtliche Ausformung des im Rechtsstaatsprinzip des Art. 20 III GG begründeten und damit verfassungsrechtlich verankerten Grundsatzes der Verhältnismäßigkeit dar[232]. Es bemißt die Gebühr nach dem Wert der Verwaltungsleistung und verlangt ein gerechtes Verhältnis von Leistung und Gegenleistung, welches allerdings erst bei einer gröblichen Verletzung der Gleichwertigkeit gestört ist[233]. Dabei wird auf den Einzelfall abgestellt[234]. Allerdings kann dieser einen weiten Spielraum lassenden Maßstab noch durch andere Gesichtspunkte, z.B. soziale Gründe oder wirtschaftslenkende Motive modifiziert werden[235].

4. Das Kostendeckungsprinzip

Das Kostendeckungsprinzip besagt, daß das Gebührenaufkommen den Verwaltungsaufwand nicht überschreiten darf. Es stellt nicht auf den Einzelfall ab, sondern darauf, daß der sachliche und persönliche Verwaltungsaufwand für gebührenpflichtige Leistungen bestimmter Art durch das Aufkommen der hierfür geschuldeten Gebühren in einem bestimmten Zeitabschnitt nicht absichtlich überschritten werden darf[236]. Als Kostendeckungsgebot besagt es, daß die zur Finanzierung der kostenrechnenden Einrichtungen erforderlichen Gelder durch Gebühren voll zu decken sind.

5. Verfassungsrechtlicher Status von Äquivalenz- und Kostendeckungsprinzip

Sowohl das Äquivalenz- als auch das Kostendeckungsprinzip sind nicht von Verfassungsrang. Das Verfassungsrecht zieht nur einen äußeren Rahmen, innerhalb dessen der Gesetzgeber das Äquivalenz- oder das Kostendeckungsprinzip für verbindlich erklären und konkretisieren darf. Genauere

---

231 BVerfGE 20, 257, 270; 26, 305, 308.
232 BVerwG, DVBl. 1988, 734.
233 BVerwGE 12, 162, 166.
234 *Rühl,* Media Perspektiven 1984, 592.
235 *Rüfner* in Bonner Kommentar, GG, Art. 3, Rn. 291.
236 BVerwGE 12, 162, 166.

Maßstäbe gibt das Verfassungsrecht schon deshalb nicht vor, weil sich weder der durch ein Verhalten des Hoheitsträgers zugewachsene Vorteil noch die verursachten Kosten exakt angeben lassen[237]. Die Grenzen des Bewertungsspielraum des Gesetzgeber sind erst dort überschritten, wo die Gebühr erkennbar höher ist als der Vorteil oder wo die Kostenrechnung erkennbar unangemessen ist.

Für Beiträge, die nach Vorteilen zu bemessen sind, gilt entsprechendes. Allerdings läßt sich der Wert der Nutzungsmöglichkeit in der Regel kaum exakt bestimmen, so daß ein geeigneter Wahrscheinlichkeitsmaßstab anzulegen ist.

6. Anwendung des Gleichheitssatzes bei Sonderabgaben

Bei Sonderabgaben gebietet der Gleichheitssatz des Art. 3 I GG, daß die Sonderbelastung einer Gruppe besonders zu rechtfertigen ist[238]. Das BVerfG läßt die steuerliche Belastung einer Gruppe nur zu, wenn zwischen den von der Sonderabgabe bewirkten Belastungen eine sachgerechte Verknüpfung besteht[239].

7. Zusammenfassender Befund

Die allgemeinen abgabenrechtlichen Erhebungsprinzipien finden ihre rechtliche Grundlage zumeist im Rechtsstaatsprinzip sowie in Art. 3 I GG. Sie haben gemeinsam, daß sie eine möglichst gerechte Belastung der Abgabepflichtigen erreichen wollen. Inwieweit den angesprochenen Erhebungsprinzipien bei der Erhebung der Rundfunkgebühr Rechnung zu tragen ist, ist Gegenstand einer gesonderten Untersuchung, die bei der rechtlichen Einordnung der Rundfunkgebühr entscheidend ist[240].

---

237 *Vogel/Waldhoff* in Bonner Kommentar, GG, Vorb. zu Art. 104 a - 115, Rn. 418.
238 *Rüfner* in Bonner Kommentar, GG, Art. 3 I, Rn. 292.
239 Zu den einzelnen Zulässigkeitsvoraussetzungen einer Sonderabgabe vgl. o. E II 3 a aa.
240 Vgl. dazu unten E I.

D. Die Rundfunkgebühr vor der heutigen Rundfunklandschaft: Entwicklung und verfassungsrechtliche Zulässigkeit sowie die generellen Regelungen der Erhebung, Verteilung und Verwendung der Rundfunkgebühr

I. Entwicklung und Verwendung der heutigen Rundfunkgebühr

1. Die Post als Gläubigerin der Rundfunkgebühr[241]

Die Rundfunkgebühr hat ihren Namen als Gebühr aus dem Postrecht. In den Anfängen des Rundfunks in Deutschland in der Weimarer Republik konnte von einer Anstaltsgebühr noch keine Rede sein. Denn die Post selbst veranstaltete keine Rundfunksendungen für die Allgemeinheit, dies geschah durch Gesellschaften des privaten Rechts, die von der Post beherrscht wurden. Öffentlich-rechtliche Rundfunkanstalten gab es damals noch nicht[242]. Deshalb war die Rundfunkgebühr von 1923 an ursprünglich eine fernmelderechtliche Gebühr für die Genehmigung, eine „Funkanlage zu betreiben". Dies wurde 1928 in den §§ 2 und 9 des Fernmeldeanlagengesetzes vom 14.1. 1928[243] normiert[244]. Danach hatte der Rundfunkteilnehmer die Gebühr an die Reichspost zu zahlen, woraufhin ihm das Recht erteilt wurde, Fernmeldeanlagen zu errichten und zu betreiben, mit denen er die Sendungen der Rundfunkgesellschaften empfangen konnte[245]. Somit war die Rundfunkgebühr keine Gegenleistung des Rundfunkteilnehmers für die Programmleistungen der Sendegesellschaften, sondern eine Zahlung für die Vergabe eines staatlichen Hoheitsrechts, aus der keine Ansprüche gegenüber den Sendegesellschaften abgeleitet werden konnten[246].

Von dem gleichen Rechtsgedanken ausgehend, modifizierte die herrschende Lehre später die Qualifizierung der Rundfunkgebühr als Verwaltungsgebühr dahingehend, daß das Schwergewicht nicht mehr auf den formalen Akt der Lizensierung gelegt wurde[247]. Der Rundfunkteilnehmer sollte die Rundfunkgebühr als eine Art Konzessionsabgabe dafür bezahlen, daß er durch Errichtung und Betrieb einer Sendeanlage am Rundfunk teilnehmen und ein dem Bund als

---

241 Eine ausführliche Darstellung der historischen Entwicklung seit der Weimarer Republik findet sich bei *Ricker/Schiwy*, Rundfunkverfassungsrecht, Teil A, und *Gabriel-Bräutigam*, Rundfunkkompetenz und Rundfunkfreiheit, S. 63 ff.

242 *Schmidt*, Die Rundfunkgebühr, S. 28.

243 RGBl. I, S. 8.

244 *Herrmann*, Rundfunkrecht, § 31 Rn. 40.

245 So RGZ 128, 330 ff.; *Kämmerer*, DÖV 1950, 432.

246 *Kollek*, Rechtsfragen der Rundfunkfinanzierung, S. 67.

247 *Kollek*, Rechtsfragen der Rundfunkfinanzierung, S. 67 mwN.

Monopol zustehendes Recht ausüben durfte[248]. Maßgebend war also die materielle Rechtseinräumung. Die Festsetzung der Gebührenhöhe gehörte in die Hand der Bundespost als Nachfolgerin der Reichspost[249], da sie die Errichtung und den Betrieb einer Sendeanlage dem einzelnen Rundfunkteilnehmer gestattete. Die formelle Rechtsgrundlage dazu fand sich in § 2 II FAG, der Bundesrecht geworden war. So argumentierte die Post, die Rundfunkgebühr stehe der Stelle zu, die die Konzession für den Betrieb von Rundfunkempfang allein zu vergeben habe, und das sei der Bund[250].

2. Anerkennung der Gläubigerstellung der Rundfunkanstalten

Während die herrschende Lehre noch von der Gläubigerstellung der Post ausging, zeichnete sich eine Abkehr von der dieser Ansicht erstmals in den Rundfunkgesetzen in der amerikanischen Besatzungszone ab[251]. So wurde z.B. im Gesetz über den Hessischen Rundfunk[252] das nach dem FAG der Post zustehende Recht, die Befugnis zum Betrieb einer Sendeanlage zu verleihen, für Rundfunkgeräte im Lande Hessen auf den Hessischen Rundfunk übertragen, der allerdings mit der Einziehung der Gebühr die Post beauftragen konnte[253]. Dahinter standen die seit 1945 eingetretenen rechtlichen und tatsächlichen Gegebenheiten, wie die Aufgliederung des Rundfunks nach seiner technischen, organisatorischen und Programmseite, der ihr entsprechenden Aufteilung der Kompetenzen zwischen Bund und Ländern sowie die Entstehung einer unmittelbaren Beziehung zwischen den Hörern und den Rundfunkanstalten. Die Rundfunkgebühr wurde als eine Leistung des Hörers angesehen, die er für die Darbietung des Programms erbringt[254]. Somit war es die logische Konsequenz, daß den Rundfunkanstalten als denjenigen, die das Programm erbringen, auch die Rundfunkgebühr zustand. Eine ähnliche Regelung gab es für den Süddeutschen Rundfunk, Radio Bremen und den Bayrischen Rundfunk, die sich ebenfalls auf amerikanischem Besatzungsgebiet befanden[255]. Für die anderen Landesrundfunkanstalten in der britischen und französischen Besatzungszone

---

248 OVG Hamburg DÖV 1957, S. 118 ff. m. Anm. *Peters*.

249 Vgl. *Becker*, Existenzgrundlagen der Rundfunkveranstalter, S. 220; *Herrmann*, UFITA Bd. 50 (1967), S. 155 ff. mwN.

250 *Rühl*, Media Perspektiven 1984, 591.

251 Zu den Regelungen der Rundfunkgesetze von Bayern, Hessen, Baden-Würtemberg und Bremen siehe *Lüders*, Die Zuständigkeit zur Rundfunkgesetzgebung, S. 62 f.

252 GVBl. 1948, S. 123.

253 Vgl. § 17 des Gesetzes über den Hessischen Rundfunk.

254 *Ipsen*, Die Rundfunkgebühr, S. 30 ff.

255 Die entsprechenden Regelungen für die anderen Anstalten in der amerikanischen Besatzungszone finden sich in § 14 RBG, § 5 SDRG sowie § 13 BRG.

war die Rechtslage umstritten. Zwar wurden die Rundfunkanstalten als Anstalten des öffentlichen Rechts in den jeweiligen Zonen gegründet, doch wurde die Befugnis der Post zur Erhebung der monatlichen Rundfunkgebühr zunächst noch anerkannt[256]. Deshalb hielt die Bundespost überall dort an ihrer früheren Verwaltungskompetenz, namentlich an der Konstruktion der Rundfunkgebühr als Postgebühr fest, wo die Rechtslage nicht unbestreitbar gegen sie sprach[257]. Dieser uneinheitliche Zustand ließ jedoch schon damals Stimmen nach einer schnellen gemeinsamen Ordnung aufkommen, da die „Ätherwellen an den Grenzen ihres Ursprungslandes nicht haltmachen“[258]. So folgten im Laufe der Jahre auch die Gesetze über die Rundfunkanstalten auf britischem und französischem Besatzungsgebiet dem amerikanischen Beispiel und bestimmten die jeweiligen Landesrundfunkanstalten als Gläubigerinnen der Rundfunkgebühr[259].

Nach Inkrafttreten des Grundgesetzes am 24. Mai 1949 veränderte sich auch die Rechtslage im Rundfunkrecht. Danach leitete der Bund seine Gesetzgebungskompetenz aus Art. 73 Nr. 7 GG (Post- und Fernmeldewesen)[260] ab. Dies erschien allerdings seit dem 1. Rundfunkurteil des BVerfG[261] sehr fraglich. Zwar klammerte das BVerfG die Fragen der Rundfunkfinanzierung in dem Streit um die Errichtung der „Deutschland-Fernsehen-GmbH“ weitgehend aus, doch begannen sich in der Literatur die Stimmen gegen die Konstruktion einer Postgebühr zu mehren[262]. Der endgültige Umschwung kam aber erst mit den Rundfunkgebührenurteilen des BVerwG vom 15. März 1968[263]. Das Gericht interpretierte die Gebühr als von den Ländern zu erhebende Benutzungsgebühr, die ihrem Wesen nach als ein Äquivalent für den „Anschluß an den Rundfunk ... durch Aufstellung eines Empfangsgerätes“ verstanden werden könne[264]. Seitdem ist die Zuständigkeit der Länder für die Regelung der Rundfunkgebühr unbestritten[265]. Aus der Postgebühr wurde eine Anstaltsgebühr. Dies hat das Bundesverfassungsgericht in seinem Mehrwertsteuer-Urteil 1971 noch einmal bestätigt[266].

256 *Kämmerer*, DÖV 1950, 433; *Nagel*, Rundfunkanstalt, Rundfunkteilnehmer und die Post, S. 36.

257 *Ipsen*, Die Rundfunkgebühr, S. 24 ff; *Schmidt*, Die Rundfunkgebühr, S. 29; *ders.* in : Media Perspektiven 1986, 165.

258 *Kämmerer*, DÖV 1950, 433.

259 Vgl. §§ 20, 21 NDR-StV, § 23 WDRG sowie §§ 48 -52 SRG.

260 Seit 1994 geändert in: „Postwesen und Telekommunikation“.

261 BVerfGE 12, 205.

262 *Schmidt*, Die Rundfunkgebühr, S. 29 mwN.

263 BVerwG 29, 214; UFITA 52 (1968), 309.

264 BVerwG 29, 214, 217.

265 Stellvertretend für viele: *Herrmann*, Rundfunkrecht, § 31 Rn 40 mwN.

266 BVerfGE 31, 314 ff.

3. Der Weg zur heutigen Rechtslage

Durch die Anerkennung der Gläubigerstellung der Rundfunkanstalten entstand ein Abtrennungsprozeß zwischen der Funkhoheitsbehörde Post und den Rundfunkanstalten. Die Leistungsbeziehungen zwischen der Post und dem Rundfunk wurde durch die „Vereinbarung über die Leistungsbeziehungen zwischen den Rundfunkanstalten und der deutschen Bundespost hinsichtlich der Technischen Leistungen“ (VTL) vom 25. Januar 1974 nach Maßgabe des Prinzips der Erstattung der entstandenen und nachzuweisenden Kosten neu geregelt[267]. Den Einzug der Rundfunkgebühren übernahmen die Rundfunkanstalten seit dem 1. Januar 1976 selbst und beauftragten mit dem Inkasso die neu gegründete „Gebühreneinzugszentrale der öffentlich-rechtlichen Rundfunkanstalten der Bundesrepublik Deutschland“ (GEZ), die im Namen und auf Rechnung der jeweiligen Landesrundfunkanstalt den verwaltungsmäßigen Einzug übernahm[268]. Dem ging durch den Staatsvertrag der Länder über die Regelung des Gebührenwesens vom 31. Oktober 1968 / 5. Dezember 1974 und den Staatsvertrag über die Höhe der Rundfunkgebühr vom 19. Februar / 21. Mai 1969 ein einheitliches Rundfunkgebührenrecht für das Bundesgebiet voraus[269]. Durch diese Staatsverträge haben die Bundesländer das Rundfunkgebührenwesen für den Bereich aller vertragschließenden Länder zum ersten Mal einheitlich geregelt. Die bis dahin geltenden landesgesetzlichen Vorschriften in den einzelnen Rundfunkgesetzen wurden insoweit gegenstandslos.

Die Umstellung von der Gläubigerstellung der Post auf die Landesrundfunkanstalten hatte aber keine Änderung der Bezeichnung als Rundfunkgebühr zur Folge. Es war also nun unter dem alten Begriff der Rundfunkgebühr von einem ganz anderen Gegenstand die Rede. Fortan war die Rundfunkgebühr keine dem Verwaltungsrecht zuzurechnende Verwaltungsgebühr mehr. Die Rundfunkgebühr ist heute ein Mittel zur Finanzierung des staatsfreien öffentlich-rechtlichen Rundfunks in der Bundesrepublik Deutschland. Die Erhebungskompetenz für die Rundfunkgebühr ergibt sich als ein vom Bundesverfassungsgericht aus Art. 5 I 2 GG abgeleitetes Gebot, wonach der Gesetzgeber eine sachdienliche Finanzierung des öffentlich-rechtlichen Rundfunks sicherzustellen hat. Dies ist die Rundfunkgebührenfinanzierung, da sie dem Grundsatz der Staatsfreiheit des Rundfunk am besten Rechnung trägt. Materiellrechtlich ist entscheidend, daß die Rundfunkgebührenpflicht bereits an das Bereithalten

---

267 Vgl. auch *Vehar*, Media Perspektiven 1983, S. 761 ff.

268 *Hesse*, Rundfunkrecht, S. 134.

269 Der Rundfunkstaatsvertrag liegt heute in der Form vom 31.8.1991 zuletzt geändert am 11.9.1996 vor (vgl. auch Einleitung).

eines Rundfunkempfangsgerätes anknüpft und es deswegen nicht auf die tatsächliche Inanspruchnahme der Sendungen öffentlich-rechtlicher Anstalten ankommt[270].

Die Literatur hat im Rahmen ihrer Erörterungen zur Rechtsnatur der Rundfunkgebühr indes wenig Notiz von dieser verfassungsrechtlich bedingten Inhaltsveränderung genommen. Sie hat aufgrund des gleichgebliebenen Namens „Gebühr" weiterhin Streit darum geführt, wie die Rundfunkgebühr in das Formenarsenal verwaltungsrechtlicher Abgaben einordnen lasse[271]. Somit verwundert es nicht, daß sich in neueren Darstellungen zu diesem Thema immer noch diverse Nachweise auf ältere Positionen aus der Zeit vor den Rundfunkgebührenurteilen von 1968 finden lassen.

4. Der Belastungsgrund für die Rundfunkgebühr

Die Finanzierung des öffentlich-rechtlichen Rundfunks ist essentieller Bestandteil der allgemeinen Sicherungsgarantie des Gesetzgebers für eine verfassungskräftige Gewährleistung der Rundfunkfreiheit, an welcher der öffentlich-rechtliche Rundfunk als Träger der Grundversorgung teilnimmt. Von der Verfassung ist aber kein bestimmtes Finanzierungsmodell vorgegeben[272]. Es ist lediglich notwendig, daß die Finanzausstattung in Ausgestaltung und Umfang Gewähr für die Umsetzung des klassischen Rundfunkauftrages bietet. Dazu ist die Gebührenfinanzierung des öffentlich-rechtlichen Rundfunks die geeignete Form, da sie es erlaubt „unabhängig von Einschaltquoten und Werbeaufträgen ein Programm anzubieten, das den verfassungsrechtlichen Anforderungen gegenständlicher und meinungsmäßiger Vielfalt entspricht"[273].

Inhaltlich wird die Rundfunkgebühr durch ihren Belastungsgrund geprägt. Nur wenn klar ist, warum die Rundfunkgebühr erhoben wird, lassen sich die Fragen um ihre Erhebung und Verwendung beantworten[274]. Entscheidend für den Belastungsgrund der Rundfunkgebühr ist die Frage, ob die Rundfunkgebühr eine Gegenleistungsfunktion besitzt. Tatsache ist, daß die öffentlich-rechtlichen Rundfunkanstalten ein Programm erbringen, welches sie zum Großteil aus der Rundfunkgebühr finanzieren. Die Rundfunkgebühr wird also aufgrund eines aus Art. 5 I 2 GG folgenden Gebots erhoben, öffentlich-rechtliche Rundfunkprogramme in ihrer vom BVerfG geforderten Art und Weise zu veranstalten.

---

270 Vgl. hierzu auch BVerfGE 87, 181, 201; 90, 60, 91.
271 *Schmidt*, Media Perspektiven 1986, 166.
272 BVerfGE 83, 238, 310.
273 BVerfGE 90, 60, 90.
274 *F. Kirchhof*, Grundriß des Abgabenrechts, S. 7.

Somit läßt sich ein Gegenleistungscharakter nicht leugnen. Allerdings ist die Rundfunkgebühr unabhängig davon zu entrichten, ob man das Leistungsangebot der öffentlich-rechtlichen Anstalten überhaupt wahrnimmt. Dies spricht gerade wieder gegen einen Gegenleistungscharakter der Rundfunkgebühr. Doch erwirbt der Teilnehmer durch die Zahlung der Rundfunkgebühr das Recht, Rundfunksendungen jeglicher Anstalten zu empfangen. Mithin erhält man für die Rundfunkgebühr zumindest dieses Recht als Gegenleistung. So läßt es sich verstehen, wenn das BVerfG eine unmittelbare Gegenleistungsfunktion der Rundfunkgebühr ablehnt und die Rundfunkgebühr als Mittel zur Finanzierung der Gesamtveranstaltung Rundfunk versteht[275]. Die Rundfunkgebühr wird dabei nämlich nur als Gegenleistung für die Ausstrahlung des Rundfunkprogramms verstanden. Ob dies Programm der einzelne Rezipient tatsächlich empfängt, ist nicht entscheidend. Die Leistung der Rundfunkanstalten ist also nicht individuell zurechenbar. Jedoch kann die Leistung der öffentlich-rechtlichen Rundfunkanstalten gruppenmäßig der gesamten Gruppe der Rundfunkteilnehmer zugerechnet werden, so daß ein gewisser Gegenleistungscharakter bleibt.

Der eigentliche Belastungsgrund für die Rundfunkgebühr liegt jedoch nicht in dem wie auch immer gearteten Gegenleistungscharakter, sondern in der Funktionsfähigkeit des öffentlich-rechtlichen Rundfunks als Voraussetzung für die von Verfassungs wegen geforderte umfassende Berichterstattung durch den Rundfunk[276]. Schließlich dient die Gebührenfinanzierung des öffentlich-rechtlichen Rundfunks nicht nur der Aufrechterhaltung des Anstaltsfunks und damit der Sicherung der Grundversorgung. Vielmehr legitimiert die Gewährleistung der Grundversorgung auch die Absenkung des Programmstandards bei den privaten Anbietern und bildet damit die finanzielle Basis für ein verfassungsrechtlich zulässiges Programmangebot der privaten Rundfunkanbieter[277]. Damit läßt sich festhalten, daß das gesamte duale Rundfunksystem mit einem starken, unabhängigen öffentlich-rechtlichen Rundfunk und einem der externen Kontrolle unterworfenem privaten Rundfunk auf die Rundfunkgebühr angewiesen ist. Nur auf diese Weise kann verhindert werden, daß im dualen Rundfunksystem die Vorgaben nicht mehr erfüllt werden können, die die Rundfunkfreiheit des Art. 5 I 2 GG enthält[278]. Dies unterstreicht die Ansicht, daß die Rundfunkgebühr das Mittel zur Finanzierung der *Gesamtveranstaltung* Rundfunk ist.

---

275 BVerfGE 31, 314, 330.

276 *Gersdorf/Brosius-Gersdorf*, Teilnehmerentgeltsystem, S. 69; *Bethge*, Verfassungsrelevanz des förderalen Rundfunkfinanzausgleichs, S. 52 ff.

277 BVerfGE 90, 60, 90 unter Verweis auf BVerfGE 73, 118, 158 f.; 74, 297, 325; 83, 238, 297; *Becker*, Existenzgrundlagen öffentlich-rechtlicher und privater Rundfunkveranstalter, S. 224 f.; *Hess*, Verfassungsrechtliche Probleme der Gebührenfinanzierung, S. 101.

278 *Dörr*, Programmvielfalt im öffentlich-rechtlichen Rundfunk, S. 27.

Dieses Ergebnis ist bei den folgenden Ausführungen zum Streit um die Rechtsnatur der Rundfunkgebühr zu beachten. Es wird sich im Laufe der Abhandlung zeigen, daß mit diesem Verständnis von der Rundfunkgebühr den meisten Problemen beizukommen ist.

5. Der generelle Verwendungszweck der Rundfunkgebühr

Bei der rechtlichen Einordnung der Rundfunkgebühr spielt neben dem Belastungsgrund insbesondere ihr Verwendungszweck eine entscheidende Rolle. So spricht zum Beispiel die weitgehende Zweckbindung einer Abgabe gegen ihre Einordnung als Steuer, welche grundsätzlich gegenleistungsunabhängig erhoben wird und - vereinfacht dargestellt - der allgemeinen Finanzierung des Staatshaushaltes dient. Eine Ausnahme bilden lediglich die sogenannten „Zwecksteuern". Dagegen setzen Sonderabgaben grundsätzlich eine gruppennützige Verwendung des Abgabenaufkommens voraus. Bevor also die Rundfunkgebühr abgabenrechtlich eingeordnet werden kann, ist zu fragen, welchen Zweckbindungen die Rundfunkgebühr unterliegt. Dabei ist das Hauptaugenmerk auf verfassungsrechtliche Zweckbindungen zu richten, da - wie im gesamten Bereich des Rundfunkrechts - auch im Rundfunkgebührenwesen, die maßgebenden Regelungen der verfassungsgerichtlichen Auslegung der Rundfunkfreiheit des Art. 5 I 2 GG entstammen. Jedoch bleibt zunächst der Blick in die spezialgesetzlichen Regelungen, wie die Rundfunkstaatsverträge.

a) *Staatsvertragliche Vorgaben für den Verwendungszweck*

Auf der Suche nach dem Verwendungszweck der Rundfunkgebühr liegt es nahe, zunächst in die Staatsverträge der Länder zu schauen. Dabei stellt man jedoch fest, daß sich weder im Rundfunkstaatsvertrag noch im Rundfunkgebühren- oder Rundfunkfinanzierungsstaatsvertrag irgendwelche Zweckbindungen für die Verwendung der allgemeinen Rundfunkgebühr finden lassen. Vereinzelt findet man derartige Zweckbestimmungen in den Rundfunkgesetzen der Länder[279]. Jedoch wird auch hier bloß festgelegt, daß die Einnahmen der Rundfunkanstalten - und dazu gehören auch die Rundfunkgebühren - nur für „Zwecke des Rundfunks"[280] bzw. nur für die in dem jeweiligen Gesetz „bestimmten Aufgaben verwendet werden dürfen"[281]. Durch diese relativ unbestimmten Formulierungen wird dem Problem Rechnung getragen, daß zu

---

279 Vgl. Art 14 BayRuFuG, wonach die Einnahmen des Bayrischen Rundfunks insbesondere für kulturelle Einrichtungen und Zwecke zu verwenden sind, die unmittelbar dem Bayrischen Rundfunk dienen.

280 § 19 I RBG; § 38 I SaarlRG.

281 § 31 II 2 NDR-StV; § 39 I 2 WDR-G.

detaillierte legislative Zweckbindungen für den Einsatz der Gebührenmittel gegen die Programmautonomie der Rundfunkanstalten verstoßen könnten[282]. Jedoch bleibt es unklar, welche Verwendungszwecke noch mit dem materiellen Rechtscharakter der Rundfunkgebühr zu vereinbaren sind.

b) Verfassungsrechtliche Vorgaben für den Verwendungszweck

aa) Finanzierung der Kernaufgaben der Rundfunkanstalten aus der Rundfunkgebühr

Da keine staatsvertraglichen Vorgaben für den Verwendungszweck existieren, ist es erforderlich, auf die Kriterien und Elemente zurückzugreifen, die das BVerfG in seiner Rechtsprechung zur Konkretisierung der Rundfunkfreiheit herausgearbeitet hat. So betont das BVerfG in ständiger Rechtsprechung, daß der klassische Rundfunkauftrag sich nicht auf die Berichterstattung oder Vermittlung politischer Meinungen beschränkt, sondern auch Unterhaltung und kulturelle Verantwortung umfaßt[283]. Das bedeutet eine qualitative Komponente (keine Beschränkung auf massenattraktive Programme) und eine quantitative Komponente, nämlich die Präsenz in den relevanten Angebotsfeldern des Rundfunks[284]. Die Erfüllung des klassischen Rundfunkauftrages ist die Kernaufgabe der öffentlich-rechtlichen Rundfunkanstalten, auf die sie jedoch keineswegs beschränkt sind[285].

Die Rundfunkgebühr erlaubt es den Sendeanstalten, unabhängig von Einschaltquoten und Werbeaufträgen ein Programm anzubieten, das den verfassungsrechtlichen Anforderungen gegenständlicher und meinungsmäßiger Vielfalt entspricht[286]. In der ungeschmälerten Erfüllung dieser Funktion und der Sicherstellung der Grundversorgung findet die Gebührenfinanzierung ihre Rechtfertigung. Insofern ist die Rundfunkgebühr auf jeden Fall zur Finanzierung der Kernaufgaben der Rundfunkanstalten, nämlich der Erfüllung des klassischen Rundfunkauftrages, zu verwenden.

---

282 Solche Bedenken äußert *Hess*, Verfassungsrechtliche Probleme der Gebührenfinanzierung, S. 96. Vgl. dazu auch BVerfG AfP 1987, 486. Man wird jedoch davon ausgehen können, daß die zitierten Zweckbestimmungen in den einzelnen Rundfunkgesetzen der Länder verfassungsrechtlich zulässig sind, da sie dem Programmmauftrag der öffentlich-rechtlichen Rundfunkanstalten entsprechen (*Giani*, ZUM 1990, 402 f.).

283 BVerfG, AfP 1987, 482.

284 *Degenhart* in: Bonner Kommentar, Art. 5 Abs. 1 u. 2, Rn. 809.

285 Vgl. o. B I 3 c dd.

286 BVerfGE 73, 118, 158; 90, 60, 90.

Dabei ist jedoch zu beachten, daß die Kernaufgaben der öffentlich-rechtlichen Rundfunkanstalten nicht bei der Grundversorgung enden. Vielmehr haben die Rundfunkanstalten auch jenseits der Grundversorgung Anspruch auf eine funktionsgerechte Finanzierung, soweit die Finanzierung zur Wahrnehmung ihrer spezifischen Funktionen erforderlich ist[287]. Eine inhaltliche Bestimmung des Erforderlichkeitskriteriums im Hinblick auf den Programmumfang und den hierfür notwendigen finanziellen Mitteln ist naturgemäß schwierig. Eine Definition allein durch die Rundfunkanstalten ist nicht möglich, da die Rundfunkanstalten wie jede andere Institution ein Selbsterhaltungs- und Ausweitungsinteresse besitzen, daß sich gegenüber den ihnen auferlegten Funktionen verselbständigen könnte[288]. Eine ausschließlich externe Kontrolle ist aber ebenfalls nicht akzeptabel, da hiermit in die Programmautonomie des öffentlich-rechtlichen Rundfunks eingegriffen würde. Dementsprechend ist die Gebührenfestsetzung heute so ausgestaltet, daß die Rundfunkanstalten ihren Bedarf anmelden und eine unabhängige Sachverständigenkommission, die KEF, diese Bedarfsanmeldung überprüft[289].

Das BVerfG hat das Erforderlichkeitskriterium aber in zweierlei Hinsicht konkretisiert. Zum einen stellt die Grundversorgung nur einen Aspekt dar, der die Finanzierung des öffentlich-rechtlichen Rundfunks aus Rundfunkgebühren rechtfertigt. Als Mittel zur Eigenfinanzierung ihres Programmauftrages entspricht die Rundfunkgebühr auch dem Gebot der Staatsautonomie der Rundfunkanstalten und reduziert zugleich die Abhängigkeit von den mit der Finanzierung aus Werbeeinnahmen verbundenen spezifischen Gruppeninteressen der werbetreibenden Wirtschaft. Die verfassungsrechtliche Legitimation der Gebührenfinanzierung des Anstaltsrundfunks liegt somit nicht nur in der finanziellen Sicherung der Grundversorgung, sondern in der Gewährleistung der Rundfunkfreiheit schlechthin. Insofern bedeutet das Kriterium der „Erforderlichkeit“ keine Begrenzung des öffentlich-rechtlichen Rundfunks auf ein festgelegtes Mindestangebot, sondern versucht seiner grundrechtlich gesicherten Freiheit bei der Funktionserfüllung Rechnung zu tragen.Zum anderen betont das Gericht, daß als Bezugsgröße für die Bestimmung des Erforderlichen nicht jede einzelne Sendung oder jedes einzelne Programm, sondern allein das gesamte Programm einer Anstalt in Betracht kommt[290].

Es läßt sich also festhalten, daß das Rundfunkgebührenaufkommen jedenfalls zur Finanzierung der Kernaufgaben der Rundfunkanstalten verwendet werden kann. Damit ist allerdings nicht nur die Grundversorgungsaufgabe gemeint,

---

287 BVerfGE 87, 181, 203.

288 BVerfGE 87, 181, 202.

289 Vgl. o. B I 2 d.

290 BVerfGE 87, 181, 203.

sondern auch solche Programmtätigkeiten, die dem Normziel der Rundfunkfreiheit, freie Meinungsbildung zu ermöglichen und zu schützen, dienen ohne zur unerläßlichen Grundversorgung zu zählen[291]. Bezugsgröße ist dabei das gesamte Programm einer Anstalt.

bb) Finanzierung von Aufgaben jenseits des klassischen Rundfunkauftrages aus der Rundfunkgebühr

Die zulässige Verwendung des Rundfunkgebührenaufkommens zur Finanzierung der Kernaufgaben der Rundfunkanstalten könnte bedeuten, daß Aufgaben, die nicht zu den den öffentlich-rechtlichen Anstalten zugewiesenen Kernaufgaben innerhalb der Gesamtveranstaltung Rundfunk gezählt werden können, auch nicht aus dem Aufkommen der Rundfunkgebühr finanziert werden dürfen. Fraglich ist jedoch, wie sich ein derartiges Verwendungsverbot[292] herleiten ließe. Abgabenrechtlich ist es heute fast allgemein anerkannt, daß das Aufkommen von zulässigerweise erhobenen Entgeltabgaben grundsätzlich keiner Zweckbindung dergestalt unterliegt, daß es nur zur Finanzierung bestimmter Zwecke, etwa der die Abgabepflicht auslösenden öffentlichen Leistung, verwendet werden dürfte, solange nicht Gebührenerhebungskompetenz und Ertragshoheit völlig auseinanderfallen und sich die Abgabe als angemessene Gegenleistung für die öffentliche Leistung darstellt[293]. Zu überlegen bleibt aber, ob eine solche Zweckbindung verfassungsrechtlich zu begründen ist.

(1) Die Judikatur des Bundesverfassungsgerichtes

Maßgabe einer derartigen Zweckbindung könnte Art. 5 I 2 GG sein, der allerdings erst durch die Rechtsprechung des BVerfG an Kontur gewonnen hat, so daß zunächst die Rechtsprechung des BVerfG daraufhin zu untersuchen ist, ob Aussagen zur Zweckbindung der Rundfunkgebühr getroffen wurden.

Das BVerfG hat die Rundfunkgebühr zunächst im „Mehrwertsteuer-Urteil“[294] als Gegenleistung für die Gesamtveranstaltung Rundfunk bezeichnet. Dies war das Ergebnis einer Bestandsaufnahme der einfachgesetzlichen Regelungen der Rundfunkfinanzierung. Es sollte damit weder eine Aussage zur Rechtsnatur getroffen, noch sollte eine verfassungskräftige Zweckbindung vorgenommen

---

291 BVerwG, DVBl. 1999, 621 f.; *Freis*, ZEuS 1999, 114; *Holznagel/Vesting*, Sparten- und Zielgruppenprogramme, S. 78. A.A. *Bleckmann*, Öffentlich-rechtliche Spartenprogramme, S. 83.

292 So das VG Berlin, ZUM 1985, 687.

293 Vgl. u. E II am Anfang.

294 BVerfGE 31, 314, 330.

werden. Die Feststellung hatte vielmehr deskriptiven Charakter und sollte die mangelnde Gewerbsmäßigkeit der Tätigkeit der öffentlich-rechtlichen Rundfunkanstalten begründen, nicht jedoch Zweckbindungen der Rundfunkgebühr herbeiführen[295].

Wenn man aber die neueren Entscheidungen des BVerfG zur Rundfunkgebühr genauer betrachtet, läßt sich eine verfassungsrechtlich gebotene Zweckbindung erkennen. Das BVerfG stellt im 8. Rundfunkurteil klar, daß der öffentlich-rechtliche Rundfunk im dualen Rundfunksystem dafür zu sorgen hat, daß ein dem klassischen Rundfunkauftrag entsprechendes Programm für die gesamte Bevölkerung angeboten wird, das im Wettbewerb mit den privaten Veranstaltern standhalten kann, und daß auf diese Weise die Grundversorgung sichergestellt ist[296]. Dagegen habe der öffentlich-rechtliche Rundfunk von Verfassungs wegen keinen Anspruch auf die Verwirklichung von Programmen, die für diese Funktion nicht erforderlich seien. Vielmehr sei das Heranziehen der Rundfunkteilnehmer, welche die Mittel für den öffentlich-rechtlichen Rundfunk durch die Entrichtung der Rundfunkgebühr vor allem aufbringen müssen, nur in dem Maße gerechtfertigt, das zur Funktionserfüllung geboten sei[297].

So kann eine Ausweitung der zulässigen Verwendungszwecke, zu einer Erhöhung der Rundfunkgebühren führen. Sollte es den Rundfunkanstalten gestattet werden, sich in ihrem Tätigkeitsbereich auszuweiten, so besäßen sie hierfür einen erhöhten Finanzbedarf. Da jedoch angesichts der Konkurrenz mit den privaten Veranstaltern auf dem Markt der Werbeeinnahmen diese Mehreinnahmen schwerlich zu erzielen wären, wäre der erhöhte Finanzbedarf durch Rundfunkgebühren zu decken. Dies zeigt sich in der erhöhten Bedarfsanmeldung der öffentlich-rechtlichen Rundfunkanstalten bei der KEF für 2001. Hier fordern die neuen TV-, Hörfunk-, und Online-Angebote bereits ihren finanziellen Tribut[298]. Eine solche Gebührenerhöhung zur Ausweitung der Aufgaben außerhalb des Bereichs der Grundversorgung ist aber im Hinblick auf die Rezipienten nicht mehr geboten[299]. Insoweit begrenzt die Höhe der Rundfunkgebühr im Hinblick auf die Rechte der Rundfunkteilnehmer auch ihren Verwendungszweck. Eine Verwendung des Gebührenaufkommens für Tätigkeiten der Rundfunkanstalten außerhalb des - zugegebenerweise weit gefaßten - Rundfunkauftrags erscheint deshalb in verfassungsrechtlicher Hinsicht nicht zulässig. Trotzdem hat die KEF in ihrem Bericht über die Finanzlage bei den öffentlich-rechtlichen Sendern die Empfehlung abgegeben, die Rundfunkgebühr

---

295 *Merznicht*, Der Aufsichtsgroschen, S. 71; *Wenzel*, ZUM 1990, 499.
296 BVerfGE 90, 60,92.
297 BVerfGE 90, 60, 92 unter Verweis auf BVerfGE 87, 181, 201; *Ott*, FuR 1984, 236 f.
298 AfP 1999, 247 f.
299 BVerwG, DVBl. 1999, 621.

zum 1. Januar 2001 um 3,33 DM zu erhöhen[300]. Es kann jedoch unterstellt werden, daß die KEF bei dieser Empfehlung einen erhöhten Finanzbedarf der öffentlich-rechtlichen Anstalten festgestellt hat, der sich aus einer Erhöhung der Kosten in den Bereichen der zulässigen Verwendung des Gebührenaufkommens rechtfertigt. So kann der erhöhte Finanzbedarf auch durch üblicherweise steigende Kosten im Personalbereich oder im Bereich der Programmbeschaffung begründet sein. Allein aus einer Gebührenerhöhung auf eine unzulässige Verwendung des Aufkommens zu schließen erscheint voreilig. Hierzu bedarf es weiterer Anhaltspunkte, die beim momentanen Stand der Untersuchung nicht vorliegen.

Außerdem, so fordert das BVerfG, dürfe die Rundfunkgebühr im dualen System weder zu Zwecken der Programmlenkung noch der allgemeinen Medienpolitik verwendet werden[301]. Solange und soweit der Verwendungszweck der Rundfunkgebühr allerdings der Sicherung und Verbesserung der Meinungsvielfalt diene, sei gegen die zusätzliche Belastung der Rezipienten aus dem Gesichtspunkt der Abgabengleichheit nichts einzuwenden.

Diese Aussagen lassen den Schluß zu, daß das BVerfG eine Zweckbindung der Rundfunkgebühr dergestalt annimmt, daß das Rundfunkgebührenaufkommen zur Finanzierung des klassischen Rundfunkauftrages der öffentlich-rechtlichen Anstalten zu verwenden ist.

(2) Praktische Konsequenzen aus der verfassungsgerichtlichen Judikatur

Es stellt sich die Frage, wie man sich die Verwendung der Gebührenmittel zur Finanzierung des klassischen Rundfunkauftrages konkret vorzustellen hat.

Aus der Rechtsprechung des BVerfG ergibt sich, daß es verfassungsrechtlich geboten ist, die Rundfunkgebühr nur für solche Aufgaben zu verwenden, die der Gesamtveranstaltung Rundfunk noch zuzurechnen sind und der Aufgabenverteilung im dualen Rundfunksystem entsprechen. An erster Stelle steht dabei die Gewährleistung der Grundversorgung und der übrigen gesetzlichen Programmaufgaben wie Information, Kultur, Bildung und Unterhaltung. Zusätzliche Aufgaben jenseits der Grundversorgung dürfen erst zur Finanzierung anstehen, wenn die finanzielle Sicherung des Grundprogrammes außer Frage steht[302]. Das bedeutet, daß bei Knappheit der Finanzressourcen eine Verbesserung des Programms „in die Tiefe“ Vorrang vor einer Ausdehnung der

---

300 F.A.Z. vom 11.1.2000, S. 13.

301 BVerfGE 90, 60, 94.

302 *Holznagel/Vesting*, Sparten- und Zielgruppenprogramme, S. 79; *Braun/Gillert/Hoberg/Hübner/Kamps*, ZUM 1996, 207; *Ricker*, AfP 1998, 440.

Angebote „in die Breite“ haben sollte[303]. Verwendungen, die über diesen Zweck hinausgehen, bedeuten eine Inanspruchnahme der Gebührengläubiger, hier der Rundfunkteilnehmer, die sich nicht verfassungsrechtlich rechtfertigen läßt, da die Erhebung der Rundfunkgebühr und die daraus resultierende Belastung der Rezipienten ihre verfassungsrechtliche Rechtfertigung in der Optimierung der individuellen Meinungs- und Informationsfreiheit des einzelnen durch den Rundfunk findet[304]. Die Verwendung des Gebührenaufkommens für Aufgaben jenseits des Rundfunkauftrags ist deshalb verfassungsrechtlich nicht zulässig.

Allerdings ist es auch zulässig, daß die Gebührenmittel nicht im organisatorischen Zusammenhang der öffentlich-rechtlichen Rundfunkanstalten verwendet werden, solange die zu finanzierende Tätigkeit noch der Gesamtveranstaltung Rundfunk zuzurechnen ist[305]. Insofern ist aus verfassungsrechtlicher Sicht nichts dagegen einzuwenden, daß auch die Aufsichtsfunktion der Landesmedienanstalten über den privaten Rundfunk aus der Rundfunkgebühr finanziert wird. Diese Aufsichtsfunktion kommt einer Optimierung der Rundfunkordnung zugute, indem die Gefährdung für die Staatsferne der Aufsicht durch eine Finanzierung aus dem Staatshaushalt ausgeschlossen wird und andererseits die Meinungsvielfalt ausreichend gewährleistet wird[306].

c) Ergebnis

Eine exakte gesetzliche Zweckbestimmung für die Rundfunkgebühr ist den Staatsverträgen nicht zu entnehmen. Dagegen läßt sich eine verfassungsrechtliche Zweckbindung der Rundfunkgebühr dergestalt festmachen, daß das Gebührenaufkommen zunächst den öffentlich-rechtlichen Rundfunk in die Lage versetzen muß, die Erfüllung der Grundversorgungsaufgabe zu gewährleisten. Alles andere wäre mit dem Normziel des Art. 5 I 2 GG nicht zu vereinbaren. Die Rundfunkfreiheit steht jedoch auch einer Gebührenfinanzierung des öffentlich-rechtlichen Rundfunks jenseits der Grundversorgungsaufgabe prinzipiell nicht entgegen, solange und soweit die spezifische Gemeinwohlbindung der Mittelverwendung gewahrt bleibt, d.h. das Gebührenaufkommen zur Finanzierung der verfassungsmäßigen Funktionserfüllung der öffentlich-rechtlichen Anstalten, der Veranstaltung von Rundfunk, verwendet wird. Eine Grenze ist dort zu ziehen, wo Abzweigungen aus dem Rundfunkgebührenaufkommen zum

---

303 *Oppermann/Kilian*, Rechtsgrundsätze der Finanzierung öffentlich-rechtlichen Rundfunks, S. 100.

304 BVerwG, DVBl. 1999, 621.

305 BVerfG 90, 60, 105 f.

306 BVerwG, DVBl. 1999, 623.

Zwecke der Finanzierung grundversorgungsferner Aufgaben ein Ausmaß annehmen, die zu Defiziten bei der Erfüllung des Grundversorgungsauftrags, etwa durch Reduzierung bestimmter Programme, führen.

Die Gebührenfinanzierung von Tätigkeiten der öffentlich-rechtlichen Rundfunkanstalten außerhalb ihres Funktionsbereichs, d.h. jenseits des Rundfunkauftrages, ist unzulässig, da hierdurch eine Inanspruchnahme der Gebührengläubiger droht, die verfassungsrechtlich nicht zu rechtfertigen ist. Damit läßt sich festhalten, daß die Heranziehung der Rundfunkteilnehmer zur Rundfunkgebühr verfassungsrechtlich nur insoweit zulässig ist, wie die Mittel zur Funktionserfüllung der öffentlich-rechtlichen Anstalten oder zur Aufsichtsfunktion der Landesmedienanstalten über den privaten Rundfunk verwendet werden.

Insgesamt zeigt sich, daß die verfassungsrechtliche Zweckbindung der Rundfunk nicht besonders weitgehend ist, sondern lediglich die Finanzierung „rundfunkfremder" Aufgaben ausgeschlossen ist. Hieraus allein läßt sich eine eindeutige Bestimmung der Rechtsnatur der Rundfunkgebühr noch nicht herleiten, wenngleich das gefundene Ergebnis bei der rechtlichen Einordnung zu berücksichtigen ist. Inwieweit einzelne Verwendungsvorhaben seitens der öffentlich-rechtlichen Rundfunkanstalten noch vom Verwendungszweck der Rundfunkgebühr gedeckt sind, soll erst dann beurteilt werden, wenn auch die aus der Rechtsnatur der Rundfunkgebühr resultierenden abgabenrechtlichen Vorgaben für den Verwendungszweck geklärt sind. Anhand eines festzulegenden allgemeinen Maßstabes für die zulässige Verwendung des Rundfunkgebührenaufkommens, werden dann ausgewählte, besonders umstrittene Projekte der Rundfunkanstalten auf ihre Finanzierbarkeit durch Rundfunkgebühren geprüft[307].

6. Die Verteilung des Rundfunkgebührenaufkommens

§ 2 I des Rundfunkgebührenstaatsvertrags bestimmt, daß die Rundfunkgebühr aus einer Grundgebühr, die den Hörfunk mit abdeckt, und einer Fernsehgebühr besteht und daß deren Höhe durch einen besonderen Staatsvertrag[308] festgesetzt wird. Nach § 7 I RdfGebStV steht das Aufkommen aus der Grundgebühr der Landesrundfunkanstalt und in dem im Rundfunkfinanzierungstaatsvertrag bestimmten Umfang der nach Landesrecht zuständigen Stelle (Landesmedienanstalt) zu, in deren Bereich das Rundfunkempfangsgerät zum Empfang bereit

---

[307] Vgl. u. F II.

[308] Rundfunkfinanzierungsstaatsvertrag (Art. 5 des RdfStV).

gehalten wird. Das Aufkommen aus der Fernsehgebühr steht gem. § 7 II RdfGebStV der Landesrundfunkanstalt und in dem im Rundfunkfinanzierungstaatsvertrag bestimmten Umfang der Landesmedienanstalt, in deren Bereich das Fernsehgerät zum Empfang bereitgehalten wird, sowie dem ZDF zu. Nimmt eine Landesmedienanstalt ihr zustehende Anteile nicht in Anspruch, so stehen diese der Landesrundfunkanstalt zu.

Das Aufkommen aus der Grundgebühr steht gem. § 9 I RdfFinStV weitestgehend den ARD-Hörfunksendern zu. Von der Fernsehgebühr erhalten die ARD rund 62% und das ZDF etwa 38% (§ 9 II RdfFinStV). Für den europäischen Fernsehkulturkanal ARTE sieht § 9 III RdfFinStV ein Finanzvolumen von insgesamt etwa 240 Mio. DM vor. Schließlich partizipieren auch die Landesmedienanstalten mit jeweils 2% an der Grund- und Fernsehgebühr, die von den öffentlich-rechtlichen Rundfunkanstalten abgeführt wird.

II. Der Streit um die Rechtsnatur der Rundfunkgebühr

Die rechtliche Einordnung der Rundfunkgebühr ist im Laufe der Jahre immer unübersichtlicher geworden. Dies liegt daran, daß ständig neue Ansichten, die bereits existierenden Ansichten modifizierten. Bevor nun eine eingehende Auseinandersetzung mit den einzelnen Ansichten erfolgt[309], erscheint es zweckmäßig im Rahmen einer Bestandsaufnahme die vorherrschenden Meinungsrichtungen zu bündeln und im Überblick darzustellen.

Der Streit um die Rechtsnatur der Rundfunkgebühr ist so alt wie der Rundfunk selbst. Die namentlich in den fünfziger und sechziger Jahren geführte Auseinandersetzung um die abgabenrechtliche Qualifikation der Rundfunkgebühr war vor allem durch die dahinterstehende Frage motiviert, ob dem Bund oder den Ländern die Regelungskompetenz auf dem Gebiet der Gebührenfinanzierung des Rundfunks zustand[310]. Nachdem die Gläubigerstellung der Rundfunkanstalten allgemein anerkannt ist, konzentriert sich der Streit innerhalb der Literatur nur noch auf Rechtsnatur der Rundfunkgebühr in ihrer heutigen Gestalt. Maßgebend ist dieser Streit insofern, als sich aus der rechtlichen Einordnung der Rundfunkgebühr auch Schlüsse bezüglich des Verwendungszwecks der Rundfunkgebühr ergeben können. Es ist deshalb wichtig, sich zunächst darüber klar zu werden, welcher Rechtsnatur die Rundfunkgebühr ist.

Eine Klärung der Problematik durch das BVerwG ist dabei nicht zu erwarten, da die Gebührenfinanzierung der Landesrundfunkanstalten Bestandteil des nach

309 Vgl. dazu u. F II.
310 Vgl. o. D I.

§ 137 I VwGO irreversiblen Landesrechts ist[311]. Auch das BVerfG hat bislang die Rundfunkgebühr nicht eindeutig einem Abgabentyp zugeordnet. Doch hat es mehrfach die Rundfunkgebühr als das von den Ländern eingeführte Mittel zur Finanzierung der Gesamtveranstaltung Rundfunk bezeichnet[312].

Allerdings besteht in zwei Punkten Einigkeit: Erstens, daß die Bezeichnung als „Gebühr" nicht zwingend die Rechtsnatur der Rundfunkgebühr vorgibt, da es vor allem auf den materiellen Gehalt der Rundfunkgebühr ankommt[313]; zweitens, daß es sich bei der Rundfunkgebühr um eine öffentliche Abgabe handelt[314]. In der Auseinandersetzung um die Rechtsnatur der Rundfunkgebühr dominiert deshalb nach wie vor die Frage, in welche der herkömmlichen abgabenrechtlichen Kategorien die Rundfunkgebühr einzuordnen ist[315].

Während zum Teil ein Gegenleistungscharakter der Rundfunkgebühr völlig abgestritten und dementsprechend die Rundfunkgebühr als Steuer eingestuft wird[316], bejahen die meisten Vertreter in der Literatur zumindest einen gewissen Gegenleistungscharakter[317]. Jedoch besteht Uneinigkeit bezüglich der Nähe der Verknüpfung von Rundfunkgebühr und Gegenleistung. Einige Autoren nehmen eine unmittelbare Verknüpfung an und bejahen damit einen Gebührencharakter der Rundfunkgebühr[318]. Andere dagegen stellen auf eine höchstens mittelbare Verknüpfung ab und sehen in der Rundfunkgebühr eine eher beitragsähnliche Abgabe[319]. Teilweise wird auch offengelassen, ob es sich um einen Beitrag oder eine Gebühr handelt. So stellen *Selmer* und *Brodersen*[320] klar, daß es genüge, die Rundfunkgebühr als eine Gegenleistungsabgabe zu verstehen. Eine genauere Kategorisierung sei nicht notwendig, da dies aus finanzverfassungsrechtlicher Sicht allenfalls marginale Unterschiede mit sich führen würde[321].

---

311 BVerwGE 22, 299, 304 f.; 29, 214, 217.

312 Vgl. z.B. BVerfGE 31, 314, 330; 73, 118, 158; 83, 238, 310; 90, 60, 91.

313 VG München ZUM 1987, 474; *Damm*, Gebührenprivileg und Beihilferecht, S. 50; *Hümmerich/Beucher*, AfP 1989, 714. So auch in anderem Zusammenhang BVerfGE 7, 244, 252 ff.

314 *Badura*, ZUM 1988, 162; *Herrmann*, UFITA Bd. 50 (1967), S. 147 ff. mwN.

315 So auch *Merznicht*, Der Aufsichtsgroschen, S. 139 f.

316 Vgl. z.B.: *Hümmerich/Beucher*, AfP 1989, 714; *Schmitz*, Rundfunkfinanzierung, S. 307.

317 *Selmer/Gersdorf*, DVBl. 1992, 81; *Selmer/Brodersen*, in: *Hoffmann-Riem*, Indexierung der Rundfunkgebühr, S. 174, 182.

318 Vgl. z.B.: OVG Hamburg, DÖV 1957, 118; VGH München, DVBl 1967, 332; *Ipsen*, Die Rundfunkgebühr, S. 12; *Schneider*, NJW 1961, 56; *Hesse*, Rundfunkrecht, S. 136; *Herrmann*, AöR 90 (1965), S. 325 f.

319 Vgl. z.B.: HessVGH, ZUM 1991, 213; *Grupp*, Grundfragen des Rundfunkgebührenrechts, S. 42; *Knemeyer*, DVBl. 1968, 923; *Heydt*, AöR 100 (1975), S. 594 f.

320 in: *Hoffmann-Riem*, Indexierung der Rundfunkgebühr, S. 174 ff.

321 *Selmer/Brodersen*, in: *Hoffmann-Riem*, Indexierung der Rundfunkgebühr, S. 174, 180.

1. Steuerbefürworter

Diejenigen, die einen Gegenleistungscharakter der Rundfunkgebühr ablehnen, qualifizieren diese zumeist als eine zweckgebundene Verbrauchsteuer, die der Gesetzgebungskompetenz der Länder gem. Art. 105 II GG unterliegen soll[322]. Bei diesen sog. Zwecksteuern liegt die Besonderheit darin, daß diese - ähnlich wie Beiträge oder Gebühren - eine Beziehung zu bestimmten staatlichen Leistungen aufweisen, andererseits aber die Erfüllung der Aufgaben, die über die Zwecksteuern finanziert werden sollen, keine Gegenleistung gegenüber dem Steuerpflichtigen darstellen[323]. Die Funktion der Rundfunkgebühr, nämlich die Finanzierung öffentlich-rechtlichen Rundfunks, der aus gesellschaftspolitischer Sicht wünschenswert ist, spreche für die Einordnung der Rundfunkgebühr als Steuer[324]. Außerdem wird hervorgehoben, daß die Rundfunkgebühr unabhängig von der tatsächlichen Inanspruchnahme geschuldet werde und daher eher dem Steuerbegriff unterfalle, der ebenfalls keine Gegenleistung voraussetze[325]. In diesem Zusammenhang wird die Gegenleistungsfunktion der Rundfunkgebühr im Hinblick auf die Ausdehnung der privaten Rundfunkveranstalter negiert[326]. Daher sei der abstrakte Vorteil, den eine beitragsrechtliche Ausgestaltung der Rundfunkgebühr mit sich bringe, aus der Sicht des Rundfunkteilnehmers, für den das Programmangebot der privaten Veranstalter zunehmend die des öffentlich-rechtlichen Rundfunks ersetze, nicht mehr erkennbar[327].

2. Gebührenbefürworter

Bei der gebührenrechtlichen Betrachtungsweise der Rundfunkgebühr reichen die Ansichten von einer Konzessionsabgabe bzw. Verleihungsgebühr[328] über eine Verwaltungsgebühr[329] bis hin zu einer Anstaltsnutzungsgebühr mit[330] oder

322 *Hümmerich/Beucher*, AfP 1989, 714; *Moser*, JZ 1951, 73 (de lege ferenda); *Schmitz*, Rundfunkfinanzierung, S. 303 ff.

323 *Henneke*, JURA 1990, 116.

324 *Schmitz*, Rundfunkfinanzierung, S. 304 f.

325 *Schmitz*, Rundfunkfinanzierung, S. 304 f.

326 *Hümmerich/Beucher*, AfP 1989, 714.

327 *Hümmerich/Beucher*, AfP 1989, 714.

328 OVG Hamburg DÖV 1957, 119 mit zustimmender Anm. *Peters*; wohl auch *Aubert*, Fernmelderecht, S. 83 ff.

329 *Zeidler*, Probleme der Rundfunkgebühr, S. 32 ff.

330 Vgl. u.a.: VG Berlin, ZUM 1986, 687; *Ipsen*, Die Rundfunkgebühr, S. 60 ff.; *Knemeyer*, DVBl. 1968, 923; *Grupp*, Grundfragen des Rundfunkgebührenrechts, S. 42; *Kollek*, Rechtsfragen der Rundfunkfinanzierung, S. 72; *Lerche*, Werbefernsehen, S. 26 f.

ohne[331] Beitragscharakter. Außerdem wurde vertreten, daß es sich bei der Rundfunkgebühr um eine fernmelderechtliche Gebühr des Bundes handeln solle, da auch die Regelungskompetenz angeblich dem Bund zustehe[332]. Dies ist jedoch mit der heutigen Rechtslage, in der die Regelungskompetenz der Landesgesetzgeber feststeht, gegenstandslos geworden. Für die Klassifizierung der Rundfunkgebühr als Anstaltsnutzungsgebühr wird insbesondere auf das Bestehen eines Anstaltsnutzungsverhältnisses zwischen dem Rundfunkteilnehmer und der jeweiligen Landesrundfunkanstalt hingewiesen[333], mit der Folge, daß die Rundfunkgebühr als Entgelt für das gesamte Leistungsangebot der Rundfunkanstalten zu begreifen sei. Es war *Ipsen*[334], der angesichts der seit 1945 eingetretenen rechtlichen und tatsächlichen Gegebenheiten - der Aufgliederung des Rundfunks nach seiner technischen, organisatorischen und Programmseite, der ihr entsprechenden Aufteilung der Kompetenzen zwischen Bund und Ländern, der Entstehung einer unmittelbaren Beziehung zwischen den Hörern und den Rundfunkanstalten - die Rundfunkgebühr ihrem Wesen nach als eine Leistung des Hörers ansah, die dieser für die Darbietung des Programms erbringe. Deshalb sei das Teilnahmeverhältnis des Rundfunkhörers als Anstaltsnutzung zu qualifizieren, so daß der laufenden Gebührenleistung in erster Linie der Charakter einer Anstaltsnutzungsgebühr zukomme[335]. Demgegenüber betonen diejenigen Autoren, die einen Beitragscharakter der Nutzungsgebühr annehmen, die beitragsrechtlichen Elemente der Rundfunkgebühr, da die Gebührenpflicht des Rundfunkteilnehmers bereits an das Bereithalten des Empfangsgerätes anknüpfe und somit bereits ab der Möglichkeit der Inanspruchnahme bestehe[336]. Durch diese Konstruktion werde dem Regelfall Rechnung getragen, daß ein Rundfunkteilnehmer typischerweise die Programme seiner Landesrundfunkanstalt nutzt. Es werden aber auch die Ausnahmefälle erfaßt, in denen es am konkreten Leistungsaustausch fehlt, sei es, daß der Rezipient gar keinen Rundfunk oder lediglich Programme ausländischer oder privater Anbieter empfängt[337].

---

331 Vgl. u.a.: VGH München, DVBl. 1967, 332; VG München, ZUM 1987, 474; VG Schleswig-Holstein, AfP 1994, 255; *Giese*, DÖV 1953, 391; *Herrmann*, AöR 90 (1965), S. 325 f.; *Schmidt*, Die Rundfunkgebühr, S. 40.

332 *Eckner* in: *Steinmetz*, Bundespost und Rundfunk, S. 77.

333 *Steimer*, Grundprobleme der Rundfunkfinanzierung, S. 36.

334 *Ipsen*, Die Rundfunkgebühr, S. 30 ff.

335 *Ipsen*, Die Rundfunkgebühr, S. 53 ff, der jedoch auch einen gewissen Beitragcharakter der Rundfunkgebühr nicht leugnet und deshalb wohl eher den Vertretern der Nutzungsgebühr mit Beitragscharakter zuzurechnen ist.

336 *Ipsen*, Die Rundfunkgebühr, S. 62; *Grupp*, FuR 1984, S. 286.

337 *Hesse*, Rundfunkrecht, S. 136.

3. Beitragsbefürworter

In jüngster Zeit wird immer häufiger vertreten, daß die beitragsartigen Elemente der Rundfunkgebühr überwiegen, so daß die Rundfunkgebühr als reiner Beitrag einzuordnen sei[338]. Dabei wird vor allem auf die Konzeption des RdfGebStV verwiesen, wonach die Abgabepflicht bereits mit dem Bereithalten und damit schon mit der Möglichkeit des Programmempfangs ausgelöst werde[339]. Lediglich als eine gedankliche Möglichkeit wird auch vertreten, daß es sich bei der Rundfunkgebühr um eine Abschöpfungsabgabe handelt, bei der es an der synallagmatischen Verknüpfung von Leistung und Gegenleistung fehle, ohne daß jedoch dabei die eine Vorzugslast kennzeichnende Ausgleichsfunktion eingebüßt werde[340].

4. Sonderabgabenbefürworter

Schließlich wird von einigen Autoren die Rundfunkgebühr als eine Sonderabgabe[341] oder Abgabe sui generis[342] gesehen, da sie das klassische Formenarsenal des Abgabenrechts wegen des Gebots der Staatsferne für gänzlich unanwendbar halten. Ebenso findet sich in der neueren Literatur die Auffassung, daß es sich bei der Rundfunkgebühr um eine sachkompetenzimplizite Abgabe handele, die auf Inanspruchnahme eines Kompetenztitels beruhe, der bereits aus sich heraus auch auf die Regelung der Finanzierung der in ihm bezeichneten Sachaufgabe bezogen sei[343]. Dies sei der sich „geradezu aufdrängende Abgabentypus" für die Rundfunkgebühr, so daß es einer näheren Begründung gar nicht mehr bedürfe[344].

5. Zusammenfassender Befund

Der Streit um die Rechtsnatur ist ein Streit in der Literatur. Weder das BVerwG noch das BVerfG haben zu der Frage bislang eindeutig Stellung bezogen. Es

---

338 OVG Berlin, ZUM 1991, 212; Hess VGH, ZUM 1991, 213;*Badura*, Rundfunkfreiheit und Finanzautomie, S. 19; *Eberle*, AfP 1995, 560; *Fuhr*, in: *Fuhr/Rudolf/Wasserburg*, Recht der Neuen Medien, S. 334; *Heydt*, AöR 100 (1975), S. 595; *F. Kirchhof*, Die Höhe der Gebühr, S. 36; *Merznicht*, Der Aufsichtsgroschen, S. 145.

339 *F. Kirchhof*, Die Höhe der Gebühr, S. 35.

340 *Gersdorf/Brosius-Gersdorf*, Teilnehmerentgeltsystem, S. 68.

341 Vgl. z.B.: *Badura*, ZUM 1988, 163 f.; *Rudolf*, in: *v.Münch*, Besonderes Verwaltungsrecht, S. 916; *Schmidt*, Media Perspektiven 1986, 165.

342 Vgl. z.B.: *Becker*, Existenzgrundlagen der Rundfunkveranstalter, S. 222.

343 *Gersdorf/Brosius-Gersdorf*; Teilnehmerentgeltsystem, S. 71.

344 *Gersdorf/Brosius-Gersdorf*; Teilnehmerentgeltsystem, S. 71.

dreht sich dabei um die Frage, in welche abgabenrechtliche Kategorie die Rundfunkgebühr eingeordnet werden kann. Einigkeit besteht nur dahingehend, daß der Begriff Rundfunk"gebühr" nicht die Rechtsnatur vorgibt.

So wird versucht die Rundfunkgebühr als Steuer einzuordnen, indem ihr ein Gegenleistungscharakter vollkommen abgesprochen wird. Die Rundfunkgebühr diene allein der Finanzierung des aus gesellschaftspolitischer Sicht wünschenswerten öffentlich-rechtlichen Rundfunks und werde unabhängig von der tatsächlichen Inanspruchnahme geschuldet. Dagegen erkennen diejenigen, die in der Rundfunkgebühr eine Gebühr, einen Beitrag oder eine Mischform erblicken sehr wohl einen Gegenleistungscharakter der Rundfunkgebühr. Dieser zeige sich entweder in einem Anstaltsnutzungsverhältnis zwischen Rundfunkteilnehmer und Rundfunkanstalt oder zumindest in der Möglichkeit der Inanspruchnahme der öffentlich-rechtlichen Rundfunkprogramme. Schließlich wird die Rundfunkgebühr zum Teil auch als Sonderabgabe oder Abgabe sui generis verstanden, da sie sich nicht in die klassische Abgabentrias von Steuer, Beitrag und Gebühr einordnen lasse.

Es zeigt sich, daß in dieser Frage noch einiger Klärungsbedarf besteht, so daß eine genaue Auseinandersetzung mit den einzelnen Ansichten zur Rundfunkgebühr zu erfolgen hat.

III. Die grundsätzliche verfassungsrechtliche Zulässigkeit der Rundfunkgebühr

Bevor jedoch eine genaue Auseinandersetzung mit dem Begriff der Rundfunkgebühr erfolgt, bleibt zu fragen, inwieweit die Erhebung der Rundfunkgebühr überhaupt verfassungsrechtlich zulässig ist.

1. Kompetenzrechtliche Vorschriften

In kompetenzrechtlicher Hinsicht hängt die Verfassungsmäßigkeit der Rundfunkgebühr, von ihrer rechtlichen Einordnung ab. Da die rechtliche Einordnung erst zu späterer Stelle im Gutachten ausführlich vorgenommen wird, sollen zunächst die denkbaren Einordnungsmöglichkeiten auf ihre kompetenzrechtliche Zulässigkeit hin untersucht werden. Das Grundgesetz enthält in den Art. 105 ff. GG detaillierte Regelungen, die an das Abgabeninstrument Steuer anknüpfen, während die anderen Abgabenarten nur sporadisch erwähnt werden.

Bei den Sonderlasten gelten deshalb die allgemeinen Vorschriften der Art. 70 ff. GG für die Gesetzgebungskompetenz[345]. Wer die Kompetenz für die Sachmaterie besitzt, hat auch die Zuständigkeit zur Regelung der Sonderlasten.

a) Die Rundfunkgebühr als Steuer

Die Rundfunkgebühr wäre als Steuer nur verfassungsrechtlich zulässig, wenn sie sich auf die Steuergesetzgebungskompetenz des Art. 105 GG stützen ließe. Danach müßte die Rundfunkgebühr bei gegebener Verfassungsrechtslage gem. Art. 105 II GG der konkurrierenden Gesetzgebung unterliegen[346]. Da die Rundfunkgesetzgebungskompetenz aber unstreitig bei den Ländern liegt, ergeben sich in kompetenzrechtlicher Hinsicht Bedenken an der verfassungsrechtlichen Zulässigkeit einer Rundfunkgebühr als Steuer. Somit könnte die Rundfunkgebühr lediglich als eine örtliche Verbrauchssteuer im Sinne von Art. 105 II a GG verfassungsrechtlich zulässig erhoben werden. Ob die Rundfunkgebühr allerdings inhaltlich als eine örtliche Verbrauchssteuer zu charakterisieren ist, erscheint zweifelhaft, da ihr ein gewisser Gegenleistungscharakter wohl nicht abzusprechen ist[347].

b) Die Rundfunkgebühr als Gebühr

Naheliegender erscheint es die Rundfunkgebühr als eine tatsächliche Gebühr einzuordnen. Fraglich ist inwieweit Kompetenzerwägungen dagegenstehen. Hinsichtlich einer Gebühr regelt das Grundgesetz keine Kompetenzzuweisung[348]. Auch gilt die Grundregel des Art. 70 GG nicht, nach der die Länder für das Gebührenrecht gesetzgebungszuständig wären. Vielmehr ergibt sich die Gesetzgebungspflicht zur Gebührenerhebung als Annex aus der Gesetzgebungskompetenz für die den jeweiligen Aufwand oder Vorteil begründende Sachmaterie[349]. Der Bund kann danach Gebührenregelungen im Bereich der ausschließlichen Gesetzgebungskompetenz und insbesondere im Bereich der konkurrierenden Gesetzgebung sowie im Bereich der Rahmengesetzgebung oder der Grundsatzgesetzgebung vorsehen. Im übrigen liegt die Kompetenz zur Gebührenregelung als Annex zur Gesetzgebungskompetenz bei den Ländern. Insofern bestünden bei der Ausgestaltung der Rundfunkgebühr als Gebühr

---

345 BVerfGE 81, 156, 187; 75, 108, 147; 67, 256, 274.

346 *Selmer/Gersdorf*, DVBl. 1992, 81.

347 So aber: *Hümmerich/Beucher*, AfP 1989, 714 f. Anderer Ansicht: *Hess*, Verfassungsrechtliche Probleme der Gebührenfinanzierung, S. 103; *Koch*, Möglichkeiten der Beteiligung, S. 128. Vgl. dazu auch ausführlich: E II 1 a cc.

348 Eine Ausnahme findet sich in Art. 74 Nr. 22 GG.

349 *Kirchhof* in: *Isensee/Kirchhof*, Handbuch des Staatsrechts IV, S. 179.

keine kompetenzrechtlichen Bedenken an der Verfassungsmäßigkeit der Rundfunkgebühr, da die Rundfunkgesetzgebungskompetenz bei den Ländern liegt und damit die Ländern als Annex auch die Gebührenregelung treffen können, wie es im Rundfunkgebührenstaatsvertrag der Ländern geschehen ist.

c) Die Rundfunkgebühr als Beitrag

Ähnlich verhält es sich, wenn man die Rundfunkgebühr als Beitrag einordnet. Für den Beitrag gelten, soweit er wie die Gebühr als Aufwandsausgleich begründbar ist, dieselben Kompetenzregelungen wie bei der Gebühr[350]. Da die Rundfunkgebühr, soweit sie als Beitrag verstanden wird, als Aufwands- oder Vorteilsausgleichung gesehen wird[351], bestehen auch bei einer Einordnung der Rundfunkgebühr als Beitrag keine kompetenzrechtlichen Bedenken an der Verfassungsmäßigkeit. Gleiches gilt natürlich auch für die zum Teil vertretenen Mischformen zwischen Beitrag und Gebühr.

d) Die Rundfunkgebühr als Sonderabgabe

Es bleibt zu untersuchen, wie es mit der verfassungsrechtlichen Zulässigkeit bestellt ist, wenn man in der Rundfunkgebühr eine Sonderabgabe sieht. Bei Sonderabgaben beruht die Erhebungskompetenz ebenfalls auf der jeweiligen Sachregelungskompetenz. Allerdings gefährdet die auf eine Sachregelungskompetenz gestützte und der Finanzierung einer speziellen Sachaufgabe vorbehaltene Sonderabgabe die Allgemeinverbindlichkeit und Gestaltungskraft der Finanzverfassung und fördert die Entwicklung einer „apokryphen Finanzverfassung“[352]. Deshalb ist die abgabenrechtliche Inanspruchnahme einer Sachkompetenz verfassungsrechtlich allenfalls dann zulässig, wenn die abgabenrechtliche Regelung die Sachmaterie gestaltet, ihre Wirkungen also über die Aufkommenserzielung hinausgreifen. Andernfalls wäre die Abgrenzung zur Steuer, die der allgemeinen Staatsfinanzierung dient, verwischt, und damit würde eine verfassungsrechtlich unzulässige Aushöhlung des Ausschließlichkeitsanspruch der Steuerverfassung (Art. 104a ff. GG) drohen[353]. Soweit das die Sonderabgabe regelnde Gesetz aber außer der Belastung des Abgabepflichtigen und der Verwendung des Aufkommens auch eine gestaltende Einflußnahme auf den in der Kompetenzgrundlage bezeichneten Sachbereich besitzt, so ergibt sich die Regelungskompetenz aus den allgemeinen Sachzuständigkeiten der Art. 70 ff. GG[354]. Damit stünden die verfassungsrechtlichen

---

[350] *Kirchhof* in: *Isensee/Kirchhof*, Handbuch des Staatsrechts IV; S. 184.
[351] Vgl. für diverse: *Gall*, ZUM 1991, 173.
[352] *Selmer*, Steuerinterventionismus und Verfassungsrecht, S. 183.
[353] *Kirchhof* in: *Isensee/Kirchhof*, Handbuch des Staatsrechts IV, S. 186 f.
[354] BVerfGE 67, 256, 274 f.

Kompetenzvorschriften einer Einordnung der Rundfunkgebühr als Sonderabgabe nicht entgegen, da die abgabenrechtliche Regelungskompetenz der Länder sich aus der allgemeinen Rundfunkgesetzgebungszuständigkeit der Länder ergeben würde.

e) Ergebnis

Im Ergebnis zeigt sich, daß kompetenzrechtliche Vorschriften die Verfassungsmäßigkeit der Rundfunkgebühr nur dann zweifelhaft erscheinen lassen, wenn man die Rundfunkgebühr als Steuer qualifiziert. Soweit man in der Rundfunkgebühr eine Gebühr oder einen Beitrag bzw. eine Mischform erblickt, ergeben sich aus kompetenzrechtlicher Sicht keine Bedenken. Gleiches gilt für den Fall, daß man in der Rundfunkgebühr eine Sonderabgabe erblickt.

2. Vereinbarkeit mit Art. 5 I GG

Da das Entrichten der Rundfunkgebühr Voraussetzung für das rechtmäßige Bereithalten eines Rundfunkempfangsgerätes ist, stellt sich die Frage, inwieweit die Gebührenpflicht das Recht auf ungehinderte Meinungsunterrichtung aus Art 5 I 1 GG beeinträchtigt und insofern verfassungsrechtlich zu beanstanden ist. Art. 5 I 1 GG gewährt jedermann das Recht, seine Meinung in Wort, Schrift und Bild frei zu äußern und zu verbreiten sowie sich aus allgemein zugänglichen Quellen ungehindert zu unterrichten. Eine Information ist dann allgemein zugänglich, wenn sie technisch geeignet und bestimmt ist, der Allgemeinheit, d.h. einem nicht individuell bestimmbaren Personenkreis, Informationen zu verschaffen[355]. Dazu gehören selbstverständlich auch die Massenkommunikationsmittel Hörfunk und Fernsehen[356]. Das bedeutet, daß die Rundfunkgebühr dann gegen Art 5 I 1 GG verstoßen würde, wenn sich aus diesem Grundrecht ein Recht zur unentgeltlichen Unterrichtung ableiten ließe. Das wäre der Fall, wenn die verfassungsrechtliche Garantie, Informationen „frei" empfangen zu können, hieße, daß man diese „unentgeltlich" empfangen müsse. Um ein solches Verständnis gar nicht erst aufkommen zu lassen, hat der Parlamentarische Rat das zunächst verwendete Wort „ frei" durch das Wort „ungehindert" ersetzt, wie es sich in der heutigen Fassung des Art. 5 I 1 GG findet. In der Debatte wurde dabei ausdrücklich die Rundfunkgebühr erwähnt

355 *Wendt*, in: *v.Münch*, Grundgesetz-Kommentar, Art. 5 Rn. 23.
356 *Wendt*, in: *v.Münch*, Grundgesetz-Kommentar, Art. 5 Rn. 23.

und als selbstverständlich nicht durch die Informationsfreiheit ausgeschlossen betrachtet[357]. Somit läßt sich aus Art. 5 I 1 GG kein Anspruch auf kostenlose Unterrichtung herleiten[358].

Demnach läßt sich eine Beeinträchtigung der Informationsfreiheit höchstens dann in Betracht ziehen, wenn die Rundfunkgebühren derart hoch wären, daß sie für weite Teile der Bevölkerung unerschwinglich würden[359]. Bei der derzeitigen Gebührenhöhe von etwas unter DM 30 im Monat kann davon jedoch ebensowenig die Rede sein, wie bei der geplanten Erhöhung der Rundfunkgebühr um 3,33 DM, insbesondere angesichts der Möglichkeit, finanziell schlechter gestellte Menschen von der Rundfunkgebühr zu befreien (§ 6 RdfGebStV), so daß auch diese ungehinderten Rundfunkempfang haben. Die Erhebung einer Rundfunkgebühr verstößt somit nicht gegen das in Art. 5 I 1 GG begründete Recht auf ungehinderten Zugang zur Informationsquelle Rundfunk.

Ebenso fern liegt eine Verletzung der individuellen negativen Informationsfreiheit des Art. 5 I 1 GG. Die Rezipienten werden nicht durch die Erhebung der Rundfunkgebühr dazu gezwungen, die öffentlich-rechtlichen Programme zu konsumieren. Der Erhebungstatbestand knüpft an das Bereithalten des Empfangsgerätes an. Dabei ist es unerheblich, ob es zu einer tatsächlichen Inanspruchnahme der Programme der öffentlich-rechtlichen Rundfunkanstalten kommt[360].

IV. Die Rundfunkgebühr vor dem Bundesverfassungsgericht

Die heutige Rundfunklandschaft und das heutige Rundfunksystem sind untrennbar mit den Rundfunkentscheidungen des Bundesverfassungsgerichtes verbunden. Angesichts der wenig eindeutigen Aussagekraft des Art. 5 I 2 GG, war es erst das BVerfG, welches das Grundrecht der Rundfunkfreiheit mit seinen Auslegungen des Art. 5 I 2 GG ausgestaltet hat. Entsprechend hat sich das BVerfG mit der Rundfunkgebühr beschäftigt. So hat es z.B. die Rundfunkgebühr als die dem öffentlich-rechtlichen Rundfunk gemäße Art der Finanzierung bestimmt[361]. Wegen der Bedeutung der Rundfunkentscheidungen des

---

357 *Steimer*, Grundprobleme der Rundfunkfinanzierung, S. 18 mwN.
358 BVerfG, NJW 2000, 649; *Wendt*, in: *v.Münch*, Grundgesetz-Kommentar, Art. 5 Rn. 28.
359 *Gall*, ZUM 1991, 172; *Steimer*, Grundprobleme der Rundfunkfinanzierung, S. 19.
360 BVerwG, DVBl. 1999, 622.
361 Vgl. BVerfGE 87, 181, 199.

BVerfG für das gesamte Rundfunksystem, soll im Rahmen der Bestandsaufnahme noch die Rechtsprechung des BVerfG darauf untersucht werden, inwieweit wesentliche Aussagen zur Rundfunkgebühr getroffen wurden.

1. Das „1. Fernsehurteil" von 1961[362]

Im ersten Rundfunkurteil des BVerfG[363] wurde als eines der wichtigsten Ergebnisse festgestellt, daß die Länder für die Regelung des Rundfunkwesens in der Bundesrepublik zuständig sind, während die Gesetzgebungskompetenz zur Regelung des Fernmeldewesens beim Bund liegt. Dieses Urteil wurde in der Folgezeit als eine Art Magna Charta des deutschen Rundfunks angesehen[364], da es eine Reihe von Strukturfragen des Rundfunks grundsätzlich behandelte[365]. Von den Rundfunkgebühren selbst war in dem Urteil keine Rede, jedoch war bereits damals der Schluß gerechtfertigt, daß damit auch den Ländern die Befugnis zukommt, das Rundfunkgebührenwesen zu regeln. Trotzdem wurde der Streit zwischen der Post einerseits und den Ländern andererseits um die Frage der Gläubigerstellung weitergeführt[366].

Eine Klärung trat 1968 ein, als das BVerwG in zwei Urteilen[367] entschied, daß die Rundfunkgebühr nicht zum Recht des Post- und Fernmeldewesens gehört und damit nicht der ausschließlichen Gesetzgebungskompetenz des Bundes unterliegt. Für die Regelung der Rundfunkgebühr waren demnach die Länder zuständig.

2. Das „Mehrwertsteuerurteil" von 1971

Im zweiten Rundfunkurteil des BVerfG[368] wurde die Rundfunkgebühr vom BVerfG erstmals beachtet. Es ging dabei um die Frage, ob die Rundfunkanstalten entgegen der jahrzehntelangen Rechtslage einer Umsatzsteuerpflicht unterworfen werden sollten. Anlaß war eine Änderung des Umsatzsteuergesetzes, welches aufgrund einer Verfassungsbeschwerde von insgesamt neun

---

362 Die verwendeten Bezeichnungen der einzelnen Entscheidungen sind keine offiziellen Titel, sondern haben sich im Laufe der Zeit als Namen verfestigt. Sie finden sich u.a. bei *Hoffmann*, Möglichkeiten der Finanzierung öffentlich-rechtlichen Rundfunks, S. 28 ff; *Herrmann*, Rundfunkrecht, § 4.

363 BVerfGE 12, 205 ff.

364 *Herrmann*, Rundfunkrecht, § 4 Rn. 52 a.E.

365 *Grupp*, Grundfragen des Rundfunkgebührenrechts, S. 37.

366 Vgl. o. D I 1 und 2.

367 BVerwG, UFITA 52 (1968), 309; BVerwGe 29, 214.

368 BVerfGE 31, 314 ff.

Landesrundfunkanstalten für unvereinbar mit dem Grundgesetz und deshalb für nichtig erklärt wurde. Zunächst bestätigte das BVerfG seine im ersten Rundfunkurteil aufgestellten Grundsätze der Rundfunkverfassung. Hinsichtlich der Rundfunkgebühr hielt es das BVerfG für nicht gerechtfertigt, aus der Erhebung einer Rundfunkgebühr Schlüsse auf die gewerbliche Natur der Rundfunkdarbietung zu ziehen, denn die für das Bereithalten des Empfangsgerätes zu zahlende Gebühr sei nicht Gegenleistung für eine Leistung, sondern das von den Ländern eingeführte Mittel zur Finanzierung der Gesamtveranstaltung Rundfunk[369]. Die Rundfunkgebühr habe deshalb keinen Entgeltcharakter. Dagegen bejahten die Richter *Geiger*, *Rinck* und *Wand* in ihrem abweichenden Votum den Entgeltcharakter der Rundfunkgebühr[370]. Sie verglichen sie insoweit mit einem Theaterabonnement oder der Jahresnetzkarte der Bundesbahn. Allerdings ließen die drei Verfassungsrichter ausdrücklich die Frage nach der genauen Rechtsnatur der Rundfunkgebühr offen[371]. Dieses Urteil wird von vielen Ansichten zur Rechtsnatur der Rundfunkgebühr unterstützend herangezogen, obwohl es sich gerade mit dieser Frage nicht beschäftigen mußte und wollte.

3. Das „FRAG-Urteil" von 1981

Im dritten Rundfunkurteil des BVerfG[372], welches auch als das „FRAG-Urteil" bekannt wurde, ging es allein um die gesetzlichen Voraussetzungen für die Zulassung privaten Rundfunks[373]. Zur Rundfunkgebühr lassen sich dieser Entscheidung keine gravierenden Erkenntnisse entnehmen.

4. Das „Niedersachsen-Urteil" von 1986

Auch in der vierten Rundfunkentscheidung, die als „Niedersachsen-Urteil" bekannt wurde[374], ging es vornehmlich um die Zulässigkeit privater Rundfunkanbieter. Allerdings kam es insoweit auf die Rundfunkgebühr an, als das BVerfG den öffentlich-rechtlichen Rundfunkanstalten die Grundversorgungsaufgabe zuwies und insofern die Gebührenfinanzierung des öffentlich-rechtlichen Rundfunks als gerechtfertigt ansah[375]. Weitere Stellungnahmen zur

---

369 BVerfGE 31, 314, 330.
370 BVerfGE 31, 337, 344.
371 BVerfGE 31, 337, 344.
372 BVerfGE57, 295 ff.
373 Vgl. dazu auch o. B I 2.
374 BVerfGE 73, 118 ff.
375 BVerfGE 73, 118, 158.

Rundfunkgebühr unterblieben allerdings, da insbesondere die Rechtsnatur der Rundfunkgebühr hier nicht entscheidungsrelevant war.

5. Der „SDR-Beschluß" von 1987

Die fünfte Rundfunkentscheidung[376] beschäftigte sich mit dem baden-württembergischen Landesmediengesetz. Dabei befaßte sich das BVerfG allgemein mit dem Wesen der Rundfunkfreiheit und den verfassungsrechtlichen Anforderungen an ein Nebeneinander von öffentlich-rechtlichem und privatem Rundfunk in einer dualen Rundfunkordnung. Es wurde auch noch die Grundversorgungsaufgabe der öffentlich-rechtlichen Rundfunkanstalten konkretisiert[377]. Außerdem befaßte sich das BVerfG mit den neuen Formen der Telekommunikation wie dem Videotext und abrufbaren Ton- und Bewegtbilddiensten[378]. Das Gericht traf allerdings keine Aussagen zur Rundfunkgebühr. Es stellte lediglich fest, daß die Finanzierung der Tätigkeit der öffentlich-rechtlichen Rundfunkanstalten insgesamt hinreichend gesichert sein muß[379]. Dazu dient insbesondere die Rundfunkgebühr.

6. Der „WDR-Beschluß" von 1991

Im sechsten Rundfunkurteil des BVerfG[380] beschäftigten sich die Richter mit der Verfassungsmäßigkeit des Gesetzes über den Westdeutschen Rundfunk. Dabei wurde insbesondere die Verfassungsmäßigkeit der Vorschriften bezweifelt, die dem WDR die Möglichkeit einräumte, sog. Nebentätigkeiten zu betreiben und sich auch aus Werbung zu finanzieren. Dazu stellte das BVerfG fest, daß eine Werbefinanzierung des öffentlich-rechtlichen Rundfunks nicht grundsätzlich ausgeschlossen, sondern in einem gewissen Rahmen neben der Gebührenfinanzierung zulässig sei, solange und soweit die Grundversorgung gewährleistet sei[381]. Allerdings müsse die vornehmliche Finanzierung der öffentlich-rechtlichen Rundfunkanstalten weiterhin aus der Rundfunkgebühr geschehen[382]. Ansonsten sei gerade die Mischfinanzierung aus Rundfunkgebühren und Werbung geeignet, einseitige Abhängigkeiten zu lockern und damit die

376 BVerfGE 74, 297 ff.
377 BVerfGE 74, 297, 326.
378 BVerfGE 74, 297, 352 f.
379 BVerfGE 74, 297, 342.
380 BVerfGE 83, 238 ff.
381 BVerfGE 83, 238, 295 ff.
382 BVerfGE 83, 238, 311.

Programmgestaltungsfreiheit der Rundfunkveranstalter zu stärken. Genauere Aussagen zur Rundfunkgebühr wurden aber auch im sechsten Rundfunkurteil nicht getroffen.

7. Das „HR-Urteil" von 1992

Im siebten Rundfunkurteil des BVerfG[383] ging es um die Zulässigkeit von Werbung in dritten Fernsehprogrammen. Anlaß war eine Verfassungsbeschwerde des Hessischen Rundfunks, der sich gegen eine entsprechende Verbotsvorschrift im Rundfunkstaatsvertrag wehrte. Die Beschwerde wurde als unbegründet zurückgewiesen, da das Werbeverbot in dritten Fernsehprogrammen für zulässig erachtet wurde. Dabei betonte das BVerfG erneut die Grundversorgungsaufgabe der öffentlich-rechtlichen Rundfunkanstalten und stellte anhand dessen klar, daß eine vornehmliche Werbefinanzierung für den öffentlich-rechtlichen Rundfunk nicht in Frage komme, da gerade die Werbefinanzierung die programm- und vielfaltsverengenden Zwänge auslöse, die im Bereich des privaten Rundfunks zu beobachten seien[384]. Für den öffentlich-rechtlichen Rundfunk seien vielmehr die Gebühren die gemäße Art der Finanzierung. Daneben sei zwar eine Werbefinanzierung zulässig, doch dürfe diese nicht die Gebührenfinanzierung in den Hintergrund drängen[385]. Deshalb seien auch Werbebeschränkungen für den öffentlich-rechtlichen Rundfunk durchaus verfassungsgemäß. Insofern wurden die Grundsätze des sechsten Rundfunkurteils bestätigt.

8. Das „8. Fernsehurteil" von 1994

Eine entscheidende Veränderung kam auf die Rundfunkgebühr mit dem achten[386] Rundfunkurteil des BVerfG[387] zu. Darin erklärte das BVerfG - unter Bestätigung der in den vorangegangenen Rundfunkentscheidungen getroffenen Grundlinien - das bisherige Verfahren zur Festsetzung der Rundfunkgebühr für nicht in vollem Umfang vereinbar mit dem Grundgesetz. Der Gesetzgeber wurde verpflichtet, dieses Verfahren zu verbessern. Bis dahin behalte die bestehende Regelung aber ihre Geltung.

---

383 BVerfGE 87, 181 ff.

384 BVerfGE 87, 181, 199.

385 BVerfGE 87, 181, 200.

386 Zum Teil wird dieses Urteil als das siebte Rundfunkurteil bezeichnet (Vgl. z.B. *Herrmann*, Rundfunkrecht, § 4 Rn. 139). Dies folgt daraus, daß das HR-Urteil nicht mitgezählt wird.

387 BVerfG AfP 1994, 32 ff.

Die Rundfunkfreiheit verlange eine verfahrensrechtliche Umhegung, die dem öffentlich-rechtlichen Rundfunk die zur Erfüllung seiner Aufgaben im dualen System erforderlichen Mittel gewährleiste und ihn vor Einflußnahmen auf das Programm schütze[388]. Für die Gebührenfinanzierung gelte der Grundsatz der Programmneutralität und der Programmakzessorietät[389]. Deshalb sei im Verfahren der Gebührenfestsetzung von den Programmentscheidungen der Rundfunkanstalten auszugehen. Die Gebühr dürfe nicht zu Zwecken der Programmlenkung oder Medienpolitik verwendet werden[390]. Somit dürfe sich die Überprüfung des Finanzbedarfes der Rundfunkanstalten nur darauf beziehen, ob sich ihre Programmentscheidungen im Rahmen des rechtlich umgrenzten Rundfunkauftrages hielten und ob der Finanzbedarf im Einklang mit der Grundsätzen der Wirtschaftlichkeit und Sparsamkeit ermittelt worden sei[391]. Eine Unterschreitung des auf diese Weise geprüften Bedarf bei der Gebührenfestsetzung sei nur zulässig, wenn dies den Interessen der Gebührenzahler entspräche, so daß die beschränkenden Gründe vor der Rundfunkfreiheit Bestand hätten. Demnach sei ein dreistufiges Verfahren notwendig[392]. Im ersten Schritt melden die öffentlich-rechtlichen Rundfunkanstalten ihren Bedarf an. Diese Bedarfsanmeldung werden durch eine externes, unabhängiges und sachverständig zusammengesetztes Gremium anhand des Programmauftrages und den Grundsätzen der Wirtschaftlichkeit und Sparsamkeit überprüft. In einem dritten Schritt erfolge dann die Festsetzung der Rundfunkgebühren durch die Länderparlamente. Dabei werden noch die Wahrung der Grundsätze der Programmneutralität und der Programmakzessorietät überprüft.

Doch auch diese grundlegende Entscheidung hatte nur Auswirkungen auf das Gebührenfestsetzungsverfahren und trug nicht zur Klärung der strittigen Frage nach der Rechtsnatur der Rundfunkgebühr bei.

9. Der „Rundfunkgebührenbeschluß" von 1999

Mit der Rechtmäßigkeit der Rundfunkgebührenerhebung beschäftigte sich das BVerfG in seinem Ablehnungsbeschluß einer Verfassungsbeschwerde[393]. Dabei ging es um das Begehren eines Hoteliers, der Süddeutsche Rundfunk möge verhindern, daß in den Hotelzimmern Programme öffentlich-rechtlicher Rundfunkanstalten ausgestrahlt werden. Das BVerfG lehnte die Verfassungs-

---

388 BVerfG AfP 1994, 33.
389 BVerfG AfP 1994, 34.
390 BVerfG AfP 1994, 33.
391 BVerfG AfP 1994, 35.
392 Vgl. dazu im einzelnen: *Rühl*, ZUM 1995, 169 ff; *Ring*, ZUM 1995, 171 ff.
393 BVerfG, NJW 2000, 649.

beschwerde des Hoteliers ab, da eine Grundrechtsverletzung durch die Erhebung der Rundfunkgebühren nicht vorläge. So verstieße die Rundfunkgebührenerhebung weder gegen die Informationsfreiheit aus Art. 5 I GG noch gegen die Eigentumsgarantie aus Art. 14 I GG oder die allgemeine Handlungsfreiheit aus Art. 2 I GG. Zum einen sei eine Garantie kostenloser Information in Art. 5 I GG nicht enthalten[394]. Auch Art. 14 I GG sei nicht verletzt, da dieses Grundrecht nicht generell vor der Auferlegung einer Geldleistungspflicht schütze, weil das fluktuierende Vermögen kein Eigentum im Sinne von Art. 14 I GG sei. Schließlich komme eine Verletzung von Art. 2 I GG nicht in Betracht, da dieser zwar durch die Auferlegung der Rundfunkgebührenpflicht beeinträchtigt sei, doch werde die allgemeine Handlungsfreiheit nur im Rahmen der allgemeinen Gesetze gewährleistet. Zu diesen zählen sämtliche mit dem Grundgesetz in Einklang stehenden Rechtsnormen, so auch § 2 II iVm § 1 I und II RdfGebStV. Da die Zulässigkeit des privaten Rundfunks in der vom Gesetzgeber gewählten Gestalt von der Funktionstüchtigkeit des öffentlich-rechtlichen Rundfunks abhänge, sei eine ohne Rücksicht auf die Nutzungsgewohnheiten der Empfänger allein an den Teilnehmerstatus geknüpfte Gebührenpflicht gerechtfertigt[395]. Insofern hätten sich die Verhältnisse im Rundfunkwesen in den letzten fünf Jahren nicht derart geändert, daß eine erneute grundsätzliche Klärung notwendig wäre.

10. Ergebnis der Rundfunkgebührenjudikatur des BVerfG

Das Bundesverfassungsgericht beschäftigte sich im Rahmen seiner Rundfunkentscheidungen mehrfach auch mit der Rundfunkgebühr. So stellte es insbesondere fest, daß die Rundfunkgebührenfinanzierung die dem öffentlich-rechtlichen Rundfunk gemäße Art der Finanzierung sei, neben der eine Werbefinanzierung zwar zulässig sei, doch sekundär bleiben müsse. Das BVerfG unterließ es aber bislang die Rundfunkgebühr einem bestimmten Abgabentyp eindeutig zuzuordnen. Es beließ es dabei, die Rundfunkgebühr als Mittel zur Finanzierung der Gesamtveranstaltung Rundfunk zu verstehen. Dies genügte ihm auch, da alle zur Entscheidung durch das BVerfG stehenden Fragen auch ohne eine exakte rechtliche Einordnung der Rundfunkgebühr getroffen werden konnten. Selbst in der sog. Rundfunkgebührenentscheidung, dem 8. Rundfunkurteil, setzte sich das BVerfG zwar ausführlich mit dem Gebührenfestsetzungsverfahren auseinander, eine neue Einordnung der Rundfunkgebühr in einen bestimmten Abgabentyp erfolgte jedoch nicht. Eine genaue Einordnung war auch für die Frage der Gebührenfestsetzung nicht notwendig.

---

394 Insoweit wird das oben Gesagte vom BVerfG bestätigt (vgl. o. D III 2).

395 BVerfG, NJW 2000, 649.

Auch das BVerwG konnte die Frage nach der Rechtsnatur der Rundfunkgebühr immer wieder offen lassen, da dies nicht entscheidungserheblich war. Entscheidend sei allein, daß die Art der Finanzierung den Anforderungen des Art. 5 I 2 GG sowie abgabenrechtlich den rechtsstaatlichen Anforderungen des Art. 3 I GG genüge[396]. Dies wird für die Rundfunkgebühr bejaht, da sie die dem öffentlich-rechtlichen Rundfunk gemäße Art der Finanzierung sei und der Finanzierung von Rundfunkveranstaltungen diene. Die Funktionstüchtigkeit des öffentlich-rechtlichen Rundfunks wiederum sei Voraussetzung für die Zulässigkeit des privaten Rundfunks in seiner heutigen Gestalt.

Es ist deshalb nicht zu erwarten, daß sich das BVerfG oder das BVerwG in der Zukunft auf eine eindeutige Aussage zur Rechtsnatur der Rundfunkgebühr einlassen, da die zur Entscheidung stehenden Fragen, wie die Erschließung neuer Märkte und neuer Angebotsformen und deren Finanzierung, keine klare Zuordnung der Rundfunkgebühr zu einem Abgabentyp voraussetzen. Somit bleibt es die Aufgabe des Schriftums, sich der rechtlichen Einordnung der Rundfunkgebühr anzunehmen, um daraus Rückschlüsse auf ihre zulässige Erhebung und Verwendung zu ziehen.

---

396 So auch in der letzten Entscheidung: BVerwG, DVBl. 1999, 620.

E. Die rechtliche Einordnung der Rundfunkgebühr

Es soll nun versucht werden, die Rundfunkgebühr unter die einzelnen Abgabentypen zu subsumieren und dabei festzustellen, welchem Abgabetypus die Rundfunkgebühr entspricht. Dadurch ist eine verbindliche Einordnung zu erzielen, auf deren Basis die Fragen der Erhebung und Verwendung zu klären sind. Um der Rechtsnatur der Rundfunkgebühr gewiß zu werden, gilt es zunächst festzustellen, welchen der abgabenrechtlichen Erhebungsprinzipien Rechnung zu tragen ist.

I. Die abgabenrechtlichen Erhebungsprinzipien der Rundfunkgebühr

Bei der Rundfunkgebühr sind insbesondere das Äquivalenz- und das Kostendeckungsprinzip zu beachten, da - ohne bereits an dieser Stelle eine rechtliche Einordnung der Rundfunkgebühr vornehmen zu wollen - die Rundfunkgebühr auf den ersten Blick wohl einer Gebühr oder einem Beitrag am nächsten kommt[397].

1. Das Äquivalenzprinzip

Das BVerwG ging lange Zeit davon aus, daß das Äquivalenzprinzip, als gebührenrechtliche Ausformung des im Rechtsstaatsprinzip und damit verfassungsrechtlich verankerten Grundsatzes der Verhältnismäßigkeit, auch im Rundfunkgebührenrecht gelte, unabhängig von der tatsächlichen Einordnung der Rundfunkgebühr[398]. Dieser Ansatz vermag nicht recht zu überzeugen, da es wenig einleuchtend erscheint, einem Erhebungsprinzip wie das Äquivalenzprinzip, welches auf Gebühr und Beitrag Anwendung findet, absolute Geltung einzuräumen, ohne sich der Rechtsnatur der zu betrachtenden Abgabe bewußt zu sein. Es lassen sich in der Literatur die unterschiedlichsten Ansichten zur Rechtsnatur der Rundfunkgebühr finden, die zum Teil eine Einordnung als Gebühr oder Beitrag vollständig ablehnen. Wenn aber die Rundfunkgebühr keine Strukturelemente einer Gebühr oder eines Beitrages enthalten sollte, so ist es nicht einzusehen, warum das Äquivalenzprinzip auf die Rundfunkgebühr anzuwenden ist.

---

[397] Vgl. dazu bereits die Darstellung des allgemeinen Meinungsstand o. D II.
[398] BVerwG, DVBl. 1988, 734 mwN; *David*, Abgabenrechtssammlung, Nr. 103 ff.

Im übrigen zwingt der Einfluß des Art. 5 I 2 GG auf die Rundfunkgebühr dazu, daß Äquivalenzprinzip nicht auf die Rundfunkgebühr anzuwenden. Die Rundfunkgebühr stellt die dem öffentlich-rechtlichen Rundfunk gemäße Art der Finanzierung dar, die es erlaubt ein Programm zu erbringen, welches den verfassungsrechtlichen Anforderungen gegenständlicher und meinungsmäßiger Vielfalt entspricht[399]. In der Grundversorgung der Bevölkerung mit Rundfunkprogrammen findet die Gebührenfinanzierung ihre Rechtfertigung. Da die derzeitigen Defizite des privaten Rundfunks an gegenständlicher Breite und thematischer Vielfalt nur hingenommen werden können, soweit und solange der öffentlich-rechtliche Rundfunk in vollem Umfang funktionstüchtig bleibt, ist es auch gerechtfertigt, die Gebührenpflicht ohne Rücksicht auf die Nutzungsgewohnheiten der Empfänger allein an den Teilnehmerstatus zu knüpfen, der durch Bereithalten eines Empfangsgerätes begründet wird[400]. Die überragende Bedeutung des Art. 5 I GG zwingt dazu, die Erhebung von Rundfunkgebühren auch bei demjenigen als gerechtfertigt anzusehen, der überhaupt keine öffentlich-rechtlichen Programme empfängt. Auf das richtige Verhältnis von Leistung und Gegenleistung der Rundfunkgebühr kann es also nicht ankommen.

Das BVerfG wendet dementsprechend das Äquivalenzprinzip in seiner neueren Rechtsprechung zur Rundfunkgebühr nicht mehr an[401]. Als Überprüfungsmaßstab wird Art. 3 I GG verwendet. Dem hat sich das BVerwG angeschlossen. In seiner neusten Rechtsprechung zur Rundfunkgebührenpflicht, lehnt es unter ausdrücklicher Bezugnahme auf anders lautende frühere Entscheidungen, die Heranziehung des Äquivalenzprinzips für die Überprüfung der gesetzlichen Abgrenzung des Kreises der Gebührenpflichtigen ab[402]. Entscheidend sei allein, daß die Gebührenfinanzierung einerseits rundfunkrechtlich den Anforderungen des Art. 5 I 2 GG an eine funktionsgerechte Finanzierung des öffentlich-rechtlichen Rundfunks und andererseits abgabenrechtlich den rechtsstaatlichen Anforderungen einschließlich des Gleichheitsgebotes des Art. 3 I GG genüge. Dies wird ergänzt durch die Verpflichtung der Rundfunkanstalten, sich im Rahmen des rechtlich umgrenzten Rundfunkauftrages zu halten und den aus den Programmentscheidungen abgeleiteten Finanzbedarf zutreffend und im Einklang mit den Grundsätzen von Wirtschaftlichkeit und Sparsamkeit zu ermitteln[403]. Dabei verlangt das Wirtschaftlichkeitsprinzip, daß bei allen Maßnahmen rational gehandelt wird. Die wirtschaftlichste Lösung ist diejenige,

399 BVerfGE 73, 118, 158; 83, 181, 199.
400 BVerfGE 87, 181, 201.
401 BVerfGE 90, 60, 106.
402 BVerwG DVBl. 1999, 620.
403 BVerfGE 90, 60, 102 f.; BVerwG DVBl. 1999, 620.

welche die günstigste Relation zwischen Mittel und Zweck herstellt. Das Gebot der Sparsamkeit enthält den Appell, die Ausgaben auf das zur Erfüllung der Aufgaben unebdingt notwendige Maß zu beschränken[404]

2. Das Kostendeckungsprinzip

Auch das Kostendeckungsprinzip findet auf die Rundfunkgebühr in ihrer heutigen Form keine Anwendung[405]. Es ist Sache des Gesetzgebers zu entscheiden, welche Maßstäbe er für die Bemessung der Gebührenhöhe heranziehen will. Materiell-rechtliche Grenzen ergeben sich für den legislativen Gestaltungsspielraum im Hinblick auf den allgemeinen Gleichheitssatz nur insoweit, als die „Gebühren nicht völlig unabhängig von den Kosten der gebührenpflichtigen Staatsleistung festgesetzt werden dürfen“[406]. Bezogen auf die Rundfunkgebühr bedeutet dies, daß die Belastung der Rundfunkteilnehmer unabhängig von der tatsächlichen Nutzung der öffentlich-rechtlichen Programmangebote nur in dem Maße gerechtfertigt ist, „daß zur Funktionserfüllung geboten erscheint“[407]. Eine weitere Einschränkung des gesetzgeberischen Ermessens findet durch das Kostendeckungsprinzip nicht statt.

3. Zusammenfassender Befund

Es bleibt festzuhalten, daß das Äquivalenzprinzip auf die Erhebung der Rundfunkgebühr nicht anzuwenden ist. Maßgebliche Grenzen für die Erhebung lassen sich allein aus den Grundrechten der Art. 3 I GG und Art. 5 I 2 GG ableiten. Gleiches gilt für das Kostendeckungsprinzip. Inwieweit die Erhebungsprinzipien für Steuern und Sonderabgaben auf die Rundfunkgebühr Anwendung finden, hängt davon ab, ob sich die Rundfunkgebühr als Steuer oder Sonderabgabe einordnen läßt.

II. Die Rundfunkgebühr im System der öffentlich-rechtlichen Abgaben

Im folgenden soll untersucht werden, welcher Rechtsnatur die Rundfunkgebühr ist. Dazu ist zunächst notwendig, eine Bestandsaufnahme der vertretenen und zum Teil nur wenig variierenden Auffassungen und ihrer Argumente zu machen

---

404 *Schröder*, ZUM 2000, 10.
405 *Selmer/Brodersen* in: *Hoffmann-Riem*, Die Indexierung der Rundfunkgebühr, S. 185.
406 BVerfGE 50, 217, 227.
407 BVerfGE 87, 181, 201; 90, 60, 92.

und diese Auffassungen kritisch zu hinterfragen, bevor eine eigenständige verbindliche Einordnung der Rundfunkgebühr erfolgen kann[408]. Allerdings gilt es zu beachten, daß eine begriffliche Einordnung in diesem Punkt der Untersuchung erfolgt, ohne daß die Verwendungszwecke des Gebührenaufkommens im einzelnen umfassend behandelt worden sind. Es können allein die verfassungsrechtlichen Vorgaben für den Verwendungszweck berücksichtigt werden, welche unabhängig von der Rechtsnatur der Rundfunkgebühr bestehen[409]. Zur Bestimmung der Rechtsnatur der Rundfunkgebühr genügt es zunächts in abgabenrechtlicher Hinsicht festzustellen, daß es heute fast allgemein anerkannt ist, daß das Aufkommen von zulässigerweise erhobenen Entgeltabgaben grundsätzlich keiner Zweckbindung dergestalt unterliegt, daß es nur zur Finanzierung bestimmter Zwecke, etwa der die Abgabepflicht auslösenden öffentlichen Leistung, verwendet werden dürfte, solange nicht Gebührenerhebungskompetenz und Ertragshoheit völlig auseinanderfallen und sich die Abgabe als angemessene Gegenleistung für die öffentliche Leistung darstellt[410].

Die Frage nach dem Verhältnis von Begrifflichkeit und Verwendungszweck der Rundfunkgebühr wird wegen seiner Bedeutung als gesonderter Punkt im Anschluß an die begriffliche Einordnung untersucht.

1. Gegenleistungsunabhängige Abgabe (Steuer)

a) *Die Rundfunkgebühr als Steuer*

Es erscheint denkbar in der Rundfunkgebühr eine Steuer zu sehen, wenn man die Unabhängigkeit der Rundfunkgebühr von einer Gegenleistung betont.

---

408 Hinsichtlich der Bestandsaufnahme der generellen Ansichten zur Rechtsnatur der Rundfunkgebühr vgl. o. D II.

409 Vgl. o. D I 5.

410 *Henseler*, Legitimation und Begriffsmerkmale von Sonderabgaben, S. 32 f.; *Kirchhof* in: *Isensee/Kirchhof*, Handbuch des Staatsrechts IV, § 88 Rn. 208; *Kloepfer*, AöR 97, 245; *Wilke*, Gebührenrecht und Grundgesetz, S. 51 ff.; *Selmer/Brodersen/Nicolaysen*, Straßenbenutzungsabgaben, S. 58, 82; *Raecke*, Kostendeckungsprinzip, S. 64. So wohl auch *Selmer/Brodersen* in: *Hoffmann-Riem*, Indexierung der Rundfunkgebühr, S. 176. Zum Grundsatz der Konnexität, der eine gewisse Zweckbindung fordert und der auch bei der Rundfunkgebühr Anwendung finden soll, siehe u. E I 3 c.

aa) Begriff der Steuer

Die bundesstaatliche Finanzverfassung des Grundgesetzes ist zunächst Steuerverfassung[411]. Das Grundgesetz verwendet in den Art. 105 ff. den Begriff der Steuern, definiert ihn aber nicht. Deshalb hat sich im Anschluß an das BVerfG[412] die Auffassung durchgesetzt, daß das GG für den Begriff der Steuer an die Definition der AO anknüpft[413]. Steuern sind demnach einmalige oder laufende Geldleistungen, welche ohne bestimmte Gegenleistung von einer öffentlich-rechtlichen Körperschaft kraft eigener oder abgeleiteter Finanzhoheit allen auferlegt werden, bei denen der leistungspflichtbegründende Tatbestand zutrifft[414]. Alle Steuern dienen vorzugsweise der Erzielung von Einkünften, die in der Regel nicht zweckgebunden sind, sondern eine einheitliche Deckungsmasse für alle Ausgaben des Gemeinwesens bilden[415]. Die Nutzung einer Einrichtung spielt keine Rolle. Allerdings widerspricht auch eine Zweckbindung bezüglich der Verwendung des Aufkommens aus der Abgabe nicht dem Begriff der Steuer[416]. So auch bei den sog. Zwecksteuern, die zwar über einen Bezug zu bestimmten Leistungen der Verwaltung verfügen, bei denen aber das Verhältnis Zwecksteuer zu Verwaltungsleistung kein synallagmatisches ist, da die Erfüllung der öffentlichen Aufgaben, zu deren Finanzierung die Zwecksteuern dienen, nicht den Charakter einer Gegenleistung des Abgabeberechtigten zugunsten des Abgabepflichtigen hat[417].

Maßgebend für den Steuerbegriff ist demnach, daß die Steuer hoheitlich bei allen, bei denen ein bestimmter Tatbestand zutrifft, auferlegt wird, zur Deckung des öffentlichen Finanzbedarfs dient und voraussetzungslos, d.h. gegenleistungsunabhängig erhoben wird.

bb) Mögliche Einordnung der Rundfunkgebühr als Steuer

Fraglich ist, ob sich die Rundfunkgebühr unter den Steuerbegriff subsumieren läßt. Angesichts der unbestrittenen Erhebungskompetenz der Länder, könnte die Rundfunkgebühr als eine zweckgebundene Verbrauchssteuer qualifiziert werden, die der Gesetzgebungskompetenz der Länder aus Art. 105 II a GG

---

411 *Kirchhof* in: *Isensee/Kirchhof*, Handbuch des Staatsrechts IV, S. 108; *Selmer/Brodersen*, in: *Hoffmann-Riem* (Hrsg.), Die Indexierung der Rundfunkgebühr, S. 178 mwN.

412 BVerfGE 55, 274, 299; 67, 256, 282.

413 *Henneke*, Jura 1990, 65; *Patzig*, DÖV 1981, 733 mwN.

414 *Patzig*, DÖV 1981, 733 f.

415 *Kirchhof* in: *Isensee/Kirchhof*, Handbuch des Staatsrechts IV, S. 110 f.; *Wolff/ Bachof/ Stober*, VerwR I , § 42 Rn. 18.

416 BVerfGE 7, 244, 254.

417 BVerfGE 7, 244, 254 f..

unterliegt[418]. Verbrauchssteuern sind Steuern, die den Verbrauch bestimmter Güter des ständigen Bedarfs belasten und die aufgrund eines äußerlich erkennbaren Vorgangs von demjenigen Steuerschuldner erhoben werden, in dessen Sphäre sich der Vorgang verwirklicht. Regelmäßig werden sie auch im Wege der Überwälzung vom Verbraucher getragen[419].

Die Rundfunkgebühr knüpft an die Empfangsmöglichkeit von Rundfunk an. Im Rundfunk ein Verbrauchsgut zu sehen, erscheint schwer möglich, da hiermit eher die Fälle von Konsumgütern, wie Genußmittel o.ä. gemeint sind[420]. Doch gibt es ein paar Gründe die Rundfunkgebühr trotzdem als Steuer zu verstehen, die dann aber nur als Verbrauchsteuer verfassungsrechtlich zulässig wäre[421]. Dafür spräche die Funktion der Rundfunkgebühr, nämlich die Finanzierung eines aus gesamtgesellschaftlicher Sicht wünschenswerten Programmangebots. Außerdem wird die Rundfunkgebühr unabhängig von der tatsächlichen Inanspruchnahme geschuldet[422]. Dies wird besonders deutlich, wenn man berücksichtigt, daß derjenige, der nur ein Fernsehgerät bereithält, neben der Fernsehgebühr auch zur Zahlung der Grundgebühr herangezogen wird, welche auch Teile für den Hörfunk enthält. So entrichtet der Rezipient einen „Hörfunkbeitrag", obwohl er gar kein Radio besitzt. Gleiches gilt für denjenigen, der lediglich private Rundfunkprogramme empfängt und trotzdem zur Zahlung der Rundfunkgebühr verpflichtet bleibt[423]. Es fehlt also an der Äquivalenz zwischen Gebührenpflicht und möglicher Inanspruchnahme[424]. Die fehlende Äquivalenz allein vermag jedoch noch nicht, eine Einordnung der Rundfunkgebühr als Steuer zu begründen.

Zum Teil wird das Mehrwertsteuer-Urteil des BVerfG[425] als argumentative Unterstützung herangezogen, wenn es darum geht, die Rundfunkgebühr als Steuer einzuordnen[426], in welchem das BVerfG den Gegenleistungscharakter der Rundfunkgebühr verneint. Es ging in der Entscheidung allerdings um die Frage, inwieweit die Gebühreneinnahmen der Rundfunkanstalten der Mehrwertsteuer unterworfen werden dürfen. Das Gericht verwendet darin den Begriff „Gebühr" nur in Anführungsstrichen und verneint den Gegenleistungscharakter

418 Vgl. o. D III 1 a.

419 *Vogel/Waldhoff* in: Bonner Kommentar, Art. 106 Rn. 230; *Selmer/Brodersen*, DVBl. 2000, 1160 f.

420 Vgl. zu Beispielen der Verbrauchssteuern: *Jarass/Pieroth*, GG, Art. 105 Rn. 7.

421 Vgl. o. D III 1 a.

422 *Hümmerich/Beucher*, AfP 1989, 714; *Moser*, JZ 1951, 73 (de lege ferenda).

423 Nachweise bei: *Merznicht*, Der Aufsichtsgroschen, S. 145. Vgl. dazu auch ausführlich unten G II.

424 *Schmitz*, Rundfunkfinanzierung, S. 305.

425 BVerfGE 31, 314 ff.

426 *Hümmerich/Beucher*, AfP 1989, 714.

der Rundfunkgebühr[427]. Doch führt dies nicht dazu, daß das Gericht die Rundfunkgebühr als Steuer einordnet. Es läßt vielmehr die Rechtsnatur offen, und bezeichnet die Rundfunkgebühr als „das von den Ländern eingeführte Mittel zur Finanzierung der Gesamtveranstaltung“ (Rundfunk)[428].

Man könnte im Hinblick auf die Expansion privater Rundfunkveranstalter im Programmbereich die besondere Gegenleistungsfunktion der Rundfunkgebühr für die öffentlich-rechtlichen Rundfunkprogramme verneinen. Dann ist der abstrakte Vorteil, den eine beitragsrechtliche Ausgestaltung der Rundfunkgebühr mit sich bringe, aus der Sicht des Rundfunkteilnehmers, für den das Programmangebot der privaten Sender zunehmend die des öffentlich-rechtlichen Rundfunks ersetzt, nicht mehr erkennbar[429]. Aus diesem Grund könnte die Rundfunkgebühr eine Steuer darstellen, da es ihr so an der Äquivalenz von Gebührenpflicht und möglicher Inanspruchnahme fehle.

Es zeigt sich, daß das einzige Argument für die Einordnung der Rundfunkgebühr als Steuer die fehlende Äquivalenz zwischen Gebührenpflicht und möglicher Inanspruchnahme ist. Dies wird lediglich mit unterschiedlichen Ansätzen begründet. Es ist aber zu bezweifeln, daß die Rundfunkgebühr tatsächlich gegenleistungsunabhängig erhoben wird.

cc) Bedenken gegen eine Einordnung der Rundfunkgebühr als Steuer

(1) Gegenleistungsabhängigkeit der Rundfunkgebühr

Damit man die Rundfunkgebühr als eine Steuer im Sinne des Art. 105 GG verstehen kann, müßte es sich um eine voraussetzungslos geschuldete Abgabe handeln[430]. Zwar könnte für die Einordnung der Rundfunkgebühr als Steuer sprechen, daß die Rundfunkgebühr durch das Hinzutreten privater Rundfunkanbieter keine spezifische Gegenleistungsfunktion mehr aufweist. Doch ist dagegen zu halten, daß in der Rundfunkgebühr eine wie auch immer geartete

---

427 BVerfGE 31, 314, 330. Vgl. aber abw. Votum der Richter *Geiger*, *Rinck* und *Wand* BVerfGE 31, 337, 344. Diese verstehen die Rundfunkgebühr als „Entgelt für die Entgegennahme des Programms“. Auch *Selmer/Brodersen*, in: *Hoffmann-Riem*, Indexierung der Rundfunkgebühr, S. 174, 184, sehen in dieser Aussage des BVerfG keine Absage an den Gegenleistungscharakter, was jedoch gegen den Wortlaut der Entscheidung steht. Allerdings ist ihnen zuzugeben, daß sich das BVerfG nicht speziell mit dem Gegenleistungscharakter der Rundfunkgebühr auseinandersetzt, so daß Platz für Interpretationen ist.

428 BVerfGE 31, 314, 330.

429 *Hümmerich/Beucher*, AfP 1989, 714.

430 BVerfG, NVwZ 1991, 53.

Gegenleistung für Leistungen der Rundfunkanstalten im Rahmen der Rundfunkversorgung zu sehen ist[431]. Schließlich erbringen die öffentlich-rechtlichen Rundfunkanstalten eine Leistung, indem sie ihre Programme anbieten. Dies ist zugleich auch die verfassungsrechtliche Legitimationsgrundlage für die Zulässigkeit der Veranstaltung privaten Rundfunks[432], so daß es nicht entscheidend ist, ob die Empfangsgeräte so ausgestattet sind, daß sie einen Empfang öffentlich-rechtlicher Programme zulassen oder nicht[433]. Damit stellt die Rundfunkgebühr zumindest eine gewisse Gegenleistung für das Programmangebot der öffentlich-rechtlichen Anstalten dar[434] und besitzt demnach einen gewissen Entgeltcharakter[435], der eine Einordnung der Rundfunkgebühr als Steuer ausschließt. Denn die Erhebung einer Gebühr oder eines Beitrages setzt nicht voraus, daß sich der Abgabenpflichtige neben der öffentlichen Leistung nicht auch noch gleichgearteter privater Leistungen bedient. Der Staat muß insoweit keine Monopolstellung innehaben[436]. Ausschlaggebend ist allein, daß die öffentliche Verwaltung eine zurechenbare Leistung erbringt. Solange die Abgabe aus Anlaß einer derartigen Leistung erhoben wird, stellt sie eine Gegenleistung für eine besondere Leistung im Sinne des § 3 I AO dar und ist damit keine Steuer.

(2) Das Gebot der Staatsferne

Dasselbe ergibt sich aus dem Gebot der Staatsferne des Rundfunks. Zwar wird die Rundfunkgebühr staatsvertraglich und damit hoheitlich auferlegt. Außerdem fließt die Rundfunkgebühr den Landesrundfunkanstalten und damit Anstalten des öffentlichen Rechts zu. Doch gehören die Landesrundfunkanstalten weder zur unmittelbaren noch zur mittelbaren Staatsverwaltung[437]. Fließt aber eine hoheitlich auferlegte Abgabe nicht der öffentlichen Hand, sondern anderen Gläubigern zu, so handelt es sich nicht um eine Steuer[438].

(3) Keine Deckung des allgemeinen staatlichen Finanzbedarfs

Weiterhin würde es sich bei der Rundfunkgebühr nur dann um eine Steuer handeln können, wenn die Abgabe den allgemeinen Finanzbedarf des Staates deckt. Die Rundfunkgebühr bezweckt aber gerade nicht die Finanzierung

---

431 *Ipsen*, Die Rundfunkgebühr, S. 66; *Steimer*, Grundprobleme der Rundfunkfinanzierung, S. 20 mwN.

432 Vgl. o. B I 3 c dd.

433 Vgl. dazu im Einzelnen u. G II.

434 *Koch*, Möglichkeiten der Beteiligung, S. 129.

435 *Becker*, Existenzgrundlagen der Rundfunkveranstalter, S. 221.

436 *Wilke*, Gebührenrecht und Grundgesetz, S. 66.

437 BVerwGE 70, 310, 316; *Schneider-Freyermuth*, ZUM 2000, 566.

438 *Henneke*, JURA 1990, 66; *Heun*, DVBl. 1990, 669.

allgemeiner Staatsausgaben, sondern ist Mittel zur Finanzierung einer Aufgabe, die aufgrund des Gebots der Staatsferne des Mediums nur von einer staatsdistanzierten, grundrechtssichernden Einrichtung, also hier den Landesrundfunkanstalten, nicht aber vom Staat selbst wahrgenommen werden kann[439]. Hinzu kommt, daß die Rundfunkgebührenpflicht nicht die Gesamtheit aller Steuerzahler trifft und damit eine Gemeinlast beinhaltet, sondern nur dem Kreis der Rundfunkteilnehmer auferlegt ist, die durch das Bereithalten eines Empfangsgerätes eine gewisse Nähebeziehung zur Grundversorgungsfunktion des öffentlich-rechtlichen Rundfunks aufweisen[440].

b) Ergebnis

Es zeigt sich also, daß die Rundfunkgebühr nicht als Steuer im Sinne des Art. 105 GG angesehen werden kann, da ihr insbesondere ein Gegenleistungscharakter nicht vollständig abgesprochen werden kann.

2. Gegenleistungsabgabe

Wie festgestellt, besitzt die Rundfunkgebühr zumindest teilweise Gegenleistungscharakter. Demnach könnte es sich bei der Rundfunkgebühr um eine Vorzugslast handeln. Vorzugslasten werden vom jeweiligen Bürger gezahlt, weil der Staat diesem einen speziellen, anderen Bürgern nicht zukommenden Vorteil gewährt[441]. Dabei dienen sie nicht der Erzielung von Einnahmen, sondern erfordern eine Gegenleistung des Abgabeberechtigten. Die klassischen Vorzugslasten sind die Gebühr und der Beitrag. Fraglich ist daher, ob die Rundfunkgebühr eine Gebühr, einen Beitrag oder eine andere Form von Gegenleistungsabgaben darstellt.

a) Die Rundfunkgebühr als Anstaltsnutzungsgebühr

Angesichts der Bezeichnung als Gebühr scheint es naheliegend, daß die Rundfunkgebühr eine Nutzungsgebühr im Sinne des Abgabenrechts darstellen könnte.

---

439 *Bullinger*, Länderfinanzausgleich und Rundfunkfinanzausgleich, S, 21; *Ipsen*, Die Rundfunkgebühr, S. 66; *Zeidler*, Probleme der Rundfunkgebühr, S. 21.

440 *Hess*, Verfassungsrechtliche Probleme der Gebührenfinanzierung, S. 103.

441 *Kirchhof*, Grundriss des Abgabenrechts, Rn. 13.

aa) Begriff der Nutzungsgebühr

Eine gesetzlich ausgeformte Definition, die sämtliche de lege lata vorzufindenden Erscheinungsformen der Gebühr umfaßt, gibt es nicht[442]. Sie ist weder im Grundgesetz noch in den Gesetzen des Bundes und der Länder enthalten[443]. Dennoch hat sich in Rechtsprechung und Literatur eine Definition herausgeschält, die nahezu allgemeine Anerkennung gefunden hat[444]: Gebühren generell sind Geldleistungen, die als Gegenleistung für eine besondere Inanspruchnahme der Verwaltung von denjenigen erhoben werden, auf deren Veranlassung oder in deren Interesse die Inanspruchnahme erfolgt[445]. Es besteht also eine unmittelbare Verknüpfung von Leistung und Gegenleistung[446]. Die bloße Möglichkeit der Inanspruchnahme genügt nicht[447]. Durch die der Gebühr innewohnende Gegenleistungsfunktion besteht die notwendide Distanz zum Steuerregime der Art. 105 f. GG[448]. Das BVerfG stellt dagegen auf das Merkmal der individuellen Zurechenbarkeit einer Leistung ab[449]. Diese Formel erfaßt jede Berührung des Schuldners mit der Leistung und ermöglicht, daß Gebühren nicht nur dem Veranlasser, sondern auch dem Nutznießer auferlegt werden können[450].

Innerhalb des Gebührenbegriffs wird noch in Verwaltungsgebühren, Benutzungsgebühren und Verleihungsgebühren unterteilt[451]. Benutzungsgebühren sind die kraft öffentlichen Rechts geforderten Entgelte für die Benutzung einer Anstalt oder einer anderen öffentlichen Einrichtung[452].

bb) Mögliche Einordnung der Rundfunkgebühr als Anstaltsnutzungsgebühr

Eine Einordnung der Rundfunkgebühr als Anstaltsnutzungsgebühr setzt zunächst das Bestehen eines Anstaltsnutzungsverhältnisses zwischen Rundfunkanstalt und Rezipienten voraus. Der Rezipient würde die Rundfunkgebühr

---

442 *Kirchhof* in: *Isensee/Kirchhof*, Handbuch des Staatsrechts IV, S. 166; *Selmer/Brodersen*, in: *Hoffmann-Riem*, Die Indexierung der Rundfunkgebühr, S. 178 mwN.

443 Eine punktuelle Erwähnung findet sich nur in Art. 74 Nr. 2, 80 II GG.

444 BVerfGE 7, 244, 254; *Schmidt*, Die Rundfunkgebühr, S. 43 mwN; *Koch*, Möglichkeiten der Beteiligung, S. 130 mwN.

445 *Wolff/ Bachof/ Stober*, VerwR I § 42 Rn. 22.

446 *Patzig*, DÖV 1981, 735; BVerfGE 93, 319, 328.

447 BVerfGE 50, 217, 226; BVerwG, DÖV 1986, 655.

448 *Selmer/Brodersen*, DVBl. 2000, 1162.

449 BVerfGE 50, 217, 226.

450 BGH, DVBl. 1986, 1055 für ankommende Autotelefongespräche.

451 *Selmer/Brodersen*, in: *Hoffmann-Riem*, Die Indexierung der Rundfunkgebühr, S. 179 mwN.

452 *Wolff/ Bachof/ Stober*, VerwR I, § 42 Rn. 29.

als Entgelt für eine angebotene Leistung der Rundfunkanstalten entrichten, die in der öffentlich-rechtlich organisierten und bewirkten Gesamtveranstaltung von Rundfunksendungen besteht[453].

Es könnte jedoch ein Problem für die Einordnung der Rundfunkgebühr als Anstaltsnutzungegebühr darstellen, daß diese unabhängig von der tatsächlichen Inanspruchnahme der öffentlichen-rechtlichen Rundfunkprogramme geschuldet wird. Dazu stellt *Maunz*[454] in einem Rechtsgutachten vom 12. März 1953 über einen Referentenentwurf des Bundesministers des Innern zu einem Gesetz über die „Wahrnehmung gemeinsamer Aufgaben auf dem Gebiet des Rundfunks" klar, daß es im Anstaltsrecht keine Rolle spiele, ob der angeschlossene Teilnehmer die Nutzung wirklich in Anspruch nimmt, oder ob er sie, weil ihm laufend angeboten, nur in Anspruch nehmen könnte. Die Gebührenschuld sei also unabhängig von der wirklichen Inanspruchnahme oder von dem Leistungsangebot der Rundfunkanstalten im einzelnen[455]. Sie sei schon dann gegeben, wenn Anschluß an eine Anlage genommen werde, da mit dem Anschluß die Wahrscheinlichkeit einer dauernden unkontrollierbaren Nutzung der Rundfunkanstalt bestehe[456]. Nur so könne die Rundfunkgebühr den Rundfunkanstalten die für die Erfüllung ihres Programmauftrages notwendige Souveränität und Unabhängigkeit geben[457].

Das Bundesverwaltungsgericht hat diese Ansicht vorsichtig bestätigt, in dem es feststellte, daß „diese Auffassung ... mit Bundesrecht nicht in Widerspruch stehe"[458]. Allerdings hat das BVerwG dabei keine eigene Meinung zur Rechtsnatur der Rundfunkgebühr entwickelt. Deshalb ginge es auch zu weit, dem BVerwG zu unterstellen, daß es mit seiner - inzwischen überholten - Feststellung, das Äquivalenzprinzip zwischen Leistung und Gegenleistung gelte auch

---

453 VGH München, DVBl 1967, 332; VG München ZUM 1987, 474 f.; VG Schleswig-Holstein, AfP 1994, 255; *Giese*, DÖV 1953, 391; *Henneke*, Jura 1990, 114; *Herrmann*, AöR 90 (1965), S. 325 f.; *v.Münch*, NJW 2000, 634; *Ossenbühl*, Rundfunkfreiheit und Finanzautonomie, S. 20; *Ott*, FuR 1984, S. 236; *Seidel*, ZUM 1986, 657; *Uffhausen*, Benutzungsgebühr, S. 124; so wohl auch *Geiger, Rinck* und *Wand* im abw. Votum BVerfGE 31, 377, 344. Zum Teil werden auch *Selmer/Brodersen*, in *Hoffmann-Riem*, Indexierung der Rundfunkgebühr, S. 174 ff. so verstanden, als sehen sie in der Rundfunkgebühr eine echte Gebühr. Das ist jedoch unzutreffend. Zwar verwenden sie den Begriff „Gebühr" für die Rechtsnatur der Rundfunkgebühr. Doch soll dies lediglich der Vereinfachung dienen und als Synonym für eine generelle Gegenleistungsabgabe stehen. Eine endgültige Entscheidung zwischen Beitrag und Gebühr wollen *Selmer/Brodersen* gerade nicht treffen (S. 180, 183).

454 In: *Zehner*, Der Fernsehstreit vor dem Bundesverfassungsgericht I, S. 276 ff.

455 *Maunz* in: *Zehner*, Der Fernsehstreit vor dem Bundesverfassungsgericht I, S. 289 f.

456 BVerwG DVBl. 1968, 657.

457 *Seidel*, ZUM 1986, 657.

458 BVerwGE 29, 314, 217.

im Verhältnis der Rundfunkanstalten und ihrer Benutzer[459], die Rundfunkgebühr als Gebühr im abgabenrechtlichen Sinne verstanden haben will. Denn bei dieser Aussage ist zu beachten, daß das Äquivalenzprinzip hier erkennbar in einem weiten Sinne verstanden werden sollte. Es wird auf das Programm der regionalen Rundfunkanstalt und des ZDF zusammengenommen und auf die Empfangsmöglichkeit für den Benutzer bezogen[460]. Damit ist im Grunde nichts anderes beschrieben als eine Zweckbindung der Rundfunkgebühr, d.h. ihre Verwendung zur umfassenden Information der Rundfunkteilnehmer und damit zur Finanzierung der verfassungsmäßigen Aufgaben der öffentlich-rechtlichen Rundfunkanstalten[461]. Insofern hat sich das BVerwG durch diese Aussage nicht eindeutig auf eine Rechtsnatur festgelegt, sondern diese offengelassen, da dies insbesondere in dem zu entscheidenden Rechtsstreit nicht entscheidungserheblich war.

Die Richter *Geiger*, *Rinck* und *Wand* bejahen in ihrem abweichenden Votum zur Mehrwertsteuer-Entscheidung des BVerfG[462] den Entgeltcharakter der Rundfunkgebühr und ordnen sie damit als eine Gegenleistungsabgabe ein, da dies ihrer Ansicht nach der einzige verfassungsrechtlich unbedenkliche und praktikable Weg für die Finanzierung der Träger von Rundfunk- und Fernsehdarbietungen sei. Schließlich scheide sowohl eine Staatsfinanzierung als auch eine ausschließliche Finanzierung durch Werbung aus, da dies mit dem Gebot der Staatsferne bzw. mit dem Grundversorgungsauftrag nicht zu vereinbaren sei[463]. Außerdem sei die Rundfunkgebühr in ihrem Entgeltcharakter mit einem Theaterabonnement oder der Jahreskarte der Bundesbahn vergleichbar. Dem kann jedoch nicht zugestimmt werden, da sowohl das Theaterabonnement als auch die Jahreskarte nur zum Besuch bzw. zur Benutzung einer Bühne oder ausschließlich der Bundesbahn berechtigen, die auch jeweils unmittelbar die Gebührengläubiger sind. Bei der Rundfunkgebühr liegen die Verhältnisse etwas anders. Durch die Zahlung der Rundfunkgebühr erwirbt der Teilnehmer das Recht zum Empfang von Rundfunksendungen jeglicher Anstalten, unabhängig davon, daß die Rundfunkgebühr an die jeweilige Landesrundfunkanstalt zu zahlen ist. Somit erhält man auch die Möglichkeit zum Empfang von Leistungen, für die man nicht unmittelbar zahlt. Hierin liegt der entscheidende Unterschied zum Theaterabonnement oder zur Jahreskarte der Bahn. Die Auffassung der Richter *Geiger*, *Rinck* und *Wand* überzeugt demnach nicht.

---

459 BVerwGE 22, 299, 305, BVerwG DVBl. 1988, 734.

460 *Schmidt*, Die Rundfunkgebühr, S. 59.

461 Vgl. o. D I 5; *Schmidt*, Media Perspektiven 1986, 168.

462 BVerfGE 31, 337, 344.

463 BVerfGE 31, 337, 343 ff.

cc) Bedenken gegen eine Einordnung der Rundfunkgebühr als Anstaltsnutzungsgebühr

Es sprechen einige Gründe gegen eine Einordnung der Rundfunkgebühr als Anstaltsnutzungsgebühr.

(1) Fehlen einer unmittelbaren Verknüpfung von Leistung und Gegenleistung

Gegen eine Klassifizierung der Rundfunkgebühr als Anstaltsnutzungsgebühr spricht vor allem, daß die Rundfunkgebühr keine unmittelbare Gegenleistung für eine Leistung der Rundfunkanstalten darstellt. Denn die Rundfunkgebühr ist nicht auf einzelne, konkrete Rundfunkdarbietungen oder Programmteile bezogen[464], sondern auf das Gesamtprogramm bzw. die „Gesamtveranstaltung“[465]. Die Annahme einer reinen Anstaltsnutzungsgebühr im strengen Sinne als Entgelt für die tatsächliche individuelle Inanspruchnahme würde nicht nur zu unerfreulichen, sondern auch zu unlösbaren und mit der Rundfunkfreiheit unvereinbaren Auseinandersetzungen über die Frage führen, ob und wieviel Stunden mit einem Rundfunkempfangsgerät Sendungen der einen oder der anderen Landesrundfunkanstalt oder des ZDF empfangen werden[466]. Von diesen Kriterien ist die Rundfunkgebührenpflicht unabhängig zu halten, da eine Feststellung, Registrierung und Kontrolle des tatsächlichen Programmempfangs aus verfassungsrechtlichen Gründen unzulässig ist. Dies ergibt sich aus der durch Art. 5 I GG gewährleisteten Informationsfreiheit, die u.a. besagt, daß jeder frei entscheiden kann, ob und wenn ja welches Rundfunkprogramm er empfangen will[467]. Da es hinsichtlich der Gebührenpflicht deshalb nicht auf die tatsächliche Inanspruchnahme der von den öffentlich-rechtlichen Rundfunkanstalten erbrachten Sendeleistungen ankommen darf, wird die Rundfunkgebühr schon für das Bereithalten eines Empfangsgerätes und damit bereits für die bloße Nutzungsmöglichkeit erhoben[468]. Es fehlt am unmittelbaren Gegenleistungsverhältnis, so daß die Rundfunkgebühr nicht als reine Anstaltsnutzungsgebühr verstanden werden darf. Nichts anderes behauptet auch *Maunz*[469], der in seinem Gutachten lediglich klar stellen will, daß es für die Gebührenpflicht nicht auf den tatsächlichen Empfang von Programmen ankommen kann, sondern die Nutzungsmöglichkeit genügt. Damit sollte aber keine definitive Einordnung der Rundfunkgebühr als Anstaltsnutzungsgebühr geschehen, da es nicht Intention des Gutachtens war, die Rundfunkgebühr verbindlich einzuordnen.

---

464 *Badura*, ZUM 1988, 162; *Schmidt*, Media Perspektiven 1986, 168.
465 BVerfGE 31, 314, 330.
466 *Herrmann*, Rundfunkrecht, § 31 Rn. 43.
467 *Herrmann*, Rundfunkrecht, § 31 Rn. 2.
468 Vgl. *Hess*, Verfassungsrechtliche Probleme der Gebührenfinanzierung, S. 98 mwN.
469 In: *Zehner*, Der Fernsehstreit vor dem Bundesverfassungsgericht I, S. 276 ff.

Man kann gegen das Abstellen auf die bloße Nutzungsmöglichkeit zur Verneinung des unmittelbaren Gegenleistungscharakters einwenden, daß es in der Regel bei einem Bereithalten des Empfangsgerätes auch zum tatsächlichen Empfang von Rundfunksendungen komme[470]. Doch beinhaltet diese Betrachtungsweise nur eine Vermutung. Außerdem wird dabei übersehen, daß die staatsvertraglichen Vorgaben ganz ausdrücklich an die bloße Nutzungsmöglichkeit anknüpfen, nicht aber auf den konkreten Empfang abstellen. Darüber hinaus ist durch die Expansion privater Rundfunkanbieter der Rezipient nicht mehr ausschließlich auf die öffentlich-rechtlichen Programme angewiesen. Er kann vielmehr auch ausschließlich private Rundfunksendungen empfangen. Da aber Art. 5 I 1 GG auch eine sog. negative Informationsfreiheit umfaßt, d.h. das Recht, bestimmte Programme zu meiden, kann aus dem bloßen Bereithalten eines Empfangsgerätes das Bestehen eines Nutzungsverhältnisses nicht unterstellt werden.

Dem entspricht es, wenn *Merznicht*[471] feststellt, das entscheidende Abgrenzungskriterium einer Gebühr zum Beitrag sei, daß die Gebühr an Leistungen anknüpft, die einer individuellen Ausschließbarkeit unterworfen, also gezielt an einzelne Leistungsempfänger adressiert werden können. Die Rundfunkgebühr kann nur als Gegenleistung für die Ausstrahlung des Rundfunkprogramms verstanden werden. Damit ist die Leistung der Rundfunkanstalten nicht individuell zurechenbar, denn die Rundfunkanstalten können faktisch nicht verhindern, daß jeder Besitzer eines Rundfunkempfangsgerätes, der sich im Sendebereich aufhält, die gesendeten Programme empfängt[472]. Dies wäre zwar technisch durch eine Verschlüsselung möglich, so daß nur noch diejenigen das Programm empfangen, die vorher die Rundfunkgebühr entrichtet haben[473], doch wird dies von den öffentlich-rechtlichen Rundfunkanstalten derzeit nicht praktiziert. Die öffentliche Leistung der öffentlich-rechtlichen Rundfunkanstalten ist daher nur gruppenmäßig adressierbar und deshalb nicht gebührenfähig.

Unterstützt wird diese Auffassung durch die Tatsache, daß das Äquivalenzprinzip keine Anwendung auf die Rundfunkgebühr finden soll[474]. Wenn nun dieses für eine Gebühr im abgabenrechtlichen Sinne immanente Prinzip für die Rundfunkgebühr nicht gelten soll und stattdessen der Gleichheitssatz des Art. 3 I GG Maßstab für die rechtmäßige Erhebung ist, so kann es sich bei der Rundfunkgebühr nicht um eine klassische Gebühr im abgabenrechtlichen Sinne handeln.

---

470 *Steimer*, Grundprobleme der Rundfunkfinanzierung, S. 32.
471 *Merznicht*, Der Aufsichtsgroschen, S. 144.
472 *F. Kirchhof*, Die Höhe der Gebühr, S. 35.
473 Das Verfahren wäre insoweit ähnlich wie beim Pay-TV Sender „premiere“.
474 Vgl. o. E I 1.

(2) Das Gebot der Staatsferne

Darüber hinaus könnte das Gebot der Staatsferne des Rundfunks eine Einordnung der Rundfunkgebühr als Anstaltsnutzungsgebühr ausscheiden lassen. Die staatsautonome Organisationsstruktur des öffentlich-rechtlichen Rundfunks bedingt, daß die Rundfunkanstalten nicht der Staatsverwaltung zugerechnet werden können[475]. Demgemäß kann die Rundfunkgebühr auch kein Entgelt für eine Leistung der öffentlichen Hand darstellen. Vielmehr ist die Rundfunkgebühr Mittel zur Finanzierung einer Tätigkeit, nämlich der Veranstaltung von Rundfunk, die aus verfassungsrechtlichen Gründen gerade dem Bereich öffentlicher Verwaltung entzogen ist. Hinzu kommt, daß die Rundfunkgebühren nicht dem Staat, sondern unmittelbar den Landesrundfunkanstalten zufließen. Somit erscheint eine Einordnung der Rundfunkgebühr als Anstaltsnutzungsgebühr im abgabenrechtlichen Sinne ausgeschlossen.

(3) Die Grundversorgungsfunktion des öffentlich-rechtlichen Rundfunks

Abschließend läßt sich gegen eine Einordnung der Rundfunkgebühr als Anstaltsnutzungsgebühr auch das Verfassungsgebot der Grundversorgung ins Feld führen. Zwischen der Grundversorgungsfunktion des öffentlich-rechtlichen Rundfunks und der verfassungsrechtlichen Legitimation der Rundfunkgebühr besteht eine Zusammenhang[476], der verdeutlicht, daß im dualen Rundfunksystem die Rundfunkgebühr nicht Entgelt für die Inanspruchnahme einer Leistung der öffentlichen Hand ist, sondern Mittel zur Finanzierung der Grundversorgung für alle. Dies ergibt sich aus ihrem verfassungsrechtlichen Verwendungszweck[477]. Dabei ist zu beachten, daß die Gewährleistung der Grundversorgung durch die öffentlich-rechtlichen Rundfunkanstalten gerade die Absenkung des Programmstandards bei den privaten Anbietern legitimiert[478]. Die Gebührenfinanzierung stellt also nicht nur die wirtschaftliche Grundlage der Grundversorgung dar, sondern bildet zugleich die finanzielle Basis für ein verfassungsrechtlich zulässiges Programmangebot der Privaten. So betrachtet vermittelt das Entrichten der allgemeinen Rundfunkgebühr erst die Befugnis zum Empfang von Programmen des Privatfunks, ohne daß es zu einer tatsächlichen Inanspruchnahme der Programmleistungen des öffentlich-rechtlichen Rundfunks kommen muß[479]. Damit spricht auch bei Einbeziehung des Grundversorgungsgebots einiges gegen eine Einordnung der Rundfunkgebühr als

---

475 BVerwGE 70, 310, 316.

476 BVerfGE 73, 118, 158; 83, 238, 311; 87, 181, 199 f.

477 Vgl. o. D I 5.

478 *Hess*, Verfassungsrechtliche Probleme der Gebührenfinanzierung, S. 100.

479 *Hess*, Verfassungsrechtliche Probleme der Gebührenfinanzierung, S. 101.

Nutzungsgebühr, welche ein unmittelbares Leistungs-Gegenleistungs-Verhältnis voraussetzt, das nach dem oben Gesagten bei der Rundfunkgebühr nicht immer besteht.

dd) Ergebnis

Die Rundfunkgebühr kann nicht als Nutzungsgebühr im klassischen Sinne bezeichnet werden, da sie ohne Rücksicht auf die Nutzungsgewohnheiten des Rezipienten lediglich durch das Bereithalten eines Empfangsgerätes begründet wird.

b) Die Rundfunkgebühr als laufende Verwaltungsgebühr

Wenn eine Einordnung der Rundfunkgebühr als Anstaltsnutzungsgebühr ausscheidet, ist zu prüfen, ob sie nicht eine laufende Verwaltungsgebühr darstellt.

aa) Begriff der Verwaltungsgebühr

Verwaltungsgebühren, als Unterfall des Gebührenbegriffs, sind kraft öffentlichen Rechts geforderte Entgelte für die Vornahme von Amtshandlungen, die auf Veranlassung oder im Interesse des Pflichtigen vorgenommen werden[480]. Der Pflichtige veranlaßt die Amtshandlung nicht durch Stellen eines Antrags, sondern durch jedes Verhalten, das dem Verwaltungsorgan begründeten Anlaß zum Tätigwerden gibt[481]. Hat sein Verhalten aber objektiv keinen Anlaß zu der von der Verwaltung vorgenommenen Amtshandlung gegeben, so ist er auch nicht gebührenpflichtig[482].

bb) Mögliche Einordnung der Rundfunkgebühr als laufende Verwaltungsgebühr

Voraussetzung für eine Einordnung der Rundfunkgebühr als laufende Verwaltungsgebühr ist, daß der Begründungsvorgang für ihr Entstehen der Verwaltungsakt ist, durch den die Genehmigung zur Inbetriebnahme einer Empfangsanlage erteilt wird. Die Gebühr wird dann für die einmalige Vornahme der Verleihung des Rechts zur Inbetriebnahme eines Rundfunkempfangsgerätes geschuldet[483]. In diesem Fall wäre sie naturgemäß nur ein einziges Mal zu

---

480 *Kirchhof* in: *Isensee/Kirchhof*, Handbuch des Staatsrechts IV, S. 167; *Wolff/ Bachof/ Stober*, VerwR I, § 42 Rn. 27.

481 BVerwGE 8, 93.

482 BVerwGE 11, 275.

483 *Maunz* in: *Zehner*, Der Fernsehstreit vor dem BVerfG, S. 289.

entrichten, nämlich bei der erstmaligen Erteilung der Genehmigung. Da die Rundfunkgebühr aber monatlich anfällt, wäre man zu einer Konstruktion gezwungen, daß die Genehmigung jeweils nur für einen Monat gilt und daher jeden Monat als neu erteilt angesehen werden müßte. Dies wird jedoch nicht ernsthaft vertreten. Statt dessen wird vertreten, daß für die Verleihung und den Betrieb von Rundfunkempfangsanlagen „Bedingungen" gesetzt werden können und daß die Einhaltung der Bedingungen überwacht werden muß. Dabei sei die Überwachung die Amtshandlung, für die eine fortlaufende Gebühr geschuldet wird, so daß in der Rundfunkgebühr eine laufende Verwaltungsgebühr gesehen werden könne[484].

cc) Bedenken gegen eine Einordnung der Rundfunkgebühr als laufende Verwaltungsgebühr

Eine Einordnung der Rundfunkgebühr als Verwaltungsgebühr dafür, daß die Einhaltung von Bedingungen zum Betrieb von Rundfunkempfangsanlagen überwacht werden, erscheint nicht sachgerecht. Zum einen kommt eine echte verwaltungsrechtliche Genehmigung im Sinne einer Rechtsverleihung für den Rezipienten nicht in Frage, da der Rundfunkteilnehmer einen Teilnahmeanspruch am Rundfunk aus Art. 5 I 1 GG besitzt[485]. Somit fehlt es bereits an dem tatbestandlichen Anknüpfungspunkt für eine Verwaltungsgebühr. Zum anderen vermag auch die Konstruktion einer Verwaltungsgebühr für die laufende Überwachung der Empfangsbedingungen nicht zu überzeugen, da diese Bedingungen nirgendwo genauer ausgeführt werden.

dd) Ergebnis

Somit scheidet eine Einordnung der Rundfunkgebühr als eine laufende Verwaltungsgebühr aus.

c) Die Rundfunkgebühr als fernmelderechtliche Gebühr des Bundes

Von einigen Autoren wurde vertreten, daß es sich bei der Rundfunkgebühr um eine fernmelderechtliche Gebühr des Bundes handelt[486]. Die Gebührenregelung gehöre zur ausschließlichen Gesetzgebungsbefugnis des Bundes nach Art. 73 Nr. 7 GG, da die Verleihungsbefugnis mit dem staatlichen Funkhoheitsrecht verknüpft sei und notwendigerweise die Gebührenhoheit das Korrelat zur Verleihungsbefugnis darstelle[487]. Dies erscheint nach der heutigen Rechtslage

---

484 *Zeidler*, Probleme der Rundfunkgebühr, S. 32 ff.
485 *Ipsen*, Die Rundfunkgebühr, S. 44 ff.
486 *Eckner* in: *Steinmetz*, Bundespost und Rundfunk, S. 77.
487 *Peters*, Die Zuständigkeit des Bundes im Rundfunkwesen, S. 46.

nicht mehr haltbar. Diese Auffassung stützt sich auf die angebliche Regelungskompetenz des Bundes und eine daraus folgende Gläubigerstellung der Bundespost[488]. Der für die Ausübung der Fernmeldehoheit zuständige Bundespostminister sei auch für die Rundfunkversorgung verantwortlich, und zwar jedenfalls soweit, als es sich um die finanzielle Sicherung der Rundfunkanstalten handele, die ihrer öffentlichen Aufgabe ohne Finanzhilfe nicht nachkommen könnten[489]. Nachdem jedoch heute die Regelungszuständigkeit der Länder und die Gläubigerstellung der Landesrundfunkanstalten allgemein anerkannt sind[490], sind die Grundlagen dieser Ansicht widerlegt. Mithin wird sie in der aktuellen Literatur auch nicht mehr vetreten, sondern höchstens noch als veraltet erwähnt[491]. Im Rahmen dieser Arbeit hat diese Ansicht nur der Vollständigkeit halber Erwähnung gefunden und wird im weiteren Verlauf der Ausführungen keine Rolle mehr spielen.

d) Die Rundfunkgebühr als Beitrag

Angesichts der fehlenden Unmittelbarkeit der Verknüpfung von Leistung und Gegenleistung bei der Rundfunkgebühr ist es zu überlegen, inwieweit die Rundfunkgebühr einen Beitrag im Sinne des Abgabenrechts darstellt. Dazu ist zunächst der Beitragsbegriff festzulegen.

aa) Begriff des Beitrags

Der Begriff des Beitrags ist mit der Gebühr eng verwandt. Sowohl der Beitrag als auch die Gebühr stellen eine Gegenleistung für eine besondere Leistung des Staates dar, so daß sie von der Steuer abzugrenzen sind. Dies ist verfassungsrechtlich geboten[492]. Somit gibt es zwar einen verfassungsrechtlichen Kern von Gebühr und Beitrag, einen verfassungsrechtlich feststehenden Beitragsbegriff gibt es jedoch nicht; der Begriff „Beitrag“ findet im GG keine Erwähnung. Dem entsprechend wird das Beitragsrecht von einfachgesetzlichen Regelungen, insbesondere den Kommunalabgabengesetzen der Länder, ausgestaltet[493]. Beiträge sind demnach Geldleistungen, die zur vollen oder teilweisen Deckung des Aufwandes einer öffentlichen Einrichtung oder Anlage von denjenigen erhoben werden, denen die Herstellung, Anschaffung oder Bestand der Einrichtung oder Anlage besondere Vorteile gewährt[494]. Anders als bei der Gebühr ist

---

488 *Eckner* in: *Steinmetz*, Bundespost und Rundfunk, S. 76 f.

489 *Peters*, Die Zuständigkeit des Bundes im Rundfunkwesen, S. 46; *Schneider*, NJW 1961, S. 56.

490 Vgl. o.: Historische Entwicklung (Teil D I).

491 *Herrmann*, Rundfunkrecht, § 31 Rn. 41.

492 BVerfGE 93, 319, 347; *Selmer/Brodersen*, DVBl. 2000, 1162.

493 *Henneke*, Jura 1990, 116.

494 *Wolff/ Bachof/ Stober*, VerwR I, § 42 Rn. 19.

es nicht notwendig, daß die Vorteile von dem Pflichtigen wirklich wahrgenommen werden, es genügt, wenn die Möglichkeit dazu besteht[495]. Es besteht damit keine unmittelbare Verknüpfung von Leistung und Gegenleistung, jedoch muß ein Gegenleistungscharakter gewahrt sein[496]. Zum Teil wird zur Abgrenzung von Beitrag und Gebühr auch das Kriterium der Ausschließbarkeit herangezogen[497]. Danach knüpfen Gebühren an Leistungen an, die einer individuellen Ausschließbarkeit unterworfen, also gezielt an einzelne Leistungsempfänger adressiert werden können[498]. Dagegen werden Beiträge für Leistungen erhoben, die nur einer gruppenmäßigen Ausschließbarkeit unterliegen, d.h. an ein Teilkollektiv adressiert werden können[499]. Eine Beitragserhebung kommt also nur in Betracht, wenn sich der Kreis der Begünstigten von vornherein verläßlich abgrenzen läßt. Andernfalls stehe zur Finanzierung nur die Möglichkeit einer Steuererhebung zur Verfügung[500].

Maßgebliches Abgrenzungskriterium zur Steuer ist das Vorhandensein einer Gegenleistung. Von sog. Zwecksteuern, bei denen ebenfalls eine Beziehung zu bestimmten staatlichen Leistungen besteht, unterscheiden sich die Beiträge dadurch, daß sich die Erfüllung der öffentlichen Aufgaben, die über die Zwecksteuer finanziert werden, nicht als Gegenleistung gegenüber dem Steuerpflichtigen darstellt[501].

Zur Abgrenzung des Beitrags von der Sonderabgabe läßt sich sagen, daß die Finanzierungsverantwortlichkeit des Beitragsschuldners sich aus dem Angebot eines ungerechtfertigten Vorteils oder aus der Kostenverantwortung ergibt, während die Finanzierungsverantwortlichkeit der Schuldner von Sonderabgaben aus der zu finanzierenden Aufgabe folgt[502]. Der Beitrag finanziert die Erfüllung einer allgemeinen Staatsaufgabe, während die Sonderabgabe die Erfüllung einer Gruppenaufgabe finanziert. Die Sonderabgabe fließt demnach nicht wie der Beitrag in den allgemeinen Staatshaushalt, sondern ist grundsätzlich gruppennützig zu verwenden[503].

---

495 BVerwGE 25, 147, 149; 39, 100, 107; 66, 330, 334.; *Maiwald*, GewArchiv 1993, S. 46; *Ott*, FuR 1984, 234; *Schmidt*, Die Rundfunkgebühr, S. 43 mwN.

496 *Patzig*, DÖV 1981, 735; *Merznicht*, Der Aufsichtsgroschen, S. 142 mwN.

497 *Merznicht*, Der Aufsichtsgroschen, S. 143; wohl auch *Kirchhof* in: *Isensee/Kirchhof*, Handbuch des Staatsrechts IV, S. 181.

498 *Boley*, Gebühren und Beiträge, S. 29 ff.; *Puwalla*, Qualifikation von Abgaben, S. 55.

499 BVerfGE 7, 244, 254 f.; *Boley*, Gebühren und Beiträge, S. 42 f.; *Puwalla*, Qualifikation von Abgaben, S.55 ff.

500 *Henneke*, Jura 1990, 116.

501 *Patzig*, DÖV 1981, 734.

502 BVerfGE 55, 274, 306.

503 BVerfGE 55, 274, 307.

bb) Mögliche Einordnung der Rundfunkgebühr als Beitrag

Die Einordnung der Rundfunkgebühr als Beitrag scheint auf den ersten Blick zu passen. So ist schon derjenige zur Zahlung der Rundfunkgebühr verpflichtet, der ein Rundfunkempfangsgerät bloß aufstellt oder besitzt - ohne Rücksicht darauf, ob er auch das Programmangebot der öffentlich-rechtlichen Rundfunkveranstalter tatsächlich annehmen will oder gar annimmt[504]. Wenn jemand die Programmangebote der öffentlich-rechtlichen Rundfunkanstalten aber nicht annimmt oder annehmen will, kann er nicht zur Zahlung einer gegenleistungsabhängigen Gebühr im rechtstechnischen Sinne herangezogen werden. Denn eine Gebühr kann nicht für die bloße Möglichkeit der Nutzung einer Einrichtung erhoben werden[505]. Deshalb könnte man die Rundfunkgebühr in ihrer heutigen Gestalt, als Abgabe, die bereits bei Besitz eines Empfangsgerätes zu zahlen ist, als Rundfunkbeitrag verstehen[506]. So fehlt es am unmittelbaren Gegenleistungscharakter im Verhältnis zur Rundfunkanstalt, da diese ihre Leistung, nämlich die Ausstrahlung von Programmen, gar nicht auf diejenigen begrenzen kann, die auch die Rundfunkgebühr an sie entrichten. Bekanntermaßen breiten sich die Funkwellen nahezu unkontrollierbar aus und die technischen Möglichkeiten erlauben seitens der Sender nur die Auswahl bestimmter Sendegebiete (sog. Richtfunk), nicht einzelner Personen. Außerdem fehlt den Rundfunkanstalten die Rechtsmacht, Empfänger jenseits der Grenzen ihres Bezirks auszuschließen, d.h. die Leistung wird auch anderswo wahrgenommen, ohne daß eine unmittelbare Gegenleistung durch den Rezipienten erbracht wird, da dieser schließlich an „seine“ Landesrundfunkanstalt zahlt[507]. Deshalb sehen auch immer mehr Autoren und Verwaltungsgerichte in der Rundfunkgebühr einen Beitrag im abgabenrechtlichen Sinne[508]. So stellt *Scholz*[509] fest, daß sich die Rundfunkgebühr immer mehr von den Strukturmerkmalen einer Gebühr weg entwickele und zum schlichten öffentlich-rechtlichen Beitrag werde[510].

---

504 BVerfGE 87, 181, 201; *F. Kirchhof*, Die Höhe der Gebühr, S. 35.

505 *Krause-Ablaß*, DÖV 1962, 239.

506 *Scholz*, AfP 1995, 362.

507 *F. Kirchhof*, Die Höhe der Gebühr, S. 35.

508 *Badura*, Rundfunkfreiheit und Finanzautonomie, S. 19; *Eberle*, AfP 1995, 560; *ders.*, Die Rundfunkgebühr, S. 20; *Fuhr*, in: *Fuhr/Rudolf/Wasserburg*, Recht der Neuen Medien, S. 334; *Heydt*, AöR 100 (1975), 595; *Herrmann*, Rundfunkrecht, § 31 Rn. 47; *F. Kirchhof*, Die Höhe der Gebühr, S. 36; *Koch*, Möglichkeiten der Beteiligung, S. 133; *Krause-Ablaß*, DÖV 1962, 239; *Merznicht*, Der Aufsichtsgroschen, S. 145; *Schmidt*, Die Rundfunkgebühr, S. 47 (Später bezeichnet *Schmidt* die Rundfunkgebühr allerdings auch als Sonderabgabe, S. 59 f.); *Schneider-Freyermuth*, ZUM 2000, 568; OVG Berlin ZUM 1991, 212; HessVGH ZUM 1991, 213. Wohl auch *Bullinger*, Länderfinanzausgleich und Rund-funkfinanzausgleich, S. 22.

509 *Scholz*, AfP 1995, 357 ff.

510 *Scholz*, AfP 1995, 361.

Zur Unterstützung dieser Auffassung wird häufig eine Entscheidung des BVerwG[511] herangezogen. Dort wird ausgeführt, daß bereits die Möglichkeit, am Rundfunk teilzunehmen, einen rechtserheblichen Vorteil darstellt, der die Gebührenerhebung rechtfertigt[512]. Dies stelle eindeutig eine Verwendung von Elementen des Beitrags zur Begründung des Gebührenanspruchs dar[513]. Diese Heranziehung geschieht jedoch zu Unrecht. Das BVerwG stellt ausdrücklich klar, daß die abgabenrechtliche Einordnung der Rundfunkgebühr nicht geklärt ist und eine Klärung auch im Rahmen dieses Urteils nicht erfolgen soll[514].

Heydt[515] zieht als Begründung für die Einstufung der Rundfunkgebühr als Beitrag die Mehrwertsteuer-Entscheidung des BVerfG[516] heran. Darin heißt es, daß die Rundfunkgebühr nicht Gegenleistung für eine Leistung, sondern das von den Ländern eingeführte Mittel zur Finanzierung der Gesamtveranstaltung Rundfunk sei[517]. Hieraus ergebe sich deutlich der Beitragscharakter, der eben keine unmittelbare Verknüpfung von Leistung und Gegenleistung erfordere. Aufgrund der Zahlung der Rundfunkgebühr erwerbe der Teilnehmer das Recht, Sendungen beliebiger Rundfunkanstalten zu empfangen und nicht nur diejenigen, welche von der Landesrundfunkanstalt ausgestrahlt werden, die jeweils Gebührengläubigerin ist[518]. Es bestehe kein unmittelbares Leistung-Gegenleistungs-Verhältnis zwischen dem einzelnen Teilnehmer und den übrigen Rundfunkanstalten. Denn auch der Finanzausgleich, der im übrigen auch nur unter den Rundfunkanstalten der Bundesrepublik veranstaltet wird, obwohl ja auch ausländische Sender empfangen werden können, bezwecke lediglich, daß jede Rundfunkanstalt in der Lage ist, ein ausreichendes Programm zu gestalten und zu senden[519], und stelle nicht etwa eine Abgeltung für landesgrenzüberschreitenden Rundfunkempfang dar[520]. Somit ließe sich die Rundfunkgebühr im rechtstechnischen Sinne in Wirklichkeit nur als Beitrag qualifizieren, denn bei einer Gebühr hätte der Teilnehmer an jede Rundfunkanstalt einen Betrag zu entrichten, deren Programm er empfängt. Da die Rundfunkgebühr also nur für einen potentiellen Vorteil, nämlich die durch den Besitz des Rundfunkempfangsgeräts indizierte Möglichkeit, das Programm empfangen zu können, erhoben wird, sei sie ein Beitrag[521].

---

511 BVerwGE 79, 90 ff.
512 BVerwGE 79, 90, 92.
513 U.a. *Gall*, ZUM 1991, 173.
514 BVerwGE 79, 90, 91.
515 *Heydt*, AöR 100 (1975), 595.
516 BVerfGE 31, 314 ff.
517 BVerfGE 31, 314, 330.
518 *Eberle*, Die Rundfunkgebühr, S. 19.
519 Vgl. § 12 S.2 Nr. 2 RdfFinStV.
520 *Heydt*, AöR 100 (1975), 595.
521 *F. Kirchhof*, Die Höhe der Gebühr, S. 36.

cc) Bedenken gegen eine Einordnung der Rundfunkgebühr als Beitrag

(1) Anknüpfen an einen Ausnahmefall

Denjenigen Autoren, die in der Rundfunkgebühr einen reinen Beitrag sehen, ist zuzugeben, daß die Charakterisierung der Rundfunkgebühr als Anstaltsnutzungsgebühr ihr Wesen rechtlich nicht voll ausschöpft. Außerdem bestehen die staatsvertraglichen Vorgaben, die den gebührenauslösenden Tatbestand an das bloße Bereithalten eines Rundfunkempfangsgerätes und damit an die bloße Möglichkeit des Empfangs knüpfen[522]. Zudem ist die Leistung der Rundfunkanstalten nicht individuell zurechenbar, da ein Einzelempfang zur Zeit weder technisch möglich noch tatsächlich nachweisbar ist. So ist diese öffentliche Leistung lediglich gruppenmäßig zurechenbar, so daß damit das Kriterium der gruppenmäßigen Ausschließbarkeit gegeben ist[523].

Andererseits entspricht aber auch die Einordnung der Rundfunkgebühr als Beitrag nicht den tatsächlichen Gegebenheiten, denn in der Regel wird man davon ausgehen können, daß jeweils die Programme der Landesrundfunkanstalt empfangen werden, an die man auch die Rundfunkgebühr entrichtet. In diesen Fällen liegt die für die Benutzungsgebühr erforderliche Benutzung vor. Eine ausschließliche Charakterisierung der Rundfunkgebühr als Beitrag knüpft somit an einen Ausnahmefall an, der für die rechtliche Einordnung der Rundfunkgebühr nicht entscheidend sein darf[524]. Allerdings gilt es zu bedenken, daß solche Regel-Ausnahme-Vermutungen für die Abgrenzung von Beitrag und Gebühr sonst nicht herangezogen werden und dementsprechend keine Veranlassung besteht, sie gerade für das Rundfunkrecht zu konstituieren[525]. Dies erscheint auch nicht notwendig, da sich im folgenden noch weitere Gründe ergeben, die gegen eine Klassifizierung der Rundfunkgebühr als Beitrag sprechen.

(2) Keine synallagmatische Verknüpfung von Leistung und Gegenleistung

Beim Beitrag ist wie bei der Gebühr eine synallagmatische Verknüpfung von Leistung und Gegenleistung erforderlich. Hiervon kann im Hinblick auf die

---

522 *Hess*, Verfassungsrechtliche Probleme der Gebührenfinanzierung, S. 101.

523 *Merznicht*, Der Aufsichtsgroschen, S. 144; *Koch*, Möglichkeiten der Beteiligung, S. 132. Dem widerspricht es auch nicht, wenn *Selmer/Gersdorf*, DVBl. 1992, 81, die Rundfunkgebühr als individuell zurechenbar ansehen, da sie nicht die Leistung der Rundfunkanstalten betrachten, sondern die Leistung des Rezipienten, d.h. die Zahlung der Rundfunkgebühr.

524 *Lerche*, Werbefernsehen, S. 26; *Knemeyer*, DVBl. 1968, 923; *Oppermann*, Deutsche Rundfunkgebühren und europäisches Beihilferecht, S. 17 f.

525 *Schmidt*, Die Rundfunkgebühr, S. 45.

Trennung von Gläubigerstellung und dem Kreis der Nutznießer des Rundfunkgebührenaufkommens keine Rede sein. Die gebührenrechtlich relevante Leistungsbeziehung besteht nur zwischen dem Rezipienten und der jeweiligen Landesrundfunkanstalt, obwohl das Gebührenaufkommen nicht nur der Landesrundfunkanstalt, sondern auch dem ZDF (§§ 7 II RdfGebStV, 9 II RdfFinStV, 29 I ZDF-StV) und dem Sender Deutschlandradio (§ 9 I RdfFinStV) zusteht[526]. Mit der Rundfunkgebühr korrespondiert demnach keine für eine bestimmte vom Rundfunkteilnehmer in Anspruch genommene, konkret meßbare Gegenleistung der jeweiligen Landesrundfunkanstalt. Dementsprechend hebt das BVerfG hervor, daß mit der Rundfunkgebühr keine konkrete Leistung der Landesrundfunkanstalten abgegolten werde, sondern die Rundfunkgebühr zur Finanzierung der Gesamtveranstaltung öffentlich-rechtlichen Rundfunks beitrage[527].

Dies ergibt sich auch mit Blick auf den Grundversorgungsauftrag der öffentlich-rechtlichen Rundfunkanstalten. Danach ist die Rundfunkgebühr im dualen Rundfunksystem nicht Entgelt für eine jedem einzelnen Zuschauer oder Zuhörer zugute kommende Programmdarbietung des öffentlich-rechtlichen Rundfunks, sondern ein Mittel zur finanziellen Absicherung der essentiellen Funktionen des Rundfunks sowie der Grundversorgung für alle[528]. Die Rundfunkgebühr ist also auch dann zu entrichten, wenn der einzelne Rundfunkteilnehmer die Grundversorgungsprogramme des Anstaltsrundfunks überhaupt nicht wahrnimmt, da dies im Interesse der Gesamtgruppe der Rundfunkteilnehmer gerechtfertigt ist[529]. Somit kann die Rundfunkgebühr nur als Gegenleistung für die Ausstrahlung des gesamte Rundfunkprogramms verstanden werden. Aufgrund dieser Abstraktheit der Rundfunkgebührenpflicht stellt die Rundfunkgebühr keine Gegenleistung für die Einräumung konkret meßbarer Vorteile des einzelnen Rezipienten dar und kann folglich nicht als Beitrag eingestuft werden. Gleiches ergibt sich Blick auf den verfasungsrechtlichen Verwendungszweck der Rundfunkgebühr, welcher darin besteht die Finanzierung der verfassungsmäßigen Funktionserfüllung der öffentlich-rechtlichen Rundfunkanstalten zu gewährleisten[530]. Konkret meßbare, individuelle Vorteile für den gebührenzahlenden Rezipienten sind bei der Verwendung des Gebührenaufkommens nicht zu beachten.

---

526 *Gersdorf/Brosius-Gersdorf*, Teilnehmerentgeltsystem, S. 66.
527 BVerfGE 31, 314, 330; BVerfG, ZUM 1988, 532.
528 BVerfGE 87, 181,201.
529 *Hess*, Verfassungsrechtliche Probleme der Gebührenfinanzierung, S. 102.
530 Vgl. o. D I 5.

(3) Das Gebot der Staatsferne

Schließlich spricht gegen eine Einordnung der Rundfunkgebühr als Beitrag, daß Beiträge im Sinne des Abgabenrechts ausschließlich zugunsten von öffentlich-rechtlichen und damit gemeinhin staatlichen Einrichtungen verwendet werden[531]. Die Rundfunkanstalten sind zwar öffentlich-rechtlich organisiert, doch steht ihre Staatsferne außer Zweifel[532]. Belastungsgrund der Rundfunkgebühr ist mithin nicht eine bevorzugt angebotene Leistung unmittelbarer oder mittelbarer Staatsverwaltung, da sie beim Rundfunkteilnehmer weder einen staatlich gewährten Vorteil abschöpft, noch einen staatlichen Aufwand ausgleicht. Vielmehr dient die Rundfunkgebühr als Mittel der Gesamtveranstaltung Rundfunk, die aus Gründen des Verfassungsgebots der Staatsferne nicht Sache des Staates oder seiner Untergliederungen sein kann[533]. Somit paßt die Abgabenform des Beitrags nicht auf die Rundfunkgebühr.

Bekräftigt wird dieser Schluß durch die Unanwendbarkeit des Äquivalenzprinzip auf die Rundfunkgebühr[534]. Wenn dieses für einen Beitrag grundsätzlich geltende Erhebungsprinzip für die Rundfunkgebühr nicht gelten soll, so kann es sich bei der Rundfunkgebühr nicht um eine reinen Beitrag im abgabenrechtlichen Sinne handeln.

dd) Ergebnis

In der Rundfunkgebühr kann trotz vordergründiger Übereinstimmungen mit dem Beitragsbegriff kein Beitrag im Sinne des Abgabenrechts erblickt werden.

e) Die Rundfunkgebühr als Gebühr mit Beitragscharakter

Es hat sich gezeigt, daß sich die Rundfunkgebühr weder eindeutig dem Gebührenbegriff noch dem Beitragsbegriff zuordnen läßt. Da nun das Abgabenrecht aber keinen abgeschlossen Katalog an existierenden Abgabenarten bereithält, sondern auch Mischformen aus einzelnen Abgabenelementen zulässig sind, solange sie sich klar von der Steuer abgrenzen lassen[535], ist zu überlegen, ob die Rundfunkgebühr nicht eine Mischform aus Gebühr und Beitrag darstellt, die Strukturelemente beider Abgabenformen in sich vereint; eine sog. Gebühr mit Beitragscharakter.

---

531 *Schmidt*, Die Rundfunkgebühr, S. 58; *Becker*, Existenzgrundlagen der Rundfunkveranstalter, S. 222.

532 Z.B. BVerfGE 74, 324.

533 *Hess*, Verfassungsrechtliche Probleme der Gebührenfinanzierung, S. 101 f.

534 Vgl. o. E I 1.

535 Vgl. o. C I.

aa) Mögliche Einordnung der Rundfunkgebühr als Gebühr mit Beitragscharakter

Die Rundfunkgebühr unterscheidet sich von einer anstaltlichen Benutzungsgebühr dadurch, daß sie nicht für eine tatsächliche Inanspruchnahme der durch eine bestimmte Anstalt zu einem konkreten Zeitpunkt angebotenen Leistung oder Nutzung zu zahlen ist. Deshalb sind die beitragsrechtlichen Elemente der Rundfunkgebühr darin zu sehen, daß die Gebührenpflicht des Rundfunkteilnehmers bereits an das Bereithalten eines Rundfunkempfangsgerätes anknüpft, ohne daß es zu einer tatsächlichen Leistungserbringung kommen muß[536]. Es fehlt also an dem für eine Gebühr klassischen unmittelbaren Verhältnis von Leistung und Gegenleistung[537]. Würde man ausschließlich eine Gebühr annehmen, so käme dies einer Gleichstellung der Wahrscheinlichkeit der Benutzung und der tatsächlichen Benutzung gleich. Eine solche Gleichstellung rechtfertigt sich rechtsdogmatisch aber selbst dann nicht, wenn es nahezu ausgeschlossen ist, die tatsächliche Inanspruchnahme festzustellen[538]. So muß man sich damit begnügen, daß derjenige, der sein Empfangsgerät anmeldet, erklärt, daß er am Rundfunk teilzuhaben beabsichtigt. Dadurch bekundet der Rundfunkteilnehmer, daß er ein beachtliches Interesse an Bestand und Leistung des Rundfunks habe und sich seiner Funktion bedienen will, wobei es rechtlich unerheblich ist, ob und wieweit er vom präsenten Angebot dieser Leistung Gebrauch macht[539]. Somit könnte sich eine Einordnung der Rundfunkgebühr als Gebühr mit einem Beitragscharakter ergeben, da das Wesen der Rundfunkgebühr in ihrer Charakterisierung als anstaltsrechtliche Benutzungsgebühr rechtlich noch nicht ausgeschöpft wird[540].

Für eine Charakterisierung der Leistung des Rundfunkteilnehmers als Gebühr mit Beitragscharakter spricht weiter, daß sie von den konkreten Äquivalenzvorstellungen des Gebührenbegriffs gelöst werden muß und beitragsähnlich

---

536 *Oppermann/Kilian*, Rechtsgrundsätze der Finanzierung öffentlich-rechtlichen Rundfunks, S. 90; *Ipsen*, Die Rundfunkgebühr, S. 62; *Grupp*, FuR 1984, S. 286.

537 *V.Maydell*, Zur rechtlichen Problematik der Befreiung von den Rundfunkgebühren, S. 21.

538 *Knemeyer*, DVBl. 1968, 923.

539 *Oppermann/Kilian*, Rechtsgrundsätze der Finanzierung öffentlich-rechtlichen Rundfunks, S. 90.

540 VG Berlin, ZUM 1986, 687; *Ipsen*, Die Rundfunkgebühr, S. 60 ff.; *Knemeyer*, DVBl. 1968, 923; *Grupp*, Grundfragen des Rundfunkgebührenrechts, S. 42; *Kollek*, Rechtsfragen der Rundfunkfinanzierung, S. 72; *Degenhart*, in : Bonner Kommentar, Art 5 Abs. 1 und 2, Rn. 810; *Fuhr*, ZDF-Staatsvertrag, § 23 Nr. 2 d; *Lerche*, Werbefernsehen, S. 26; *Steimer*, Grundprobleme der Rundfunkfinanzierung, S. 35 f; *Otten*, ZUM 1997, 793 f.; *Hartstein/Ring/Kreile*, Rundfunkstaatsvertrag, § 12 Rn. 9; *Gabriel-Bräutigam*, DVBl. 1990, 1036.

für die Gewährung von Vorteilen (hier der Empfangsmöglichkeit) erhoben wird, gleichgültig, ob der Pflichtige sie in Anspruch nimmt oder nicht[541]. Die Rundfunkgebühr kann auch nicht als reiner Beitrag verstanden werden, da davon auszugehen ist, daß der Besitzer eines Empfangsgerätes dieses tatsächlich nutzt und damit in erster Linie die territorialen Sender empfängt, denen die „Gebühren“ des Empfängers zufließen[542]. Unter den territorialen Sender ist hierbei nicht nur die jeweilige Landesanstalt zu verstehen. Vielmehr erfüllt auch das ZDF als Mehrländeranstalt kraft Staatsvertrag diese Bedingung, ist also auch Rundfunkanstalt jedes Bundeslandes[543]. Somit liegt in diesem Fall die für eine Gebühr erforderliche unmittelbare Verknüpfung von Leistung und Gegenleistung vor. Die Charakterisierung der Rundfunkgebühr als reinen Beitrag würde also an einen Ausnahmefall anknüpfen, bei dem der Rundfunkteilnehmer ausschließlich Sender außerhalb des Sendebereichs der die Gebühren fordernden Anstalt empfängt[544]. Der Beitragscharakter kennzeichnet also regelmäßig nur eine Komponente der Abgabe, die daneben Strukturelemente einer Benutzungsgebühr besitzt. Welche Komponente im Einzelfall überwiegt, dürfte sich nur schwer feststellen lassen[545].

Dies spräche dafür, daß es sich bei der Rundfunkgebühr um eine Anstaltsnutzungsgebühr mit Beitragscharakter handelt[546]. Die Autoren, die diese Ansicht vertreten, wehren sich auch dagegen, die Rundfunkgebühr aufzuschlüsseln, um einzelne Elemente ausschließlich dem Gebühren- oder dem Beitragscharakter zuzuordnen. Dies verbiete sich, da ein solches Verfahren nicht praktikabel und nicht vollziehbar sein würde, sondern lediglich einer rechtlich komplexen Erscheinung aus „dogmatisch-konstruktiven Rücksichten“ Gewalt antun würde[547].

bb) Bedenken gegen eine Einordnung der Rundfunkgebühr als Gebühr mit Beitragscharakter

Hintergrund der Einordnung der Rundfunkgebühr als eine Gebühr mit Beitragscharakter ist der Versuch, den Fällen gerecht zu werden, in denen ein Rezipient

---

541 *Ipsen*, Die Rundfunkgebühr, S. 63.

542 *V.Maydell*, Zur rechtlichen Problematik der Befreiung von den Rundfunkgebühren, S. 22.

543 *Steimer*, Grundprobleme der Rundfunkfinanzierung, S. 35.

544 *Hesse*, Rundfunkrecht, S. 136; *Steimer*, Grundprobleme der Rundfunlkfinanzierung, S. 32.

545 *Knemeyer*, DVBl. 1968, 923.

546 *Bethge*, Verw. Arch. 63 (1972), S. 171; *Kollek*, Rechtsfragen der Rundfunkfinanzierung, S. 72 f; *v.Maydell*, Zur rechtlichen Problematik der Befreiung von den Rundfunkgebühren, S. 23.

547 *Ipsen*, Die Rundfunkgebühr, S. 64.

sowohl landeseigene Rundfunkprogramme als auch ausländische Programme empfängt[548]. Eine solche „Zwieschichtigkeit der Abgabe“ ist allerdings unnötig und sachlich nicht zu rechtfertigen. Denn der Ausnahmefall, der dazu zwingt, die rechtliche Qualifizierung der Rundfunkgebühr als Gebühr mit Beitragselementen anzureichern, vermag diese Beitragselemente nicht zu begründen. Selbst wenn das Empfangsgerät in einem Abschattungsgebiet liegt und keine territorialen Sender empfangen kann, sondern lediglich ausländische Sender, erwächst einem solchen Empfänger kein irgendwie gearteter Vorteil daraus, daß er die Rundfunkgebühr an einen deutschen Sender zahlt. Da aber beim Beitrag eine Gegenleistung begriffsnotwendig ist, kann derjenige, der lediglich ausländische Sender empfängt und demnach keine Nutzen aus den Sendungen deutscher Rundfunkanstalten zieht, nicht mittels der Konstruktion von Beitragselementen, die der Benutzungsgebühr rechtlich zugeordnet werden, zur Zahlung der Rundfunkgebühr verpflichtet werden[549]. Damit wird auch die rechtliche Einordnung der Rundfunkgebühr als Gebühr mit Beitragscharakter ihrem Wesen nicht vollständig gerecht.

Dem widerspricht *Grupp*[550], der deswegen einen Beitragscharakter der Rundfunkgebühr für unumgänglich hält, weil die Rundfunkgebührenpflicht bereits an das Bereithalten des Empfangsgerätes anknüpft und somit bereits für die Empfangsmöglichkeit begründet wird. Dem ist insofern zuzustimmen, als daß eine Qualifizierung der Rundfunkgebühr als reine Nutzungsgebühr aus diesem Grund nicht möglich ist. Doch besteht deswegen kein Grund, eine Kombination von Nutzungsgebühr und Beitrag anzunehmen, zumal wenn diese nicht exakt paßt. Schließlich ist eine solche „rechtsdogmatisch fragwürdige Konstruktion“[551] nicht notwendig, wenn die Rundfunkgebühr sich unter eine andere öffentlich-rechtliche Abgabenform subsumieren läßt. Es besteht aber stets die Möglichkeit die Rundfunkgebühr als Abgabe sui generis zu qualifizieren, die zugegebenermaßen Elemente einer Gebühr mit Beitragscharakter enthalten müßte.

Zudem findet das abgabenrechtliche Äquivalenzprinzip keine Anwendung auf die Rundfunkgebühr[552]. Dieses Erhebungsrinzip ist aber dem Gebührenbegriff immanent und gilt ebenso für Beiträge. Damit erscheint es ausgeschlossen, daß

---

548 Vgl. zur Erläuterung oben die Stellungnahme zur Einordnung der Rundfunkgebühr als Anstaltsnutzungsgebühr (II 2 a cc) und als Beitrag (II 2 d cc).

549 *Ott*, FuR 1984, 235 f.

550 *Grupp*, FuR 1984, 285 f.

551 *Ott*, FuR 1984, 235.

552 Vgl. o. E I 1.

es sich bei Rundfunkgebühr, für die das Äquivalenzprinzip nicht gilt, um eine reine Kombination aus Gebühr und Beitrag handelt, ohne daß weitere Abgabeformen ihre Rechtsnatur prägen.

cc) Ergebnis

Es bleibt festzuhalten, daß zwar die Konstruktion einer Nutzungsgebühr mit Beitragscharakter dem Wesen der Rundfunkgebühr nahekommt, doch letztlich die Rundfunkgebühr deswegen nicht als Gebühr mit Beitragscharakter zu verstehen ist, da es naheliegender erscheint in ihr eine Abgabe sui generis zu sehen, die noch Strukturelemente weiterer Abgabenformen in sich vereint.

f) Die Rundfunkgebühr als Konzessionsabgabe

Es erscheint auf den ersten Blick nicht vollkommen ausgeschlossen, in der Rundfunkgebühr eine Konzessionsabgabe zu sehen, die für die Ausübung von Rechten aus einer „Verleihung" geschuldet wird.

aa) Begriff der Konzessionsabgabe

Konzessionsabgaben, auch Verleihungsgebühren genannt, sind laufende Entgelte für die Möglichkeit, von einer erteilten Verleihung oder Bewilligung Gebrauch zu machen, die auch eine Monopolstellung begründen kann[553]. Es handelt sich der Sache nach um einen dritten Gebührentyp[554], der auch als Vorzugslast bezeichnet werden kann, weil durch ihn individuell eingeräumte Sondervorteile abgeschöpft werden können. Der Unterschied zur Verwaltungs- oder Benutzungsgebühr besteht darin, daß nicht ein faktischer Vorteil (Sachnutzung oder Verwaltungstätigkeit) durch den Staat gewährt wird, sondern ein Recht geleistet wird[555].

Gegen das Rechtsinstitut der Konzessionsabgabe wird zum Teil geltend gemacht, daß sie zu einer Kommerzialisierung der Verwaltung führe[556]. Dem ist jedoch entgegen zu halten, daß es durchaus legitim ist, wenn die Verwaltung die Nutzung bestimmter Ressourcen von einer geldbelasteten Berechtigung abhängig macht und so einen künstlichen Markt schafft[557].

553 *Kirchhof* in: *Isensee/Kirchhof*, Handbuch des Staatsrechts IV, S. 167; *Wolff/ Bachof/ Stober*, VerwR I, § 42 Rn. 35.
554 *F. Kirchhof*, DVBl. 1987, 554 ff.; *Wieland*, Konzessionsabgaben, S. 297.
555 *F. Kirchhof*, DVBl. 1987, 555.
556 *P. Kirchhof*, Jura 1983, 511.
557 *Pietzcker*, DVBl. 1987, 778; *F. Kirchhof*, DVBl. 1987, 556 f.

bb) Mögliche Einordnung der Rundfunkgebühr als Konzessionsabgabe

Wenn in der Rundfunkgebühr eine Konzessionsabgabe gesehen werden soll, hat der Rundfunkteilnehmer die Rundfunkgebühr dafür zu entrichten, daß ihm der Staat die Erlaubnis verleiht, ein Recht auszuüben, das seiner Substanz nach dem Staat gehört. Der Rundfunkapparat ist dann als eine Fernmeldeanlage im Sinne des Fernmeldegesetzes einzustufen und das Recht, Fernmeldeanlagen zu betreiben, steht ausschließlich dem Staat zu, es sei denn, dem Einzelnen wird diese Befugnis verliehen[558]. Eine solche Verleihung könnte als konkludent geschehen angenommen werden, wenn der Rundfunkteilnehmer sein Empfangsgerät anmeldet und die Rundfunkgebühr entrichtet[559]. Allerdings wäre es dazu notwendig einen erheblichen Unterschied zwischen der grundsätzlichen Empfangsmöglichkeit, welche durch Art. 5 I 2 GG gewährleistet wird, und dem Empfang mittels eines eigenen Gerätes zu sehen, da ansonsten die Erhebung der Konzessionsgebühr gegen die Informationsfreiheit und die Rundfunkfreiheit des Art. 5 I GG verstieße[560]. Allein diese Unterscheidung erscheint schwer nachvollziehbar, da der grundsätzliche Empfang von Rundfunk keinen bedeutsamen Wert besitzt, wenn er nicht mittels eines Empfangsgerätes auch genutzt werden kann.

Allerdings ist den Befürwortern einer Einordnung der Rundfunkgebühr als Konzessionsabgabe zuzugeben, daß sich mittels dieser Konstruktion erklären ließe, daß die Höhe der Abgabe unabhängig vom Umfang der Beteiligung des Rundfunkteilnehmers am Empfang von Sendungen, wie von Qualität und Quantität der Sendungen, der Zahl der Sender und der Auswahl in- und ausländischer Sender ist, da die Gebühr allein für die Verleihung des Empfangsrechts geschuldet wird.

Eine Parallele zu der Einschätzung der Rundfunkgebühr als Konzessionsabgabe ist ebenfalls in der etwas neueren Literatur zu erkennen. Vereinzelte Systematisierungsversuche bilden neben der Anstaltsnutzungs- oder Verwaltungsgebühr eine dritte Gruppe der Gebühren in Form einer „Verleihungsgebühr“, mit der die Verschaffung eines vorteilhaften subjektiven öffentlichen Rechts entgolten werde[561]. Aus dieser Sicht wird mit der Rundfunkgebühr im Sinne einer

558 *Aubert*, Fernmelderecht, S. 84.

559 *Peters*, DÖV 1957, 121.

560 OVG Hamburg DÖV 1957, 119; *Aubert*, Fernmelderecht, S. 85; kritisch dazu BVerwG DVBl. 1968, 657 und *Ipsen*, Die Rundfunkgebühr, S. 46 f. mwN.

561 *Kirchhof*, Jura 1983, 511; *ders.* ZIP 1984, 1423/ 1427, allerdings in kritischer Auseinandersetzung; *Wieland*, Konzessionsabgaben, S. 298 ff.

„Vorzugslast“ und in sofern beitragsähnlich eine Gegenleistung für die Gewährung („Verleihung“) des Rechts erbracht, am Empfang von Rundfunksendungen teilzunehmen[562].

cc) Bedenken gegen eine Einordnung der Rundfunkgebühr als Konzessionsabgabe

Insgesamt wirken jedoch die Versuche, die Rundfunkgebühr als Konzessionsabgabe einzustufen, konstruiert. Zudem bestehen auch rechtliche Bedenken an dem Verständnis der Rundfunkgebühr als Entgelt für die Konzessionserteilung zum Betrieb eines Radio- bzw. Fernsehgerätes.

(1) Vereinbarkeit von § 2 I FAG mit Art. 5 I GG

Wenn man in der Rundfunkgebühr eine Konzessionsabgabe, d.h. ein Entgelt für die Erteilung oder Genehmigung nach dem Fernmeldeanlagengesetz sieht, ist zunächst zu fragen, ob § 2 I FAG[563] überhaupt mit Art. 5 I GG vereinbar ist. Dabei besteht in der juristischen Literatur Einigkeit darüber, daß die in § 2 FAG verwendete Ausdrucksweise, daß die Befugnis zur Errichtung und zum Betrieb einzelner Fernmeldeanlagen „verliehen“ werden kann, ungenau ist[564]. Der damit beschrieben Hoheitsakt stelle keine echte „Verleihung“ dar, da er den Begünstigten weder mit einem Stück Fernmeldehoheit belehnt, noch ihm die Ausübung der Fernmeldehoheit überträgt. Vielmehr werde durch die Verleihung nichts anderes als die „Erlaubnis“ oder die „Genehmigung“ zur Errichtung oder zum Betrieb einer Fernmeldeanlage erteilt[565]. Fraglich ist jedoch, inwieweit das Genehmigungserfordernis des § 2 I FAG mit Art. 5 I GG zu vereinbaren ist, der jedem das Recht gewährt, sich aus allgemein zugänglichen Quellen ungehindert zu unterrichten.

Das BVerwG hat an dem Genehmigungserfordernis gewisse Zweifel gehegt[566], sich aber im Endergebnis nicht entschieden. *Ipsen*[567] verneint das Genehmigungserfordernis, da es Art. 5 I GG widerspreche. Außerdem verneint er den Charakter von § 2 FAG als „allgemeines Gesetz“ im Sinne von Art. 5 II GG, da es das unverhältnismäßige Mittel des Verleihungsvorbehalts im Übermaß gegen

562 BGH ArchPF 1960, 104 f, wobei es dabei nicht unmittelbar um die Rundfunkgebühr, sondern um die Fernmeldegebühr nach dem FAG ging.

563 § 2 I FAG wurde nicht durch Inkrafttreten des Telekommunikationsgesetz (TKG) aufgehoben oder verändert, sondern in seiner Fortdauer bestätigt (§ 97 V TKG)

564 *Steimer*, Grundprobleme der Rundfunkfinanzierung, S. 21.

565 *Herrmann*, UFITA Bd. 50, S. 158.

566 BVerwGE 29, 214, 215.

567 *Ipsen*, Die Rundfunkgebühr, S. 46.

die freie Grundrechtsausübung als solche einsetze[568]. Dagegen ist einzuwenden, daß nach der Rechtsprechung des BVerfG allgemeine Gesetze alle diejenigen Gesetze sind, die nicht eine Meinung als solche verbieten, die sich nicht gegen die Äußerung der Meinung als solche richten, die vielmehr dem Schutz eines schlechthin, ohne Rücksicht auf eine bestimmte Meinung zu schützenden Rechtsguts dienen, dem Schutzes des Gemeinschaftswertes, der gegenüber der Betätigung der Meinungsfreiheit den Vorrang hat[569]. Die durch § 2 I FAG statuierte Genehmigungspflicht soll vor Störungen schützen, die besonders in dichtbesiedelten Wohngebieten oder in der Nähe von Flughäfen und ähnlichen Orten den Rundfunkempfang anderer und den Funkverkehr behindern[570]. Da § 2 I FAG somit nicht den Zugang zur Informationsquelle Rundfunk unzulässigerweise erschweren will, muß es als allgemeines Gesetz im Sinne von Art. 5 II GG angesehen werden, das mit dem Grundrecht der Informationsfreiheit nicht in Widerspruch steht[571]. Allerdings wird man § 2 I FAG dahingehend verfassungskonform auslegen müssen, daß die Genehmigung von Rundfunkempfangsanlagen dem pflichtgemäßen Ermessen der Post bzw. Telekom insoweit entzogen ist, als jedermann einen Anspruch auf Erteilung einer solchen Genehmigung besitzt, wenn er die ihm bekannten und nur auf fernmeldetechnischen Erwägungen beruhenden Auflagen erfüllt[572].

(2) Die Rundfunkgebühr als Bedingung der Konzessionserteilung

Da als Genehmigungsbedingungen in verfassungskonformer Auslegung des § 2 I FAG also nur solche in Betracht kommen, die den Funkverkehr und den allgemeinen Rundfunkempfang schützen wollen, so ergibt sich schon daraus, daß die Post bzw. Telekom die Rundfunkempfangsgenehmigung nicht von der fortlaufenden Zahlung einer „Rundfunkverleihungsgebühr“ abhängig machen kann. Ein derartiger Vorbehalt wäre nicht mit Art. 5 I 1 GG vereinbar, der die allgemeine Informationsfreiheit postuliert. Schließlich gehören Rundfunksendungen spätestens nach der allgemeinen Erlaubnis des Bundespostministers zum Betrieb eines Rundfunk- oder Fernsehgerätes vom 18. Dezember 1970[573] zu den „allgemein zugänglichen Quellen“, deren Empfang nicht von einer vorherigen Genehmigung abhängig gemacht werden darf[574]. Da der Rundfunkempfang eine allgemein zugängliche Quelle im Sinne von Art. 5 I 1 GG darstellt, benötigen die Rundfunkteilnehmer eine derartige Erlaubnis nicht,

---

568 *Ipsen*, Die Rundfunkgebühr, S. 50.
569 BVerfGE 7, 198, 209; 15, 77, 78; 20, 162, 176.
570 *Steimer*, Grundproblem der Rundfunkfinanzierung, S. 23.
571 *Herrmann*, AöR 90, 331; *Aubert*, Fernmelderecht, S. 85.
572 *Herrmann*, AöR 90, 333.
573 Abl. BPM 1970, S. 1919, abgedruckt im Bundesanzeiger Nr. 234 vom 16.12.1970.
574 *Hess*, Verfassungsrechtliche Probleme der Gebührenfinanzierung, S. 99

denn sie wird ihnen bereits grundrechtlich gewährt[575]. Außerdem spricht gegen die Erhebung einer fortlaufenden Gebühr für die Erteilung der Rundfunkempfangsgenehmigung, daß der Staat nicht allgemein berechtigt ist, eine Genehmigung, von der er ein bestimmtes Verhalten des Bürgers abhängig macht, mit der Bedingung einer zu seinen Gunsten eingezogenen, laufenden Abgabe zu verbinden und sich so, aufgrund seiner Stellung als Genehmigungsbehörde, ohne besondere sachliche Gründe „fiskalische Pfründe" zu erschließen[576].

Eine laufende Konzessionsabgabe zugunsten der Post bzw. Telekom würde weiter voraussetzen, daß diese während des Betriebs der Empfangsanlage Leistungen an die Teilnehmer erbringt. Die Durchführung der Sendungen im technischen Bereich beruhen jedoch auf Rechtsverhältnissen zwischen der Post/Telekom und den Rundfunkanstalten. Die Post bzw. Telekom steht dagegen in keinem unmittelbaren Rechtsverhältnis zum Rundfunkteilnehmer, aufgrund dessen sie berechtigt wäre, von diesem eine laufende Konzessionsabgabe zu verlangen[577].

Schließlich spricht gegen die Einordnung der Rundfunkgebühr als fortlaufende Konzessionsabgabe zugunsten des Bundes oder der Post bzw. Telekom, daß zur Organisation einer öffentlich-rechtlichen Anstalt auch die Regelung der Finanzierung gehört[578]. Dann kann jedoch nicht die formale Organisation der Rundfunkanstalten bei den Ländern, die Kompetenz für ihre Finanzierung durch die Rundfunkgebühren im Sinne von Konzessionsabgaben aber beim Bund liegen.

dd) Ergebnis

Die Rundfunkgebühr stellt demnach keine Konzessionsabgabe dar, da Rundfunkempfang eine von Art. 5 I 1 GG geschützte allgemein zugängliche Quelle darstellt, und die Rezipienten insofern keiner Empfangserlaubnis bedürfen, für die sie eine laufende Konzession zahlen müssen.

g) Die Rundfunkgebühr als Abschöpfungsabgabe

Es wäre denkbar die Rundfunkgebühr als Vorzugslast im weiteren Sinn (sog. Abschöpfungsabgabe) zu bezeichnen[579], bei der es gerade an der für Vorzugs-

575 *Merznicht*, Der Aufsichtsgroschen, S. 145 mwN.

576 *Steimer*, Grundprobleme der Rundfunkfinanzierung, S. 25 mwN.

577 *Steimer*, Grundprobleme der Rundfunkfinanzierung, S. 25.

578 *Brack*, Organisation und wirtschaftliche Grundlagen des Hörfunks und des Fernsehens in Deutschland, S. 21.

579 *Gersdorf/Brosius-Gersdorf*, Teilnehmerentgeltsystem, S. 68, die diese Ansicht jedoch nicht ernsthaft vertreten, sondern lediglich die Möglichkeit aufzeigen.

lasten typischen synallagmatischen Verknüpfung von Leistung und Gegenleistung fehlt, ohne daß jedoch dabei die eine Vorzugslast kennzeichnende Ausgleichsfunktion eingebüßt wird.

aa) Begriff der Abschöpfungsabgabe

Eine Abschöpfungsabgabe wird nicht voraussetzungslos als selbständig belastende Abgabe erhoben, sondern korrespondiert den von der öffentlichen Hand gewährten Vorteilen. Diese werden vom Staat ganz oder teilweise auf dem Wege einer Abgabe zurückgeholt (abgeschöpft)[580]. Ein solcher Abgabentypus ist vom BVerfG in der „Wasserpfennig-Entscheidung" als zulässig betrachtet worden[581]. Maßgebend für eine Vorzugslast ist lediglich das Bestehen einer Ausgleichsfunktion, d.h. die Abschöpfung der durch die Gegenleistung der öffentlichen Hand vermittelten Vorteile[582]. Es ist unbeachtlich, ob dieser Vorteilsausgleich durch synallagmatische Verknüpfung von Leistung und Gegenleistung wie bei den klassischen Vorzugslasten erreicht wird oder nicht. Deshalb kann man auch bei den Abschöpfungsabgaben im Sinne des BVerfG von Vorzugslasten sprechen. Schließlich schöpfen sie ebenso wie Gebühren oder Beiträge die den Abgabenpflichtigen eingeräumten Vorteile ganz oder teilweise ab. Es handelt sich deshalb letztlich um Vorzugslasten im weiteren Sinne, deren Ausgleichsfunktion die notwendige Distanz zur Steuerverfassung der Art 104 a ff. GG sichert und damit ihre verfassungsrechtliche Legitimation begründet[583].

bb) Mögliche Einordnung der Rundfunkgebühr als Abschöpfungsabgabe

Bei der Rundfunkgebühr ließe sich der abzuschöpfende Vorteil in der Gesamtveranstaltung öffentlich-rechtlichen Rundfunks sehen, dessen gesamtes Leistungsangebot den Rezipienten zugute kommt[584]. Dabei ist die synallagmatische Verknüpfung von Leistung und Gegenleistung unbeachtlich. Dies entspricht der insofern der Rundfunkgebühr, die in keiner unmittelbaren Verknüpfung zur Leistung der Rundfunkanstalten steht[585].

---

580 BVerfGE 78, 249, 267 f.; 93, 319, 345 f.

581 BVerfGE 93, 319, 345. Auch die Fehlbelegungsabgabe wurde vom BVerfG als Abschöpfungsabgabe bezeichnet (BVerfGE 78, 249, 268).

582 *Gersdorf/Brosius-Gersdorf*, Teilnehmerentgeltsystem, S. 59.

583 *Gersdorf/Brosius-Gersdorf*, Teilnehmerentgeltsystem, S. 60.

584 *Gersdorf/Brosius-Gersdorf*, Teilnehmerentgeltsystem, S. 68.

585 Vgl. o. E II 2 a cc (1) und E II 2 d cc (1).

cc) *Bedenken gegen die Einordnung der Rundfunkgebühr als Abschöpfungsabgabe*

Gegen die Klassifizierung der Rundfunkgebühr als Abschöpfungsabgabe bestehen aber Bedenken. Der Einwand beruht darauf, daß die Summe der gesamten Leistungen des öffentlich-rechtlichen Rundfunksystems keinesfalls jedem einzelnen Rezipienten zugute kommen muß[586]. Schließlich wird jeder einzelne Rundfunkrezipient zur Finanzierung der Zulassungs- und Aufsichtsfunktion der Landesmedienanstalten herangezogen, auch wenn er gar keine privaten Programme empfangen kann[587].

Die Rundfunkgebühr knüpft zwar an das Bereithalten des Rundfunkempfangsgerätes an, doch muß darin nicht zwingend der Gegenleistungsbezug der Rundfunkgebühr zum Ausdruck kommen. Belastungsgrund für den Rezipienten bildet also nicht die Überwälzung eines Vorteils, sondern allein die Funktionsfähigkeit des öffentlich-rechtlichen Rundfunks als Voraussetzung für die vom Grundgesetz geforderte umfassende Berichterstattung durch den Rundfunk[588]. Falls man die öffentlich-rechtlichen Rundfunkprogramme nur noch in verschlüsselter Form senden würde, um so die Anmeldungsdichte zu erhöhen, so wäre technisch sichergestellt, daß nur diejenigen das Leistungsangebot öffentlich-rechtlichen Rundfunks empfangen könnten, die ihr Empfangsgerät ordnungsgemäß angemeldet haben. Trotzdem könnten die Teilnehmer nicht unter Berufung auf eine ausschließliche Nutzung privater Programmangebote der Rundfunkgebührenpflicht entrinnen[589]. Denn die Auferlegung der Gebührenpflicht wäre in diesem Fall verfassungsrechtlich zulässig, obwohl die Rezipienten bei Nichtanmeldung tatsächlich nicht in den Genuß des öffentlich-rechtlichen Rundfunks kämen. Dies ergibt sich aus der Rechtsprechung des BVerfG, das die Verpflichtung zur Entrichtung der Rundfunkgebühr losgelöst von den tatsächlichen Nutzungsgewohnheiten der Rezipienten von Verfassungs wegen als gerechtfertigt ansieht, da erst die Existenz eines gebührenfinanzierten, grundversorgenden öffentlich-rechtlichen Rundfunks die Veranstaltung privaten Rundfunks in seiner heutigen Erscheinungsform zulässig macht[590]. Hieran zeigt sich, daß mit der Rundfunkgebühr keine Ausgleichsfunktion für den öffentlich-rechtlichen Rundfunk verfolgt wird, welche zwingende Voraussetzung einer Abschöpfungsabgabe ist.

---

586 *Gersdorf/Brosius-Gersdorf*,. Teilnehmerentgeltsystem, S. 68.

587 § 40 I Nr. 1 RdfStV.

588 Vgl. o. D I 4.

589 *Gersdorf/Brosius-Gersdorf*, Teilnehmerentgeltsystem, S. 69.

590 BVerfGE 87, 181, 201; 90, 60, 91.

Im übrigen fehlt es an der Vermittlung eines Vorteils durch die öffentliche Hand. Die Rundfunkanstalten sind nicht der Staatsgewalt zuzuordnen[591], sondern gerade staatsfern. Insofern wird der wie auch immer geartete Vorteil durch die Rundfunkanstalten nicht vom Staat vermittelt, wie es für eine Abschöpfungsabgabe notwendig wäre.

dd) Ergebnis

Eine Einordnung der Rundfunkgebühr als Abschöpfungsabgabe scheidet aus, da die Rundfunkgebühr keine für eine Abschöpfungsabgabe typische Ausgleichsfunktion für einen durch die öffentliche Hand vermittelten Vorteil besitzt.

h) Zusammenfassender Befund zu den Gegenleistungsabgaben

Festzuhalten bleibt, daß die Rundfunkgebühr zwar einen gewissen Gegenleistungscharakter besitzt, sich jedoch nicht einem der bereits existierenden klassischen Gegenleistungsabgabentypen zuordnen läßt. Zwar kommen insbesondere Beitrag und Gebühr oder gar eine Kombination aus beiden der Rechtsnatur der Rundfunkgebühr nahe, doch eine exakte Übereinstimmung läßt sich nicht erzielen. Stets sind es die Besonderheiten der Rundfunkgebühr, die sich aus der überragend wichtigen Bedeutung des Rundfunks für die freie Meinungsbildung ergeben, die eine eindeutige Klassifizierung scheitern lassen. Nicht zuletzt deswegen begnügt sich das BVerfG damit, in der Rundfunkgebühr das Mittel zur Finanzierung der Gesamtveranstaltung Rundfunk zu sehen, ohne eine eindeutige Zuordnung der Rundfunkgebühr zu einem Abgabentypus vorzunehmen.

3. Sonderformen

a) Die Rundfunkgebühr als Sonderabgabe

Es hat sich gezeigt, daß die Rundfunkgebühr weder als eine Steuer noch als eine klassische Gegenleistungsabgabe einzuordnen ist. Sie könnte jedoch eine Sonderform im Abgabensystem darstellen. Die bekannteste dieser Sonderformen ist die Sonderabgabe, die vom BVerfG anerkannt ist und deren Zulässigkeitsvoraussetzungen inzwischen klar konturiert sind. Deshalb soll zunächst untersucht werden, ob die Rundfunkgebühr als Sonderabgabe im Sinne der Rechtsprechung des BVerfG verstanden werden kann.

---

591 Vgl. o. E II 2 a cc (2).

aa) Begriff der Sonderabgabe

Sonderabgaben sind Leistungen, die - meist wirtschaftspolitischer Natur - dem Ausgleich von Vor- und Nachteilen zwischen den Bürgern dienen sollen. Die Sonderabgaben werden inzwischen vom BVerfG als vierte klar konstituierte Abgabenart und nicht als Auffangtatbestand verstanden[592]. Im Schrifttum[593] wird zwischen Sonderlasten- und Sondereinnahmenwirkung von Sonderabgaben unterschieden. Sonderlasten gefährden nicht die Finanzverfassung, sondern höchstens den Gleichheits- und Freiheitsanspruch des in Anspruch genommen Pflichtigen. Sie müßten allein vor den Grundrechten legitimiert werden. Sondereinnahmen seien dagegen gegenleistungsunabhängige nichtsteuerliche Abgaben, deren Aufkommen einer steuerertragsberechtigten Gebietskörperschaft zufließt und von ihr zur Finanzierung staatlicher Aufgaben verwendet kann. Sie seien allein an der Finanzverfassung zu messen[594].

Das BVerfG hat die im Schrifttum vorgetragenen Differenzierungen nicht aufgegriffen[595]. Es stellt lediglich fest, daß die Abgrenzung zur ebenfalls gegenleistungsunabhängigen Steuer darin bestehe, daß Sonderabgaben nicht zur Erzielung von Einnahmen für den allgemeinen Finanzbedarf eines öffentlichen Gemeinwesens erhoben werden dürfen und ihr Aufkommen nicht zur Finanzierung allgemeiner Staatsaufgaben verwendet werden darf[596]. Desweiteren verbindet das BVerfG Begriff und Zulässigkeitsvoraussetzungen und beschreibt, in welchen Grenzen Sonderabgaben zulässig sind[597]. Nach der Rechtsprechung des BVerfG[598], der sich auch das BVerwG[599] angeschlossen hat, ist die Erhebung von Sonderabgaben unter folgenden Voraussetzungen zulässig:

Zur Finanzierung einer besonderen Aufgabe darf eine Sonderabgabe nur erhoben werden von

---

592 Vgl. o. C II 3; *Selmer/Brodersen*, in: *Hoffmann-Riem*, Die Indexierung der Rundfunkgebühr, S. 179, 181; *Kirchhof* in: *Isensee/Kirchhof*, Handbuch des Staatsrechts IV, S. 184. Auch wenn andere Autoren in der Sonderabgabe einen Auffangtatbestand sehen (z.B. *Hess*, Verfassungsrechtliche Probleme der Gebührenfinanzierung, S. 104 mwN), so muß dieser Streit hier nicht entschieden werden, da ihm für die Frage nach der Rechtsnatur der Rundfunkgebühr keine Bedeutung zukommt.

593 Vgl. *Henneke*, Jura 1990, 118 mwN; *Puwalla*, Qualifikation von Abgaben, S. 57 ff.

594 *Badura*, ZUM 1988, 163.

595 BVerfG DVBl. 1988, 952, 953.

596 BVerfGE 82, 159, 178.

597 BVerfGE 82, 159, 179 ff.

598 BVerfGE 55, 274, 304 ff.; 57, 139, 167; 75, 108, 147 f.; 82, 159, 179 ff.

599 BVerwG NJW 1986, 600f.; BVerwGE 74, 308 ff.

(a) einer homogenen Gruppe, wenn
(b) eine Sachnähe zwischen den Abgabenpflichtigen und dem mit der Abgabe verfolgten Zweck besteht, aus der sich
(c) eine Gruppenverantwortung für die Erfüllung dieses Zwecks ergibt. Das Abgabenaufkommen muß in der Regel
(d) gruppennützig verwendet werden. Als Ausnahmeinstrument bedarf die Sonderabgabe
(e) der fortlaufenden Legitimation. Die Sonderabgabe hat gegenüber der Steuer die seltene Ausnahme zu sein[600]. Daraus folgt, daß die Zulässigkeitskriterien restriktiv auszulegen sind.

(1) Homogene Gruppe

Eine gesellschaftliche Gruppe kann nur dann mit einer Sonderabgabe in Anspruch genommen werden, wenn sie durch eine gemeinsame, in der Rechtsordnung oder in der gesellschaftlichen Wirklichkeit vorgegebene Interessenlage oder durch besondere gemeinsame Gegebenheiten von der Allgemeinheit und anderen Gruppen abgrenzbar ist, wenn es sich also um eine in diesem Sinne homogene Gruppe handelt[601].

(2) Sachnähe und Gruppenverantwortung

Weiter setzt die Erhebung einer Sonderabgabe eine spezifische Beziehung zwischen dem Kreis der Abgabenpflichtigen und dem mit der Abgabeerhebung verfolgten Zweck voraus. Die mit der Abgabe belastete Gruppe muß dem mit der Erhebung verfolgten Zweck evident näherstehen als jede andere Gruppe oder die Allgemeinheit der Steuerzahler[602]. Aus dieser zu fordernden Sachnähe der Abgabenpflichtigen zum Erhebungszweck muß eine besondere Gruppenverantwortung für die Erfüllung der mit der außersteuerlichen Abgabe zu finanzierenden Aufgabe entspringen[603].

(3) Gruppennützige Verwendung

Zwischen den Belastungen und den Begünstigungen, die eine Sonderabgabe bewirkt, muß eine sachgerechte Verknüpfung bestehen[604]. Das ist der Fall, wenn das Abgabenaufkommen im Interesse der Gruppe der Abgabenpflichtigen, also

---

600 BVerfGE 55, 274, 308; 82, 159, 181.

601 *Henneke*, Jura 1990, 118; *Kirchhof* in: *Isensee/Kirchhof*, Handbuch des Staatsrechts IV, S. 188.

602 *Patzig*, DÖV 1981, 746.

603 *Henneke*, Jura 1990, 118.

604 *Patzig*, DÖV 1981, 746.

gruppennützig verwendet wird[605]. „Gruppennützige" Verwendung der Abgabe besagt allerdings nicht, daß das Abgabenaufkommen im spezifischen Interesse jedes einzelnen Abgabenpflichtigen zu verwenden ist. Es genügt, wenn es überwiegend im Interesse der Gesamtgruppe verwendet wird[606].

(4) Fortlaufende Legitimation

Schließlich ist der Gesetzgeber bei einer auf längere Zeit angelegten Finanzierung einer in die spezifische Verantwortung einer Gruppe fallenden Aufgabe durch Erhebung einer Sonderabgabe von Verfassungs wegen gehalten, stets zu überprüfen, ob seine ursprüngliche Entscheidung für den Einsatz des gesetzgeberischen Mittels „Sonderabgabe" aufrechtzuerhalten oder ob sie wegen veränderter Umstände, insbesondere wegen Wegfalls des Finanzierungszwecks oder Zielereichung zu ändern oder aufzuheben ist. Im Gegensatz zur Steuer bedarf die Sonderabgabe als Ausnahmeinstrument der fortlaufenden Legitimation durch hinreichende Rechtfertigungsgründe[607].

(5) Geltungsbereich dieser Anforderungen

Zwar betont das BVerfG, daß diese Kriterien grundsätzlich für alle Sonderabgaben gelten[608], es nimmt hinsichtlich der Intensität jedoch Abstufungen danach vor, ob die Sonderabgabe zu einer Gefährdung der bundesstaatlichen Finanzverfassung und zu einer Umgehung ihrer Verteilungsregelungen führen kann oder nicht.

Verfolgt eine Sonderabgabe einen Finanzierungszweck als Haupt- oder Nebenzweck, so gelten die angeführten Kriterien in vollem Umfang. Denn bei jeder Sonderabgabe mit Finanzierungszweck erlangen die Sicherung der bundesstaatlichen Finanzverfassung und die Abgrenzung gegenüber Gemeinlasten, die über das Aufkommen aus Steuern und nach Maßgabe der steuerlichen Ertragsverteilung zu finanzieren sind, entscheidende Bedeutung[609]. Deshalb dienen die Zulässigkeitskriterien der Sonderabgabe als allgemeine Voraussetzungen, unter denen eine solche Abgabe überhaupt nur, in Abgrenzung zur Steuer, verfassungsrechtlich erhoben werden darf. Nur so kann die bundesstaatliche Finanzverfassung vor einer Aushöhlung durch Sonderabgaben geschützt und den

---

605 *Henneke*, Jura 1990, 119.

606 BVerfGE 55, 274, 307 f.; 67, 256, 276 f; *Kirchhof* in: *Isensee/Kirchhof*, Handbuch des Staatsrechts IV, S. 189.

607 *Henneke*, Jura 1990, 119.

608 BVerfGE 67, 256, 277.

609 *Henneke*, Jura 1990, 119.

Erfordernissen des Individualschutzes der Abgabenpflichtigen, insbesondere der Lastengleichheit, Rechnung getragen werden[610].

In Abgrenzung zu Gebühren und Beiträgen begründet die Sonderabgabe eine Geldleistungspflicht, mit der keine Gegenleistung der öffentlichen Hand korrespondiert[611]. Belastungsgrund der Sonderabgabe ist nicht die tatsächlich in Anspruch genommene bzw. bevorzugt angebotene Staatsleistung. Es wird also nicht der Aufwand für eine staatliche Leistung bzw. einen staatlicherseits gewährleisteten Vorteil ausgeglichen, sondern vielmehr eine Aufgabe finanziell gefördert, die in den besonderen Verantwortungsbereich der mit der Sonderabgabe belasteten Personengruppe fällt[612].

bb) Mögliche Einordnung der Rundfunkgebühr als Sonderabgabe

Sofern man in der Rundfunkgebühr eine Sonderabgabe sieht, sind der Rechtsgrund ihrer Erhebung und die daraus resultierende Zweckbindung der Verwendung verfassungsrechtlich neben den allgemeinen rechtsstaatlichen Grundsätzen durch die Garantie der Rundfunkfreiheit bestimmt[613]. Dazu könnte man sich auf eine Aussage des BVerfG im vierten Rundfunkurteil[614] stützen. Dort hat das BVerfG die Finanzierung des öffentlich-rechtlichen Rundfunks durch Gebühren als deswegen gerechtfertigt angesehen, weil er eine gebietsbezogene nationale, insbesondere terrestrische Rundfunkversorgung sicherstelle und die sog. Grundversorgung gewährleiste[615]. Dies läßt auf eine Sonderabgabe schließen. Denn auch der Rundfunkteilnehmer, der kein öffentlich-rechtliches Programm sehen will, muß, um Programme privater Anbieter verfassungsrechtlich unbedenklich zu gestalten und dadurch empfangen zu können, eine Abgabe für die Finanzierung der Grundversorgung entrichten. Ansonsten wäre den öffentlich-rechtlichen Programmen die Existenzgrundlage entzogen, mit der Folge, daß sie nicht mehr die Grundversorgung sicherstellen könnten. Dies würde dazu führen, daß der private Rundfunk in seiner heutigen Form verfassungsrechtlich nicht mehr zulässig wäre, da er nicht die Grundversorgung sicherstellt. Mithin ist die Existenz des öffentlich-rechtlichen Rundfunks eine notwendige Voraussetzung für den privaten Rundfunk[616].

---

610 BVerfGE 67, 256, 278.
611 BVerfG, NVwZ 1991, 54.
612 *Heun*, DVBl. 1990, 673.
613 *Rudolf*, in: *v.Münch*, Bes. Verwaltungsrecht, S. 916; *Badura* ZUM 1988, 163.
614 BVerfG, EuGRZ 1986, 577 ff.
615 BVerfG, EuGRZ 1986, 578.
616 Diesem Aspekt stimmt auch *Gall*, ZUM 1991, 171, zu, der aber trotzdem in der Rundfunkgebühr eine Art Beitrag sieht.

Anhand dieser Überlegung ist zu prüfen, ob die vom BVerfG aufgestellten Kriterien zur Zulässigkeit einer Sonderabgabe bei der Rundfunkgebühr erfüllt sind. Wie bereits dargelegt, hat das BVerfG drei Mindestanforderungen an die Einführung einer außersteuerlichen Geldleistungspflicht herausgebildet[617]. Danach bedarf es der *Homogenität* der in Anspruch genommen Gruppe, der *Sachnähe* der Abgabenpflichtigen zum Abgabenzweck sowie einer *gruppennützigen Verwendung* der Abgabe[618]. Auf die Rundfunkgebühr umgesetzt bedeutet dies, daß die homogene Gruppe der Gebührenpflichtigen aus allen denen gebildet wird, die ein Empfangsgerät bereithalten, also Rundfunkteilnehmer im Sinne des § 1 II RdfGebStV sind. Sie dokumentieren dadurch eine bei ihnen bestehende Informationsmöglichkeit durch Rundfunk[619]. Diese Informationsmöglichkeit stellt die erforderliche Sachnähe zu den umfassenden Informationsleistungen des Rundfunks her, für die das Gebührenaufkommen im Interesse der Rundfunkteilnehmer und insofern „gruppennützig" verwendet werden würde, indem die Finanzierung der verfassungsmäßigen Funktionserfüllung der öffentlich-rechtlichen Anstalten, nämlich die Veranstaltung von Rundfunk, gewährt wird[620]. In dieser gruppennützigen Verwendung des Gebührenaufkommens zur umfassenden Information der Rundfunkteilnehmer bestünde zugleich die Zweckbindung der öffentlich-rechtlichen Rundfunkgebühr[621]. Da nach dieser vordergründigen Betrachtung die verfassungsrechtlichen Mindestanforderungen an die Rundfunkgebühr erfüllt sind, könnte man die Rundfunkgebühr als eine Sonderabgabe im abgabenrechtlichen Sinne verstehen.

cc) Bedenken gegen die Einordnung der Rundfunkgebühr als Sonderabgabe

(1) Gruppennützigkeit der Rundfunkgebühr

Bei den eben angestellten Überlegungen sind jedoch ein paar wesentliche Elemente der Rundfunkgebühr, die ihre Rechtsnatur prägen, außer Acht gelassen worden. Die Rundfunkgebühr dient der Finanzierung der Gesamtveranstaltung Rundfunk[622]. Somit könnte es sich bei der Rundfunkgebühr nur um eine Sonderabgabe mit Finanzierungszweck handeln. Das bedeutet, daß die vom BVerfG aufgestellten Kriterien zur Rechtmäßigkeit einer Sonderabgabe in

---

617 BVerfGE 55, 274, 505 ff.

618 Vgl. u.a. BVerfGE 55, 274, 305 ff.

619 *Schmidt*, Media Perspektiven 1986, 168; *ders.*, Die Rundfunkgebühr, S. 60.

620 Vgl.o. D I 5.

621 *Schmidt*, Media Perspektiven 1986, 168; *ders.*, Die Rundfunkgebühr, S. 60.

622 BVerfGE 31, 314, 330.

vollem Umfang erfüllt sein müssen. Auf den ersten Blick scheinen die Voraussetzungen einer Sonderabgabe bei der Rundfunkgebühr gewahrt[623]. Die homogene Gruppe der Gebührenpflichtigen wird von allen denjenigen gebildet, die ein Rundfunkempfangsgerät bereithalten und dadurch die bei ihnen bestehende Informationsmöglichkeit durch Rundfunk dokumentieren. Außerdem stellt diese Informationsmöglichkeit die erforderliche Sachnähe zu den umfassenden Informationsleistungen des Rundfunks her[624]. Aus dieser Sachnähe wiederum folgt die besondere Gruppenverantwortung der Rundfunkteilnehmer für die Sicherstellung der spezifischen Funktionen des öffentlich-rechtlichen Rundfunks. Mit der Verwendung der allgemeinen Rundfunkgebühr zur Finanzierung der Programmangebote des öffentlich-rechtlichen Rundfunks wird das Gebührenaufkommen auch gruppennützig verwendet.

Doch hält diese Betrachtungsweise einer genaueren Überprüfung nicht stand. Zweifel bestehen bereits bei der Gruppennützigkeit der Rundfunkgebühr. So sehen *Selmer/Brodersen*[625] eine Qualifizierung der Rundfunkgebühr als Sonderabgabe als nicht möglich an, da die Rundfunkgebühr weder an einen Gruppennutzen oder eine Gruppenverantwortung anknüpft, sondern individuell zuzurechnen ist. Schließlich verschaffe die Rundfunkgebühr dem einzelnen Abgabenpflichtigen die Möglichkeit, das Programmangebot der öffentlich-rechtlichen Sendeanstalten zu empfangen[626]. Dem ist insoweit zuzustimmen, als daß die Rundfunkgebühr individuell zuzurechnen ist. Allerdings ist die Leistung der Rundfunkanstalten, das Erbringen eines öffentlich-rechtlichen Rundfunkprogramms, nicht individuell zurechenbar, da jeder Besitzer eines Empfangsgerätes uneingeschränkt öffentlich-rechtlichen Rundfunk empfangen kann[627]. Die öffentliche Leistung ist deshalb nur gruppenmäßig adressierbar. Doch schließt das nicht aus, daß die Gebührenpflicht des einzelnen Rundfunkteilnehmers individuell zuzurechnen ist. Trotzdem knüpft die Leistungspflicht des Rezipienten an einen Gruppennutzen an, da die Programmdarbietungen der öffentlich-rechtlichen Rundfunkanstalten nur im Interesse der Gesamtgruppe der Rundfunkteilnehmer erbracht werden und nicht dem einzelnen zahlungswilligen Teilnehmer zugerechnet werden kann[628].

---

623 So auch: *Hess*, Verfassungsrechtliche Probleme der Gebührenfinanzierung, S. 107 f.; *Schmidt*, Media Perspektiven 1986, 168; *ders.*, Die Rundfunkgebühr, S. 60.

624 *Koch*, Möglichkeiten der Beteiligung, S. 135.

625 *Selmer/Brodersen*, in: *Hoffmann-Riem*, Die Indexierung der Rundfunkgebühr, S. 182 f.

626 *Selmer/Gersdorf*, DVBl. 1992, 81.

627 Vgl. o. E II 2 a cc und E II 2 d cc.

628 *Koch*, Möglichkeiten der Beteiligung, S. 132.

(2) *Gegenleistungsabhängigkeit der Rundfunkgebühr*

Dennoch sprechen gewichtige Gründe gegen eine Klassifizierung der Rundfunkgebühr als Sonderabgabe. Die Rundfunkgebühr wird aus Anlaß einer - wenn auch nur gruppenmäßig - zurechenbaren Leistung erhoben und vermittelt damit einen Vorteil im Sinne einer Gegenleistungsabgabe[629]. Abgabenrechtlich ist deshalb die rundfunkrechtlich bedeutsame Ausgleichsfunktion unbeachtlich[630]. Entscheidend ist nur die Fassung des abgabeauslösenden Tatbestandes im Rundfunkgebührenstaatsvertrag, der die Zahlungspflicht an eine gruppenmäßig zurechenbare öffentliche Leistung anknüpft. Insofern besteht zumindest in gewisser Art und Weise ein Gegenleistungsverhältnis.

Fraglich ist, inwieweit der Gegenleistungscharakter der Rundfunkgebühr eine Einordnung der Rundfunkgebühr als Sonderabgabe ausschließt. Dies wird uneinheitlich beurteilt. Während grundsätzlich eine Sonderabgabe als gegenleistungsunabhängige Abgabenform verstanden wird[631], gibt es in der Literatur zum Teil trotzdem Versuche, die Rundfunkgebühr als Sonderabgabe einzuordnen, indem man auf den Schuldner der Gegenleistung abstellt. Danach wäre eine Sonderabgabe nur dann ausgeschlossen, wenn sie einer Gegenleistung der öffentlichen Hand entspricht. Da die Gegenleistung zur Rundfunkgebühr, das Angebot von öffentlich-rechtlichen Rundfunk, aber von den Landesrundfunkanstalten als staatsfreie juristische Personen geschuldet wird, stehe der Gegenleistungsaspekt einer Qualifizierung der Rundfunkgebühr als Sonderabgabe nicht entgegen[632]. Diese Versuche vermögen allerdings nicht zu überzeugen, da inzwischen die Sonderabgaben als vierter Abgabentatbestand neben der Steuer, den Gebühren und den Beiträgen anerkannt sind und insofern einer klaren Abgrenzung gegenüber den anderen Abgabentypen bedürfen. Hinsichtlich der Gegenleistungsabgaben wie Beitrag und Gebühr ist die Sonderabgabe dergestalt abzugrenzen, daß sie wie die Steuer auch zu den gegenleistungsunabhängig geschuldeten Abgaben gehört[633]. Deshalb schließt der Gegenleistungscharakter der Rundfunkgebühr eine Einordnung als Sonderabgabe aus.

dd) *Ergebnis*

Es hat sich gezeigt, daß die Rundfunkgebühr nur bei vordergründiger Betrachtungsweise als eine Sonderabgabe verstehen läßt. Wenn man jedoch die Besonderheiten der Rundfunkgebühr berücksichtigt, wie ihren spezifischen Gegen-

---

629 Vgl. o. E II 2 h.

630 *Merznicht*, Der Aufsichtsgroschen, S. 152.

631 Vgl. aber zur Nähe von Beitrag und Sonderabgabe auch BVerfGE 55, 274, 316.

632 *Hess*, Verfassungsrechtliche Probleme der Gebührenfinanzierung, S. 107.

633 BVerfG, NVwZ 1991, 54; *Puwalla*, Qualifikation von Abgaben, S. 134 ff.

leistungscharakter, so ist die Einordnung nicht mehr haltbar. Schließlich spricht gegen eine Einordnung der Rundfunkgebühr als Sonderabgabe auch die Tatsache, daß bei einer möglichen Einordnung von fraglichen Abgaben in das klassische Abgabensystem die Einordnung als Sonderabgabe subsidiär zu erfolgen hat[634]. Demnach kann die Rundfunkgebühr dann keine Sonderabgabe sein, wenn sie sich anderweitig in das Abgabensystem einordnen läßt.

b) Die Rundfunkgebühr als sachkompetenzimplizite Abgabe

In der neueren Literatur findet sich eine Auffassung, welche die Rundfunkgebühr als sachkompetenzimplizite Abgabe betrachtet[635].

aa) Begriff der sachkompetenzimpliziten Abgabe

Unter einer sachkompetenzimpliziten Abgabe ist eine nichtsteuerliche Abgabe zu verstehen, die auf der Inanspruchnahme eines Kompetenztitels beruht, der bereits aus sich heraus auch auf die Regelung der Finanzierung der in ihm bezeichneten Sachaufgabe bezogen ist[636]. Ein solcher Abgabentyp ist vom BVerfG in seiner Entscheidung zur Künstlersozialabgabe für unbedenklich gehalten worden, da das Gericht dem Bund zu der Gesetzgebungskompetenz auf dem Gebiet der Sozialversicherung auch die Kompetenz zu Regelung der Finanzierung einschließlich der Erhebung von Sozialversicherungsabgaben zugesprochen hat[637]. Dieser Abgabentyp ist im Anschluß an *Selmer*[638] als sachkompetenzimplizite Abgabenform zu klassifizieren. Bei ihr folgen die Abgaben aus dem Wesen der zu regelnden Sachmaterie, ohne dabei ausdrücklich Erwähnung zu finden. Dabei darf das Abgabenaufkommen nicht zur Finanzierung des allgemeinen Staatshaushalts verwendet werden, sondern ist auf den sachlichgegenständlichen Bereich des jeweiligen Kompetenztitels beschränkt[639]. Damit besteht die notwendige Distanz zur Steuer im Sinne von Art. 104 a ff. GG. Die sachkompetenzimpliziten Abgaben sind nicht durch eine Ausgleichsfunktion wie die Vorzugslasten gekennzeichnet, da der Erhebungsgrund der Abgabe nicht in der Abgeltung eines durch die Leistungsgewährung der öffentlichen

---

634 *Selmer/Brodersen*, Indexierung der Rundfunkgebühr, S. 183.

635 *Gersdorf/Brosius-Gersdorf*, Teilnehmerentgeltsystem, S. 71 f.

636 *Gersdorf/Brosius-Gersdorf*, Teilnehmerentgeltsystem, S. 62; *Selmer/Brodersen*, DVBl. 2000, 1161.

637 BVerfGE 75, 108, 147 f; 93, 319, 394.

638 *Selmer*, in: *Breuer/Kloepfer/Marburger/Schröder*, Umweltschutz durch Abgaben und Steuern, S. 15, 40; *ders.*, Sonderabfallabgaben und Verfassungsrecht, S. 26 f.; *ders./Brodersen*, DVBl. 2000, 1161 f.

639 *Gersdorf/Brosius-Gersdorf*, Teilnehmerentgeltsystem, S. 63.

Hand vermittelten Vorteils des Abgabenschuldners liege[640]. Schließlich ist der Belastungsgrund ausschließlich die Finanzierung der kompetenzrechtlich zugeordneten Sachmaterie.

bb) Mögliche Einordnung der Rundfunkgebühr als sachkompetenzimplizite Abgabe

Nach der Ansicht von *Gersdorf* und *Brosius-Gersdorf*[641] stellt auch die Rundfunkgebühr eine solche sachkompetenzimplizite Abgabe dar, die von den Ländern in Wahrnehmung ihrer Rundfunkkompetenz nach Art. 70 I GG erhoben wird. Eine Begründung wird wegen der „sich geradezu aufdrängenden Einschlägigkeit dieses Abgabentypus“[642] nur kurz vorgenommen. Das Grundrecht der Rundfunkfreiheit verpflichte den zuständigen Landesgesetzgeber zur vielfaltstiftenden und -erhaltenden Ausgestaltung der Rundfunkfreiheit. Davon sei auch die Festlegung der Finanzierungsmodalitäten erfaßt und mithin die Erhebung der Rundfunkgebühr, die eine funktionsgerechte Finanzierungsquelle des öffentlich-rechtlichen Rundfunks sei, da sie unabhängig von Einschaltquoten und Werbeaufträgen den öffentlich-rechtlichen Rundfunkanstalten erlaubt, ein Programm anzubieten, welches den verfassungsrechtlichen Anforderungen an die Meinungsvielfalt entspreche[643]. Somit sei die Gebührenfinanzierung des öffentlich-rechtlichen Rundfunks ein aus Art. 5 I 2 GG folgendes Gebot, das der Landesgesetzgeber bei seinem Ausgestaltungsauftrag zu beachten hat. Also beziehe sich die Inanspruchnahme der Rundfunkkompetenz der Länder auch auf die Finanzierungsregelungen des Rundfunks. Ebenso werde eine Kollision mit der Steuerverfassung der Art. 104a ff. GG ausgeschlossen, da die auf die Ausgestaltung des Grundrechts der Rundfunkfreiheit bezogene sachlich-gegenständliche Beschränkung dieser Kompetenzgrundlage es ausschließe, daß sich der Gesetzgeber ihrer bedient, um dadurch Mittel für die Finanzierung allgemeiner Staatsaufgaben aufzubringen. Somit beruhe die verfassungsrechtliche Legitimation der Rundfunkgebühr auf der Rundfunkkompetenz der Länder nach Art. 70 I GG, so daß diese eine sachkompetenzimplizite Abgabe darstelle, die ihren dogmatischen Sitz nicht in einer Ausgleichsfunktion hat, sondern in dem nach Art. 70 I GG den Ländern obliegenden Gewährleistungsauftrag für ein funktionsfähiges öffentlich-rechtliches Rundfunksystem[644].

---

640 *Gersdorf/Brosius-Gersdorf*, Teilnehmerentgeltsystem, S. 64.
641 *Gersdorf/Brosius-Gersdorf*, Teilnehmerentgeltsystem, S. 71 f.
642 *Gersdorf/Brosius-Gersdorf*, Teilnehmerentgeltsystem, S. 71.
643 BVerfGE 90, 60, 90.
644 *Gersdorf/Brosius-Gersdorf*, Teilnehmerentgeltsystem, S. 72.

cc) Bedenken gegen eine Einordnung der Rundfunkgebühr als sachkomptenz-implizite Abgabe

Die Einordnung der Rundfunkgebühr als sachkompetenzimplizite Abgabe beinhaltet keine überraschenden neuen Aspekte, sondern wartet lediglich mit einem neuen Namen auf. *Gersdorf/Brosius-Gersdorf* bedienen sich dabei einer Bezeichnung, die sie von *Selmer* übernommen haben[645]. Inhaltlich verstehen sie unter einer sachkompetenzimpliziten Abgabe eine nichtsteuerliche Abgabe, die auf der Inanspruchnahme eines Kompetenztitels beruht, der bereits aus sich heraus auch auf die Regelung der Finanzierung der in ihm bezeichneten Sachaufgabe bezogen ist[646]. Wenn nun die Rundfunkgebühr als eine solche sachkompetenzimplizite Abgabe bezeichnet wird, so steht nichts anderes dahinter, als daß es sich bei der Rundfunkgebühr um eine nichtsteuerliche Abgabe handelt, deren Erhebungskompetenz nicht ausdrücklich gesetzlich geregelt ist, sondern die auf der Inanspruchnahme der allgemeinen Rundfunkgesetzgebungskompetenz beruht, die auch die Regelung der Finanzierung umfaßt. Dies stellt jedoch keine Neuheit dar. Schließlich wurde bereits dargelegt, daß es sich bei der Rundfunkgebühr um eine nichtsteuerliche Abgabe handelt[647]. Auch die Regelungskompetenz der Länder im Bereich des Rundfunks ist seit dem ersten Rundfunkurteil des BVerfG anerkannt[648]. Daraus ergibt sich bereits aus abgabenrechtlichen Vorgaben, daß die Gebühren- bzw. Beitragserhebungskompetenz bei den Ländern liegt, da sie sich als Annex aus der allgemeinen Rundfunkgesetzgebungskompetenz der Länder ergibt. Dies wurde durch das zweite Rundfunkurteil des BVerfG bestätigt[649]. Somit haben *Gersdorf/Brosius-Gersdorf* lediglich Bekanntes unter einem neuen Namen zusammengefaßt.

Es ist deshalb auch nicht verwunderlich, daß das BVerfG noch nicht den sachkompetenzimpliziten Charakter der Rundfunkgebühr ausdrücklich festgestellt hat, wie es *Gersdorf/Brosius-Gersdorf* fordern[650]. Schließlich hat das BVerfG inhaltlich diese Aspekte bereits in den ersten beiden Rundfunkentscheidungen bestätigt. Die Tatsache, daß hierfür jetzt ein neuer Name gefunden wurde, ist nicht entscheidend, da sich hieraus keine neuen Konsequenzen ergeben. Verdeutlicht wird dies durch die von *Gersdorf/Brosius-Gersdorf* vermißte Erwähnung der Rundfunkgebühr in der Entscheidung des BVerfG zum

645 Inhaltlich läßt sich die Anerkennung einer sachkompetenzimpliziten Abgabe auch bei *Kirchhof* in seiner Verfassungsbeschwerde zum Hessischen Grundwasserabgabengesetz, BVerfGE 93, 319, 335 finden.

646 *Gersdorf/Brosius-Gersdorf*, Teilnehmerentgeltsystem, S. 62.

647 Vgl. o. D III 1 a.

648 BVerfGE 12, 205 ff.

649 BVerfGE 31, 314, 330.

650 *Gersdorf/Brosius-Gersdorf*, Teilnehmerentgeltsystem, S. 72, Fn. 137.

Wasserpfennig[651]. Hier zieht das BVerfG nur die Entscheidung zur Künstlersozialabgabe[652] heran, um zu verdeutlichen, daß diese Art von Abgaben nicht der Finanzierung allgemeiner Staatsaufgaben dienen und deshalb eindeutig von den Steuern abgrenzbar seien. In der Rundfunkgebührenentscheidung[653] stellt das BVerfG fest, daß die Erhebungskompetenz für die Rundfunkgebühr bei den Ländern liege und dadurch kein Verstoß gegen die Finanzverfassung der Art. 104a ff. GG drohe[654]. Insofern ist dieser Entscheidung hinsichtlich der Erhebungskompetenz der Rundfunkgebühr keine elementare Bedeutung beizumessen, so daß es nicht erstaunt, wenn diese Entscheidung nicht in BVerfGE 93, 319, 344 und BVerfGE 92, 91, 113 f. zitiert wird.

Inhaltlich bleibt jedoch festzuhalten, daß *Gersdorf/Brosius-Gersdorf* Recht haben. Insbesondere die Ausführungen zur Notwendigkeit einer Gebührenfinanzierung zur Sicherung der Grundversorgung sind überzeugend. Allerdings bleibt festzustellen, daß die Rundfunkgebühr als eine Gegenleistung für die Ausstrahlung eines Rundfunkprogramms verstanden werden kann[655] und deshalb ein Gegenleistungsverhältnis in gewisser Hinsicht existiert. Dies schließt jedoch nicht aus, die Rundfunkgebühr als sachkompetenzimplizite Abgabe zu verstehen, da der Erhebungsgrund trotzdem die Finanzierung der kompetenzrechtlich zugeordneten Sachmaterie sein kann. Doch gibt der Abgabentyp der sachkompetenzimpliziten Abgabe nur Aufschluß über die Erhebungskompetenz, nicht aber über die inhaltlichen Anforderungen oder den Verwendungszweck einer solchen Abgabe. Es wird nur klargestellt, daß Belastungsgrund ausschließlich die Finanzierung der kompetenzrechtlich zugeordneten Sachmaterie ist, was bedeutet, daß die Rundfunkgebühr nur zur Finanzierung der vom Rundfunkauftrag der öffentlich-rechtlichen Anstalten erfaßten Aufgaben verwendet werden darf. Dies deckt sich mit den verfassungsrechtlichen Vorgaben für den Verwendungszwecks des Rundfunkgebührenaufkommens und zeigt insoweit, daß der Ansatz *Gersdorfs/Brosius-Gersdorfs* im Grunde richtig ist[656]. Doch stellt dies lediglich eine Abgrenzung zur Steuer dar, die zur Finanzierung allgemeiner Aufgaben verwendet werden darf. Ansonsten ergeben sich keine weiteren inhaltlichen Anforderungen aus der Einordnung der Rundfunkgebühr als sachkompetenzimplizite Abgabe. Auch bei der von *Gersdorf/Brosius-Gersdorf* angeführten Entscheidung zur Künstlersozialabgabe geht es lediglich um die Erhebungskompetenz und nicht um die inhaltlichen Anforderungen an eine solche Abgabe.

---

651 BVerfGE 93, 319, 344.
652 BVerfGE 75, 108 ff.
653 BVerfGE 90, 60 ff.
654 BVerfGE 90, 60, 105.
655 Vgl. o. E II 2 a cc.
656 Vgl. o. D I 5.

dd) Ergebnis

Mithin läßt sich sagen, daß der von *Gersdorf/Brosius-Gersdorf* vorgenommenen Bezeichnung der Rundfunkgebühr als sachkompetenzimplizite Abgabe keine Bedenken entgegenstehen, doch führt sie auch nicht zu neuen Erkenntnissen. *Gersdorf/Brosius-Gersdorf* erklären mit ihrem Abgabentyp lediglich die Erhebungskompetenz und Verwendungszweck der Rundfunkgebühr und die Abgrenzung zur Steuer. Es bestand auch keine Notwendigkeit für *Gersdorf/Brosius-Gersdorf*, die Rechtsnatur der Rundfunkgebühr weiter zu erforschen, da dies nur ein Randproblem ihrer eigentlichen Arbeit zur verfassungsrechtlichen Zulässigkeit des Teilnehmerentgeltsystems darstellt und somit keiner Vertiefung bedurfte. Im Rahmen dieses Gutachtens bleibt deshalb weiterhin zu fragen, welche abgabenrechtlichen Strukturelemente inhaltlich in der Rundfunkgebühr enthalten sind.

d) Die Ansicht Beckers

aa) Die Rundfunkgebühr als Abgabe sui generis

Becker vertritt die Auffassung, bei der Rundfunkgebühr handele es sich um eine Abgabe sui generis[657]. Dies sei das zwangsläufige Ergebnis, wenn man sich mit den einzelnen öffentlich-rechtlichen Abgabenarten befasse und diese auf die Rundfunkgebühr anwende. Bei der Rundfunkgebühr könne es sich nicht um eine Steuer handeln, da sie Entgeltcharakter habe und eine Gegenleistung für die von den öffentlich-rechtlichen Anstalten angebotenen Rundfunkprogramme darstelle. Außerdem diene die Rundfunkgebühr dem Staat nicht zur „Erzielung von Einnahmen" und damit zur Vermehrung öffentlicher Haushaltsmittel. Sie werde dem Rezipienten vielmehr als konkrete Leistung zur Deckung der bei den Sendeanstalten anfallenden Kosten abverlangt und sei deshalb nicht als Steuer im Sinne des § 3 I AO zu verstehen[658].

Ebensowenig könne es sich bei der Rundfunkgebühr um eine Gebühr im abgabenrechtlichen Sinne handeln, da sie de lege lata schon für das Bereithalten eines Rundfunkgerätes und somit für die bloße Möglichkeit der Programmbenutzung erhoben wird. Auf die tatsächliche Inanspruchnahme der öffentlich-rechtlichen Sender komme es gar nicht an. Somit fehle es der Rundfunkgebühr an dem für eine Gebühr typischen unmittelbaren Gegenleistungsverhältnis[659].

---

657 *Becker*, Existenzgrundlagen der Rundfunkveranstalter, S. 222.
658 *Becker*, Existenzgrundlagen der Rundfunkveranstalter, S. 221.
659 *Becker*, Existenzgrundlagen der Rundfunkveranstalter, S. 221.

Schließlich erhebt *Becker* auch gegen die Einordnung der Rundfunkgebühr als Beitrag Bedenken, da diese Form der Abgabe ausschließlich zugunsten von öffentlich-rechtlichen und damit gemeinhin staatlichen Einrichtungen verwendet wird. Bei den Rundfunkanstalten, die zwar öffentlich-rechtlich organisiert sind, steht die Staatsferne jedoch außer Frage[660]. Es erscheine daher sachgerecht, die Rundfunkgebühr nicht in das klassische Formenarsenal des Abgabenrechts einzureihen, sondern sie ihrem Wesen nach als eine Abgabe sui generis aufzufassen[661].

bb) Bedenken gegen die Ansicht Beckers

Becker und seinen Einwänden gegen eine Einordnung der Rundfunkgebühr in einer der klassischen Abgabenarten der Finanzverfassung ist zuzustimmen. Wie bereits gezeigt wurde, wird keine der typischen öffentlich-rechtlichen Abgabenformen der Rundfunkgebühr eindeutig gerecht. Allerdings lehnt *Becker* die Einordnung der Rundfunkgebühr als Steuer mit dem Argument ab, die Rundfunkgebühr habe einen Entgeltcharakter und stelle eine Gegenleistung für die von ARD und ZDF angebotenen Rundfunkprogramme dar[662]. Dem ist zu widersprechen, da die Rundfunkgebühr nicht Entgelt für die Inanspruchnahme einzelner Programmangebote ist, sondern Mittel zu Finanzierung der Gesamtveranstaltung Rundfunk[663]. Somit besteht zwar in gewisser Weise ein Gegenleistungscharakter[664], doch besteht eine Entgeltfunktion gerade nicht. Trotzdem behält *Becker* Recht, wenn er behauptet, die Rundfunkgebühr sei keine Steuer. Schließlich schließt jede Form eines Gegenleistungscharakters eine Einordnung als Steuer aus und außerdem dient die Rundfunkgebühr nicht der Erzielung von Einnahmen für den allgemeinen Staatshaushalt[665]. Somit ist an den Bedenken *Beckers* vom Ergebnis her nichts auszusetzen, lediglich die Begründung weist eine kleine Schwäche auf.

Aus der Ablehnung der klassischen Abgabenformen als Rechtsnatur der Rundfunkgebühr zieht *Becker* den Schluß, daß es sich bei der Rundfunkgebühr um eine Abgabe sui generis handeln muß. Daran ist im Prinzip nichts auszusetzen, doch bleibt *Becker* die Frage nach den einzelnen Wesensmerkmalen dieser Abgabe sui generis schuldig. Eine Bezeichnung der Rundfunkgebühr als

---

660 *Becker*, Existenzgrundlagen der Rundfunkveranstalter, S. 222 unter Berufung auf BVerfGE 74, 324.

661 So wohl auch *Uphoff*, Fernsehmarkt und Grundversorgung, S. 52.

662 *Becker*, Existenzgrundlagen der Rundfunkveranstalter, S. 221.

663 BVerfGE 31, 314, 330. Etwas anderes behaupten nur die Richter *Geiger*, *Rinck* und *Wand* in ihrem abweichenden Minderheitenvotum in BVerfGE 31, 337, 344.

664 Vgl. o. E II 2 a cc.

665 Vgl. o. E II 1 a cc.

Abgabe sui generis macht nämlich noch nicht deutlich, aus welchen Abgabenbestandteilen sich diese eigenständige Abgabenform zusammensetzt. Hierzu ist nicht nur eine Negativabgrenzung zu den anderen Abgabenformen notwendig, sondern auch eine positive Definition, die bei *Beckers* Ansatz leider unterbleibt.

cc) Ergebnis

Es bleibt damit festzuhalten, daß *Becker* zwar die Rundfunkgebühr zu Recht als eigenständige Abgabenform bezeichnet, doch geht er nicht auf ihre Wesensmerkmale ein. Somit bringt die Ansicht *Beckers* keine neuen Aufschlüsse oder Ansätze zur Frage nach der Rechtsnatur der Rundfunkgebühr.

Deshalb soll nun versucht werden, eine Einordnung der Rundfunkgebühr vorzunehmen, indem die einzelnen Bestandsmerkmale der Abgabe sui generis dargelegt werden.

4. Die Sonderstellung der Rundfunkgebühr im System der öffentlich-rechtlichen Abgaben

a) Begriffliche Zulässigkeit

Es hat sich gezeigt, daß die Rundfunkgebühr nicht eindeutig in das klassische System der öffentlich-rechtlichen Abgaben einzuordnen ist. Zwar gibt es teilweise gute Argumente, weshalb die Rundfunkgebühr gerade einer bestimmten Abgabenart entspricht, doch gibt es jeweils auch gute Argumente, die gegen die jeweilige Einordnung sprechen. Insofern hat die Ansicht *Beckers*, die Rundfunkgebühr als eine Abgabe sui generis aufzufassen, durchaus einen richtigen Ansatz. Allerdings darf man es nicht bei dieser Feststellung belassen, sondern muß die abgabenrechtlichen Strukturelemente der Rundfunkgebühr positiv darlegen. Deshalb ist es Ziel dieser Ausführungen, die Rundfunkgebühr als eine Abgabe sui generis darzustellen, deren einzelnen Wesensmerkmale sich aus verschiedenen Abgabentypen zusammensetzen. Die Rundfunkgebühr ist eine Mischform aus den verschiedenen Abgabenarten des öffentlich-rechtlichen Abgabensystems, der eine Sonderstellung einzuräumen ist[666].

Eine solche Sonderstellung kann die Rundfunkgebühr allerdings nur dann innehaben, wenn eine Mischform aus den vertrauten Formen des Abgabenrechts überhaupt zulässig ist. Wie in der Wasserpfennig-Entscheidung des BVerfG[667] dargelegt, kommt es für die Zulässigkeit einer nichtsteuerlichen Abgabe nicht

---

666 *Schmidt*, Media Perspektiven 1986, 166.
667 BVerfGE 93, 319 ff.

auf deren begriffliche Zuordnung an, sondern allein darauf, daß sie den Anforderungen standhält, die sich aus der bundesstaatlichen Finanzverfassung ergeben[668]. Das bedeutet, daß auch Mischformen aus verschiedenen Abgabentypen verfassungsrechtlich zulässig sein können, solange sie deutlich von der voraussetzungslos erhobenen und geschuldeten Steuer abzugrenzen sind[669].

Wie bereits gezeigt wurde, ist die Rundfunkgebühr aus mehreren Gründen deutlich von der Steuer zu unterscheiden. Zunächst einmal weist die Rundfunkgebühr einen abstrakten Gegenleistungsbezug auf, da sie das Mittel zur Finanzierung der Gesamtveranstaltung Rundfunk ist und demnach eine gewisse Gegenleistung für das Programmangebot der öffentlich-rechtlichen Rundfunkanstalten darstellt[670]. Außerdem dient die Rundfunkgebühr nicht der Finanzierung allgemeiner Staatsaufgaben, sondern lediglich der Finanzierung der Gesamtveranstaltung Rundfunk, die wegen des Gebots der Staatsferne gerade nicht zu den Staatsaufgaben gehört[671]. Da sich die Rundfunkgebühr deutlich von der Steuer unterscheiden läßt, stehen ihrer begrifflichen Einordnung als Abgabe sui generis, die sich aus einer Mischung verschiedener Abgabentypen zusammensetzt, keine verfassungsrechtlichen Bedenken entgegen.

b) Kompetenzrechtliche Zulässigkeit

Fraglich ist jetzt, aus welchen Elementen sich die Rundfunkgebühr zusammensetzt. Dabei ist zunächst die kompetenzrechtliche Seite zu betrachten. Die Erhebungskompetenz der Rundfunkgebühr ergibt sich als ein vom BVerfG aus Art. 5 I 2 GG abgeleitetes Gebot, wonach der Rundfunkgesetzgeber auch eine sachdienliche Finanzierung des Rundfunks sicherzustellen hat[672]. Die dem öffentlich-rechtlichen Rundfunk gemäße Art der Finanzierung ist danach die Gebührenfinanzierung[673]. Denn nur die aus der Grundversorgung resultierende Unabhängigkeit von Einschaltquoten und Werbeeinnahmen ermöglicht es dem öffentlich-rechtlichen Rundfunk, den verfassungsrechtlichen Anforderungen an gegenständliche und meinungsmäßige Vielfalt zu entsprechen und somit die Grundversorgung der Bevölkerung im dualen System sicherzustellen, womit die verfassungsrechtliche Zulässigkeit des Programmangebotes der privaten Rundfunkanbieter gesichert ist[674]. Insofern handelt es sich bei der Rundfunkgebühr in

---

668 BVerfGE 93, 319, 345.
669 So auch *Selmer/Brodersen*, DVBl. 2000, 1153.
670 *Lehment*, Rundfunkfreiheit und Finanzkontrolle, S. 9, 18.
671 Vgl. o. E II 1 a cc.
672 BVerfGE 90, 60, 90.
673 BVerfGE 73, 118, 158; 87, 181, 199; 90, 60, 90.
674 BVerfGE 90, 60, 90.

kompetenzrechtlicher Hinsicht um eine Abgabe, die *Selmer* und *Gersdorf/ Brosius-Gersdorf* zurecht als sachkompetenzimplizite Abgabe bezeichnen würden[675].

c) Inhaltliche Ausgestaltung

Materiellrechtlich maßgebend für die Rechtsnatur der Rundfunkgebühr ist ihr Belastungsgrund. Dieser liegt jedoch nicht in dem wie auch immer gearteten Gegenleistungscharakter, sondern in der Funktionsfähigkeit des öffentlich-rechtlichen Rundfunks als Voraussetzung für die von Verfassungs wegen geforderte umfassende Berichterstattung durch den Rundfunk. Die Rundfunkgebühr ist das Mittel zur Finanzierung der *Gesamtveranstaltung* Rundfunk[676]. Dies prägt ihre inhaltliche Ausgestaltung.

Die Rundfunkgebührenpflicht knüpft bereits an das Bereithalten eines Rundfunkempfangsgerätes an, so daß es nicht auf die tatsächliche Inanspruchnahme der Sendungen öffentlich-rechtlicher Anstalten ankommt[677]. Hieraus ergeben sich unterschiedliche abgabenrechtliche Strukturelemente. Durch eine mögliche Inanspruchnahme öffentlich-rechtlicher Rundfunkprogramme läßt sich ein Gebührenelement erkennen. Allerdings zeigt sich auch ein Beitragselement, indem die Rundfunkgebühr unabhängig von der tatsächlichen Benutzung der öffentlich-rechtlichen Programme erhoben wird und damit bereits die Möglichkeit der Benutzung genügt. Der Beitragscharakter betont das Interesse aller Staatsbürger an der Wahrung der Meinungsbildungsfreiheit durch die gesicherte Existenz der binnenpluralistisch organisierten öffentlich-rechtlichen Seite der dualen Rundfunkordnung[678].

5. Ergebnis: Die Rundfunkgebühr als eine Abgabe sui generis

Zusammenfassend läßt sich sagen, daß es sich bei der Rundfunkgebühr um eine nichtsteuerliche Abgabe sui generis handelt, die in sich Elemente einer Gebühr, eines Beitrages und einer sachkompetenzimpliziten Abgabe birgt[679]. Ihre Erhebung wird als einzig sachgerechte Finanzierung des öffentlich-rechtlichen Rundfunks im dualen System von der Rundfunkkompetenz der Länder mit gedeckt. Die Rundfunkgebühr weist einen Gegenleistungscharakter auf, indem

---

[675] Vgl. o. E II 3 b.

[676] Vgl o. D I 4.

[677] Vgl. hierzu auch BVerfGE 87, 181, 201; 90, 60, 91.

[678] *Oppermann/Kilian*, Rechtsgrundsätze der Finanzierung öffentlich-rechtlichen Rundfunks, S. 90.

[679] So auch *Dörr*, Kommunikation und Recht 2001, 234.

sie die Gegenleistung der Rezipienten für die *Gesamtveranstaltung Rundfunk* darstellt. Sie ist jedoch keine Gegenleistung für einzelne Rundfunkprogramme der öffentlich-rechtlichen Anstalten. Vielmehr dient sie der Aufrechterhaltung des öffentlich-rechtlichen Rundfunks und der Sicherung der Grundversorgung und damit auch der verfassungsrechtlichen Zulässigkeit von privatem Rundfunk in seiner heutigen Form. Somit stellt die Rundfunkgebühr eine Gegenleistung für das Funktionieren und den Bestand des gesamten dualen Rundfunksystems dar. Für die Gebührenpflichtigkeit genügt es, daß der einzelne Rundfunkteilnehmer die Möglichkeit hat, am Rundfunk teilzunehmen. Ob er ihn wirklich nutzt, ist unerheblich. So knüpft der Erhebungstatbetand bereits an das Bereithalten eines Rundfunkempfangsgerätes an. Dies deutet eine Mischung von Gebühr und Beitrag an. Doch ist eine Bestimmung des Verhältnisses von Gebühren- und Beitragsanteilen nicht notwendig, da entscheidend für die Rundfunkgebühr ist, daß ihre Erhebung einem Gebot aus Art. 5 I 2 GG folgt, da sie die Funktionsfähigkeit des öffentlich-rechtlichen Rundfunks gewährleistet und somit Voraussetzung für eine von Verfassungs wegen garantierte Meinungsbildung durch Rundfunk ist.

Dieses Ergebnis stellt allerdings lediglich die vorläufige begriffliche Einordnung der Rundfunkgebühr dar, bei der die einzelnen Verwendungszwecke der Rundfunkgebühr noch außer Acht gelassen wurden. Das Verhältnis von begrifflicher Einordnung und Verwendung der Rundfunkgebühr im Einzelnen wird deshalb im folgenden als gesonderte Frage untersucht.

F. Verwendungszwecke der Rundfunkgebühr und die zulässige Finanzierung besonderer Vorhaben der öffentlich-rechtlichen Rundfunkanstalten aus dem allgemeinen Rundfunkgebührenaufkommen

Nachdem die Rechtsnatur der Rundfunkgebühr der Begrifflichkeit nach geklärt ist, bleibt zu fragen, für welche Zwecke sie verwendet werden darf, ohne daß eine Typenänderung stattfindet. Maßgebend ist dabei die abgabenrechtliche Klassifizierung der Rundfunkgebühr, die insoweit ihren Verwendungszweck bestimmt[680]. Mit ihrer Hilfe ist zunächst ein typenspezifischer Rahmen für den Verwendungszweck der Rundfunkgebühr abzustecken. Anhand dieses Maßstabes sind dann einzelne Verwendungsvorhaben der öffentlich-rechtlichen Rundfunkanstalten auf ihre Zulässigkeit hin zu untersuchen.

I. Typenspezifischer Verwendungszweck der Rundfunkgebühr

1. Verfassungsrechtliche Vorgaben für den Verwendungszweck

Wie bereits dargelegt, ist für die Rundfunkgebühr als Mittel zur Finanzierung der Gesamtveranstaltung Rundfunk eine strenge Zweckbindung, wie etwa bei einer Sonderabgabe, die eine gruppennützige Verwendung voraussetzt, nicht erforderlich. Es genügt den verfassungsrechtlichen Anforderungen an den Verwendungszweck einer Abgabe sui generis zur Finanzierung der Gesamtveranstaltung Rundfunk, wenn das Rundfunkgebührenaufkommen zum Zwecke der Erfüllung von Aufgaben der öffentlich-rechtlichen Rundfunkanstalten verwendet wird, die der Gesamtveranstaltung Rundfunk noch zuzurechnen sind und der Aufgabenverteilung im dualen Rundfunksystem entsprechen. Eine Grenze ist erst dort zu ziehen, wo aus dem Rundfunkgebührenaufkommen Tätigkeiten der Rundfunkanstalten außerhalb ihres Funktionsbereichs, d.h. jenseits des Rundfunkauftrages, finanziert werden sollen. Dies erscheint bereits wegen der nicht erforderlich erscheinenden drohenden Inanspruchnahme der Gebührengläubiger unzulässig[681].

Insofern lassen sich in verfassungsrechtlicher Hinsicht aus der Einordnung der Rundfunkgebühr keine neuen Erkenntnisse über ihren Verwendungszweck erzielen. Eine Präzisierung des Verwendungszweck könnte sich allerdings aus abgabenrechtlichen Gesichtspunkten ergeben.

---

680 *Schmidt*, Die Rundfunkgebühr, S. 58 f.

681 Vgl. o. D I 5 b.

2. Abgabenrechtliche Vorgaben für den Verwendungszweck

a) Typenspezifische Forderungen

Die Rundfunkgebühr stellt sich als eine Abgabe sui generis dar, in der sich verschiedene Abgabentypen vereinen[682]. Ihr Erhebungsgrund ist die Sicherung der Grundversorgung durch die öffentlich-rechtlichen Anstalten. Sie ist damit das Mittel zur Finanzierung der Gesamtveranstaltung Rundfunk, und besitzt insofern einen Gegenleistungscharakter, ohne daß sie als eine klassische Gegenleistungsabgabe verstanden werden darf. Das bedeutet, daß die Rundfunkgebühr als funktionsgerechte Finanzierungsquelle für den öffentlich-rechtlichen Rundfunk[683] zur Finanzierung der Gesamtveranstaltung Rundfunk zu verwenden ist[684].

Diesem Verständnis von der Rundfunkgebühr läßt sich auch die neueste Entscheidung des BVerwG zur Rundfunkgebühr[685] zuordnen. Darin bestätigt daß Gericht, daß das Aufkommen aus der Rundfunkgebühr nicht nur für die öffentlich-rechtlichen Anstalten verwendet darf, sondern in Teilen auch für die Finanzierung der Aufsicht über die privaten Veranstalter durch die Landesmedienanstalten. Damit wird die Rechtmäßigkeit der in § 40 I 1 Nr.1 RdfStV getroffenen Regelung bestätigt. Das BVerwG begründet dies mit der Einordnung der Rundfunkgebühr als Mittel zur Finanzierung der Gesamtveranstaltung Rundfunk, also bezogen auf das duale System und nicht allein auf den öffentlich-rechtlichen Rundfunk[686]. Zwar könne die Finanzierung der Aufsichtsfunktion der Landesmedienanstalten nur schwerlich als „Veranstaltung" von Rundfunk eingeordnet werden. Ausschlaggebend sei aber, daß das Rundfunksystem in seiner Gesamtheit dem verfassungsrechtlich Gebotenen im Rahmen des Möglichen entspreche. Dies könne es nur, wenn das „Gesamtprogrammangebot" den Anforderungen des Art. 5 I 2 GG genüge und dies auch dauerhaft gewährleistet sei. Dazu sei es notwendig, die Sicherung des gebotenen Minimums an gegenständlicher Breite und Meinungsvielfalt im Privatfunk durch die Landesmedienanstalten zu gewährleisten, da dies mittelbar dem öffentlich-rechtlichen Rundfunk bei der Erfüllung der ihm obliegenden Aufgabe und damit letztlich allen Rundfunkteilnehmern zugute komme. Mit der Rundfunkgebühr werde die Vorhaltung des dualen Rundfunksystems insgesamt getragen[687]. Insofern stellt die Verwendung von Rundfunkgebührenmitteln zur

---

682 Vgl. o. E II 5.

683 BVerfGE 73, 118, 158; 87, 181, 199; 90, 60, 90. Erklärend dazu auch *Kollek*, Rechtsfragen der Rundfunkfinanzierung, S. 48 ff.

684 So auch *Schmidt*, Media Perspektiven 1986, 167; BVerwG, DVBl. 1999, 620.

685 BVerwG, DVBl. 1999, 620 ff.

686 BVerwG, DVBl. 1999, 623.

687 *Goerlich*, ZUM 1999, 472.

Finanzierung der Aufsichtsfunktion der Landesmedienanstalten, eine Verwendung im Rahmen der Gesamtveranstaltung Rundfunk dar, welche mit dem Typ der Rundfunkgebühr vereinbar ist.

b) Begriffsimmanente Forderungen

Als Abgabe sui generis, lassen sich in der Rundfunkgebühr Strukturelemente einer Gebühr, eines Beitrages sowie einer sachkompetenzimpliziten Abgabe finden[688]. Während das Element der sachkompetenzimpliziten Abgabe sich auf die Erhebungskompetenz bezieht, prägen die Strukturelemente von Gebühr und Beitrag den materiell-rechtlichen Gehalt der Rundfunkgebühr und ihrer Verwendung. Deshalb sind die Prinzipien der Aufkommensverwendung von Gebühren und Beiträgen zu beachten.

aa) Prinzip der Nonaffektation

Nach dem für Gebühr[689] und Beitrag[690] geltenden haushaltsrechtlichen Prinzip der Nonaffektation[691] dienen grundsätzlich alle Einnahmen als Deckungsmittel für alle Ausgaben. Dementsprechend gibt es keine gebührenrechtliche Forderung, aus dem Rundfunkgebührenaufkommen andere, z.B. der Grundversorgung besonders dienende Aufgaben zu finanzieren und Aufgaben, die nicht unmittelbar der Grundversorgung zugerechnet werden können, aus den weiteren Einnahmen der öffentlich-rechtlichen Anstalten zu finanzieren. Vielmehr bedeutet das Prinzip der Nonaffektation auf die öffentlich-rechtlichen Rundfunkanstalten angewendet, daß sie sämtliche ihnen erlaubten Tätigkeiten aus der Gesamtheit ihrer Einnahmen, also Rundfunkgebühren sowie Wirtschaftswerbung, finanzieren dürfen. Damit wird der Verwendungszweck des Gebührenaufkommens allein durch die zulässigen Tätigkeiten begrenzt.

Anderseits darf die Rundfunkgebühr nicht zur Finanzierung von Aufgaben dienen, die außerhalb des Funktionsbereichs der öffentlich-rechtlichen Anstalten liegen. Schließlich ist es ein allgemeiner Grundsatz des öffentlichen Rechts, daß die Befugnis zur Finanzierung den Aufgaben folgt und nicht umgekehrt durch Finanzierung bestimmt werden kann, welche Aufgaben übernommen werden sollen[692]. Deshalb dürfen auch die Rundfunkgebühren nur zur Erfüllung von Aufgaben verwendet werden, die innerhalb des Funktionsbereichs der öffentlich-rechtlichen Rundfunkanstalten liegen und mit ihren

---

688 Vgl. o. E II 5.
689 *Kirchhof* in: *Isensee/Kirchhof*, Handuch des Staatsrecht IV, Rn. 208.
690 *Kirchhof* in: *Isensee/Kirchhof*, Handuch des Staatsrecht IV, Rn. 220.
691 Vgl. § 8 BHO, § 7 HGrG.
692 *Seeger*, DÖV 1972, 259.

besonderen verfassungsrechtlichen Bindungen, insbesondere den binnenpluralistischen Anforderungen an Programm und Organisationsbereich, vereinbar sind[693]. Dabei kann die Aufgabe, die den öffentlich-rechtlichen Anstalten zugewiesen ist, als „Veranstaltung von Rundfunk" bezeichnet werden[694]. Es ist also auch abgabenrechtlich unzulässig, die Rundfunkgebühr für Zwecke zu verwenden, die nur lose oder gar nicht mit den öffentlichen Rundfunkleistungen zusammenhängen, um derentwillen der Empfänger sein Gerät bereithält[695].

bb) Grundsatz der Konnexität

Die dargestellte Verwendung des Rundfunkgebührenaufkommens wird bestätigt durch die finanzrechtlich erforderliche Konnexität zwischen Gebührenerhebung und einschlägiger Leistung, die auf die Rundfunkgebühr Anwendung findet, da diese auch Gebührenelemente enthält[696]. Der Grundsatz der Konnexität besagt, daß das Gebührenaufkommen grundsätzlich nur für die Zwecke zu verwenden ist, um derentwillen die Gebühr erhoben wird. Im Grunde handelt es sich bei der Rundfunkgebühr um eine „Gesamtgebühr" zur Finanzierung der Gesamtveranstaltung Rundfunk. Dementsprechend gebietet der Grundsatz der Konnexität angewendet auf die Rundfunkgebühr, eine Verwendung des Gebührenaufkommens zur Finanzierung der Aufgaben, die der Gesamtveranstaltung Rundfunk zuzuordnen sind[697].

c) Konsequenzen aus den begriffsimmanenten Forderungen: Verwendung für die Gesamtveranstaltung Rundfunk

Das dargestellte Ergebnis verlangt eine Präzisierung dahingehend, welche Verwendungszwecke konkret vom Begriff der „Gesamtveranstaltung Rundfunk" umfaßt werden. Es ist offensichtlich, daß dazu nicht nur die Finanzierung der Landesrundfunkanstalten zählt, da ansonsten nicht von einer „Gesamtveranstaltung" zu sprechen wäre[698]. Außerdem ist die Rundfunkgebühr eben nicht nur als Gegenleistung für einzelne öffentlich-rechtliche Programme

---

693 *Kollek*, Rechtsfragen der Rundfunkfinanzierung, S. 93 f.

694 Vgl. z.B. § 1 I NDR-StV.

695 VG Berlin, ZUM 1985, 687; VG München, ZUM 1987, 474 f.; *Goerlich*, ZUM 1999, 472; *Oppermann/Kilian*, Rechtsgrundsätze der Finanzierung öffentlich-rechtlichen Rundfunks, S. 95.

696 Vgl. o. E II 5.

697 BVerwG, DVBl. 1999, 623; *Oppermann/Kilian*, Rechtsgrundsätze der Finanzierung öffentlich-rechtlichen Rundfunks, S. 95. So auch *Badura*, ZUM 1988, 163, der in der Rundfunkgebühr allerdings eine Sonderabgabe sieht, die ohnehin einer klaren Zweckbindung unterliegt.

698 *Giani*, ZUM 1990, 401; *Merznicht*, Der Aufsichtsgroschen, S. 68, unter Verweis auf eine Entscheidung des VG Berlin, ZUM 1985, 685 ff.

zu verstehen, so daß eine Beschränkung des Verwendungszwecks der Rundfunkgebühr auf die Finanzierung der ausgestrahlten Programme nicht sachgemäß wäre. Andernfalls würde es sich auch um eine echte Gebühr im Sinne des Abgabenrechts handeln. Dementsprechend beschränkt sich die Wahrnehmung der öffentlichen Aufgabe „Rundfunk" nicht auf die Erstellung und Sendung eines Rundfunkprogramms. Sie umfaßt vielmehr auch alle Tätigkeiten, die geboten sind, um eine nachfragegerechte Sendegestaltung jetzt und in Zukunft vorzubereiten und zu gewährleisten. Dazu gehört die Bereitstellung der technischen Ausrüstung und deren ständige Anpassung an neue Gegebenheiten. Diese setzt auch die Erprobung neuer Techniken voraus und rechtfertigt es, die hierfür erforderlichen Ausgaben aus dem allgemeinen Rundfunkgebührenaufkommen zu finanzieren[699]. Es ginge deshalb auch zu weit, die Verwendung des Rundfunkgebührenaufkommens auf die öffentlich-rechtlichen Vollprogramme beschränken zu wollen[700]. Schließlich darf dem öffentlich-rechtlichen Rundfunkanstalten nicht der Weg in zukunftsträchtige Programmformen versperrt werden, da ansonsten die Erfüllung der Grundversorgungsaufgabe in der Zukunft bedroht sein könnte.

Zu der Gesamtveranstaltung Rundfunk gehört aber auch die Aufsicht über den privaten Rundfunk durch die Landesmedienanstalten, wenn dies der Meinungsvielfalt in den privaten Programmen dienlich ist[701].

Insoweit besteht eine Übereinstimmung zwischen dem verfassungsrechtlich gebotenen Verwendungszweck und dem Verwendungszweck, der sich aus der Rechtsnatur der Rundfunkgebühr ergibt.

3. Ergebnis: Allgemeiner Maßstab für die zulässige Verwendung des Rundfunkgebührenaufkommens

Es bleibt festzuhalten, daß der grundsätzlich zulässige Verwendungszweck der Rundfunkgebühr maßgebend durch die Rechtsnatur dieser Abgabe geprägt wird. So läßt sich aus legislativen Vorgaben der entsprechenden Staatsverträge keine entscheidende Aussage zum Verwendungszweck der Rundfunkgebühr entnehmen[702]. Lediglich eine vorgeschriebene Verwendung zu Zwecken des Rundfunks findet sich vereinzelt in den Landesgesetzen. Verfassungsrechtlich ist das Heranziehen der Rundfunkteilnehmer insoweit zulässig und geboten, wie

699 VG Berlin, ZUM 1986, 687.
700 So aber *Ricker*, AfP 1998, 442.
701 BVerwG, DVBl. 1999, 623.
702 Vgl. o. D I 5 a.

die Mittel zur Funktionserfüllung der öffentlich-rechtlichen Anstalten verfassungsmäßig verwendet werden. Dabei stellt sich die Funktion der öffentlich-rechtlichen Anstalten in der dualen Rundfunkordnung als „Veranstaltung von Rundfunk", insbesondere als die Wahrnehmung der Grundversorgung dar. Das bedeutet allerdings nicht, daß der öffentlich-rechtliche Rundfunk in der Verwendung der Gebührenmittel nur auf die Programmtätigkeit beschränkt ist. Funktion des Rundfunks kann alles sein, was der freien individuellen und öffentlichen Meinungsbildung dient. Deshalb ist auch eine Verwendung für Tätigkeiten, die eine nachfragegerechte Sendegestaltung in Zukunft gewährleisten können, zulässig, wenn und soweit die Rundfunkgebühr zur Finanzierung eines rundfunkbezogenen Sachzwecks, mithin zur Sicherung und Effektuierung der individuellen und öffentlichen Meinungsbildung, eingesetzt wird[703].

Abgabenrechtlich stellt sich die Situation vergleichbar dar. Danach darf die Rundfunkgebühr zur Finanzierung der Gesamtveranstaltung Rundfunk verwendet werden, was bedeutet, daß hiermit alle Aufgaben zu finanzieren sind, die im Funktionsbereich der öffentlich-rechtlichen Anstalten liegen. Dies gebieten die Grundsätze der Konnexität und der Nonaffektation. Insofern geben Verfassungs- und Abgabenrecht eine Verwendung der Rundfunkgebühr zur Finanzierung der in der dualen Rundfunkordnung erforderlichen Aufgaben der öffentlich-rechtlichen Anstalten sowie der Aufsicht über den privaten Rundfunk durch die Landesmedienanstalten vor. Dadurch ist eine finanzielle Sicherung der Grundversorgung zu erreichen, die auch Grundlage einer verfassungsrechtlich zulässigen Veranstaltung von privatem Rundfunk in seiner heutigen Form ist[704]. Im übrigen kommt die Arbeit der Landesmedienanstalten letztlich allen Rezipienten zugute, da sie der Meinungs- und Programmvielfalt im dualen System dient. Ausschlaggebend ist, daß das duale Rundfunksystem in seiner Gesamtheit dem verfassungsrechtlich Gebotenen entspricht. Dies entspricht der Rechtsnatur der Rundfunkgebühr, als eine Abgabe sui generis zur Finanzierung der Gesamtveranstaltung Rundfunk.

II. Zulässigkeit der Verwendung der Rundfunkgebühr für besondere Vorhaben der öffentlich-rechtlichen Rundfunkanstalten

Nachdem der Verwendungszweck der Rundfunkgebühr festgestellt wurde, bleibt zu fragen, inwieweit sich einzelne Projekte der öffentlich-rechtlichen Rundfunkanstalten aus der Rundfunkgebühr finanzieren lassen. Dabei sind in

703 BVerfGE 87, 181, 199.
704 Vgl. o. B I 3 a und c (dd).

der jüngeren Vergangenheit immer wieder die Veranstaltung von öffentlich-rechtlichen Spartenprogrammen und die Einführung neuer Medienformen in die Diskussion geraten. Aber auch die Verwendung von Rundfunkgebühren für sog. Nebentätigkeiten der öffentlich-rechtlichen Anstalten ist ein immerwährendes Problem. Darüber hinaus soll noch kurz auf die Frage nach Zulässigkeit der Verwendung von Rundfunkgebühren für europäische Gemeinschaftsprogramme sowie Regional- und Lokalprogramme eingegangen werden.

1. Verwendung der Rundfunkgebühr für Spartenprogramme der öffentlich-rechtlichen Rundfunkanstalten

Die Vervielfachung des bisherigen Programmangebotes durch optimale Auslastung der Übertragungskapazitäten hat auch im Bereich der Fernsehspartenkanäle[705] (auch special interest-Programme genannt) für Aufbruchstimmung gesorgt. Dementsprechend suchen neben den privaten Veranstaltern nun auch die öffentlich-rechtlichen Rundfunkanstalten nach Möglichkeiten der Teilhabe an diesem Markt. Die Bestrebungen öffentlich-rechtlicher Anstalten, eigene Spartenprogramme zu veranstalten, stehen im Kontext zu einer umfassenden Verspartung der Medienlandschaft. Dies folgt einem gesellschaftlichen Trend zur Individualisierung. Wenn die Medien als Teile des Alltagslebens verstanden werden wollen, muß sich das Angebot nach den individualisierten Präferenzen der Nutzer richten[706]. So ist eine inhaltliche Differenzierung und Verspartung im Hörfunkbereich der öffentlich-rechtlichen Anstalten schon seit längerem zu verzeichnen[707]. Dagegen wurde die Verspartung im Fernsehbereich vornehmlich von den privaten Anbietern vorangetrieben[708]. Dem standen zunächst lediglich zwei öffentlich-rechtliche Spartenprogramme gegenüber, nämlich „ARTE" und „3sat", die allerdings gesetzlich legitimierte Spezialfälle darstellen

---

705 Nach § 2 II Nr. 2 RdfStV sind Spartenprogramme Rundfunkprogramme „mit im wesentlichen gleichartigen Inhalten". Das Bundesverfassungsgericht definiert Spartenprogramme unter Bezug auf ihren Inhalt und ihren Adressatenkreis als „Programme, die auf bestimmte Arten von Informationen, Bildung oder Unterhaltung spezialisiert sind (BVerfGE 74, 297, 302) und die „ sich nur an einen bestimmten Teilnehmerkreis richten und auch thematisch begrenzt sind" (BVerfGE 74, 297, 345). Dem stimmt Literatur weitgehend zu, wenngleich hier von der Legaldefinition des § 2 II Nr. 2 RdfStV etwas abgeichen wird, da eine thematische Begrenzung im Staatsvertrag nicht vorgesehen ist.

706 *Braun/Gillert/Hoberg/Hübner/Kamps*, ZUM 1996, 202.

707 Insbesondere sind hier die vornehmlich auf junge Hörerschaft zielenden Sender „N-Joy" (NDR) und „EinsLive" (WDR) oder die Kulturprogramme NDR 4 und WDR 5 zu beachten. Vgl. hierzu *Holznagel/Vesting*, Sparten- und Zielgruppenprogramme, S. 30 ff.

708 Vgl. etwa „n-tv"; Music Television (MTV), VH-1 und VIVA; Wetterkanal; premiere; Deutsches Sportfernsehen (DSF) und Eurosport sowie die Kinderprogramme Nickelodeon (wird inzwischen nicht mehr ausgestrahlt) und Super RTL.

und deshalb bei den folgenden Überlegungen außen vor bleiben[709]. Erst in den letzten Jahren gab es verstärkte Überlegungen von ARD und ZDF, weitere eigene oder gemeinsame Spartenkanäle ins Leben zu rufen. Da tauchten die Ideen eines Ratgeberkanals der ARD sowie eines Dokumentationskanals des ZDF auf[710]. Zudem hat der Fernsehrat des ZDF der Aufnahme eines digitalen Theaterkanals in das Angebot der digitalen Prgrammangebote des ZDF zugestimmt, welcher einen wesentlichen Beitrag zur Bewahrung der und Entwicklung der deutschsprachigen Kultur im zusammenwachsenden Europa und in der Welt leisten soll[711]. Am konkretesten sind allerdings die Pläne eines „Kinderkanals" und des „Parlaments- und Ereigniskanal" von ARD und ZDF gediehen, die inzwischen unter den Namen „Kinderkanal" und „Phoenix" ins Kabelnetz eingespeist sind[712].

Die gesetzliche Zulässigkeit der Veranstaltung von Spartenprogrammen ergibt sich aus § 19 II RdfStV, der die Veranstaltung von „zwei Spartenprogrammen als Zusatzangebot" von ARD-Anstalten und ZDF gemeinsam gestattet[713]. Damit soll auch dem öffentlich-rechtlichen Rundfunk die Möglichkeit eingeräumt werden, mit diesen Fernsehprogrammen an der Ausdifferenzierung des Programmangebots teilzuhaben. Obwohl die Spartenprogramme, veranstaltet von ARD und ZDF, bereits existieren und durch die Rundfunkgebühr mitfinanziert werden, bleibt die Frage, ob eine Finanzierung aus der Rundfunkgebühr zulässig ist.

a) Reichweite der Gebührenfinanzierung

Maßgebend für die zulässige Finanzierung von Spartenprogrammen der öffentlich-rechtlichen Rundfunkanstalten aus dem Rundfunkgebührenaufkommen ist die Reichweite der Gebührenfinanzierung, mithin die zulässigen Verwendungszwecke der Rundfunkgebühr. Danach ist aus der Rundfunkgebühr neben der

---

709 ARTE basiert auf einem am 2.10.1990 geschlossenen völkerrechtlichen Vertrag, wonach die deutschen Rundfunkanstalten die ARTE Deutschland TV GmbH gründeten, die wiederum mit dem französischen Partner LA SEPT die ARTE-Zentrale in Sraßburg gründete. 3sat wurde ursprünglich vom ZDF unter Wahrnehmung der in § 19 II RdfStV statuierten Ermächtigung zur Veranstaltung eines zusätzlichen Fernsehprogramms mit kulturellem Schwerpunkt eingerichtet. Die ARD hatte auf ihrer gleichartigen Ermächtigung aus § 19 I RdfStV mit der SRG das Programm „EinsPlus" eingerichtet und dies erst im Juli 1993 mit 3sat zusammengelegt.

710 Vgl. hierzu die ausführlichen Darstellungen bei *Braun/Gillert/Hoberg/Hübner/Kamps*, ZUM 1996, 202 f.

711 Vgl. Meldung in AfP 1999, S. 157.

712 Vgl. zu den Programmkonzeptionen: Programmkommission des ARD/ZDF Kinderkanals; Media Perspektiven 1997, S. 17 ff.

713 Teilweise finden sich entsprechende Vorschriften auch in den Landesrundfunkgesetzen: vgl. § 2 IV Nr. 2 RadioBremenG.

Aufsicht über den privaten Rundfunk alles das zu finanzieren, was zum Funktionsbereich der öffentlich-rechtlichen Rundfunkanstalten gehört: Die Veranstaltung von Rundfunk und insbesondere die Gewährleistung der Grundversorgung[714]. Es steht den Anstalten zu, selbst über Inhalte und Formen der Programme zu entscheiden, somit auch über Umfang, Anzahl und Zeitdauer der Programme[715]. Jedoch bedeutet das nicht, daß jede Programmentscheidung der öffentlich-rechtlichen Anstalten zu honorieren ist[716]. Den öffentlich-rechtlichen Rundfunkanstalten ist vielmehr nur die Finanzierung derjenigen Programme zu ermöglichen, deren Veranstaltung ihren spezifischen Funktionen nicht nur entspricht, sondern die zur Wahrnehmung dieser Funktionen auch erforderlich sind[717]. Denn der öffentlich-rechtliche Rundfunk hat im dualen System dafür zu sorgen, daß ein dem klassischen Rundfunkauftrag entsprechendes Programm für die gesamte Bevölkerung angeboten wird[718].

b) Konsequenz für öffentlich-rechtliche Spartenprogramme

Da sich die staatliche Finanzierungsgarantie also auch auf Programme erstreckt, die nicht der Grundversorgung zuzurechnen sind, wohl aber dem klassischen Rundfunkauftrag entsprechen und zur Funktionserfüllung erforderlich sind, ist die Verwendung von Rundfunkgebühren auch auf die Veranstaltung von öffentlich-rechtlichen Spartenprogrammen zulässig, soweit diese der Grundversorgungsaufgabe oder zumindest dem klassischen Rundfunkauftrag zuzuordnen sind[719]. Dies gilt auch dann, wenn eine Verspartung des Programms erreicht, daß Teile der Bevölkerung auf die öffentlich-rechtlichen Sendungen aufmerksam gemacht und zugeführt werden[720]. Allerdings ist zu beachten, daß die Zuordnung von Spartenprogrammen zum klassischen Rundfunkauftrag nicht bedeutet, daß diese unbegrenzt aus den Rundfunkgebühren zu finanzieren sind. Schließlich wäre eine Entwicklung von Spartenprogrammen in den verschiedensten Bereichen wie Musik, Sport, Unterhaltung, Bildung, Kultur etc. denkbar. Sollte dies alles aus der Rundfunkgebühr finanziert werden, so droht eine erhebliche Gebührenerhöhung, die mit dem im Gebührenurteil aufgestellten Grundsatz der Nichtüberforderung der Gebührenzahler nicht vereinbar wäre[721].

---

714 Vgl. o. F I 3.

715 BVerfGE 87, 181, 199.

716 BVerfGE 90, 60, 92.

717 BVerfGE 87, 181, 202 unter Verweis auf BVerfGE 74, 297, 342.

718 BVerfG, AfP 1994, 34.

719 *Braun/Gillert/Hoberg/Hübner/Kamps*, ZUM 1996, 207; *Libertus*, AfP 1998, 153 f.

720 *Goerlich*, ZUM 1999, 473.

721 BVerfGE 90, 60, 102 f. Es kann allerdings unterstellt werden, daß die Gebührenerhöhung zum 1.1.2001 nicht automatisch zu einer unzulässigen Verwendung des Gebührenaufkommens führt (Vgl. o. D I 5 b aa).

Insofern sind alle Spartenprogrammaktivitäten der öffentlich-rechtlichen Rundfunkanstalten, die jenseits der Grundversorgungsaufgabe liegen, aber noch vom klassischen Rundfunkauftrag umfaßt werden, zwar verfassungsrechtlich zulässig[722] und aus dem Gebührenaufkommen finanzierbar[723]. Doch besteht für diese Aktivitäten kein Finanzierungsgewährleistungsanspruch, was bedeutet, daß zur Finanzierung derartiger Vorhaben keine weiteren Rundfunkgebühren erhoben werden dürfen[724]. Eine Finanzierung von Spartenprogrammen aus der Rundfunkgebühr kommt deshalb nur insoweit in Frage, wie die Rundfunkanstalten ihre vorhandenen verfügbaren Mittel im Rahmen der gesetzlichen Bestimmungen auf einzelne Programme oder Programmsparten verteilen. Zusätzliche Finanzierungsansprüche können auch für verfassungsrechtlich zulässige Spartenprogramme nicht abgeleitet werden[725].

c) *Zuordnung der öffentlich-rechtlichen Spartenprogramme zur Grundversorgung oder zum klassischen Rundfunkauftrag*

aa) *Die Judikatur des BVerfG*

Fraglich ist zunächst, ob die öffentlich-rechtlichen Spartenprogramme noch der Grundversorgungsaufgabe oder dem klassischen Rundfunkauftrag zugerechnet werden können und insofern auch aus den Rundfunkgebühren zu finanzieren wären. Dabei ist zu beachten, daß der Begriff der Grundversorgung gegenständlich und zeitlich offen, dynamisch und allein an die Funktion gebunden ist[726]. Dies betrifft sowohl die rundfunktechnischen Möglichkeiten als auch das Programmangebot, das für neue Publikumsinteressen, Formen und Inhalte offenbleiben muß. Auf den ersten Blick legt dies die Vermutung nahe, daß grundsätzlich auch öffentlich-rechtliche Spartenprogramme von einer dynamischen Grundversorgung erfaßt seien. Jedoch ist die Bestands- und Entwicklungsgarantie weniger auf den Programminhalt als vielmehr auf die technischen, organisatorischen, personellen und finanziellen Vorbedingungen zur Erfüllung des Grundversorgungsauftrags bezogen[727]. Die Veranstaltung von Spartenprogrammen ist aber keine technische Fortentwicklung, sondern lediglich eine

---

722 BVerfGE 74, 297, 332.

723 Vgl. o. F I 3.

724 *Bleckmann/Pieper/Erberich*, AfP 1997, 419 f.; *Kuch*, ZUM 1995, 165 f.; *Ring*, ZUM 1995, 174; *Stettner*, ZUM 1995, 184.

725 BVerfGE 87, 181, 204; *Stettner*, ZUM 1995, 298.

726 BVerfGE 83, 238, 299.

727 BVerfGE 73, 118, 158. Anderer Ansicht ist *Betz*, Media Perspektiven 1997, 3, 7 f. ohne allerdings die Bestands-und Entwicklungsgarantie selber zu definieren. Es ist ihm aber zuzugeben, daß die Aussagen des BVerfG zur Bestands- und Entwicklungsgarantie nicht so verstanden werden dürfen, daß sich diese überhaupt nicht auf die programmliche Seite bezieht.

neue Programmform. Das Programmangebot öffentlich-rechtlicher Rundfunkanstalten kann zwar auch für neue Publikumsinteressen, neue Formen oder Inhalte offenbleiben. Doch gilt diese Offenheit nicht für eine Verspartung, wenn diese nicht der Grundversorgung dient, deren Umfang die Bestands- und Entwicklungsgarantie begrenzt[728].

Dem entspricht das BVerfG, welches in seiner fünften Rundfunkentscheidung ausdrücklich zur Zulässigkeit von Spartenprogrammen öffentlich-rechtlicher Anstalten Stellung genommen hat[729]. Dabei trifft das Gericht grundlegende Erwägungen zur Vereinbarkeit von Spartenkanälen und Grundversorgungsauftrag. Spartenkanäle seien danach nicht der unerläßlichen Grundversorgung zuzuordnen, da sie sich nur an einen begrenzten Teilnehmerkreis richten und auch thematisch begrenzt seien, so daß sie für sich genommen umfassende Information und Meinungsbildung nicht ermöglichen[730]. Denn Spartenprogramme bieten naturgemäß als thematisch begrenzte Sendeform keine Vielfalt und Ausgewogenheit[731]. Außerdem unterliefe eine Verspartung und Separierung des Programmangebotes die Integrationsfunktion der Grundversorgung, die dem Rundfunk als Massenkommunikationsmittel nach Ansicht des BVerfG als eine maßgebende Wirkung für die Integration der Gesellschaft zukommen soll[732]. Allerdings seien von Spartenkanälen öffentlich-rechtlicher Anstalten Beiträge zu erwarten, welche von privaten Anbietern nicht zu erwarten seien, so etwa im Kultur- und Bildungsbereich. Dies erhöhe nicht nur die Breite des gesamten Programmangebots, sondern bringe in dieses auch ein für das kulturelle Leben der Bundesrepublik wesentliches Element ein, womit der klassische Rundfunkauftrag wahrgenommen werde. Dementsprechend dürfe es ein grundsätzliches „Verspartungsverbot" für öffentlich-rechtliche Rundfunkanstalten nicht geben[733]. Schließlich gilt es zu beachten, daß wenn die zukünf-

---

728 *Bleckmann/Pieper/Erberich*, AfP 1997, 421; *Bleckmann*, Öffentlich-rechtliche Spartenprogramme als Bestandteil der Grundversorgung, S. 64 f.

729 BVerfGE 74, 297 ff.

730 BVerfGE 74, 297, 346. A.A.: *Holznagel/Vesting*, Sparten- und Zielgruppenprogramme, S. 54, die allerdings im Ergebnis mit dem BVerfG übereinstimmen.

731 *Bleckmann/Pieper/Erberich*, AfP 1997, 420; *Kresse*, ZUM 1995, 183.

732 BVerfGE 35, 202, 222 unter Hinweis auf BVerfGE 12, 113, 125; 12, 205, 260. Vgl. hierzu auch *Bleckmann*, Öffentlich-rechtliche Spartenprogramme als Bestandteil der Grundversorgung, S. 60 ff; *Ricker*, AfP 1998, 438 f. A.A.: *Holznagel/Vesting*, Sparten- und Zielgruppenprogramme, S. 66 ff., die einen Integrationsauftrag der öffentlich-rechtlichen Programme ablehnen.

733 BVerfGE 74, 297, 346. Dem haben sich auch diverse Stimmen in der Literatur angeschlossen: Vgl. etwa *Bethge*, Media Perspektiven 1996, 68; *Hesse*, Rundfunkrecht, S. 81; *Hoffmann-Riem*, PayTV im öffentlich-rechtlichen Rundfunk, S. 66; *Holznagel/Vesting*, Sparten- und Zielgruppenprogramme, S. 53; *Ring*, ZUM 1995, 175; *Scheble*, ZUM 1995, 387. Diese Ansicht wird bestätigt durch die Tatsache, daß Spartenprogramme auch im Rundfunkstaatsvertrag Erwähnung finden § 2 II Nr. 2.

tige Medienlandschaft durch die zunehmende Bedeutung der Spartenprogramme bei gleichzeitigem Rückgang der Vollprogramme gekennzeichnet sei und man den öffentlich-rechtlichen Rundfunk als unverzichtbaren Teil der Grundversorgung ansehe, dieser nicht von der Veranstaltung von Spartenprogrammen ausgeschlossen werden kann[734]. Andernfalls verlöre der öffentlich-rechtliche Rundfunk seine Funktion als Forum der öffentlichen Diskussion.

Es ist damit vorstellbar, daß öffentlich-rechtliche Spartenprogramme existieren, die dem klassischen Rundfunkauftrag entsprechen und somit auch gebührenfinanzierungsfähig sind.

bb) Die Einordnung von „Phoenix" und dem „Kinderkanal"

Inwieweit nun die einzelnen Spartenkanalvorhaben[735] der öffentlich-rechtlichen Rundfunkanstalten zulässig und aus der Rundfunkgebühr zu finanzieren sind, ist an den Kriterien der Grundversorgung und des klassischen Rundfunkauftrags zu messen. Dabei ist zu beachten, daß die Spartenprogramme neben den Vollprogrammen existieren und diese nicht ersetzen sollen. Sie sind also Teile des Gesamtprogrammms und stellen innerhalb diesem eine neue Form dar, die sich den gesellschaftlichen Veränderungen und dem zunehmenden Bedürfnis nach Individualisierung anpaßt. Die bereits in die Tat umgesetzten Spartenkanäle „Kinderkanal" und „Phoenix" sowie auch andere geplante Spartenprogramme von ARD und ZDF[736] genügen zwar den Grundversorgungselementen „technische Verfügbarkeit für alle" und „Sicherung gleichgewichtiger Vielfalt in der Meinungsdarstellung"[737], doch ist es fraglich, ob es ihnen nicht an der Meinungsbildungsfunktion fehlt, so daß Spartenprogramme nicht der Grundversorgung zuzurechnen wären[738]. Grundsätzlich erhöhen diese neuen Programmformen, wie vom BVerfG festgestellt, die Breite des Programmangebotes und nehmen insoweit den klassischen Rundfunkauftrag wahr, so daß

---

734 *Betz*, Media Perspektiven 1997, 2 unter Verweis auf Aussagen von Wolf-Dieter Ring und Reinhart Klimmt; *Scholz*, Rundfunkfreiheit und Spartenfernsehen, S. 15 und 44; *Libertus*, AfP 1998, 150 f.

735 Im Rahmen dieser Untersuchung soll insbesondere auf die bereits existierenden öffentlich-rechtlichen Spartenprogramme „Kinderkanal" und „Phoenix" eingegangen werden.

736 Es ist allerdings zu beachten, daß für die Veranstaltung von mehr als den momentan existierenden zwei Spartenprogrammen von ARD und ZDF , die gesetzliche Grundlage fehlt (Vgl. § 19 II RdfStV).

737 *Braun/Gillert/Hoberg/Hübner/Kamps*, ZUM 1996, 205.

738 So sehen es *Bleckmann*, Öffentlich-rechtliche Spartenprogramme als Bestandteil der Grundversorgung, S. 72 f.; *Kresse*, ZUM 1996, 61; *Ricker*, ZUM 1997, 1 ff. Anderer Ansicht *Bethge*, epd v. 13.12.1995, S. 28 ff.; *Betz*, Media Perspektiven 1997, 8.

ihre Veranstaltung verfassungsrechtlich zulässig ist[739]. Dies spräche dafür, daß sie auch meinungsbildend fungieren würden, wenngleich sie sich nur an bestimmte Bevölkerungsgruppen wenden[740].

Zum Teil wird aber die Entscheidung des BVerfG so verstanden, daß es den öffentlich-rechtlichen Anstalten nur gestattet ist, Spartenprogramme zu veranstalten in Bereichen, in denen von den privaten Anbietern nichts zu erwarten ist[741]. Dementsprechend sollen der „Kinderkanal" und auch „Phoenix" unzulässig sein, da es mit den privaten Kinderprogrammen wie „Nickelodeon"[742] und „Super RTL" und dem Sender „n-tv" bereits private Anbieter nahezu gleichen Formats gibt[743]. Diese Interpretation verkennt jedoch den Inhalt des Urteils und die Fortentwicklung der öffentlich-rechtlichen Aufgabenzuweisung seit dem fünften Rundfunkurteil. Denn zum einen ist festzuhalten, daß die Aufzählung von möglichen Inhalten für öffentlich-rechtliche Spartenprogramme im Urteilstenor nur beispielhaft zu verstehen ist, da sie sich lediglich am Sachvortrag von Verfahrensbeteiligten orientiert[744]. Zum anderen genügen aber sowohl „Phoenix" als Beitrag zur politischen Bildung als auch der „Kinderkanal" mit überwiegenden Kultur-, Bildungs- und Beratungsbezügen für Kinder[745] den Anforderungen des BVerfG, daß in diesem Bereich von den privaten Anbietern nichts wirklich vergleichbar inhaltlich Wertvolles zu erwarten ist[746]. Deshalb ist

---

739 *Hess*, Verfassungsrechtliche Probleme der Gebührenfinanzierung, S. 174 f.; *Lange*, ZUM Sonderheft 1995, 532; *Stettner*, ZUM 1995, 298.

740 Mit diesem Argument lehnt *Bleckmann*, Öffentlich-rechtliche Spartenprogramme als Bestandteil der Grundversorgung, S, 72 f., die Meinungsbildungsfunktion des Kinderkanals ab, da sich dieser lediglich an Kinder richte. Jedoch sind auch Kinder Rundfunkteilnehmer, die einem Meinungsbildungsprozeß unterliegen, wie ihn das BVerfG für den Grundversorgungsbegriff voraussetzt. (Vgl. zur Grundrechtsmündigkeit auch *Jarass/ Pieroth*, Art. 19 Rn. 11; *v.Münch*, GG,Vorb. Art. 19 Rn. 11 ff.).

741 *Engel*, Europarechtliche Grenzen für öffentlich-rechtliche Spartenprogramme, S. 103; *Kresse*, ZUM 1995,183 f.; *ders*., ZUM 1996, 61 f; *Ricker*, AfP 1998, 440.

742 Nickelodeon wird inzwischen nicht mehr ausgestrahlt (Vgl. AfP 1998, 297).

743 *Kresse*, ZUM 1996, 62 f.

744 *Braun/Gillert/Hoberg/Hübner/Kamps*, ZUM 1996, 205.

745 Vgl. zu den Programmkonzeptionen: *Betz*, Media Perspektiven 1997, 5 zu „Phoenix" und Programmkommission des ARD/ZDF- Kinderkanals, Media Perspektiven 1997, 17 ff. So sind z.B. auch kindgerechte Nachrichten und Kultursendungen im Kinderkanal vorgesehen, wie sie in privaten Kinderprogrammen nicht zu finden sind. *Bleckmann/Pieper/Erberich,* AfP 1997, 422 f. lehnen eine Meinungsbildungsfunktion des Kinderkanals ab, da sie hierin überwiegend Unterhaltung sehen und eine Abkehr vom integrativ wirkenden Vollprogramm befürchten. Dem muß jedoch widersprochen werden, da gerade beim öffentlich-rechtlichen Kinderkanal auch diverse Informationssendungen zu erwarten sind, die kindgerecht aufbereitet werden, so daß der Kinderkanal für Kinder ein erhöhtes Informations- und Meinungsbildungspotential besitzt.

746 *Damm*, Gebührenprivileg und Beihilferecht, S. 41 f.; *Kamann*, epd v. 18.12.1996, S. 3; *Krüger*, Media Perspektiven, S. 327.

es wahrscheinlich, daß über zehn Jahre nach der zitierten fünften Rundfunkentscheidung das BVerfG angesichts der zwischenzeitlich eingetretenen Entwicklungen jedenfalls den „Kinderkanal“ und „Phoenix“ der Grundversorgung zuordnen würde[747], so daß diese zulässigerweise aus dem Rundfunkgebührenaufkommen finanziert werden dürfen.

cc) Die Einordnung weiterer Spartenprogrammvorhaben

Es ist seitens der öffentlich-rechtlichen Rundfunkanstalten vorstellbar, daß weitere Spartenprogramme auf dem Markt gebracht werden sollen. So bieten sich gerade auf dem Unterhaltungs- und auf dem Informationssektor noch viele Möglichkeiten Spartenprogramme zu etablieren. Allerdings erscheint die Veranstaltung solcher Spartenprogramme durch die öffentlich-rechtlichen Rundfunkanstalten ebenso problematisch wie eine etwaige Gebührenfinanzierung. Schließlich genügen reine Spielfilm- oder Unterhaltungskanäle der öffentlich-rechtlichen Anstalten nicht den Maßstäben der Meinungsbildungsfunktion und wären insofern verfassungsrechtlich unzulässig[748]. Derartige verfassungsrechtliche Bedenken sind bei einigen Hörfunkspartenprogrammen durchaus angebracht, wenn diese sich unter nahezu vollständigen Verzicht auf Wortbeiträge als rein unterhaltende Musikprogramme darstellen[749]. Hier erscheint die verfassungsrechtliche Zulässigkeit und erst recht die Gebührenfinanzierung äußerst zweifelhaft. Weiteren Vorhaben der öffentlich-rechtlichen Rundfunkanstalten auf dem Gebiet der digitalen Spartenprogramme ist deshalb mit Skepsis entgegen zu treten. So hat die ARD bereits ein Programmbouquet vorgestellt, welches mittels digitaler Übertragungstechnik vertiefte Informationen zu den Nachrichtensendungen „Tagesschau“ und „Tagesthemen“ anbietet[750]. Auch das ZDF bietet inzwischen ein digitales Programmbouquet mit dem Namen ZDF.vision an, welches über einen Kanal des ASTRA-Satelliten empfangbar ist. Ein Programmbouquet ist gem. § 2 II Nr. 9 RdfStV die „Bündelung von Programmen und Diensten, die in digitaler Technik unter einem elektronischen Programmführer verberitet werden.“ Diese Projekte von ARD und ZDF sind rechtlich insoweit problematisch, daß § 19 II RdfStV den öffentlich-rechtlichen Anstalten lediglich gestattet, zwei zusätzliche Spartenprogramme zu veranstalten. Mit der Veranstaltung des „Kinderkanal“ und Phoenix“ existieren diese beiden Programme bereits, so daß im Moment die Veranstaltung weiterer digitaler Spartenprogramme nicht zulässig ist. Es ist

747 *Betz*, Media Perspektiven 1997, 8. So auch: *Dörr/Eckl*, NJW 1999, 1929.

748 So wohl auch *Stettner*, ZUM 1995, 298; *Bleckmann/Pieper/Erberich*, AfP 1997, 422. Dem stimmt auch *Kresse*, ZUM 1995, 189 zu.

749 Vgl. etwa N-Joy Radio des NDR.

750 *Ricker*, AfP 1998, 440 f. ; *Zimmer*, Media Perspektiven 2000, 120 f.

jedoch zu erwarten, daß mit zunehmender Digitalisierung der Rundfunklandschaft auch den öffentlich-rechtlichen Anstalten die Veranstaltung weiterer digitaler Spartenprogramme gestattet wird. So ist bereits in §19 III RdfStV eine Ermächtigungsgrundlage für ARD und ZDF geschaffen worden, im Rahmen ihres Programmauftrages Programme auch in digitaler Technik zu verbreiten[751]. Es fehlt allerdings bislang eine Ermächtigungsgrundlage für gänzlich neue Programmvorhaben. Dementsprechend stellt § 19 IV RdfStV klar, daß die Übertragungskapazität für die nach Absatz 3 bezeichneten Angebote den Umfang von drei analogen Fernsehkanälen nicht übersteigen darf, davon zwei für die ARD und einer für das ZDF. Damit sind der Entwicklung Grenzen gesetzt, weil sich auf einem analogen Kanal trotz aller digitalen Kompressionen nur eine begrenzte Anzahl digitaler Programme unterbringen läßt[752].

dd) Zwischenergebnis

Die Verwendung der Rundfunkgebühr zur Finanzierung öffentlich-rechtlicher Spartenprogramme hängt von der Zuordnung des jeweiligen Programms zur Grundversorgung ab. Die bislang von ARD und ZDF betriebenen Spartenkanäle „Phoenix“ und der „Kinderkanal“ sind zur Grundversorgung zu zählen und deshalb aus der Rundfunkgebühr finanzierungsfähig. Anderweitige Spartenprogrammvorhaben, die reine Spielfilm- oder Unterhaltunsgkanäle oder auch Informationskanäle darstellen sind hingegen nicht mehr dem klassischen Rundfunkauftrag zuzurechnen und deshalb auch nicht mehr aus dem Rundfunkgebührenaufkommen zu finanzieren. Zumal die verfassungsrechtliche Zulässigkeit ihrer Veranstaltung stark bezweifelt werden muß.

d) Europarechtliche Bedenken

Engel und auch *Bleckmann* äußern in ihren für den Verband Privater Rundfunk und Telekommunikation e.V. erstellten Gutachten Bedenken an der Zulässigkeit der beiden öffentlich-rechtlichen Spartenkanäle aus europarechtlicher Sicht[753]. Nach ihrer Ansicht stellt die Rundfunkgebühr eine Beihilfe im Sinne von Art. 87 I EGV AV[754] dar, die nicht gerechtfertigt sei und demnach auch nicht für

---

751 Vgl. o. B I 2 e.

752 *Hesse* ZUM 2000, 184 f.

753 *Engel*, Europarechtliche Grenzen für öffentlich-rechtliche Spartenprogramme, S. 15 ff.; *Bleckmann*, Öffentlich-rechtliche Spartenprogramme als Bestandteil der Grundversorgung, S. 113 ff.

754 Nach der Ratifikation durch alle Mitgliedstaaten ist am 1.5.1999 der EG-Vertrag in der Fassung des Amsterdamer Vertrages vom 2.10.1997 in Kraft getreten. Die für diese Arbeit wesentlichen Vorschriften des EGV wurden durch den Amsterdamer Vertrag wurden inhaltlich nicht verändert, wohl aber die Numierung. Deshalb ist die neue Numerierung der Vorschriften mit der Kennung EGV AV genannt.

Spartenprogramme zu verwenden sei[755]. Auch käme eine dann notwendige Genehmigung gem. Art. 88 II EGV AV nicht in Betracht, da es an einem entsprechenden Antrag bei der Kommission der Europäischen Gemeinschaft fehle. Dem ist entgegenzuhalten, daß eine Einordnung der Rundfunkgebühr als Beihilfe, welche das Tatbestandsmerkmal einer Begünstigung erfordert[756], nicht unumstritten ist, da die Rundfunkgebühr nicht, wie es für eine Begünstigung notwendig ist, ohne angemessene Gegenleistung gewährt wird[757]. Auf jeden Fall handelt es sich jedoch bei der Rundfunkgebühr um eine gemeinschaftsrechtlich gerechtfertigte, kulturpolitisch motivierte Beihilfe im Sinne von Art. 87 III lit. d) EGV AV[758].

Dies hat auch die Europäische Kommission so entschieden, die sich mit der Frage zu beschäftigen hatte, inwieweit die Gebührenfinanzierung von „Kinderkanal" und „Phoenix" einen Verstoß gegen Art. 87 I EGV AV darstellt. Sie kam zu der Auffassung, daß die Gebührenmittel zwar eine Beihilfe im Sinne von Art. Art. 87 I EGV AV sind, diese aber mit dem Gemeinschaftsrecht vereinbar sind, da sie als Ausgleich für von Mitgliedstaaten festgelegte und übertragene Dienstleistungen von allgemeinen Interesse gewährt würden[759]. Der „Kinderkanal" als gewaltfreier Kanal mit einem hohen Anteil an für Kinder geeigneten Informationen sowie der Ereignis und Dokumentationskanal „Phoenix", der Hintergrundinformationen über Politik und Gesellschaft aus Deutschland und dem Ausland liefert, sei eindeutig als Teil des öffentlich-rechtlichen Rundfunkauftrages zu sehen. Außerdem überschritten die für die beiden Kanäle gewährten Finanzmittel nicht deren tatsächlichen Kosten und seien daher dem öffentlichen Auftrag angemessen. Dies stelle insbesondere das deutsche Gebührenfestsetzungsverfahren mit der Überprüfung des Finanzbedarf durch die unabhängige Sachverständigenkommission KEF sicher. Ein Verstoß gegen die EG-Beihilfevorschriften durch die Gebührenfinanzierung von „Phoenix" und dem „Kinderkanal" liegt damit nicht vor.

Weiter befürchtet *Engel*, daß die Rundfunkgebührenfinanzierung eine diskriminierende Beschränkung der Dienstleistungsfreiheit der privaten Rundfunkveranstalter nach Art. 49 EGV AV sei[760]. Dem widerspricht jedoch der EuGH, indem er festgestellt hat, daß eine Kulturpolitik, die die Meinungsfreiheit der

---

755 *Bleckmann*, Öffentlich-rechtliche Spartenprogramme als Bestandteil der Grundversorgung, S. 123.
756 *Betz*, Media Perspektiven 1997, 9 f.
757 Ausführlich wird auf diesen Punkt unter K II 1 eingegangen.
758 Vgl. *Selmer/Gersdorf*, Rundfunkfinanzierung auf dem Prüfstand des EG-Beihilferegimes, S. 56 ff.
759 Wetbewerbsrechtliche Begründung in: epd-Medien Nr. 29 vom 21.4.1999, S. 27 ff.
760 *Engel*, Europarechtliche Grenzen für öffentlich-rechtliche Spartenprogramme, S. 69 ff.

verschiedenen gesellschaftlichen, kulturellen, religiösen und geistigen Strömungen in einem Staat, wie sie sich in der Presse, im Hörfunk und im Fernsehen müsse entfalten können, schützen solle, einen zwingenden Grund des Allgemeininteresses darstellen könne, der eine Beschränkung des durch Art. 49 EGV AV gewährleisteten freien Dienstleistungsverkehrs rechtfertige[761]. Außerdem sei keine Beeinträchtigung des Handels innerhalb der Europäischen Union in einer den Gemeinschaftsinteressen zuwiderlaufenden Weise zu erkennen, da beide Kanäle ohne Werbung ausgestrahlt werden[762]. Insofern scheinen die Bedenken *Engels* und *Bleckmanns* nicht durchzugreifen[763]. Genauer wird auf die europarechtlichen Bedenken an der Rundfunkgebühr im Rahmen dieser Untersuchung in einem gesonderten Kapitel am Ende der Arbeit eingegangen[764]. Zu diesem Zeitpunkt soll die Zulässigkeit von öffentlich-rechtlichen Spartenprogrammen und deren Gebührenfinanzierung nur nach Maßgabe des deutschen Rechts betrachtet werden.

e) Ergebnis

Eine Verwendung der Rundfunkgebühr für öffentlich-rechtliche Spartenprogramme ist nur dann zulässig, wenn die Spartenprogramme der Grundversorgung oder dem klassischen Rundfunkauftrag zuzuordnen sind. Dies ist der Fall, wenn sie zur Meinungsbildungsfreiheit beitragen. Bei „Kinderkanal" und „Phoenix" scheint eine solche meinungsbildende Funktion gewahrt zu sein, so daß eine Gebührenfinanzierung zu rechtfertigen ist. Rein unterhaltende Programme wie einige Hörfunkprogramme oder auch geplante Teleshopping-Programme unterfallen allerdings nicht mehr der Grundversorgung und sind dementsprechend nicht aus der Rundfunkgebühr zu finanzieren. Inwieweit ihre Veranstaltung mittels anderweitiger Finanzierung trotzdem verfassungsrechtlich zulässig ist, kann hier dahinstehen.

f) Exkurs: Grundversorgung ausschließlich durch Spartenprogramme

Am Rande soll noch einmal überlegt werden, ob es in Zukunft nicht möglich ist, die Grundversorgung ausschließlich durch Spartenprogramme zu sichern, die auch gebührenfinanziert sein könnten. Dies wirkt sich zwar nicht unmittelbar auf die Rundfunkgebühr aus, doch könnte eine solche generelle Umstrukturierung des Rundfunkmarktes auch eine Neuregelung der Finanzierung mit

---

761 EuGH, ZUM 1996, 877.

762 Europäische Kommission in: epd-Medien nr. 29 vom 21.4.1999, S. 27 ff.

763 So im Ergebnis auch *Libertus*, AfP 1998, 154 f., *Michel*, Finanzierung des öffentlich-rechtlichen Rundfunks, S. 2 ff.

764 Vgl. u. L. Fürs erste sei hier auf *Betz*, Media Perspektiven 1997, 9 ff. verwiesen, der sich mit den Argumenten Engels ausführlich auseinandersetzt.

sich bringen. Darum soll an dieser Stelle einmal erörtert werden, ob es überhaupt verfassungsrechtlich zulässig ist die den öffentlich-rechtlichen Rundfunkanstalten auferlegte Grundversorgungsaufgabe ausschließlich durch Spartenprogramme zu gewährleisten.

Die herkömmliche Form des Vollprogramms, welches sich auf einen chronologischen Ablauf beschränkt, würde durch eine Vielzahl von Spartenprogrammen ersetzt werden, die jeweils einen Programmgegenstand haben und unter denen sich der Rundfunkteilnehmer das für ihn Interessante heraussuchen könnte[765]. Soweit es möglich ist, eine Spartenprogramm-Vielfalt zu schaffen, die der programmlichen Vielfalt der herkömmlichen öffentlich-rechtlichen Programme vergleichbar und den klassischen Rundfunkauftrag zu verwirklichen imstande ist, wäre es nicht auszuschließen, daß auch den Spartenprogrammen insgesamt zumindest in meinungsbildender Hinsicht ein grundversorgender Charakter zuzubilligen ist[766]. Dazu ist es notwendig, Spartenprogramme, die keine Massenattraktivität ausstrahlen, weiterhin aus einer Rundfunkgebühr zu finanzieren, da sie wegen eines zu erwartenden geringen Marktanteils anderweitig nicht rentabel und durchführbar wären. Jedoch spräche dies allein noch nicht gegen eine Grundversorgung durch Spartenprogramme, da auch heute die öffentlich-rechtlichen Programme aufgrund ihrer zum Teil fehlenden Massenattraktivität mittels der Rundfunkgebühr finanziert werden. Soweit hier Kontrollschwierigkeiten befürchtet werden[767], kann dem nicht gefolgt werden, da es auch in einem außenpluralistischen Modell Möglichkeiten der Überprüfung zur Wahrung von Programmgrundsätzen gibt, wie sie sich schon heute im Bereich des privaten Rundfunk finden lassen[768]. Problematischer ist da schon das Grundversorgungsmerkmal der „Empfangbarkeit für alle" durch Spartenprogramme zu erfüllen. So mangelt es heutzutage an einer ausreichenden Zahl von terrestrischen Frequenzen, während digitale Übertragungstechniken zwar ausreichend zur Verfügung stünden, doch diese auf absehbare Zeit nicht von allen zu empfangen sind[769]. Doch erscheint es denkbar, daß eine flächendeckende Digitalisierung der Rundfunklandschaft in etwa 15-20 Jahren erreicht sein könnte[770]. Dann könnte auch dem Merkmal der „Empfangbarkeit für alle" durch Spartenprogramme Rechnung getragen

765 Vgl. diese Idee bei *Koch*, Möglichkeiten der Beteiligung, S. 33 ff.

766 *Scheble*, ZUM 1995, 387. A.A.: *Damm*, Gebührenprivileg und Beihilferecht, S. 41.

767 *Koch*, Möglichkeiten der Beteiligung, S. 35.

768 Vgl. z.B. die Vorschriften über den privaten Rundfunk im Rundfunkstaatsvertrag (§§ 20-49) und da insbesondere §§ 35 ff.

769 *Koch*, Möglichkeiten der Beteiligung, S. 30 ff.; *Ricker*, AfP 1998, 437 f.

770 Hamburger Wirtschaft, Heft 1/96, S. 16: Im Jahre 2010 verfügen ca. 61% der Privathaushalte über Kabelanschluß und 37% über eine Satellitenempfangsmöglichkeit. Dementssprechend plant auch dieARD sämtliche ihrer Programme in Zukunft digital auszustrahlen (FAZ v. 30.4.1998, S. 42). Vgl. auch AfP 1998, 495.

werden. „Empfangbarkeit für alle“ bedeutet nämlich keine Festlegung auf terrestrische Frequenzen. Es muß allein sichergestellt sein, daß die Empfangbarkeit - über welche Verbreitungstechnik auch immer - ohne erheblichen wirtschaftlichen oder technischen Aufwand gewährleistet sein muß[771].

Indem man weiterhin eine Rundfunkgebühr in der herkömmlichen Ausgestaltung erheben würde, aus der die Minderheitenprogramme, die nicht in der Lage sind, sich selbst wirtschaftlich zu tragen, und Programme, deren Abhängigkeit von der Werbewirtschaft vermieden werden soll, finanziert werden, bestünde auch die Sorge der Verflachung des Programmniveaus nicht. Außerdem bräuchten die einzelnen Spartenkanäle dann nicht durch Nutzungsentgelte finanziert zu werden, was für den Rezipienten wohl eine deutliche Mehrbelastung darstellen würde[772]. Damit wäre dem Sozialstaatsprinzip, welches auf die Grundversorgung einwirkt, Rechnung getragen.

Es läßt sich abschließend festhalten, daß eine Grundversorgung ausschließlich durch eine Vielzahl an Spartenprogrammen zwar im Moment mangels technischer Voraussetzungen nicht möglich ist, aber für die weitere Zukunft durchaus denkbar erscheint.

2. Verwendung der Rundfunkgebühr für Nebentätigkeiten der öffentlich-rechtlichen Rundfunkanstalten (inbs. Druckwerke)

Die Frage, ob die Verwendung der Rundfunkgebühr für sog. Nebentätigkeiten der öffentlich-rechtlichen Rundfunkanstalten zulässig ist, stellt sich bereits seit Jahren. Dabei ist insbesondere die Herausgabe von Druckwerken durch öffentlich-rechtliche Anstalten immer wieder Gegenstand von Diskussionen gewesen. Im folgenden soll nun gefragt werden, inwieweit es den öffentlich-rechtlichen Rundfunkanstalten gestattet ist, Projekte, die nicht unmittelbar der Veranstaltung von Rundfunk zuzuordnen sind, aus der allgemeinen Rundfunkgebühr zu finanzieren[773].

a) Reichweite des Verwendungszwecks der Rundfunkgebühr

Als Maßstab ist wiederum der Verwendungszweck der Rundfunkgebühr heranzuziehen. Danach ist der öffentlich-rechtliche Rundfunk in der Verwendung

---

771 BVerwG, DVBl. 1999, 621.

772 So aber *Koch*, Möglichkeiten der Beteiligung, S. 36.

773 Da hier erkennbar kein Schwergewicht der Arbeit liegt, soll diese Frage nur kurz behandelt werden und im übrigen zur Vertiefung auf die bereits existierende umfangreiche Literatur zu diesem Thema verweisen werden.

der Gebührenmittel nicht auf die Programmtätigkeit beschränkt, sondern es ist auch eine Verwendung für Tätigkeiten, die eine nachfragegerechte Sendegestaltung in Zukunft gewährleisten können, zulässig. Das bedeutet, daß die Rundfunkgebühr zur Finanzierung der Gesamtveranstaltung Rundfunk verwandt werden darf, also daß hiermit Aufgaben zu finanzieren sind, die im Funktionsbereich der öffentlich-rechtlichen Anstalten liegen[774]. Fraglich ist deshalb, welche Nebentätigkeiten der öffentlich-rechtlichen Anstalten noch in deren Funktionsbereich liegen. Dazu empfiehlt sich ein Blick in die entsprechenden Staatsverträge. Nach § 4 ARD-Staatsvertrag und § 4 ZDF-Staatsvertrag sowie einzelnen landesrechtlichen Vorschriften[775] ist es den öffentlich-rechtlichen Anstalten gestattet, Fernsehtext zu veranstalten[776] und Druckwerke mit vorwiegend programmbezogenen Inhalt zu veröffentlichen, wenn dies zur Erfüllung ihrer Aufgaben erforderlich ist[777]. Es handelt sich hierbei um den Fall einer Annexkompetenz, also einer Vertiefung, nicht aber sachlichen Ausweitung öffentlich-rechtlicher Kompetenzen für Aktivitäten, die der Vorbereitung und Durchführung, jedenfalls der Unterstützung der Kompetenzausübung im Bereich der Hauptmaterie dienen[778]. Allerdings müssen für derartige unterstützende Annexfunktionen klare Beschränkungen gelten: Sie müssen erforderlich erscheinen - was nicht bedeutet, daß bereits eine schwerwiegende Mangellage bestehen muß[779] - , um das Publikum über das Angebot des Veranstalters hinreichend zu informieren. Demgemäß muß der Programmbezug gewahrt sein. Vom Funktionsbereich der öffentlich-rechtlichen Rundfunkanstalten ausgeschlossen bleibt alles, was weder Rundfunksendung ist noch irgendeinen Bezug zur Sendung hat[780]. Insofern ist klar zu erkennen, daß sowohl Fernsehtext als auch Druckwerke mit vorwiegend programmbezogenem

774 Vgl. o. F I 3.

775 Vgl. z.B. § 10 III NDR-Staatsvertrag; § 2 III Nr.4 RadioBremenG.

776 Vgl. jeweils § 4 I ARD- und ZDF-Staatsvertrag.

777 Vgl. jeweils § 4 II ARD- und ZDF-Staatsvertrag.

778 *Herrmann*, Rundfunkrecht, § 10 Rn. 1 ff; *Emmerich/Steiner*, Möglichkeiten und Grenzen der wirtschaftlichen Betätigung der öffentlich-rechtlichen Rundfunkanstalten, S. 45; *Ipsen*, DÖV 1974, 727 f.

779 BVerfGE 83, 238 313 f; *Berg* in *Kohl* (Hrsg.): Freiheit des Rundfunks nach dem NRW-Urteil,S. 18; *Kübler*, Rundfunkauftrag und Programminformation, S. 17 mwN. Dagegen sind *Scholz*, Rundfunkeigene Programmpresse, S. 41 f. und *Lerche*, AfP 1984, 195, der Ansicht eine anstaltseigene Programmpresse sei nur erforderlich, wenn die bereits existierenden Programmzeitschriften nur in unzureichender Weise über das Programmangebot des öffentlich-rechtlichen Rundfunk informieren.

780 *Maunz*, DVBl. 1974, 2. So auch das LG Köln, AfP 1998, 648 f.

Inhalt noch vom Funktionsbereich der öffentlich-rechtlichen Anstalten umfaßt sind[781]. Dementsprechend darf zur Finanzierung derartiger Projekte auch die Rundfunkgebühr verwendet werden.

b) Grenzen der Finanzierung von Nebentätigkeiten aus der Rundfunkgebühr

Nachdem die Finanzierung von zulässigen Nebentätigkeiten aus der Rundfunkgebühr bejaht wurde, bleibt zu prüfen, ob die positive Anerkennung einer entsprechenden Kompetenz für die öffentlich-rechtlichen Anstalten auch eine Begrenzung dahingehend impliziert, daß weitere Nebentätigkeiten ausgeschlossen werden sollen. So spricht die ausdrückliche gesetzliche Erwähnung der beiden oben genannten Aktivitäten dafür, daß alle programmbegleitenden Aktivitäten bereits der Systematik der maßgeblichen staatsvertraglichen Regelungen nach einer ausdrücklichen gesetzlichen Zuweisung bedürfen, die für andere Nebentätigkeiten nicht erfolgt ist[782]. Zwar vertritt *Gersdorf* die Ansicht, derartige gesetzliche Regelungen hätten nur deklaratorischen Charakter, so daß auch anderweitige Nebentätigkeiten erlaubt seinen, solange der Programmbezug gewahrt bliebe[783], doch kann dem in dieser Form nicht zugestimmt werden. Es ist zuzugeben, daß auch andere, im Rundfunkstaatsvertrag nicht genannte Formen der Programmunterstützung seitens der öffentlich-rechtlichen Anstalten zulässig sind[784]. Allerdings kann hieraus keine Generalermächtigung gesehen werden, jedwede Form der Programmunterstützung auf Kosten der Gebührenzahler zu veranstalten. Dementsprechend sehen die Staatsverträge über ARD und ZDF auch vor, daß es den öffentlich-rechtlichen Rundfunkanstalten gestattet sein soll, Abrufdienste mit vorwiegend programmbezogenen Inhalt anzubieten (§ 4 III ARD- bzw. ZDF-Staatsvertrag). Damit stellt sich der Gesetzgeber einer wildwüchsigen Auswucherung von programmbegleitenden Diensten entgegen, indem er sämtliche zulässige Nebentätigkeiten der öffentlich-rechtlichen Anstalten gesetzlich definiert. Somit bleibt lediglich die Verwendung von Rundfunkgebühren zur Herausgabe eines Druckwerkes mit vorwiegend programmbezogenen Inhalt, soweit dies zur Aufgabenerfüllung erforderlich ist, die Veranstaltung von Fernsehtext sowie das Anbieten von Abrufdiensten mit vorwiegend programmbezogenen Inhalt zulässig[785].

---

781 So ist auch *Jarass*, AfP 1998, 137 f. zu verstehen, der diese sog. Hilfsleistungen zwar nicht als Rundfunk einordnet, aber sie der Rundfunkfreiheit zuordnet, da es sich um Hilfsleistungen zur eigentlichen Rundfunktätigkeit handelt.

782 *Degenhart*, ZUM 1998, 336; *Meier*, ZUM 1997, 256. So kann wohl auch *Jarass*, Online-Dienste, S. 35 f. (insb. Fn. 41) verstanden werden.

783 *Gersdorf*, NJW-CoR 98, 238.

784 Vgl. u. F II 3.

785 Auch *Gersdorf*, NJW-CoR 98, 238 ff., plädiert in seinem Aufsatz nicht für eine Generalermächtigung für das Betreiben von Nebentätigkeiten, sondern beschäftigt sich

c) *Ergebnis*

Es zeigt sich, daß die Rundfunkgebühr grundsätzlich auch zur Finanzierung sogenannter Nebentätigkeiten der öffentlich-rechtlichen Rundfunkanstalten verwendet werden darf. Allerdings ist dabei zu beachten, daß es in jedem Fall einer gesetzlichen Legitimation der Nebentätigkeit bedarf und ein Programmbezug gewährleistet sein muß. Die ist bislang nur bei der Veranstaltung von Fernsehtext, der Herausgabe von Druckwerken mit vorwiegend programmbezogenem Inhalt sowie dem Anbieten von Abrufdiensten mit vorwiegend programmbezogenen Inhalt der Fall.

3. Verwendung der Rundfunkgebühr für neue Rundfunkformen bzw. neue Dienste

Wie bereits im Rahmen dieser Arbeit gezeigt wurde, haben sich die Rundfunkstrukturen gewandelt. Neue Formen elektronischer Medien haben die Informationslandschaft bereichert, indem auch durch neue Übertragungswege die Möglichkeit geschaffen wurde, sich interaktiv an der Mediennutzung zu beteiligen[786]. Zu diesen sog. neuen Diensten gehören allgemeine Online-Dienste, Teleshopping, Near Video on Demand, Video on Demand und Pay per View.

Die öffentlich-rechtlichen Rundfunkanstalten sind im Zuge der Digitalisierung der Telekommunikation dazu übergegangen, ihre Rundfunkdarbietungen teilweise auch Internet abrufbar bereitzustellen[787]. Darüber hinaus gibt es eigenständige Online-Angebote, die seitens der öffentlich-rechtlichen Rundfunkanstalten im Internet angeboten werden[788]. So sieht die ARD für die nächsten vier Jahre jeweils 22 Mio. DM für ihre Internetaktivitäten vor[789]. Doch beschränkt sich die Präsenz deutscher Rundfunkveranstalter im Internet neben der Verbreitung ihrer Rundfunkprogramme meist auf ein komplementäres Programm zum regulären Fernsehprogramm[790]. Doch gibt es Tendenzen der Rundfunkanstalten, Internetangebote als Haupttätigkeit zu etablieren[791]. Bei

allein mit der Veranstaltung von Online-Diensten seitens der öffentlich-rechtlichen Rundfunkanstalten.

786 Vgl. o. B II 1.

787 Vgl. die Internetangebote unter: www.ard.de, www. zdf.de.

788 So z.B. den deutschsprachigen, allerdings werbefinanzierten Nachrichtendienst „heute-online", der vom ZDF in Zusammenarbeit mit dem amreikanischen Onlinedient MSNBC seit 1997 im Internet abrufbar ist.

789 WELT vom 2.7.2001, Seite 33.

790 *Zimmer*, Media Perspektiven 2000, 119 f. So auch *Tschentscher*, AfP 2001, 93.

791 *Degenhart*, Kommunikation und Recht 2001, 329.

dieser Form des Angebotes handelt es sich um sog. „Content-Providing“, d.h. dem Verbreiten von Inhalten durch die neuen Dienste. Davon zu unterscheiden ist das „Access-Providing“, bei dem der Anbieter dem Nutzer einen Zugang zu den Diensten vermittelt, im Rahmen dessen der Nutzer sich dann Inhalte unterschiedlicher Anbieter bedienen kann. Da Access-Providing in der Regel gegen Entgelt betrieben wird[792], ist für die Frage nach einer Gebührenfinanzierung besonders das Content-Providing von Interesse.

Die Nutzung neuer Techniken und Veranstaltung neuer Dienste ist den Rundfunkanstalten explizit gestattet. So findet sich in diversen Landesgesetzen die Erlaubnis, alle für Rundfunkunternehmen zur Verfügung stehenden Möglichkeiten zu nutzen. Dazu gehören insbesondere neue Übertragungsmöglichkeiten wie Breitbandkabel und Satelliten. Insofern ist es den Anstalten erlaubt, neue Dienste anzubieten[793]. Dies wird durch § 4 III ARD-Staatsvertrag, § 4 III ZDF-Staatsvetrag und § 4 III DLR-Staatsvertrag klargestellt, wonach der öffentlich-rechtliche Rundfunk berechtigt ist, Mediendienste im Sinne von § 2 II Nr. 4 Mediendienste-Staatsvertrag anzubieten. Dabei handelt es sich um „Abrufdienste, bei denen Text-, Ton-, oder Bilddarbietungen auf Anforderung aus elektronischen Speichern zur Nutzung übermittelt werden“. Nicht erfaßt sind Dienste, bei denen der individuelle Leistungsaustausch oder die reine Übermittlung im Vordergrund steht. Diese gehören zur Individualkommunikation. Jedoch bedeutet die Tatsache, daß den öffentlich-rechtlichen Anstalten die Veranstaltung neuer Dienste erlaubt ist, noch nicht, daß diese Vorhaben auch aus der Rundfunkgebühr zu finanzieren sind. So werden gegenwärtig für die Nutzung neuer Dienste keine Rundfunkgebühren erhoben. Bei einer stärkeren Nutzung dieser neuartigen Kommunikationstechnologien wird sich jedoch auch hier die Frage nach einer Finanzierung aus der Rundfunkgebühr stellen. Vor diesem Hintergrund gilt es zu klären, ob eine Verwendung der Rundfunkgebühr zur Finanzierung von neuen Diensten zulässig ist.

a) Zuordnung der neuen Dienste zum Rundfunkbegriff

Dazu stellt sich zunächst die Frage, ob diese Dienste überhaupt noch unter den Rundfunkbegriff fallen. Dabei hat sich als maßgebendes Abgrenzungskriterium die Meinungsbildungsfunktion herausgestellt[794]. So wurde festgestellt, daß die meisten Zugriffs- und Abrufdienste innerhalb und außerhalb des Internets nicht dem Rundfunkbegriff unterfallen, da es ihnen wohl an meinungsbildender

---

792 Vgl. z.B. AOL oder T-Online, die einen Internetzugang, gegen eine monatliche Gebühr anbieten.

793 Vgl. § 6 II NDR-StV; § 3 III ORB-G; § 77 I LRG Saarland; Art. 1 II BR-G und § 3 III WDR-G. Welche Dienste im einzelnen darunterfallen wird im folgenden dargestellt.

794 Vgl. o. B II 2 b.

Relevanz fehlt[795]. Gleiches gilt für Teleshopping. Dagegen sind die anderen Formen an neuen Diensten, wie Video- und Near Video on Demand sowie Pay-TV dem Rundfunkbegriff zuzuordnen[796]. Ebenfalls dem Rundfunk zuzuordnen ist die normale Programmverbreitung der Rundfunkveranstalter via Internet (sog. „Live-Streaming"). Dabei empfängt der Rezipient das selbe Rundfunkprogramm, das er gleichzeitig auch über Kabel, Satellit oder Antenne erhalten könnte. Eine Einflußnahme auf den Programmablauf besitz der Rezipient nicht, so daß Internet-Rundfunk in Form des Live-Streams keine stärkere Wahlfreiheit bietet als der bisherige Rundfunk[797].

b) Reichweite der Gebührenfinanzierung

Die neuen Dienste sind also nur zum Teil als Rundfunk anzusehen. Deshalb ist zu prüfen, inwieweit sie sich trotzdem aus dem Rundfunkgebührenaufkommen finanzieren lassen, soweit sie von den öffentlich-rechtlichen Rundfunkanstalten angeboten werden. Wie bereits bei den Nebentätigkeiten gezeigt, ist es nicht zwingend notwendig, daß es sich bei den neuen Diensten um Rundfunk handelt, damit diese aus der Rundfunkgebühr finanziert werden können. Auch Tätigkeiten, die nicht Rundfunk sind, dürfen von öffentlich-rechtlichen Rundfunkanstalten betrieben und aus der Rundfunkgebühr finanziert werden, solange sie noch im Funktionsbereich der öffentlich-rechtlichen Anstalten liegen[798]. Maßgebend ist auch hier der grundsätzlich zulässige Verwendungszweck der Rundfunkgebühr. Der öffentlich-rechtliche Rundfunk ist also in der Verwendung der Gebührenmittel nicht nur auf die Programmtätigkeit beschränkt ist, sondern kann die Rundfunkgebühren auch für Tätigkeiten, die eine nachfragegerechte Sendegestaltung in Zukunft gewährleisten können, verwenden. Das bedeutet, daß die Rundfunkgebühr zur Finanzierung der Gesamtveranstaltung Rundfunk verwendet werden darf, also, daß hiermit Aufgaben zu finanzieren sind, die im Funktionsbereich der öffentlich-rechtlichen Anstalten liegen[799]. Vom Funktionsbereich der öffentlich-rechtlichen Rundfunkanstalten ausgeschlossen bleibt alles, was weder Rundfunksendung ist, noch irgendeinen Bezug zur Sendung hat[800].

---

795 Vgl. o. B II 2 b und G I 1 a.

796 Vgl. o. B II 2 b.

797 *Degenhart*, Kommunikation und Recht 2001, 337; *Tschentscher*, AfP 2001, 94.

798 Vgl. o. F II 2 a.

799 Vgl. o. F I 3.

800 *Degenhart*, ZUM 1998, 346.

Maßgebend für die Gebührenfinanzierungsfähigkeit der neuen Dienste ist demnach der Bezug zum Funktionsbereich der öffentlich-rechtlichen Rundfunkanstalten, unabhängig davon, ob sie dem Rundfunkbegriff unterfallen oder nicht.

c) Zuordnung der neuen Dienste zum Funktionsbereich der Rundfunkanstalten

aa) Dem Rundfunkbegriff unterfallende Dienste

Die erste Frage muß deshalb sein, ob das Betreiben neuer Kommunikationsdienste noch der Grundversorgung zugerechnet werden kann. Wie bereits festgestellt, können Dienste wie Pay-TV, Video on Demand und Near Video on Demand dem Rundfunkbegriff zugeordnet werden[801]. Allerdings bleibt auch bei den neuen Diensten, die dem Rundfunkbegriff untergeordnet werden können, fraglich, inwieweit sie der Grundversorgungsaufgabe der öffentlich-rechtlichen Rundfunkanstalten unterfallen. Das Bundesverfassungsgericht hat sich in seinem 6. Rundfunkurteil[802] dazu geäußert. Danach soll die Notwendigkeit einer Grundversorgung im Bereich der neuen Dienste vorerst ausscheiden. Jedoch werde der Begriff der Grundversorgung deswegen für die neuen Dienste nicht bedeutungslos. Schließlich sei es angesichts der zum Teil rasanten Entwicklung im Rundfunkbereich nicht ausgeschlossen, daß die neue Form von Kommunikationsdiensten in Zukunft Funktionen des herkömmlichen Rundfunks übernehmen. Dieser Situation müsse sich der öffentlich-rechtliche Rundfunk anpassen können, da andernfalls die Gefahr bestünde, daß er eines Tages seinen Aufgaben nicht mehr in vollem Umfang gewachsen sei und so den klassischen Rundfunkauftrag verfehlen würde[803]. Die Grundversorgung muß offen an den technologischen und kommunikativen Entwicklungen teilnehmen. Doch auch wenn sich die Aufgabe der Grundversorgung nicht in den Bereich neuer rundfunkähnlicher Dienste verlagern sollte, sei es notwendig, dem öffentlich-rechtlichen Rundfunk eine Anpassung an veränderte Umstände zu ermöglichen, da die Rundfunkanstalten zur Breite und Vielfalt des Programmangebots beitragen würden und damit den Anforderungen der Rundfunkfreiheit Rechnung getragen würde, und zwar um so besser, je mehr der öffentlich-rechtliche Rundfunk in diesem Bereich den klassischen Rundfunkauftrag wahrnimmt[804]. Das bedeutet im Umkehrschluß, daß die neuen, dem Rundfunkbegriff zuzuordnenden Dienste

---

801 Vgl. o. G II 3 a.

802 BVerfGE 83, 238 ff.

803 BVerfGE 83, 238, 302 f. So auch der ARD-Vorsitzende *Pleitgen* in der WELT vom 2.7.2001, Seite 33.

804 BVerfGE 74, 297, 354.

für die öffentlich-rechtlichen Anstalten nur dann zugänglich und aus der Rundfunkgebühr zu finanzieren sind, wenn sie aufgrund ihres massenmedialen Charakters Funktionen des klassischen Rundfunkauftrages zu übernehmen geeignet sind und diese Aufgabe auch tatsächlich rundfunkmäßig wahrnehmen[805], so wie es bei der Programmaustrahlung über das Interet im Wege des Live-Streams der Fall ist..

bb) Dienste außerhalb des Rundfunkbegriffs

Es bleibt zu fragen, inwieweit das Betreiben neuer Kommunikationsdienste, die nicht dem Rundfunkbegriff zugeordnet werden können, seitens der öffentlich-rechtlichen Rundfunkanstalten aus der Rundfunkgebühr finanziert werden darf. Dienste außerhalb des Rundfunkbegriffs müssen zu ihrer Gebührenfinanzierungsfähigkeit im Funktionsbereich der öffentlich-rechtlichen Anstalten liegen[806]. Dazu muß der Bezug dieser Dienste zum Rundfunk gewahrt sein.

Inwieweit dies der Fall ist, ist abhängig davon, ob die Dienste, die nicht dem Rundfunkbegriff unterfallen, als Hilfs- oder Haupttätigkeit der Rundfunkanstalten angeboten werden. Als Komplementärverteilweg schaffen sie zusätzliche, alternative Verbreitungsmöglichkeit für anderweitig vorgegebene massenmediale Inhalte des Rundfunks und haben insoweit eine Mittlerfunktion[807]. Als Primärmedium hingegen schaffen sie originäre Kommunikationschancen für Inhalte, die bisher nur im Wege der Individualkommunikation vermittelt werden konnten. In dieser Rolle sind die neuen Dienste nicht nur Medium, sondern eigenständiger Faktor im Prozeß der individuellen und öffentlichen Meinungsbildung[808].

(1) Finanzierung der nicht dem Rundfunkbegriff unterfallenden Dienste als Hilfstätigkeit

Für Dienste, die nicht mehr dem Rundfunkbegriff unterfallen, aber als Hilfstätigkeit lediglich Komplementärfunktionen wahrnehmen, kann hinsichtlich der Gebührenfinanzierungsfähigkeit nichts anderes gelten, als für nichtelek-

---

805 *Damm*, Gebührenprivileg und Beihilferecht, S. 28 f.; *Degenhart*, ZUM 1998, 339 f.; *Jarass*, Online-Dienste, S. 43 ff.; *Knothe/Schwalba*, Media Perspektiven 1999, 113; *Kresse*, ZUM 1996, 64.

806 Vgl. o. F I 3.

807 *Eberle*, 83. Tagung des Studienkreises für Presserecht und Pressefreiheit, NJW 1999, 2953.

808 Vgl. zur Unterscheidung von Haupt- und Hilfstätigkeit auch *Jarass*, Online-Dienste, S. 18 ff.

tronische Nebentätigkeiten der öffentlich-rechtlichen Rundfunkanstalten[809]. Sie sind zulässigerweise aus dem Gebührenaufkommen zu finanzieren, soweit sie Programmbezug aufweisen. Dies sehen auch die Regelungen in § 4 III ARD-Staatsvertrag, § 4 III ZDF-Staatsvetrag und § 4 III DLR-Staatsvertrag vor, die festlegen, daß die Inhalte von Online-Angeboten der öffentlich-rechtlichen Rundfunkanstalten „vorwiegend programmbezogen" sein müssen. Eine exakte Grenzziehung, welche Tätigkeit noch ausreichend Bezug zum Rundfunk aufweist und welche nicht, ist allerdings nicht ganz einfach. So ist die rechtliche Einordnung der Online-Aktivitäten des ZDF umstritten[810]. Entscheidend ist, daß der Programmbezug gewahrt bleibt und das organisatorische und finanzielle Ausmaß der Hilfstätigkeit „Online-Dienst" im angemessenen Verhältnis zu den Haupttätigkeiten steht. Sie gehören damit zum Funktionsbereich der öffentlich-rechtlichen Rundfunkanstalten und sind insofern auch aus dem Rundfunkgebührenaufkommen zu finanzieren.

(2) Finanzierung von Online-Diensten als Haupttätigkeit der öffentlich-rechtlichen Anstalten

Zu prüfen bleibt, inwieweit Online-Dienste, die der öffentlich-rechtliche Rundfunk als Haupttätigkeit veranstaltet, gebührenfinanzierungsfähig sind. Als Dauertätigkeit bedürften sie auf jeden Fall einer im Moment nicht vorhandenen gesetzlichen Grundlage[811]. Vereinzelt wird allerdings angesichts der Bestands- und Entwicklungsgarantie für den öffentlich-rechtlichen Rundfunk bereits in den jetzigen Regelungen der Rundfunkgesetze eine Ermächtigungsgrundlage zum Online-Betrieb seitens der öffentlich-rechtlichen Rundfunkanstalten gesehen, zumal wenn die Bestands- und Entwicklungsgarantie in den Rundfunkgesetzen der Länder vorgesehen ist[812]. Dem ist jedoch zu widersprechen. Bei der Veranstaltung von Online-Diensten als Haupttätigkeit handelt es sich um eine wesentliche grundrechtsrelevante Frage, die einer gesetzlichen Grundlage bedarf. Etwas anderes ergibt sich auch nicht aus der Bestands- und Entwicklungsgarantie für den öffentlich-rechtlichen Rundfunk, da es sich dabei

---

809 *Gersdorf*, NJW-CoR 1998, 238; *ders.*, Das Grundrecht der Rundfunkfreiheit als „Supergrundrecht"?, Oppermann-FS, S. 141 f.; *Jarass*, Online-Dienste, S. 39; *Libertus*, ZG 1999, 169 f.; *Ricker*, ZUM 2001, 32. So auch *Degenhart*, MMR 1998, 139 f., der allerdings eine normative Grundlage fordert.

810 Während *Eberle*, AfP 1998, 273 f. sich für die Zulässigkeit dieser Online-Tätigkeit des ZDF ausspricht, wird dies von *Degenhart*, ZUM 1998, 346; *Ricker*, AfP 1998, 446; *ders.*, ZUM 2001, 33 und *Schoch*, AfP 1998, 259 als unzulässig abgelehnt. Vgl. auch die umfassende Nachweise bei *Libertus*, ZG 1999, 162.

811 *Jarass*, Online-Dienste, S. 40; *Rath-Glawatz*, sowie *Schoch*, 83. Tagung des Studienkreises für Presserecht und Pressefreiheit, NJW 1999, 2954.

812 *Libertus*, ZG 1999, 177 ff., der u.a. auf § 6 II NDR-StV verweist (Fn. 94.)

um ein offenes, an den Gesetzgeber gerichtetes und konkretisierungsbedürftiges Prinzip der Verfassungsgerichtsjudikatur handelt, und nicht um eine Ermächtigung der Rundfunkanstalten[813].

Einer ausdrücklichen gesetzlichen Ermächtigungsgrundlage bedarf es dagegen nicht bei der Erprobung von Online-Diensten als neue Sendeform, wie beispielsweise der Programmaustrahlung über das Internet im Wege des Live-Streams. Hier ist zu beachten, daß die Aufgabe des öffentlich-rechtlichen Rundfunks in der Veranstaltung von Rundfunk besteht. Allerdings muß es dem Anstaltsfunk erlaubt sein, sich neuer Technologien zu bedienen, um eine zeitgemäße Form der Rundfunkdarbietung zu gewährleisten. Andernfalls wäre der öffentlich-rechtliche Rundfunk vielleicht eines Tages nicht mehr in der Lage, seinen Versorgungsauftrag zu gewährleisten. Deshalb bedarf es auch in einem gewandelten Rundfunkmarkt, der sich vorwiegend im Online-Bereich abspielen könnte, das Institut des gebührenfinanzierten öffentlich-rechtlichen Rundfunks, der ein vielfaltstiftendes Gegengewicht zum Privatfunk bildet[814]. Doch müßten sich derartige zukünftige Runkfunkformen weiterhin dem Rundfunkbegriff zuordnen lassen, da die Sendeanstalten kraft gesetzlich begründeten Auftrags allein zur Veranstaltung von Rundfunk legitimiert sind. Inwieweit die insbesondere vom ZDF geplanten Online-Aktivitäten nun lediglich Hilfstätigkeiten sind, oder als Haupttätigkeit verstanden werden müssen und dann noch dem Rundfunkbegriff unterfallen, ist von Fall zu Fall zu entscheiden[815]. Dazu wäre es notwendig, die einzelnen Online-Dienste des ZDF genau unter die Lupe zu nehmen, was über den Rahmen dieser Arbeit hinausgehen würde[816]. Deshalb soll diese Frage hier unentschieden bleiben, da sie für die weitere Untersuchung nicht entscheidungserheblich ist. Grundsätzlich bleibt festzuhalten, daß Online-Aktivitäten öffentlich-rechtlicher Rundfunkanstalten dann zulässig sind, wenn sie als Hilfstätigkeit einen Programmbezug aufweisen[817] oder als Haupttätigkeit dem verfassungsrechtlichen Rundfunkbegriff und dem klassischen Rundfunkauftrag unterfallen[818]. Soweit dies der Fall ist, steht ihrer Gebührenfinanzierung nichts im Wege.

---

813 *Schoch*, 83. Tagung des Studienkreises für Presserecht und Pressefreiheit, NJW 1999, 2954.

814 *Gersdorf*, NJW-CoR 1998, 239; *Libertus*, ZG 1999, 177; *Degenhart*, Kommunikation und Recht 2001, 330.

815 Laut Frankfurter Allgemeinen Zeitung v. 30.4.1998, S. 42 haben aber auch die ARD-Intendanten beschlossen einen ARD-Online-Kanal zu installieren.

816 Hier sei auf *Jarass*, Online-Dienste, S. 21 ff., 38 ff. verwiesen, der auf die unterschiedlichen Dienste genauer eingeht.

817 Insoweit besteht auch in der Literatur Einigkeit: *Degenhart*, ZUM 1998, 346; *Schoch*, AfP 1998, 259; *Rath-Glawatz*, AfP 1998, 273.

818 *Gersdorf*, NJW-CoR 1998, 240; *Degenhart*, Kommunikation und Recht 2001, 335. Dem schließt sich auch die niedersächsische Staatskanzlei an, die derzeit die Rechts-

cc) Zwischenergebnis

Den öffentlich-rechtlichen Rundfunkanstalten ist es erlaubt auch neue Programmformen, wie die neuen Dienste im Online-Bereich zu veranstalten. Damit diese aber aus der Rundfunkgebühr finanziert werden können, müssen sie sich dem Rundfunkbegriff zuordnen lassen, oder als Hilfstätigkeit zu den Aufgaben der Rundfunkanstalten verstanden werden können, die mit einem Programmbezug aufwarten können. Online-Dienste als Haupttätigkeit der öffentlich-rechtlichen Anstalten sind dagegen nicht zulässig und dementsprechend auch nicht aus der Rundfunkgebühr zu finanzieren. Es sei denn, die Rundfunkanstalten probieren Online-Dienste als neue Technologie, die sich noch dem Rundfunkbegriff zuordnen läßt, um in Zukunft wettbewerbsfähig zu bleiben.

d) Ausblick

Wenn für die Zukunft eine Gebührenfinanzierung neuer Kommunikationsdienste dadurch gerechtfertigt werden soll, daß diese Dienste Funktionen des herkömmlichen Rundfunks übernehmen und damit auch den klassischen Rundfunkauftrag sicherstellen sollen, so würde dies eine „Empfangbarkeit für alle" voraussetzen, was auf absehbare Zeit wegen der mangelnden Verbreitung von Satelliten- und Kabeltechniken nur mit der herkömmlichen terrestrischen Technik gewährleistet sein wird[819]. Doch auch die Digitalisierung der Rundfunktechnik mit der einhergehenden Vervielfachung der zur Verfügung stehenden Frequenzen wird dies nicht ändern, da eine Digitalisierung der terrestrischen Frequenzen gegenwärtig nicht durchführbar ist[820]. Das bedeutet, daß eine Grundversorgung durch die neuen Dienste auf absehbare Zeit nicht vorstellbar ist[821]. Voraussetzung einer Gebührenfinanzierung ist jedoch nicht, daß die Grundversorgung ausschließlich durch neue Dienste vorgenommen werden soll. Vielmehr erscheint es denkbar, daß gerade Rezipienten, die der herkömmlichen Form des Couch-Viewing[822] abschwören und Rundfunk als

---

aufsicht über das ZDF ausübt. Sie erwartet vom ZDF, daß die Verantwortlichen freiwillig das Online-Angebot auf Programminhalte beschränken und bestehende Werbeverträge nicht verlängert werden (AfP 1998, 383).

819 Vgl. o. F II 1 f. Es wird wohl noch bis zum Jahr 2010 dauern, bis die meisten Haushalte entweder an das Kabelnetz oder an Satellitentechnik angeschlossen sein werden.

820 *Koch*, Möglichkeiten der Beteiligung, S. 41 mwN; *Ring*, ZUM 1998, 359.

821 Zu diesem Schluß kommt auch *Koch*, Möglichkeiten der Beteiligung privater Rundfunkveranstalter am Rundfunkgebührenaufkommen, S. 41.

822 Hier wird die Information in herkömmlicher Weise vom Fernseher mittels einer technisch aufgerüsteten Fernbedienung aufgenommen.

Desk-Viewing[823] konsumieren, auf die neuen Rundfunkdienste angewiesen sind, um auch mit ihrer Form der Rezeption an der Grundversorgung teilnehmen zu können. Deshalb erscheint es denkbar, daß in Zukunft ein Teil der Grundversorgung auch durch neue Dienste von den öffentlich-rechtlichen Rundfunkanstalten wahrgenommen wird. Dann muß es aber auch gestattet sein, diese neuen Dienste und auch eine mögliche Erprobung aus der Rundfunkgebühr als maßgeblichen Finanzierungselement der öffentlich-rechtlichen Anstaltenzu finanzieren[824].

e) Öffentlich-rechtliche Rundfunkanstalten als Access-Provider

Im folgenden soll der Vollständigkeit halber auch die Zulässigkeit des Auftretens öffentlich-rechtlicher Rundfunkanstalten als Access-Provider erörtert werden, wenngleich dieses Angebot in der Regel gegen besonderes Entgelt gewährt wird, so daß sich die Frage nach der Finanzierung eines solchen Angebotes aus dem Rundfunkgebührenaufkommen nur insoweit stellt, als im Rahmen einer Testphase sich dieses Projekt noch nicht vollständig durch die erzielten Einnahmen trägt.

Die öffentlich-rechtlichen Rundfunkanstalten besitzen nach dem bislang Gesagtem dann die Möglichkeit als Access-Provider aufzutreten, wenn diese Betätigung von der Aufgabenzuweisung an die Rundfunkanstalten gedeckt ist oder zumindest als zulässige Hilfstätigkeit oder Randnutzung in deren Funktionsbereich fällt.

aa) Access-Providig als Grundversorgungsaufgabe

Ein funktionaler Zusammenhang mit dem Funktionskreis der Rundfunkanstalten wäre auf alle Fälle dann gegeben, wenn eine Zuständigkeit zum Access-Providing sich unter dem Gesichtspunkt ergeben könnte, daß das Zur-Verfügung-Stellen eines preiswerten oder kostenlosen Internet-Zugangs der Grundversorgung zuzrechnen wäre. Grundsätzlich kann auch die Nutzung neuer Übertragungsformen von der Gewährleistung der Grundversorgung erfaßt

---

823 Bei dieser Rezeptionsform bedient sich der Rundfunkteilnehmer eines empfangstauglichen Computers vom Schreibtisch aus.

824 So kann wohl auch das BVerfGE 83, 238, 302 f. verstanden werden, wenn es für die Zukunft nicht ausschließen will, daß die neuen Dienste wichtiger Bestandteil des Rundfunks werden und ihr Anbieten von klassischen Rundfunkauftrag mit erfaßt sein würde. So auch VGH Baden-Würrtemberg, AfP 1999, 300, der aufgrund der Bestands- und Entwicklungsgarantie für den öffentlich-rechtlichen Rundfunk eine Programmerweiterung und neue Programmformen für zulässig hält. Dem stimmen ebenfalls *Michel*, ZUM 1998, 357 und *Jarass*, Online-Dienste, S. 40 f. zu.

sein[825]. Doch ist die Nutzung neuer Übertragungsformen nicht völlig losgelöst als reine Dienstleistung zu betrachten, sondern im Hinblick auf die Funktion Veranstaltung und Verbreitung von Rundfunkprogrammen. Dementsprechend müssen die die neuen Übertragungsformen für Dienste genutz werden, die Rundfunk darstellen bzw. funktional an die Stelle des Rundfunks treten. Bei einem Auftreten als Access-Provider wird aus technischen Gründen nicht lediglich die Nutzung von anstaltseigenen Rundfunk-Online-Angeboten eröffnet, sondern generell auch ein Zugang zum Internet angeboten. Damit steht zwangsläufig nicht die Veranstaltung und Verbreitung von Rundfunkprogrammen im Vordergrund, sondern das Anbieten eines bestimmten Dienstes für den die Regelungen des Teledienstegesetzes gelten. Insoweit ist festzustellen, daß das alleinige Anbieten eines Zugangsdienstes wegen mangelnder Verknüpfung mit den Grundversorgungsprogrammen und Verbreitung nicht in den Grundversorgungsbereich fällt.

bb) Access-Providing als Hilfstätigkeit oder Randnutzung

Damit bleibt zu untersuchen, ob eine Betätigung als Access-Provider unter dem Gesichtspunkt der Hilfs- oder Annextätigkeit bzw. zuläsiger wirtschaftlicher Betätigung in den Funktionsbereich der Rundfunkanstalten fällt. Dann müßte es sich der Zielrichtung nach, um eine Tätigkeit handeln, bei der der Bezug zur Rundfunkveranstaltung zumindest mittelbar gegeben ist. Hilfsbetätigungen und Randnutzungen genießen den Schutzbereich der Rundfunkfreiheit, wenn sie dazu beitragen, die Erfüllung der Aufgaben einer Rundfunkanstalt, die in der dienenden Funktion der Rundfunkfreiheit begründet sind, sicherzustellen[826]. Hilfstätigkeiten müssen also der Vorbereitung, der Förderung oder Abwicklung einer Haupttätigkeit dienen. Hiervon werden auch Tätigkeiten erfaßt, die für sich betrachtet keine Rundfunktätigkeit sind, soweit ein entsprechender Sachzusammenhang zwischen der Hauptanstaltsaufgabe „Erstellung und Sendung eines Rundfunkprogramms“ und der Anstaltsbetätigung vor und nach der Sendung besteht. Maßstäbe hierzu wurden vom Bundesverfassungsgericht für den Bereich Herstellung und Veröffentlichung einer Programmzeitung durch Rundfunkanstalten herausgearbeitet[827]. Hier soll der Beitrag zur dienenden Funktion der Rundfunkfreiheit in der Möglichkeit liegen, durch Programmzeitschriften den Rezipienten Kenntnis von der Tätigkeit und den Programmangeboten der Rundfunkanstalten zu verschaffen, um auf diese Weise die Aufmerksamkeit des Publikums zu finden. Doch besteht ein funktionaler Zusammenhang mit den Anstaltsaufgaben dann nicht mehr, wenn die Programmzeitschrift einen redaktionellen Teil hat. Überträgt man diesen

825 BVerfGE 83, 238, 299.
826 BVerfGE 83, 238, 313.
827 BVerfG83, 238, 312 ff. Vgl. dazu auch o. F II 2.

Maßstab auf die Access-Provider-Fragestellung, so kann man feststellen, daß mit dem Internetzugang zwar nicht ausschließlich der Zugang zu anstaltseigenen Angeboten eröffnet wird, sondern auch als Portal zu fremden Inhalten. Doch sind diese Portale Schlüsselpositionen bei der Internetnutzung. Das Internet wächst ständig und verliert dabei für Unkundige immer die Übersichtlichkeit. Deshalb werden die Eingangsportale immer mehr zu einem Führer durchs Netz, bei dem sich der Nutzer entsprechender Links bedient, die ihn auf eine gewünschte Seite bringen. Die Entscheidung welche Links sich auf einem Eingangsportal befinden, trifft der Access-Provider selbst. Deshalb würde eine Access-Providing durch die öffentlich-rechtlichen Rundfunksanstalten gewährleisten, daß ihre Programme und Dienste auffindbar und zugänglich bleiben, auch wenn sie von Konkurrenten auf deren Portalen nicht berücksichtigt werden[828]. Damit ist vergleichbar zu den anstaltseigenen Programmzeitschriften in dem Anbieten eines Internetportals ein funktionaler Zusammenhang mit den Anstaltsaufgaben gegeben. Mithin erscheint das Anbieten eines Access-Providing-Dienstes durch die öffentlich-rechtlichen Rundfunkanstalten als eine Hilfstätigkeit zulässig, solange der Programmbezug gewahrt bleibt. Allerdings bleibt für eine Zulässigkeit der Veranstaltung von Access-Providing als Hilfsbetätigung weiterhin zu fordern, daß entsprechend den Druckwerken und den Abrufdiensten mit vorwiegend programmbezogenen Inhalt, eine gesetzliche Ermächtigungsgrundlag für die Rundfunkanstalten geschaffen wird[829]. Man könnte jedoch Access-Providing als Zugangsvermittlung ins Internet als von der Erlaubnis zum Anbieten von Abrufdiensten mit erfaßt ansehen.

cc) Zwischenergebnis zum zulässigen Access-Providing

Sieht man Access-Providing als zulässige Hilfsbetätigung der öffentlich-rechtlichen Rundfunkanstalten an, mit der sie besonders im Internet auf ihr Programmangebot hinweisen können, indem sie preiswert oder kostenlos den Zugang zum Internet mit entsprechenden Links auf die Seiten der Rundfunkanstalten anbieten, so stünde auch einer Gebührenfinanzierung dieses Dienstes nichts entgegen, da er von den Anstaltsaufgaben mit umfaßt ist. Doch ist es wahrscheinlich, daß die öffentlich-rechtlichen Rundfunkanstalten nicht als kostenlose Access-Provider auftreten, da hier durchaus ein Markt besteht. Schließlich bietet auch die Konkurrenz ihr Dienste nicht kostenlos an, sondern verlangt ein monatliches oder verbindungsabhängiges Entgelt. So ist zu erwarten, daß die Rundfunkanstalten das Access-Providing als eine zulässige wirtschaftliche Nebenbetätigung realisieren würden, zumal dies dem Gebot der Wirtschaftlichkeit und Sparsamkeit der Gebührenverwendung eher Rechnung trägt.

---

[828] *Kreile*, ZUM 1999, 897.
[829] Vgl. o. F II 2 b.

f) Ergebnis

Zusammenfassend läßt sich festhalten, daß zwar momentan eine Gebührenfinanzierung von neuen Diensten öffentlich-rechtlicher Rundfunkanstalten nicht vorgesehen ist[830], dies aber für die Zukunft nicht auszuschließen ist. Voraussetzung ist, daß die Veranstaltung der neuen Dienste dem Rundfunkbegriff zugeordnet werden, oder als Hilfstätigkeit zu den erforderlichen Aufgaben der öffentlich-rechtlichen Rundfunkanstalten verstanden werden kann. Dazu ist auf jeden Fall ein Programmbezug notwendig. Solange dies der Fall ist, erscheint es vorstellbar, daß bei einem dynamischen und zukunftsoffenen Verständnis der Grundversorgungsaufgabe für die Zukunft eine Erfüllung der Grundversorgung durch die öffentlich-rechtlichen Anstalten auch mittels neuer Kommunikationsformen erfolgt, die dann aus der Rundfunkgebühr zu finanzieren wären.

4. Verwendung der Rundfunkgebühr für europäische Gemeinschaftsprogramme

Es bleibt noch zu klären, inwieweit auch die Veranstaltung europäischer Gemeinschaftsprogramme aus der Rundfunkgebühr finanziert werden kann. Europäische Gemeinschaftsprogramme sind dadurch gekennzeichnet, daß nationale Rundfunkveranstalter zusammen mit ausländischen Veranstaltern ein deutsch- oder doppelsprachiges Programm anbieten, daß aus Teilbeiträgen beider Seiten besteht[831]. Diese Programme erhalten angesichts der expansiven Entwicklung des Fernsehmarktes in Europa und der damit einhergehenden Konzentrationsbestrebungen zunehmende Bedeutung. So hat bereits eine Arbeitsgruppe von ARD, ZDF und Deutscher Welle geprüft, in welcher Form und welchen strukturellen, rechtlichen und wirtschaftlichen Vorgaben ein 24-stündiger deutschsprachiger Auslandskanal gemeinsam gestaltet werden könnte[832].

Den öffentlich-rechtlichen Rundfunkanstalten ARD und ZDF ist mit § 19 I, II RdfStV die Möglichkeit geschaffen worden, zusätzlich zu ihren Hauptprogrammen Fernsehprogramme mit kulturellem Schwerpunkt über Satellit zu veranstalten, an denen sich auch andere europäische Veranstalter beteiligen

830 Daran ändert auch der geänderte Rundfunkstaatsvertrag nichts, da dieser lediglich eine Gebührenfinanzierung von Abrufdiensten als programmbezogenen Hilfstätigkeit vorsieht, aber gerade nicht eine generelle Aussage über die Veranstaltung neuer Dienste in all ihren Erscheinungsformen treffen will.

831 *Bullinger*, VBlBW 1989, 162

832 *Libertus*, AfP 2000, 1

können. Hiervon haben ARD und ZDF zunächst mit ihrem Gemeinschaftsprogramm „3sat“ Gebrauch gemacht. Später wurde noch ein deutsch-französischer Fernsehkulturkanal ins Leben gerufen, der heute unter dem Namen „ARTE“ ins Kabelnetz eingespeist bzw. über Satellit verbreitet wird[833]. Finanziert wird dieser europäische Gemeinschaftskanal aus der Rundfunkgebühr in Höhe von 0,75 DM pro Teilnehmer[834]. Es ist jedoch fraglich, ob dies zulässig ist.

a) Kompetenzrechtliche Probleme: Regelungszuständigkeit der Länder trotz Auslandsbezug der Materie

Zunächst ist zu prüfen, ob die Länder zuständig sind, hier mittels Rundfunkstaatsvertrag eine Regelung zu treffen, oder ob es sich um eine ausschließliche Gesetzgebungskompetenz des Bundes im Sinne des Art. 73 Nr. 1 GG handelt, da auswärtige Angelegenheiten betroffen sind. Auswärtige Angelegenheiten sind die Beziehungen, die sich aus der Stellung der Bundesrepublik als Völkerrechtssubjekt zu anderen Staaten ergeben[835]. Nicht jeder Auslandsbezug macht aber eine Frage zu einer auswärtigen Angelegenheit[836]. Inwieweit es sich bei europäischen Gemeinschaftsprogrammen um auswärtige Angelegenheiten handelt, richtet sich nach der Zielrichtung der Programme. Richten sie sich via Satellit vorwiegend an Publikum im Ausland, so ist die Kulturkompetenz der Länder mangels Inlandbezug nicht berührt. Es handelt sich dann um Angelegenheiten, die allein einen auswärtigen Bezug aufweist. Damit wäre die Bundeskompetenz im Sinne des Art. 73 Nr.1 GG begründet[837]. Ein Beispiel hierfür ist die „Deutsche Welle“, die aus Steuermitteln finanziert wird und reinen Auslandsbezug aufweist. Demgegenüber handelt es sich um eine inländische Angelegenheit, die dem Kulturbereich zuzuordnen ist, wenn ein schwerpunktmäßig inländisches Programm oder ein deutsch- oder doppelsprachiges Gemeinschaftsprogramm mit einem ausländischen Veranstalter verbreitet wird. In diesen Fällen bliebe es bei der Regelungskompetenz der Länder im Sinne der Art. 70 I, 30 GG.

Die hier zu erörternden europäischen Gemeinschaftsprogrammen „3sat“ und „ARTE“ treten wegen ihrer Orientierung auf den deutschen, österreichischen und französischen Rundfunkmärkten neben die inländischen Programme und

---

833 ARTE kann etwa von 60% der deutschen Bevölkerung empfangen werden. Die Sendungen werden grundsätzlich in der landessprachlichen Originalfassung und in der Sprache des Partnerlandes (z.T. untertitelt) ausgestrahlt.

834 *Hess*, Verfassungsrechtliche Probleme der Gebührenfinanzierung, S. 167.

835 BVerfGE 33, 52, 60.

836 BVerwG, NJW 1982, 194.

837 *Bullinger*, VBlBW 1989, 165.

beeinflussen den innerstaatlichen Meinungsbildungsprozeß in der Bundesrepublik Deutschland gleichermaßen wie den österreichischen und französischen. Die Angelegenheit besitzt also in- und ausländischen Bezug. Der Schwerpunkt liegt aber wie bei den innerstaatlichen Rundfunkveranstaltungen im kulturellen Bereich und nicht in den Beziehungen zu anderen Staaten. Insofern handelt es sich bei ihnen nicht um auswärtige Angelegenheiten im Sinne des Art. 73 Nr.1 GG. Damit bleibt es bei der Zuständigkeit der Länder gem. Art. 70 I, 30 GG die demnach mittels des Rundfunkstaatsvertrages eine Regelung auch zur Finanzierung treffen durften. Hingegen unterfiele ein reines deutschsprachiges Auslandsfernsehen der Zuständigkeit des Bundes, soweit allein Bezüge zum Ausland hergestellt werden[838].

b) Materiellrechtliche Probleme: Reichweite des zulässigen Verwendungszwecks der Rundfunkgebühr

Materiellrechtlich ist für die Frage, ob europäische Gemeinschaftsprogramme aus der Rundfunkgebühr finanziert werden dürfen, der Verwendungszweck der Rundfunkgebühr maßgebend. Danach dürften derartige Programme aus der Rundfunkgebühr zu finanziert werden, wenn sie dem klassischen Rundfunkauftrag zuzurechnen wären oder zur Aufgabenerfüllung der öffentlich-rechtlichen Anstalten erforderlich wären[839].

Europäische Gemeinschaftsprogramme wären dem klassischen Rundfunkauftrag zuzuordnen, wenn ein Bedürfnis nach einer europäischen Grundversorgung bestünde. Dann wären die ausgewogenen europäischen Gemeinschaftsprogramme wie „3sat" und „ARTE" geradezu prädestiniert, die Meinungsbildung in den jeweiligen Empfangsstaaten zu gewährleisten und zu fördern. Die Frage nach einer europäischen Grundversorgungsaufgabe ist jedoch nicht unumstritten. Da der Grundversorgungsbegriff vom BVerfG für das deutsche Rundfunksystem entwickelt wurde, kann man überlegen, die öffentlich-rechtliche Grundversorgung auf den territorialen Rundfunk zu begrenzen[840]. Damit bestünde im Hinblick auf die Grundversorgungsaufgabe der öffentlich-rechtlichen Rundfunkanstalten kein Bedürfnis für europäische Gemeinschaftsprogramme.

Doch bedeutet die fehlende Notwendigkeit für europäische Gemeinschaftsprogramme im Hinblick auf die Grundversorgung nicht, daß die Veranstaltung öffentlich-rechtlicher Gemeinschaftsprogramme unzulässig ist[841]. Auch jenseits

---

838 *Libertus*, AfP 2000, 1 f.

839 Vgl. o. F I 3.

840 *Bullinger*, JZ 1987, 264; *Seeman*, ZUM 1987, 269.

841 *Libertus*, Grundversorgungsauftrag und Funktionsgarantie, S. 85.

der Grundversorgung erscheinen Programme mit kulturellem Schwerpunkt als bedeutend für die Informationsfreiheit der Rundfunkteilnehmer und entsprechen deswegen der dienenden Funktion der Rundfunkfreiheit. Bei einem genaueren Blick auf die existierenden europäischen Gemeinschaftsprogramme der öffentlich-rechtlichen Rundfunkanstalten zeigt sich, daß sie sich der Kultur als Programmschwerpunkt verschrieben haben und deshalb entscheidend zur Gewährleistung eines meinungsvielfältigen und ausgewogenen Programmangebots beitragen, das allein durch die privaten Rundfunkanbieter nicht in einer dem Normziel des Art. 5 I 2 GG entsprechenden Weise bewerkstelligt werden könnte[842]. Deshalb ist die Veranstaltung derartiger europäischer Gemeinschaftsprogramme vom klassischen Rundfunkauftrag erfaßt[843]. Es kann somit dahingestellt bleiben, ob diese Programme der Grundversorgung zuzurechnen sind oder nicht, da sie jedenfalls noch dem klassischen Rundfunkauftrag unterfallen, so daß ihre Gebührenfinanzierung zulässig ist.

Derartige Argumentationsprobleme stellen sich nicht, wenn man die Notwendigkeit einer staatenübergreifenden Grundversorgung angesichts der zunehmenden europäischen Integration für begründet halten[844]. In diesem Fall sind die europäischen Gemeinschaftsprogramme „3sat“ und „ARTE“ mit Sicherheit der Grundversorgung zuzurechnen, da sie gerade in Hinblick auf eine europäische Integration von einem erheblichen meinungsbildendem Wert sind. Ihnen gelingt es wie keinem nationalen Programm Rezipienten unterschiedlicher Nationalität zu erreichen und insoweit die unterschiedlichen Kulturkreise der jeweils anderen Nation nahezubringen. Sollte man also dieser Ansicht folgen, so steht einer Gebührenfinanzierung der Gemeinschaftsprogramme nichts im Weg. Dies würde auch für deutschsprachige Auslandsprogramme gelten, die nicht auf dem deutschen Rundfunkmarkt zu empfangen wären[845].

Das BVerfG mußte sich mit der Frage nach einer europäischen Grundversorgung noch nicht beschäftigen, so daß es an einer höchstrichterlichen Entscheidung zu diesem Meinungsstreit noch fehlt.

c) Ergebnis

Die Veranstaltung europäischer Gemeinschaftsprogramme durch ARD und ZDF in Kooperation mit anderen europäischen Rundfunkanstalten ist ebenso zulässig

---

842 *Hess*, Verfassungsrechtliche Probleme der Gebührenfinanzierung, S. 169.

843 Entsprechend der Abgrenzung die das BVerfG hinsichtlich Spartenprogrammen zwischen Grundversorgung und klassischen Rundfunkauftrag vornimmt (BVerfGE 74, 297, 346).

844 *Berg*, AfP 1987, 461.

845 *Libertus*, AfP 2000, 5 f.

wie ihre Gebührenfinanzierung. In kompetenzrechtlicher Hinsicht bleibt es bei der Zuständigkeit der Länder zur Regelung der Finanzierung. Auch materiellrechtlich entstehen keine Bedenken gegen eine Gebührenfinanzierung der derzeit existierenden europäischen Gemeinschaftsprogramme „3sat“ und „ARTE“, da sie vom klassischen Rundfunkauftrag noch umfaßt sind.

5. Verwendung der Rundfunkgebühr für Regional- und Lokalprogramme

Abschließend bleibt zu fragen, inwieweit die Rundfunkgebühr auch zur Finanzierung von Regional- und Lokalprogrammen verwendet werden darf. Regional- und Lokalprogramme unterscheiden sich von den landesweit verbreiteten Programmen durch ihre sendetechnische und inhaltliche Ausrichtung auf ein örtliches Verbreitungsgebiet. Dabei wird in programminhaltlicher Hinsicht besonders auf lokale Geschehnisse im räumlichen Lebensbereich des Rezipienten Bezug genommen. In den letzten Jahren hat sich dieser Bereich im Hörfunk zu einer Domäne des privaten Rundfunks entwickelt. Doch auch öffentlich-rechtliche Rundfunkanstalten weiten sich im regionalen Rundfunkmarkt aus[846]. Deshalb soll gefragt werden, ob die Veranstaltung von Regional- und Lokalprogrammen durch den öffentlich-rechtlichen Rundfunk aus der Rundfunkgebühr finanziert werden dürfte.

Das ist nach Maßgabe des zulässigen Verwendungszwecks der Rundfunkgebühr zu bejahen, wenn der Regional- und Lokalfunk Bestandteil der Grundversorgung wäre[847]. Das BVerfG hat hierzu Stellung genommen und behauptet, daß eine eigene Grundversorgung auf regionaler Ebene neben einer bundesweiten Grundversorgung nicht notwendig sei[848]. Schließlich sei es durch die begrenzte Themenvielfalt mit regionalen Bezug nicht möglich, die Notwendigkeit eines, über das Programmangebot privater Veranstalter wesentlich hinausgehenden breiteren Angebots der Landesrundfunkanstalten zu begründen. Dem mag zuzustimmen sein, doch übersieht diese Betrachtungsweise, daß gerade die bundesweit ausgestrahlten Programme wohl schwerlich in der Lage sind, ausreichend Bezug auf regionale oder lokale Themenschwerpunkte zu nehmen. So geschieht dies höchstens im Bereich der dritten Fernsehprogramme. Damit wird durch den Regional- und Lokalfunk eine Lücke geschlossen. Dies spricht dafür, daß auch im regional ausgerichteten Rundfunk die Grundversorgung

---

846 So wird zum Beispiel N-Joy-Radio sowohl sendetechnisch als auch inhaltlich allein auf den norddeutschen Raum beschränkt.

847 Vgl. o. F I 3. Zustimmend: *Berg*, Media Perspektiven 1986, 801; *Hecker*, ZUM 1987, 277 f. Ablehnend dagegen: *Grawert*, AfP 1986, 279; *Ory*, AfP 1987, 269 f.

848 BVerfGE 74, 297, 327; 83, 238, 327; 87, 181, 204.

sichergestellt sein muß. Dem stimmt das BVerfG zu für den Fall, daß der private Rundfunk im lokalen Bereich nicht in der Lage ist, eine gleichgewichtige Meinungsvielfalt zu gewährleisten[849]. Und gerade das muß bei den auf Massenattraktivität ausgerichteten privaten Anbietern bezweifelt werden. Schließlich richten sie sich an Einschaltquoten aus und nicht an dem Gebot der Meinungsvielfalt. Ein der Grundversorgung immanenter Programmstandard kann derzeit auch im Regional- und Lokalbereich nur vom gebührenfinanzierten öffentlich-rechtlichen Rundfunk erbracht werden[850]. Schon deshalb scheint eine Gebührenfinanzierung des Regional- und Lokalfunks gerechtfertigt.

Darüber hinaus ist anerkannt, daß auch Lokal- und Regionalprogramme des öffentlich-rechtlichen Rundfunks zur Bereicherung des Programmangebots beitragen und die publizistische Konkurrenz als Element der Meinungsfreiheit ermöglichen und erweitern[851]. Mithin muß die Finanzierung der Rundfunkanstalten so bemessen sein, daß sie grundsätzlich auch die Veranstaltung regionaler und lokaler Programme erlaubt[852]. So werde das Entstehen einer vorherrschenden Meinungsmacht durch die von der Presse beherrschten privaten regionalen Rundfunkanbieter unterbunden[853], was zu den essentiellen Aufgaben des öffentlich-rechtlichen Rundfunks gehört. Dementsprechend fällt auch die Veranstaltung von Regional- und Lokalfunk unter den klassischen Rundfunkauftrag des öffentlich-rechtlichen Rundfunks, so daß eine Verwendung der Rundfunkgebühr für diese Art von Programmen zulässig ist.

6. Ergebnis

Wie gezeigt, ist die Verwendung des Rundfunkgebührenaufkommens bei weitem nicht nur auf die Veranstaltung von öffentlich-rechtlichen Rundfunk im klassischen Sinne, d.h. in Form eines Vollprogramms, beschränkt. Vielmehr sind auch diverse anderweitige Vorhaben seitens der öffentlich-rechtlichen Anstalten zulässigerweise aus der Rundfunkgebühr zu finanzieren.

So ist die Finanzierung von Spartenprogrammen, die der Grundversorgungsaufgabe oder dem klassischen Rundfunkauftrag zuzuordnen sind, aus der Rundfunkgebühr ebenso zulässig, wie das Betreiben von Nebentätigkeiten, die einen Programmbezug aufweisen. Dabei ist es gleich, ob die Nebentätigkeit selber

---

849 BVerfGE 74, 297, 327 ff.

850 *Damm*, Gebührenprivileg und Beihilferecht, S. 28; *Hess*, Verfassungsrechtliche Probleme der Gebührenfinanzierung, S. 171.

851 BVerfGE 74, 297, 332.

852 BVerfGE 87, 181, 204.

853 BVerfGE 74, 297, 333.

Rundfunk oder lediglich eine Annexfunktion darstellt. Gleiches gilt auch für die Finanzierung von neuen Kommunikationsdiensten aus der Rundfunkgebühr, die dann zulässig ist, wenn die neuen Dienste dem Rundfunkbegriff zuzuordnen sind und dem klassischen Rundfunkauftrag unterfallen, oder wenn sie als Hilfstätigkeit zu den erforderlichen Aufgaben der öffentlich-rechtlichen Rundfunkanstalten verstanden werden können und Programmbezug aufweisen.

Darüber hinaus ist die Verwendung der Rundfunkgebühr für die Veranstaltung von europäischen Gemeinschaftsprogrammen sowie von Regional- und Lokalprogrammen zulässig, da diese eventuell der Grundversorgung, auf jeden Fall aber dem klassischen Rundfunkauftrag unterfallen.

Für die Zukunft erscheint es denkbar, daß die Grundversorgungsaufgabe immer weniger durch klassische öffentlich-rechtliche Vollprogramme sichergestellt wird, sondern mittels Spartenprogrammen oder ganz neuen Kommunikationsformen wie Online-Diensten, welche die öffentlich-rechtlichen Anbieter veranstalten, gewährleistet wird. Dazu bedarf es jedoch noch einiger technischer Voraussetzungen (z.B. die flächendeckende Digitalisierung der Rundfunklandschaft), die eine „Empfangbarkeit für alle" ermöglichen. Aber auch dann sind diese neuen Programmformen nur zusammen mit den Vollprogrammen als Grundversorgung vorstellbar und können dementsprechend auch nur einen Teil des Rundfunkgebührenaufkommens für sich in Anspruch nehmen.

III. Exkurs: Anspruch der Rundfunkteilnehmer auf gesetzes- oder verfassungskonforme Verwendung von Rundfunkgebühren?

Als ein Nebenaspekt soll noch untersucht werden, inwieweit der abgabepflichtige Rundfunkteilnehmer gegenüber der Landesrundfunkanstalt, an die er die Rundfunkgebühr entrichtet, einen Anspruch auf eine gesetzes- oder verfassungskonforme Verwendung der Rundfunkgebührenmittel besitzt.

Man könnte daran denken, für das Verhältnis von Rundfunkteilnehmer zur gebühreneinziehenden Rundfunkanstalt dieselben Grundsätze heranzuziehen, wie sie für die Mitgliedschaft in einem öffentlich-rechtlichen Zwangsverband durch die Rechtsprechung des BVerwG entwickelt worden sind[854]. Danach können Zwangsmitglieder öffentlich-rechtlicher Körperschaften von ihrem Verband die Einhaltung derjenigen Grenzen verlangen, die ihrem Wirkungskreis durch den gesetzlich determinierten Aufgabenbereich gezogen sind. Dazu wird dem einzelnen Mitglied ein aus Art. 2 I GG abgeleiteter Unterlassungs

[854] BVerwG 34, 69 ff.; 59, 231 ff.; 64, 115 ff.; 64, 298 ff.

anspruch gegen solche Verbandsaktivitäten zugestanden, die sich nicht mehr im Wirkungskreis legitimer öffentlicher Aufgaben halten oder deren Wahrnehmung nicht dem Gebot der Verhältnismäßigkeit entsprechen[855].

Ob diese Ansätze sich auf das Verhältnis von Rundfunkanstalt zu den Rundfunkteilnehmern übertragen lassen, ist allerdings zweifelhaft. Bei den öffentlich-rechtlichen Rundfunkanstalten handelt es sich nicht um öffentlich-rechtliche Zwangskörperschaften, sondern um staatsfern organisierte Anstalten mit einem gleichfalls staatsfreien Programmauftrag. Das bloße Bereithalten eines Empfangsgerätes begründet noch keine Zwangsmitgliedschaft des Rezipienten bei „seiner" Rundfunkanstalt. Der Rundfunkteilnehmer kann sich im Unterschied zum Mitglied in einem öffentlich-rechtlichen Zwangsverband jederzeit durch Beseitigen der Empfangsmöglichkeit von Rundfunk seiner Abgabepflicht entledigen. Insofern ist bereits die Zwangssituation nicht vergleichbar.

Außerdem wäre die Programmautonomie der Rundfunkanstalten zumindest mittelbar betroffen, wenn man den Rezipienten eine grundrechtlich anerkannte Einwirkungsmöglichkeit auf die Verwendung der Rundfunkgebührengelder einräumen würde, da sie so bestimmte Programmvorhaben fördern oder „torpedieren" könnten. Wenn aber schon dem grundrechtssichernden Landesgesetzgeber der Programmbereich des Anstaltsrundfunks weitgehend entzogen ist, dann darf nicht über den Umweg der Abgabepflicht des Empfängers die Möglichkeit zur Einflußnahme auf die Programmgestaltung eröffnet werden. Es ist deshalb Sache der Rundfunkanstalten aufgrund ihrer professionellen Maßstäbe zu bestimmen, was der Rundfunkauftrag in programmlicher Hinsicht verlangt[856]. Solange und soweit sich die Anstalten im Rahmen ihres gesetzlichen Rundfunkauftrages bewegen, muß es ihnen auch frei stehen zu entscheiden, wie sie die ihnen zustehenden Gebührenmittel verwenden. Erst wenn der Rundfunkauftrag überhaupt nicht mehr erfüllt erscheint, da keine die Grundversorgung gewährleistenden Programme mehr ausgestrahlt werden, mag man den Rezipienten einen Anspruch auf der Rundfunkgebühr entsprechende „Gegenleistung" zusprechen. Die Überprüfung der Einhaltung des gesetzlich zugewiesenen Aufgabenbereichs ist der Sache der hierfür zuständigen Organe, nicht des einzelnen Rundfunkteilnehmers. Eine über die Rundfunkgebührenpflicht vermittelte „Mißbrauchskontrolle" des jeweiligen Gebührenzahlers ist mit der Programmfreiheit der Rundfunkanstalten nur schwer in Einklang zu bringen[857].

---

855 BVerwGE 34, 69, 74; 59, 232, 233; 64, 115, 117; 64, 298, 301.

856 BVerfGE 87, 181, 201.

857 So aber der BayVGH, AfP 91, 772, 774.

Hinzu kommt, daß die Rundfunkgebührenpflicht den Rezipienten lediglich in seinem Vermögen betrifft. Aus den Grundrechten läßt sich aber ein Anspruch des bloß in seinem Vermögen Betroffenen auf die konkrete Verwendung öffentlicher Mittel nicht herleiten[858]. Dies gilt auch für einen grundrechtlich vermittelten Anspruch auf Verweigerung der Rundfunkgebührenzahlung[859]. Zu Recht hat das BVerfG ausgeführt, daß dem Grundgesetz und insbesondere Art. 5 I 2 GG ein subjektiver Anspruch des einzelnen Rundfunkteilnehmers darauf, von der seine Rundfunkgebühren einziehenden Landesrundfunkanstalt die Einhaltung der ihr auferlegten Aufgaben und Pflichten zu verlangen, nicht zu entnehmen sei[860].

Dementsprechend läßt sich festhalten, daß dem einzelnen Rezipienten kein Recht auf Verweigerung der Zahlung von Rundfunkgebühren bei Überschreitung des gesetzlichen bzw. verfassungsrechtlich vorgegebenen Wirkungsbereich seiner Landesrundfunkanstalt und damit kein Anspruch auf gesetzes- oder verfassungskonforme Verwendung des Rundfunkgebührenaufkommens zusteht, solange kein extremer Mißbrauchsfall in der Form der völligen Unterlassung der Grundversorgung durch die öffentlich-rechtlichen Rundfunkanstalten gegeben ist. Zum einen passen die für die Mitgliedschaft in einem öffentlich-rechtlichen Zwangsverband entwickelten Grundsätze nicht auf das Verhältnis von Landesrundfunkanstalt zu dem einzelnen Rezipienten, und zum anderen verstieße eine mittelbare Einflußnahme des Rundfunkteilnehmers auf das Programm durch Verweigerung der Gebührenzahlung gegen den verfassungsrechtlich gebotenen Grundsatz der Programmautonomie der Rundfunkanstalten.

858 BVerfGE67, 26, 37.
859 *Degenhart*, BK Art. 5 Abs.1 und 2 GG, Rn. 723.
860 BVerfG, ZUM 1988, 532.

G. Die verfassungsrechtliche Zulässigkeit der Ausweitung der Rundfunkgebührenerhebung durch Einführung einer Rundfunkgebührenpflicht für spezielle Empfangsgeräte

Gerade in der neueren Diskussion stellt sich immer wieder die Frage, welche Formen der Nutzung moderner Medien noch der Rundfunkgebührenpflicht unterfällt.

I. Gebührenpflicht für Computer mit Internet-Zugang

Die Zahl der Computer mit Internet-Zugang ist in Deutschland in den letzten Jahren rapide gestiegen. Das Internet erlaubt es, mit entsprechender Software, Ton und Bildsequenzen online zu empfangen. Diese Kombination macht das Internet auch für Rundfunkveranstalter interessant. Dementsprechend gibt es bereits seit ein paar Jahren immer mehr Hörfunksender, die ihr Programm ganz oder teilweise in das Internet einspeisen[861]. Über das Internet stellt sich der Sender selbst dar, indem er die Programmkonzeption darlegt, die Moderatoren vorstellt und Aktionen und Gewinnspiele durchführt[862]. Doch auch die Fernsehanstalten haben das Internet mehr und mehr als Verbreitungsmedium für sich entdeckt und bieten heute zum Teil sehr umfangreiche Online-Dienste an[863]. Dies wurde zunächst nur als Zuhöreranbindung verstanden, doch macht sich gerade bei den öffentlich-rechtlichen Anstalten angesichts ihres ständig erweiterten Online-Angebots immer mehr der Gedanke breit, wie man das Internet-Radio zu einer zusätzlichen Finanzierungsquelle machen kann. So hat die Juristische Kommission der ARD vorgeschlagen, daß durch eine Änderung des § 5 III RdfGebStV künftig auch Computer mit Internet-Anschluß der Rundfunkgebührenpflicht unterfallen sollen[864]. Gegenüber diesem Vorstoß sind allerdings Zweifel angebracht, da es mehr als fraglich erscheint, inwieweit Computer mit Internet-Zugang ein Rundfunkempfangsgerät im Sinne des Rundfunkgebührenstaatsvertrages darstellen. Deshalb wurde im Zuge des Fünften Rundfunkänderungsstaatsvertrages in § 5a RdfGebStV ausdrücklich festgelegt,

---

861 *Degenhart*, Online-Angebote öffentlich-rechtlicher Rundfunkanstalten, S. 7 f.; *Ernst*, NJW 1997, 3006; *Hochstein*, NJW 1997, 2978; *Tschentscher*, AfP 2001, 93. Vgl. dazu auch oben F II 3 .

862 *Degenhart*, ZUM 1998, 345; *Ring*, ZUM 1998, 358.

863 Hier sei nur auf ZDF-Online verwiesen und den in diesem Zusammenhang bestehenden Streit zur Zulässigkeit dieser umfangreichen Online-Aktivitäten öffentlich-rechtlicher Rundfunkanstalten (Vgl. o. F II 3).

864 Gesetzesvorschlag der Juristischen Kommission der Arbeitsgemeinschaft der öffentlich-rechtlichen Rundfunkanstalten Deutschlands zur Novelle von § 5 III RdfGebStV.

daß bis zum 31.12.2004 für Rechner, die Rundfunkprogramme ausschließlich über Angebote aus dem Internet wiedergeben können, Gebühren nicht zu entrichten sind. Trotzdem soll an dieser Stelle gefragt, ob Internetrechner überhaupt Rundfunkempfangsgeräte darstellen, da es andernfalls der Regelung des § 5a RdfGebStV nicht bedurft hätte.

1. Gebührenpflichtigkeit als Rundfunkempfangsgeräte

Gem. § 1 II RdfGebStV knüpft die Rundfunkgebührenpflicht allein an das Bereithalten eines Rundfunkempfangsgerätes an, dessen Definition sich im ersten Absatz der gleichen Norm finden läßt. Danach sind Rundfunkempfangsgeräte technische Einrichtungen, die zur drahtlosen oder drahtgebundenen, nicht zeitversetzten Hör- oder Sichtbarmachung oder Aufzeichnung von Rundfunkdarbietungen geeignet sind. Damit stellt sich die Frage, ob Computer mit Internet-Zugang unter diese Definition fallen.

a) Empfang von Rundfunk

Zunächst einmal müßte mit dem Internet-Rechner Rundfunk im Sinne des Rundfunkbegriffs empfangen werden können. Dieser bestimmt sich mangels Definition im Grundgesetz nach § 2 I RdfStV[865].

aa) Merkmal der Meinungsbildungsfunktion für die Allgemeinheit

Gem. § 2 I RdfStV bedarf es als erstes des Merkmals der Allgemeinheit, d.h. die Verbreitung an eine unbestimmte und beliebige Vielzahl von Empfängern[866]. Dies scheint beim Internet gewahrt, da sich die Sender an eine unbekannte Vielzahl von Internet-Nutzern richten. Allerdings kann der Internet-Rezipient die Inhalte über die Anwahl von Web-Sites abrufen und ist nicht mehr gezwungen, den gesamten Inhalt zu übernehmen. Dies wird zum Teil als Kriterium gegen die Allgemeinheit angeführt[867]. Der Rezipient hat aber auch bei der herkömmlichen Art des Rundfunks die Möglichkeit, zwischen bestimmten Inhalten auszuwählen und dadurch nur die Programme zu empfangen, die ihn interessieren, so daß das Kriterium der Allgemeinheit nur durch den Abruf der Inhalte von Internet-Seiten schwerlich ausgeschlossen scheint[868]. Trotzdem muß gerade bei der neuen Form von Multimedia-Diensten wie dem Internet, die sich als eine fortgeschrittene Form der Abrufdienste darstellen, bezweifelt werden,

---

865 Vgl. im einzelnen zum Rundfunkbegriff oben B II 2 a.

866 Vgl. *Hoffmann-Riem*, AfP 1996, 10 f.

867 *Ricker*, NJW 1997, 3200; *ders.*, ZUM 2001, 29.

868 So auch *Gersdorf*, AfP 1995, 572.

inwieweit sie noch der Meinungsbildung für die Allgemeinheit dienen[869]. Schließlich ist es durch die Interaktivität des Internets möglich, daß der einzelne Rezipient sein eigenes Rundfunkprogramm zusammenstellt und auch eigene Inhalte anbietet. Dadurch entsteht ein Prozeß der Kommunikation, der eher als Individualkommunikation zu verstehen ist und insofern keine „Darbietung für die Allgemeinheit" mehr ist, da dieses Merkmal gerade die massenkommunikative Funktion des Rundfunks herausstellen soll[870]. Das tatbestandliche Merkmal der „Darbietung für die Allgemeinheit" erscheint bezüglich eines Computers mit Internet-Zugang daher nicht erfüllt.

Etwas anderes gilt nur dann, wenn die Rundfunkveranstalter über das Internet ihr normales Programm im Wege des Live-Streams verbreiten Da hier schaltet der Empfänger genau dasselbe Programm einschaltet, wie es gleichzeitig über Kabel, Satellit oder Antenne empfangbar ist, besitzt er keine Einflußnahmemöglichkeit auf den Programmablauf. Somit bietet der Internet-Rundfunk in Form des Live-Streams keine stärkere Wahlfreiheit als der bisherige Rundfunk und stellt insoweit Rundfunk im Sinne der Rundfunkstaatsverträge dar[871].

bb) Merkmal der Darbietung

Fraglich bleibt weiter, ob das Merkmal der Darbietung publizistisch relevanter Inhalte erfüllt ist. Dabei ist dieses Merkmal jedoch weit zu verstehen, so daß eine relevante Darbietung nur dann nicht vorliegt, wenn der Inhalt zur öffentlichen Meinungsbildung weder bestimmt noch geeignet ist[872]. Dieses Merkmal läßt sich deshalb auch für Inhalte bejahen, die Rundfunkveranstalter nicht nur über die herkömmlichen Wege verbreiten, sondern in das Internet einspeisen[873].

cc) Merkmal der Verbreitung

Als drittes Merkmal des Rundfunkbegriffs bleibt die rundfunkspezifische Verbreitung zu überprüfen. Maßgebend dafür ist, daß Inhalte nicht zu einer einzelnen Empfangsstation übertragen werden, sondern die Darbietung sendetechnisch in einem größeren Umfeld über elektromagnetische Wellen oder mittels sonstiger elektronischer Übertragung längs einer oder ohne Verbindung

---

869 *Hochstein*, NJW 1997, 2980.

870 Vgl. o. B II 2 b cc. Anderer Ansicht: *Michel*, ZUM 1998, 352, die behauptet, es käme nicht darauf an, ob sich der Rezipient sein Programm selbst zusammenstellt oder nicht. Dabei übersieht sie jedoch die klar vorgegebene Abgrenzung zwischen Individualkommunikation und Massenkommunikation, wie dem Rundfunk.

871 *Tschentscher*, AfP 2001, 94 mwN; *Degenhart*, Kommunikation und Recht 2001, 337.

872 BVerfGE 12, 205, 260 f; 31, 314, 325. Vgl auch oben B II 2 b aa.

873 *Michel*, ZUM 1998, 351 f.

angeboten wird[874]. Dazu gehören nicht nur Radio und Fernseher, sondern auch Geräte, die Rundfunkwellen empfangen können, obwohl ihr Hauptzweck ein anderer ist[875]. Auch beim Internet erfolgt die Verbreitung längs oder mittels eines elektronischen Leiters, so daß das Merkmal der Verbreitung keine Abgrenzung zwischen Rundfunk im Internet und herkömmlicher Ausstrahlung zuläßt[876].

Als Zwischenergebnis bleibt also festzuhalten, daß der Abruf von Programminhalten durch Computer mit Internet-Zugang nicht dem Rundfunkbegriff unterfällt, da mit Ausnahme der Live-Stream-Verbreitung von Rundfunkprogrammen über das Internet das Merkmal der Allgemeinheit nicht gegeben ist.

b) Internet als dem Rundfunk zugeordneter Mediendienst im Sinne des § 20 II RdfStV

Nach dem Gesagten bleibt zu überlegen, ob ein Computer mit Internet-Zugang nicht deswegen als Rundfunkempfangsgerät angesehen werden kann, weil die über das Internet verbreiteten Inhalte, die keine Live-Stream-Ausstrahlung von Rundfunkprogrammen darstellen, zwar nicht Rundfunk sind, aber als rundfunkähnlich zu werten sind und deshalb nach § 20 II RdfStV dem entsprechenden Rundfunkregelwerk zugeordnet werden können.

Doch bestehen bereits Bedenken an der Verfassungsmäßigkeit von § 20 II RdfStV. Als eine die Rundfunkordnung ausgestaltende Regelung hat diese dem verfassungsrechtlichen Bestimmheitsgrundsatz des Art. 20 I GG zu entsprechen. § 20 II RdfStV enthält jedoch kein auch nur gering nachvollziehbares Entscheidungskriterium, inwieweit ein Mediendienst dem Rundfunk zuzuordnen ist oder nicht, sondern setzt statt dessen ein Mehrheitsabstimmungsverfahren durch die Landesmedienanstalten ein. Dies ist mit dem verfassungsrechtlichen Bestimmtheitsgrundsatz nicht vereinbar[877]. Außerdem verletzt das vom Gesetzgeber vorgesehene Verfahren den Wesentlichkeitsgrundsatz, wonach alle wichtigen Grundlinien der Rundfunkordnung vom Gesetzgeber vorzugeben sind[878]. § 20 II RdfStV überläßt die Frage, was dem Rundfunk zuzuordnen ist, allein den Landesmedienanstalten, obwohl die Frage, was unter

[874] *Ricker*, NJW 1997, 3200.
[875] *Ernst*, NJW 1997, 3006.
[876] Vgl. o. B II 2 b bb.
[877] Vgl. z.B. *Jarass/Pieroth*, GG, Art. 20 Rn. 61.
[878] BVerfGE 37, 191, 202; 43, 169, 183.

Rundfunk zu verstehen ist, als wesentliches Element der Rundfunkordnung verstanden werden darf, da es notwendige Vorbedingung für jede ausgestaltende oder beschränkende Regelung ist[879].

Wenngleich die Regelung des § 20 II RdfStV als verfassungswidrig anzusehen ist, soll hilfsweise gefragt werden, ob Computer mit Internet-Zugang sich überhaupt über § 20 II RdfStV dem Rundfunk zuordnen lassen. Dazu müßte es sich beim Internet um einen rundfunkähnlichen Dienst handeln. Als Abgrenzungshilfe lassen sich der Mediendienste-Staatsvertrag[880] und das Teledienstegesetz[881] heranziehen. Diese Regelungen betreffen Materien mit der geringsten Meinungsrelevanz, wie sich daraus ergibt, daß zum Beispiel der Rundfunk aus dem Geltungsbereich dieser Gesetze ausgeklammert wird (§ 2 IV Nr. 2 TDG) und auch solche Dienste, bei denen die Meinungsbildung im Vordergrund steht (§ 2 IV Nr. 3 TDG)[882]. Das bedeutet, daß ein Dienst, der dem Rundfunk zugeordnet werden soll, gegenüber einer unter den Mediendienste-Staatsvertrag fallenden Verbreitung ein deutliches Mehr an rundfunkrechtlichen Komponenten erfüllen muß[883]. Dies ist aber beim Internet nicht der Fall, da durch die Interaktivität des Internet eine Meinungsbildungsfunktion für die Allgemeinheit mit Ausnahme des Live-Streams gerade nicht gegeben ist[884]. Im übrigen bestehen keine Zweifel daran, daß Internet-Dienste dem Teledienstegesetz unterfallen. Somit ist es unabhängig von der Verfassungswidrigkeit der Norm auch tatbestandlich nicht möglich, die Einspeisung von Inhalten in das Internet durch Rundfunkveranstalter dem Geltungsbereich des Rundfunkrechts gem. § 20 II RdfStV zuzuordnen.

c) *Kein zeitgleicher Empfang*

Weiterhin wäre nach der Definition des § 1 I RdfGebStV eine technische Einrichtung erforderlich, welche einen nicht zeitversetzten Empfang von Rundfunkinhalten ermöglicht. Davon kann beim Internet zumindest heutzutage noch keine Rede sein[885]. Bis das gesprochene Wort den Rezipienten durch das Internet erreicht, vergehen meist einige Sekunden[886]. Es ist allerdings zu erwarten,

---

879 *Ricker*, NJW 1997, 3201.

880 Vgl. HessGVBl 1997 I, 134 ff.

881 Gesetz zur Regelung der Rahmenbdingungen für Informations- und Kommunikationsdienste -Art. 1 Gesetz über die Nutzung von Telediensten v. 22.7.97, BGBl. 1997, 1870.

882 *Degenhart*, Online-Angebote öffentlich-rechtlicher Rundfunkanstalten, S. 33 f; *Jarass*, Online-Dienste, S. 29 ff.

883 *Ricker*, NJW 1997, 3202; *ders.*, AfP 1998, 445; *ders.*, ZUM 2001, 31; *Janik*, AfP 2000, 10 f.; *Degenhart*, Kommunikation und Recht 2001, 332.

884 Vgl. o. G I 1 a.

885 *Degenhart*, Online-Angebote öffentlich-rechtlicher Rundfunkanstalten, S. 52 f.

886 Vgl. FAZ v. 1.8.1997, S.14.

daß sich die Geschwindigkeit der Datenübertragungen im Internet ständig steigern wird. Dann wird es möglich sein, daß Sendungen sofort von Computer empfangen werden. Die Zwischenspeicherung und leicht zeitversetzte Darstellung der Inhalte zur Vermeidung von Aussetzern bedeutet lediglich eine Komfortfunktion. Die eigentliche Datenübertragung erfolgt ebenso schnell, wie bei den herkömmlichen Übertragungswegen[887]. Insofern ergibt die Zeitkomponente kein geeignetes Abgrenzungskriterium.

d) Verfassungskonforme Auslegung des Gebührentatbestandes im Hinblick auf sog. Live-Stream-Übertragung von Rundfunksendungen im Internet

Es bleibt festzuhalten, daß Computer mit Internet-Zugang angesichts der Aktivitäten der Rundfunkanstalten im Internet insoweit ein Rundfunkempfangsgerät darstellen, als damit die normalen Rundfunkprogramme im Wege des Live-Streams empfangen werden. Der Abruf weiterer Online-Angebote der Rundfunkanstalten fällt hingegen nicht unter den Rundfunkbegriff, da es an dem Merkmal der Allgemeinheit fehlt.

Die sich daraus ergebende Konsequenz, Computer mit Internet-Zugang der Rundfunkgebührenpflicht zu unterwerfen, weil sie Live-Stream-Empfang von Rundfunksendungen zulassen, könnte jedoch verfassungswidrig sein, da zwischen Computern mit Internet-Zugang und herkömmlichen Empfangsgeräten Unterschiede bestehen, die eine Gleichbehandlung unverhältnismäßig erscheinen lassen. Internetrechner sind nicht dezidiert als Empfangsinstrumente, sondern als universell einsetzbare Telekommunikationsplattformen entwickelt worden und werden dementsprechend auch nicht primär für den Rundfunkempfang angeschafft. Wer seine Stereoanlage nicht für Radiosendungen nutzen will, kann das Empfangsteil technisch deaktivieren. Wer hingegen die Multimedia-Elemente seines Computers deaktiviert, wird zwangsläufig auch in seinen individuellen Kommunikationsmöglichkeiten beeinträchtigt. Zudem bestanden diese Kommunikationsmöglichkeiten schon vor der Einführung des Internet-Rundfunks, so daß die Gebührenpflichtigkeit nicht als autonome Entscheidung von den Gerätekäufern getroffen, sondern den Besitzern durch Ausdehnung des Rundfunks in das Internet nachträglich „aufgedrängt" wird[888].

Im Rahmen der Verhältnismäßigkeit fragt sich zur Geeignetheit, ob die vom Gebührengesetzgeber bezweckte weitgehende Identität von Pflichtigen und Begünstigten noch erhalten bliebe, sollten Computer mit Internet-Zugang rundfunkgebührenpflichtig sein. Gerade die geschäftlichen Nutzer von Computern mit Internet-Zugang, setzen die Geräte während ihrer Arbeitszeit wohl nicht

---

[887] *Tschentscher*, AfP 2001, 95.
[888] *Tschentscher*, AfP 2001, 96.

zum Rundfunkempfang ein. Insofern wäre jedenfalls die Grenze der Angemessenheit überschritten, solange der Rundfunkanteil an der Nutzung der Geräte zumindest bei Geschäftsleuten gegen Null tendiert. Die bezweckte Einnahmesicherung für den öffentlich-rechtlichen Rundfunk kann den gravierenden Nachteil für all jene, die mit ihren geschäftlich genutzten Geräten grundlos in Anspruch genommen würden, nicht aufwiegen. Deshalb verlangen sowohl der Zweck des Gebührentatbestandes als auch das verfassungsrechtliche Verhältnismäßigkeitsgebot eine verfassungskonforme Auslegung des derzeitigen Erhebungstatbestandes für die Rundfunkgebühr dahingehend, daß Computer mit Internet-Zugang auch dann nicht rundfunkgebührenpflichtig sind, wenn mit ihnen Rundfunksendungen in Form des Live-Streams empfangen werden. Dementsprechend sieht § 5a RdfGebStV vor, daß Computer auch beim Empfang von öffentlich-rechtlichen Rundfunkprogrammen aus dem Internet bis zum 31.12.2004 von der Gebührenpflicht ausgenommen sind.

e) Zwischenergebnis

Zusammenfassend kann festgestellt werden, daß Computer mit Internet-Zugang angesichts der Aktivitäten der Rundfunkanstalten im Internet insoweit eigentlich ein Rundfunkempfangsgerät darstellen, als damit die normalen Rundfunkprogramme im Wege des Live-Streams empfangen werden. Doch zwingen der Zweck des Gebührentatbestandes sowie der Verhältnismäßigkeitsgrundsatz zu einer verfassungskonforme Auslegung in Form der Nichtanwendung des Gebührentatbestandes derartige Geräte, wie sie in § 5a RdfGebStV vorgesehen ist.

2. Gebührenpflicht durch Einführung einer entsprechenden Rechtsgrundlage ?

Fraglich bleibt, ob es dem Gesetzgeber erlaubt ist, entgegen des jetzigen § 5a RdfGebStV, durch Gesetz die Gebührenpflicht für Computer mit Internet-Zugang einzuführen, indem Computer mit Internet-Zugang als Rundfunkempfangsgeräte ausdrücklich gesetzlich definiert werden.

a) Kompetenz der Länder

Grundsätzlich besteht an einer Regelungsverpflichtung durch den Gesetzgeber kein Zweifel, da es sich bei der Rundfunkfinanzierung um einen wesentlichen Bestandteil der Rundfunkordnung handelt, welcher einer gesetzlichen Regelung bedarf[889]. Zuständig zur Regelung wären hier die Länder gem. Art. 70 I, 20 GG.

---

[889] BVerfGE 37, 191, 202; 43, 169, 183.

Andererseits ist die Regelungsbefugnis nicht in das Belieben des Gesetzgebers gestellt. Vielmehr sind sowohl bei grundrechtsausgestaltenden Normen im Sinne von Art. 5 I GG als auch bei grundrechtsbeschränkenden Normen im Sinne von Art. 5 II GG die aus dem Grundsatz der Verhältnismäßigkeit entwickelten Maßstäbe der Geeignetheit, der Erforderlichkeit und der Verhältnismäßigkeit im Hinblick auf die zu treffende Regelung zu beachten[890].

b) Eignung einer solchen Regelung

Mithin ist eine gesetzliche Definition von Computern mit Internet-Zugang als Rundfunkempfangsgerät zunächst auf ihre Geeignetheit zu überprüfen. Zweck einer solchen Regelung wäre die Vermehrung der Einnahmen der öffentlich-rechtlichen Rundfunkanstalten. Allerdings ist die Finanzierung des öffentlich-rechtlichen Rundfunks nicht Selbstzweck, sondern als Teil der Effektuierung des Meinungsmarktes zu verstehen[891]. Eine solche Effektuierung des Meinungsmarktes erscheint durch eine Rundfunkgebührenpflicht für Computer mit Internet-Zugang eher fraglich, da der Rezipient gezwungen ist, auf andere Informationsquellen zu verzichten, um die Kosten für den Internet-Rechner aufzubringen. Dies würde in der Praxis dazu führen, daß viele Internet-Nutzer ganz auf das Internet verzichten würden, da sie nicht bereit oder in der Lage wären, Rundfunkgebühren auch für ihren Computer zu bezahlen. Schließlich sind die Kosten für eine Internet-Nutzung heutzutage trotz sinkender Preise immer noch hoch genug, da der Nutzer sowohl die Kosten für die Telefonverbindung zu zahlen hat als auch die Anschlußkosten für den Online-Dienst. Zwar würde der Internet-Rechner für die meisten Privatnutzer, die bereits einen Fernseher haben, ein gebührenfreies Zweitgerät im Sinne des § 5 II RdfGebStV darstellen, doch bleiben die Firmen, Schulen und Universitäten betroffen, die über eine erhebliche Zahl von Netzzugängen verfügen. Damit wird vielen Betroffenen die Informationsquelle Internet abgeschnitten, so daß die Möglichkeit der Meinungs- und Willensbildung erschwert würde[892]. Es bleibt auch nicht zu befürchten, daß die Rundfunkgebührenpflicht in Zukunft über die Nutzung der Angebote der Rundfunkveranstalter im Internet umgangen wird, da Computer mit Internet-Zugang keinesfalls primär für den Rundfunkempfang angeschafft werden. Deshalb bestehen bereits an der Geeignetheit einer solchen Regelung erhebliche Bedenken.

---

890 BVerfGE 56, 284, 289.

891 BVerfGE 90, 60, 96.

892 *Ricker*, NJW 1997, 3204. Ähnliche Befürchtungen äußert auch *Hesse*, ZUM 2000, 194.

c) *Erforderlichkeit einer solchen Regelung*

Problematisch könnte auch die Erforderlichkeit der Einführung einer Rundfunkgebührenpflicht für Computer mit Internet-Zugang sein. Schließlich wird seit Umsetzung der Vorgaben des achten Rundfunkurteils des BVerfG[893] die Finanzierung des öffentlich-rechtlichen Rundfunks durch die weisungsunabhängige KEF sichergestellt, die aufgrund der Bedarfsanmeldung der öffentlich-rechtlichen Rundfunkanstalten den Bedarf feststellt[894]. Somit bedarf es keiner Ausweitung der Finanzierungsquellen für den öffentlich-rechtlichen Rundfunk. Außerdem soll der öffentlich-rechtliche Rundfunk durch die Gebührenfinanzierung in die Lage versetzt werden, im dualen Rundfunksystem die ihm zugewiesene Aufgabe der Grundversorgung zu erfüllen[895]. Dabei ist stets zu prüfen, ob geplante Vorhaben dem Rundfunkauftrag entsprechen und für die Wahrnehmung der Grundversorgungsfunktion notwendig sind[896]. Da die von den Rundfunkanstalten ins Internet eingebrachten Inhalte mit Ausnahme der Programmausstrahlung aber gar keinen Rundfunk darstellen[897], ist die Forderung nach weiteren Gebühren zur Finanzierung von Internettätigkeiten nicht zulässig[898]. Die Tatsache, daß der öffentlich-rechtliche Rundfunk in der Ausgestaltung seiner Aufgaben frei ist[899], bedingt lediglich, daß er berechtigt ist, sein Programm ins Internet einzuspeisen. Es bedeutet aber nicht umgekehrt, daß der Internet-Nutzer deswegen auch Gebühren zahlen muß. Damit entfällt auch die Erforderlichkeit einer entsprechenden gesetzlichen Regelung.

d) *Verhältnismäßigkeit einer solchen Regelung*

Zu guter Letzt könnte auch die Verhältnismäßigkeit einer Definition von Computern mit Internet-Zugang als Rundfunkempfangsgeräte fraglich sein. Dabei sind die widerstreitenden Interesse der allgemeinen Informations- und Meinungsfreiheit auf der einen Seite und der sachgerechten Finanzierung des Rundfunks auf der anderen Seite gegeneinander abzuwägen. Es zeigt sich, daß eine sachgerechte Finanzierung auch heutzutage schon gewährleistet ist, ohne daß für Internet-Rechner Rundfunkgebühren erhoben werden. Andererseits wird durch die Belastung von Computern mit Internet-Zugang mit einer Rundfunkgebühr die Nutzung dieses neuen Kommunikationsmarktes erheblich beschränkt. Insofern überwiegt eindeutig das Interesse an einer möglichst

---

893 BVerfGE 90, 60 ff.

894 Vgl. o. B I 2 d.

895 BVerfGE 73, 118, 158; 90, 60, 98.

896 BVerfGE 87, 181, 202; 90, 60, 97.

897 Vgl. o.G I 1 a.

898 Vgl. o. F II 3. So auch *Ernst*, NJW 1997, 3006; *Ory*, AfP 1997, 848; *Ricker*, NJW 1997, 3204.

899 BVerfGE 90, 60, 90.

umfassenden Informations- und Meinungsfreiheit, so daß die Belastung von Internet-Rechnern mit der Rundfunkgebühr unverhältnismäßig erscheint. Eine entsprechende Regelung widerspräche damit dem Grundsatz der Verhältnismäßigkeit und wäre insofern verfassungswidrig.

3. Ergebnis

Ein Computer mit Internet-Zugang stellt kein Rundfunkempfangsgerät im Sinne des Gebührentatbestandes dar. Eine Gebührenpflicht läßt sich auch durch Gesetzesänderung nicht rechtmäßig herstellen. Denn selbst wenn der Gesetzgeber tätig werden würde, wäre die Gebührenpflichtigkeit von Internet-Rechnern ein unverhältnismäßiger Eingriff in Art. 5 GG und damit verfassungswidrig.

II. Gebührenpflicht für Rundfunkempfangsgeräte ohne öffentlich-rechtlichen Empfang

Ein Problem, welches in der letzten Zeit wieder verstärkt an Bedeutung gewonnen hat, ist die Frage der Gebührenpflicht für Benutzer, die ausschließlich private Rundfunkprogramme empfangen. Während bislang die Verwaltungsgerichte Klagen von Benutzern stets mit der Begründung abgetan haben, eine Beschränkung auf private Programme sei technisch nicht möglich[900], ist diese Argumentation wohl nicht länger haltbar, da ein Gerät neuentwickelt wurde, das es ermöglicht zu kontrollieren, ob ein Zuschauer die gebührenpflichtigen öffentlich-rechtlichen Sender nutzt[901]. Dieses Gerät funktioniert fürs erste zwar nur im Fernsehbereich, doch erscheint es durchaus denkbar, daß es auch im Hörfunkbereich in absehbarer Zukunft eine ähnliche Entwicklung geben wird. Demzufolge sind sofort Stimmen laut geworden, die fordern, daß Fernsehzuschauer, die lediglich Angebote der privaten Sender nutzen, in Zukunft keine Fernsehgebühren mehr bezahlen müssen[902]. Diese Frage wurde bereits seit Einführung des privaten Rundfunks in Literatur und Rechtsprechung kontrovers

---

900 VGH Kassel, ZUM 1991, 213; OVG Berlin, ZUM 1991, 212; VG Hamburg, Gerichtsbescheid vom 31.7.1990 - 4 VG 3737/86; VG Berlin, Urteil vom 26.4.1989 - VG 1 A 275.88. So wohl auch BVerwG, DVBl. 1988, 734 f. und im Ergebnis BVerwG, ZUM 1999, 496 ff.

901 FAZ v. 9.6.1997, S. 32. Auf ähnlich technische Mittel berufen sich auch *Wenzel*, ZUM 1990, 500 und *v. Münch*, NJW 2000, 635.

902 FAZ v. 9.6.1997, S. 32. *V.Münch*, NJW 2000, 636.

diskutiert[903]. Im folgenden soll untersucht werden, ob die Erhebung von Rundfunkgebühren auch bei Rundfunkteilnehmern, die ausschließlich private Programme empfangen, rechtmäßig ist[904]. Während die mit dieser Frage beschäftigten Verwaltungsgerichte von einem Beitragscharakter der Rundfunkgebühr ausgingen[905], gehen die folgenden Überlegungen davon aus, daß es sich bei der Rundfunkgebühr um eine nichtsteuerliche Abgabe sui generis handelt, die Elemente einer sachkompetenzimpliziten Abgabe, eines Beitrages und einer Gebühr in sich birgt. Sie stellt die Gegenleistung der Rezipienten für die Gesamtveranstaltung Rundfunk und damit für den Bestand und das Funktionieren des dualen Rundfunksystems dar, ohne jedoch Gegenleistung für einzelne Rundfunkprogramme der öffentlich-rechtlichen Anstalten zu sein[906].

Zum einen ist dabei zu fragen, ob eine Gebührenpflicht nach einfachgesetzlichen Vorschriften besteht, und zum anderen, ob das erzielte Ergebnis verfassungsrechtlich haltbar ist.

1. Gebührenpflicht nach dem Rundfunkgebührenstaatsvertrag

Nach § 2 II 1 RdfGebStV hat jeder Rundfunkteilnehmer für das Bereithalten eines Rundfunkempfangsgerätes eine Rundfunkgebühr zu entrichten. Anknüpfungspunkt für die Entstehung der Rundfunkgebühr ist damit die Möglichkeit zum Programmempfang, unabhängig davon, ob es sich um öffentlich-rechtliche oder nur private Rundfunkprogramme handelt[907]. Dahinter steht die dauerhafte Sicherung der Finanzierung des öffentlich-rechtlichen Rundfunks[908]. Soweit *Wenzel*[909] etwas anderes behauptet, übersieht er diesen Sinn der staatsvertraglichen Regelung. *Wenzel* behauptet, ein Rundfunkempfangsgerät, welches die Möglichkeit des Empfanges öffentlich-rechtlicher Programme objektiv nachweisbar ausschließt, sei kein empfangsbereites Gerät im Sinne des § 1 I RdfGebStV. Dies begründet er allerdings ausschließlich mit Argumenten aus dem Verfassungsrecht, so daß eine Auseinandersetzung mit dieser Ansicht im Rahmen der verfassungsrechtlichen Prüfung erfolgen soll.

---

903 Fundstellen bei *Herrmann*, Rundfunkrecht, § 31 Rn. 44; *Gall*, ZUM 1991, 167; *Hess*, Verfassungsrechtliche Probleme der Gebührenfinanzierung, S. 125.

904 Dabei wird die technische Machbarkeit unterstellt, wenngleich auch hieran noch etliche Zweifel bestehen.

905 *Gall*, ZUM 1991, 168 mit Nachweisen zur Rechtsprechung.

906 Vgl. o. E II 5.

907 *Hess*, Verfassungsrechtliche Probleme der Gebührenfinanzierung, S. 124; *Kuch*, ZUM 1995, 164.

908 *Gall*, ZUM 1991, 169.

909 *Wenzel*, ZUM 1990, 497 ff.

Somit besteht nach den einfachgesetzlichen Bestimmungen des Rundfunkgebührenstaatsvertrages eine Gebührenpflicht auch dann, wenn ein Rundfunkteilnehmer ein Empfangsgerät bereithält, welches nur zum Empfang privater Rundfunkprogramme geeignet ist.

2. Verfassungsrechtliche Zulässigkeit der Gebührenpflichtigkeit von Empfangsgeräten ohne öffentlich-rechtlichem Empfang

Ob das gefundene Ergebnis verfassungsrechtlich haltbar ist, ist anhand der Rundfunkfreiheit des Art. 5 I 2 GG, der Informationsfreiheit des Art. 5 I 1 GG, des Grundsatzes der Verhältnismäßigkeit und des Grundsatzes der Abgabengleichheit des Art. 3 I GG zu untersuchen.

a) Maßstab der Rundfunkfreiheit des Art. 5 I 2 GG

Es erscheint denkbar, daß Teilnehmer, die ausschließlich private Rundfunkprogramme empfangen, durch die Rundfunkgebührenpflicht in ihrer Rundfunkfreiheit aus Art. 5 I 2 GG beeinträchtigt sind, da sie eine Abgabe zu entrichten haben, für eine Leistung, die sie bei vordergründiger Betrachtung nicht nutzen. Dazu müßten sie jedoch zunächst Träger des Grundrechts sein. Träger des Grundrechts der Rundfunkfreiheit sind alle natürlichen und juristischen Personen, die eigenverantwortlich Rundfunk veranstalten und verbreiten, also die öffentlich-rechtlichen Rundfunkanstalten sowie die privaten Veranstalter. Die Empfänger der Rundfunksendungen dagegen sind keine Träger des Grundrechts aus Art. 5 I 2 GG[910]. Schon deshalb scheidet ein Verstoß gegen Art. 5 I 2 GG durch die Gebührenpflicht für Geräte ohne öffentlich-rechtlichen Empfang im Hinblick auf Rechte der Rezipienten aus. Aber auch im Hinblick auf die Grundrechte der privaten Rundfunkveranstalter scheint ein Verstoß gegen Art. 5 I 2 GG nicht ersichtlich.

b) Maßstab der Informationsfreiheit des Art. 5 I 1 GG.

Die Empfänger von Rundfunksendungen genießen grundrechtlichen Schutz nur aus der von Art. 5 I 1 GG umfaßten Informationsfreiheit[911]. Fraglich ist also, ob die Erhebung einer Rundfunkgebühr bei Rundfunkteilnehmern, die ausschließlich privaten Programme empfangen, gegen deren Recht auf ungehinderte Informationserlangung aus Art. 5 I 1 GG verstößt.

---

910 *Jarass/Pieroth*, GG, Art. 5, Rn. 41

911 *Jarass/Pieroth*, GG, Art. 5, Rn. 41.

Wie bereits dargelegt, bedeutet Informationsfreiheit, die „freie" Unterrichtung aus allgemein zugänglichen Quellen und nicht „unentgeltliche" Unterrichtung[912]. Die die Gebührenpflicht auslösenden Regelungen des Rundfunkgebührenstaatsvertrages berühren den Teilnehmer, der ausschließlich private Programme empfangen möchte nicht in seiner Freiheit bei der Anschaffung der Rundfunkgeräte oder beim Empfang der Programme[913]. Insbesondere die privaten Programme kann er ungehindert empfangen. Da aber der Bestand von privatem Rundfunk in der dualen Rundfunkordnung der Bundesrepublik in der momentanen Situation nur möglich ist, solange und soweit die gebührenfinanzierten öffentlich-rechtlichen Anstalten die Grundversorgungsaufgabe übernehmen[914], erscheint es nicht ersichtlich, inwieweit eine Gebührenerhebung bei Rezipienten mit ausschließlichem Empfang privater Programme zu einer Verletzung der Informationsfreiheit führen könnte[915].

c) *Grundsatz der Verhältnismäßigkeit*

Es bleibt zu überlegen, ob die Erhebung von Rundfunkgebühren bei Teilnehmern, die lediglich private Programme empfangen, dem aus dem Rechtsstaatsprinzip folgenden Grundsatz der Verhältnismäßigkeit widerspricht und insofern verfassungswidrig ist. Dazu ist eine Mittel-Zweck-Relation anzustellen. Das Mittel der Erhebung von Rundfunkgebühren auch bei Rezipienten, die ausschließlich private Programme empfangen, muß in einem angemessenen Verhältnis zu dem erstrebten Zweck, der Finanzierung der Gesamtveranstaltung Rundfunk und der Sicherung von Bestand und Funktion des dualen Rundfunksystems, stehen.

Die Errichtung des dualen Rundfunksystems ist verfassungsrechtlich zulässig. Dabei ist den öffentlich-rechtlichen Rundfunkanstalten die Grundversorgungsaufgabe zugewiesen. Deswegen muß die private Konkurrenz nur geringere Anforderung an die Programmqualität erfüllen. Es ist lediglich ein Grundstandard erforderlich, der die wesentlichen Voraussetzungen der Meinungsvielfalt umfaßt. Diese Unvollkommenheit privater Rundfunkveranstalter wird solange und soweit hingenommen, wie die öffentlich-rechtlichen Rundfunkveranstalter die Grundversorgung gewährleisten[916]. Das bedeutet, daß die Veranstaltung privaten Rundfunks nur deshalb zulässig ist, weil es den gebührenfinanzierten öffentlich-rechtlichen Rundfunk mit seiner Grundversorgungs-

---

912 Vgl. o. D III 2.
913 *Gall*, ZUM 1991, 171.
914 Vgl. o. B I 3 c dd (6).
915 Ebenso OVG Berlin, ZUM 1991, 213.
916 Vgl. o. B I 3 c dd (6) (c).

funktion gibt[917]. Dagegen könnte man anführen, daß die Ergänzungsfunktion, die dem privaten Fernsehen im Verhältnis zur öffentlich-rechtlichen Grundversorgung zukommt, betreffe allein das Verhältnis unter den verschiedenen Anbietern, nicht aber das Verhältnis zwischen Sender und Zuschauer[918].

Das widerspricht allerdings dem Wesen der Rundfunkgebühr, die als Mittel zur Finanzierung der Gesamtveranstaltung Rundfunk zu sehen ist[919]. Daraus läßt sich erkennen, daß öffentlich-rechtlicher und privater Rundfunk im dualen Rundfunksystem als Einheit zu verstehen sind[920]. Indem die öffentlich-rechtlichen Anstalten die Grundversorgungsaufgabe übernehmen, ist die Veranstaltung von privaten Rundfunk überhaupt erst zulässig. Die öffentlich-rechtliche Grundversorgung begründet insoweit eine besondere Sachnähe und Gruppenverantwortung auch für diejenigen Rezipienten, welche die Grundversorgungsprogramme der Rundfunkanstalten nicht unmittelbar wahrnehmen, mittelbar von ihrer Existenz aber dadurch profitieren, daß sie ein verfassungsrechtlich zulässiges Programmangebot des privaten Rundfunks erhalten[921]. Insofern nimmt auch der Zuschauer, der ausschließlich privaten Rundfunk nutzt, jedenfalls mittelbar die öffentlich-rechtliche Grundversorgung in Anspruch, da ohne sie auch kein privater Rundfunk zulässig wäre[922]. Mithin ist auch der Zuschauer vom Verhältnis zwischen öffentlich-rechtlichem und privatem Rundfunk betroffen. Deshalb erscheint es gerechtfertigt, jeden Rundfunkteilnehmer, also auch denjenigen, der ausschließlich private Rundfunkprogramme empfängt, zur Zahlung der Rundfunkgebühr heranzuziehen[923]. So wird mit der Rundfunkgebühr die Vorhaltung des dualen Rundfunksystems insgesamt getragen[924].

Dadurch droht auch keine „Entmündigung" der Fernsehzuschauer, wie *Wutzke* behauptet, da die Entscheidung des Zuschauers, welche Programme er empfangen möchte, für die Erhebung der Rundfunkgebühr unbeachtlich sei[925]. Der

---

917 Vgl o. B I 3 a und c (dd). So auch *Rudolf* in: *v.Münch*, Bes. VerwR, S. 916 f; *Hess*, Verfassungsrechtliche Probleme der Gebührenfinanzierung, S. 126; BVerwG, DVBl. 1999, 622.

918 *Wenzel*, ZUM 1990, 498.

919 BVerfGE 31, 314, 330.

920 *Rudolf* in: *v.Münch*, Bes. VerwR, S. 916.

921 BVerwG, DVBl. 1999, 622; so auch *Selmer*, Anmerkung zum Beschluß des VGH Kassel, JuS 1992, 528.

922 So auch: BVerwG, DVBl. 1999, 622; *Gersdorf/Brosius-Gersdorf*, Teilnehmerentgeltsystem, S. 69.

923 VGH Kassel, ZUM 1991, 213.

924 *Goerlich*, ZUM 1999, 472.

925 *Wutzke*, AfP 1991, 502 f.

Rundfunkteilnehmer wird lediglich zur Entrichtung der Rundfunkgebühr herangezogen, von der er unmittelbar oder mittelbar profitiert. Die Programmauswahl, die er trifft, ist davon unabhängig und liegt ganz allein bei ihm. Eine „Entmündigung“ ist daher nicht ersichtlich.

Es erscheint also aufgrund der besonderen Situation im dualen Rundfunksystem erforderlich, die Rundfunkgebühr von all denjenigen zu erheben, die unmittelbar oder mittelbar davon profitieren. Dazu zählen, wie bereits gezeigt, auch die Rezipienten, die nur privaten Rundfunk empfangen möchten[926]. Dem entspricht es, wenn das BVerwG feststellt, daß bei der Rundfunkgebühr der zu fordernde Vorteil erst dann entfällt, „wenn ein Rundfunkempfang aus tatsächlichen Gründen nicht möglich ist ..., weil das Gerät nach seiner technischen Beschaffenheit nicht zum Rundfunkempfang geeignet ist“[927]. Eine Differenzierung nach der Art der empfangenen Programme wird nicht vorgenommen. Da jedoch Geräte, die eine Sperre für öffentlich-rechtliche Programme besitzen, trotzdem zum Empfang von Rundfunk geeignet sind[928], ist eine Verletzung des Grundsatzes der Verhältnismäßigkeit nicht erkennbar.

Hier widerspricht *Wenzel*, der die Ansicht vertritt, daß das Äquivalenzprinzip verletzt sei, wenn eine Gebühr für eine Leistung gefordert wird, die vom Zuschauer überhaupt nicht in Anspruch genommen werden kann[929]. Damit hat er im Grunde Recht, doch übersieht er dabei, daß das Äquivalenzprinzip auf die Rundfunkgebühr keine Anwendung findet, da es sich bei der Rundfunkgebühr nicht um eine Gebühr im abgabenrechtlichen Sinne handelt[930]. Wäre dies der Fall, so könnte man zu Recht behaupten, der Rezipient, der ausschließlich private Programme empfangen kann, dürfe nicht verpflichtet werden, für die öffentlich-rechtlichen Programme, die er nicht nutzt, eine Gebühr zu bezahlen. Die Rundfunkgebühr stellt jedoch gerade keine reine Gebühr dar, sondern ist eine Mischform aus verschiedenen Abgabenelementen[931]. Sie dient der Finanzierung der Gesamtveranstaltung Rundfunk und ist insofern auch unabdingbare Voraussetzung für die Veranstaltung von privatem Rundfunk[932]. Insofern nimmt auch derjenige Zuschauer, der ausschließlich private Programme empfängt,

---

926 Vgl. o. G II 2 a. So auch *Gall*, ZUM 1991, 172.
927 BVerwGE 79, 90, 92; *Grupp*, Grundfragen des Rundfunkgebührenrechts, S. 107.
928 Vgl. o. G II 1.
929 *Wenzel*, ZUM 1990, 499.
930 Vgl. o. E I 1.
931 Vgl. o. E II 5.
932 BVerfGE 90, 60, 90; *Hess*, Verfassungsrechtliche Probleme der Gebührenfinanzierung, S. 126.

mittelbar die gebührenfinanzierte Grundversorgung durch die öffentlich-rechtlichen Anstalten in Anspruch, als daß diese die Veranstaltung von privaten Rundfunk in seiner heutigen Form überhaupt erst zulässig macht[933].

Zudem finanzieren sich die Landesmedienanstalten weitgehend aus ihrem Anteil an der Rundfunkgebühr (§§ 10, 11 RdfFinStV). Die Landesmedienanstalten wiederum organisieren und beaufsichtigen den privaten Rundfunk, so daß ihre Tätigkeit eine unabdingbare Voraussetzung dafür ist, daß privater Rundfunk in der Bundesrepublik stattfinden kann[934]. Damit wird mit der Zahlung der Rundfunkgebühr die Ausstrahlung der privaten Rundfunkangebote letztlich erst ermöglicht. Das bedeutet, daß diejenigen Rundfunkteilnehmer, die keine Rundfunkgebühr mehr zahlen würden, da sie ausschließlich private Programme empfangen, den von ihnen bevorzugten privaten Rundfunkprogrammen die rechtliche Existenzberechtigung entziehen würden[935]. Deshalb scheint es sachgemäß, auch diejenigen zur Entrichtung der Rundfunkgebühr heranzuziehen, die keine öffentlich-rechtlichen Programme empfangen wollen.

Die Mittel-Zweck-Relation ist gewahrt. Die Erhebung von Rundfunkgebühren bei Rezipienten, die ausschließlich private Programme empfangen ist deshalb auch verhältnismäßig.

d) Grundsatz der Abgabengleichheit des Art. 3 I GG

Zu überlegen bleibt, ob die Heranziehung zur Zahlung der Rundfunkgebühr von Rezipienten, die ausschließlich private Programme empfangen wollen, gegen den aus Art. 3 I GG folgenden Grundsatz der Abgabengleichheit verstößt. Art. 3 I GG verbietet es, wesentlich gleiches willkürlich ungleich und wesentlich ungleiches willkürlich gleich zu behandeln[936]. Abweichungen von der Gleichheit sind zulässig, soweit dies durch sachliche Erwägungen gerechtfertigt ist[937]. Insofern ergibt sich eine gestufte Gleichheitsprüfung wie sie der Erste Senat des BVerfG praktiziert, nach der Art. 3 I GG dann verletzt ist, wenn eine Gruppe von Normadressaten anders behandelt wird als andere, obwohl zwischen beiden Gruppen keine Unterschiede von solcher Art und solchem Gewicht bestehen, daß sie die ungleiche Behandlung rechtfertigen können[938]. Der Zweite Senat hat

---

933 Vgl. o. G II 2 a.

934 BVerfGE 73, 118, 164 ff.; BVerwG, DVBl. 1999, 622 ff.

935 *Gall*, ZUM 1991, 171; *Hess*, Verfassungsrechtliche Probleme der Gebührenfinazierung, S. 127 f.

936 BVerfGE 1, 14, 52; 76, 256, 329; 78, 249, 287; 84, 133, 157.

937 *Rüfner* in Bonner Kommentar, GG, Art. 3 I, Rn 25

938 Vgl für viele: BVerfGE 82, 1126, 146; 83, 395, 401; 84, 133, 157; 84, 348, 359.

sich dieser Formel inzwischen angenähert[939]. Trotzdem werden auch weiterhin die älteren Willkürformulierungen verwendet, die eine Grundkontrolle ermöglichen und demnach noch nicht überholt sind[940].

Auf die vorliegende Fragestellung angewendet, gebietet Art. 3 I GG, daß zwei Gruppen von Normadressaten nicht gleich zu behandeln sind, wenn zwischen ihnen Unterschiede von solcher Art und solchem Gewicht bestehen, daß eine Gleichbehandlung nicht sachlich zu rechtfertigen ist.

Hier ist die Gruppe von Rundfunkteilnehmern, die sämtliche Programme empfangen, mit der Gruppe von Rundfunkteilnehmern, die lediglich private Rundfunkprogramme empfangen, zu vergleichen. Beide Gruppen werden unterschiedslos zur Zahlung der Rundfunkgebühr herangezogen. Fraglich ist, ob sich diese Gleichbehandlung ungleicher Gruppen sachlich rechtfertigen läßt, oder ob Unterschiede von solcher Art und solchem Gewicht zwischen beiden Gruppen bestehen, daß eine Gleichbehandlung willkürlich erscheint. Dies würde voraussetzen, daß durch die unterschiedslose Heranziehung zur Rundfunkgebühr die Lastengleichheit zwischen den Rundfunkteilnehmern, welche die Programme des öffentlich-rechtlichen Rundfunks nutzen, und denjenigen, die diese Programme nicht empfangen wollen, aufgehoben würde, ohne daß für diese Gleichbehandlung ein besonderer Zurechnungsgrund ersichtlich wäre. Der öffentlich-rechtliche Rundfunk schafft mit der Übernahme der gebührenfinanzierten Grundversorgung die Voraussetzung dafür, daß der Programmstandard des privaten Rundfunks verfassungsrechtlichen Bedenken standhält und der Rundfunkteilnehmer hierdurch die Möglichkeit erlangt, auch Programme privater Anbieter zu empfangen, deren Veranstaltung andernfalls verfassungswidrig wäre[941]. Somit profitieren auch die Empfänger ausschließlich privater Rundfunkprogramme von der Existenz des gebührenfinanzierten Rundfunks. Hierin ist der entscheidende Grund für die Gleichbehandlung der beiden Gruppen von Rundfunkteilnehmern zu erblicken, schließlich profitieren beide Gruppe von der Rundfunkgebühr: die einen unmittelbar, als Konsumenten der öffentlich-rechtlichen Programme, die anderen, weil die Grundversorgung durch die öffentlich-rechtlichen Anstalten privaten Rundfunk erst zulässig macht. Insofern erscheint die Gleichbehandlung verfassungsrechtlich gerechtfertigt, so daß auch gegen den Grundsatz der Abgabengleichheit nicht verstoßen wird, wenn Rundfunkteilnehmer, die keine öffentlich-rechtlichen Programme empfangen, zur Zahlung der Rundfunkgebühr herangezogen werden.

---

939 BVerfGE 83, 89, 107 f.

940 *Rüfner* in Bonner Kommentar, GG, Art. 3 I, Rn. 28.

941 BVerwG, DVBl. 1999, 622. Vgl. auch o. B I 3 a und c (dd).

Hinzu kommt, daß bei Abgabenregelungen dem Gesetzgeber ein weiter Entscheidungs- und Gestaltungsspielraum dafür zukommt, an welche Tatbestände er die Abgabenpflicht knüpfen will. Dabei kann der Gesetzgeber selbst die Sachverhalte auswählen, an die er die selben Rechtsfolgen knüpft, die er also im Rechtssinne als „gleich" ansehen will[942]. Da sich der Gesetzgeber dafür entschieden hat, die Rundfunkgebühr nicht erst mit der Inanspruchnahme von Programmleistungen der öffentlich-rechtlichen Rundfunkanstalten entstehen zu lassen, sondern sie bereits für die Möglichkeit der Inanspruchnahme der Gesamtveranstaltung Rundfunk geschuldet wissen will[943], muß diese Entscheidung respektiert werden. Eine Differenzierung des Gesetzgebers danach, ob Programmleistungen der öffentlich-rechtlichen Anstalten genutzt werden können oder nicht, ist durch den Gleichheitssatz nicht geboten[944]. Eine den Grundsatz der Abgabengleichheit verletzende Regelung ist demnach nicht ersichtlich.

3. Ergebnis

Es bleibt festzuhalten, daß die Erhebung von Rundfunkgebühren auch bei Rundfunkteilnehmern, die ausschließlich private Programme empfangen, rechtmäßig und wegen der dem öffentlich-rechtlichen Rundfunk in der dualen Rundfunkordnung obliegenden Grundversorgungsaufgabe auch verfassungsrechtlich geboten ist. Dies ergibt sich bereits aus der Rechtsnatur der Rundfunkgebühr, die gerade keine Gegenleistung für die empfangenen Programme darstellt, sondern der Aufrechterhaltung des öffentlich-rechtlichen Rundfunks und der Sicherung der Grundversorgung und damit auch der verfassungsrechtlichen Zulässigkeit von privatem Rundfunk dienen soll.

---

942 BVerfGE 21, 12, 26 f.
943 Vgl. o. E II 4 c.
944 *Gall*, ZUM 1991, 174.

H. Die zulässige Erhebung der zusätzlichen Anteile an der Rundfunkgebühr zur Finanzierung besonderer Aufgaben (§ 40 RdfStV) und ihre Stellung im System der öffentlichen Abgaben

Seit 1982 wird die monatliche Rundfunkgebühr um einen bestimmten Beitrag erhöht, um diese zusätzlichen Gebührenmittel zur finanziellen Unterstützung privater Rundfunkanbieter und anderer, aus Sicht eines möglichst vielfältigen Rundfunkmarktes sinnvollen, Projekte zu verwenden. So wurden zunächst die zusätzlichen Gebührenmittel von 1984 bis 1986 zur Förderung der Kabelpilotprojekte verwendet. Nach Abschluß der Kabelpilotprojekte wurde im Rundfunkstaatsvertrag von 1987 festgelegt, daß ein zusätzlicher Anteil an der Rundfunkgebühr in Höhe von 2 % des Gebührenaufkommens zur Finanzierung besonderer Aufgaben verwendet werden sollte. Dies führte schließlich zu der heutigen Regelung des § 40 RdfStV, der eine Verwendung des zusätzlichen Anteils von 2 % an der Rundfunkgebühr zur Finanzierung der Zulassungs- und Aufsichtsfunktion der Landesmedienanstalten (§ 40 I 1 Nr.1 RdfStV), der Förderung offener Kanäle (§ 40 I 1 Nr.2 RdfStV) sowie zur Förderung der landesrechtlich gebotenen technischen Infrastruktur zur terrestrischen Versorgung des gesamten Landes und zur Förderung von Projekten für neuartige Rundfunkübertragungstechniken (§ 40 I 2 RdfStV) vorsieht.

I. Fragestellung

Sowohl bei der Finanzierung der Kabelpilotprojekte durch einen Aufschlag auf die Rundfunkgebühr als auch bei der Finanzierung der besonderen Aufgaben im Sinne des § 40 RdfStV durch einen zusätzlichen Anteil an der Rundfunkgebühr stellt sich die Frage, ob diese zusätzlichen Anteile bzw. Aufschläge rechtlich unselbständige Bestandteile der einheitlichen Rundfunkgebühr sind und insoweit deren Rechtsschicksal teilen oder ob sie eine selbständig - d.h. unabhängig von der allgemeinen Rundfunkgebühr - zu bewertende Abgabenform darstellen. Dieser Fragestellung kommt besondere Bedeutung bei der Rechtmäßigkeit dieser zusätzlichen Anteile zu. Soweit es sich um unselbständige Bestandteile der Rundfunkgebühr handelt, ist zu überlegen, ob die Rundfunkgebühr für Zwecke wie die Förderung von Kabelpilotprojekten oder die Finanzierung der in § 40 I RdfStV beschriebenen Projekte verwendet werden darf. Maßstab wäre der Verwendungszweck der Rundfunkgebühr. Handelt es sich dagegen bei den zusätzlichen Anteilen um selbständige Abgabenformen, so ist zu prüfen, welchen Abgabentyp sie darstellen und ob ihre Erhebung zur Finanzierung derartiger Projekte zulässig ist. Maßgebend wäre dafür ihre rechtliche Einordnung.

Im folgenden sollen deswegen die zusätzlichen Anteile an der Rundfunkgebühr auf ihre rechtliche Selbständigkeit und ggf. auf die Rechtmäßigkeit ihrer Erhebung hin überprüft werden.

II. Der Kabelgroschen

Bereits vor der Einführung des privaten Rundfunks in Deutschland war die Verwendung eines Anteils an der Rundfunkgebühr zur Förderung privaten Rundfunks Gegenstand medienpolitischer Diskussionen. Bei diesem sog. „Kabelgroschen" handelt es sich um die Finanzierung von Kabelpilotprojekten, die zu Beginn der achtziger Jahre in vier westdeutschen Regionen gestartet wurden (Bayern, Berlin, Nordrhein-Westfalen und Rheinland-Pfalz). Dazu wurde in Art 3 I des „Staatsvertrag über die Höhe der Rundfunkgebühr und zur Änderung des Staatsvertrages über einen Finanzausgleich zwischen den Rundfunkanstalten" von 1982[945], der über die allgemeine Anpassung der Rundfunkgebühr entschied, festgelegt, daß für die Durchführung der Versuche mit Breitbandkabel (Kabelpilotprojekte) in den Ländern Bayern, Berlin, Nordrhein-Westfalen und Rheinland-Pfalz von den Landesrundfunkanstalten und dem ZDF ein Betrag von jeweils 35 Mio. DM bereitzustellen ist. Gemäß Art. 3 III des Staatsvertrages durften die Beträge nur für Investitionen und für den technischen Betrieb der Kabelfernsehzentralen einschließlich Studiotechnik und Verwaltungskosten verwendet werden. Den Begründungen der Zustimmungsgesetze der Länderparlamente zu dem Staatsvertrag ist zu entnehmen, daß von dem Erhöhungsbetrag von 2,- DM für die Fernsehgebühr ein Teilbetrag von 0,20 DM für die Mitfinanzierung der vier Kabelpilotprojekte für drei Jahre ausgewiesen war (sog. „Kabelgroschen")[946]. Die rechtliche Einordnung des Kabelgroschens war stets uneinheitlich.

---

945 GVBl.NW 1983, S. 226.

946 Vgl. die Begründung des Staatsvertrages in der Drucksache 9/2590 des Landtages von Rheinland-Pfalz vom 11. November 1982 (abgedruckt als Anlage 3 zum „Vierten Bericht der Kommission zur Ermittlung des Finanzbedarfs der Rundfunkanstalten" vom 9. Dezember 1983).

1. Rechtlich unselbständiger Teil der allgemeinen Rundfunkgebühr oder selbständige Abgabenform?

Zunächst ist zu überlegen, ob es sich bei dem Kabelgroschen um einen selbständigen Zuschlag zur Rundfunkgebühr handelte oder ob es sich lediglich um einen Teil der Rundfunkgebühr handelte, der zu einem bestimmten Zweck zu verwenden ist. Man könnte der Ansicht sein, es handelte sich bei dem Kabelgroschen um einen Zuschlag auf die Rundfunkgebühr, gleichgültig ob der Fernsehteilnehmer die Möglichkeit hatte oder willens gewesen sei, sich an einem Kabelpilotprojekt zu beteiligen[947]. Dem wird zum Teil widersprochen. Es könne sich bei dem Kabelgroschen nicht um einen Zuschlag auf die Rundfunkgebühr gehandelt haben, da der in Frage stehende Betrag von DM 0,20 im Staatsvertrag von 1982 gar nicht genannt worden sei[948]. Vielmehr sei die neue Fernsehgebühr damals ohne Einschränkung auf DM 11,20 festgesetzt worden. Diese Erhöhung der Fernsehgebühr zum 1. Juli 1983 beinhaltete lediglich kalkulatorisch etwa DM 0,20 pro Teilnehmer monatlich, die gem. Art. 3 des Staatsvertrages von 1982 in Höhe von insgesamt DM 140 Mio. für Kabelpilotprojekte zu verwenden sind[949]. Diese Annahme wurde dadurch bestätigt, daß Beträge des Kabelgroschens, die nicht verwendet wurden, sei es, weil ein Pilotprojekt nicht zustande gekommen oder Beträge aus irgendwelchen Gründen nicht abgerufen worden seien, in vollem Umfang bei den Rundfunkanstalten verbleiben sollten, so daß diese die Beträge dann nach eigenem Gutdünken verwenden konnten[950]. Dies spreche dafür, in dem Kabelgroschen nicht einen eigenständigen Zuschlag auf die Rundfunkgebühr zu sehen, der dann nach Ablauf der Frist eigentlich wegfallen müßte, sondern einen zweckbestimmten Teil der Rundfunkgebühr.

Die zweite Betrachtungsweise übersieht jedoch, daß die formale Gestaltung einer Abgabe durch den Gesetzgeber nicht für deren rechtliche Qualifikation ausschlaggebend sein kann. Vielmehr kommt es auf den materiellen Gehalt einer Abgabe an[951]. Dieser wird maßgeblich durch den mit der Abgabe verfolgten Zweck bestimmt[952]. Für eine selbständige Abgabenform des Kabelgroschens sind die unterschiedlichen Zweckbestimmungen von allgemeiner Rundfunkgebühr und Kabelabgabe entscheidend: Die allgemeine Rundfunkgebühr dient der Finanzierung der spezifischen Funktionen des öffentlich-rechtlichen Rundfunks. Der Kabelgroschen wurde fast ausschließlich zur Förderung der Kabel-

---

947 *Ott*, FuR 1984, 234.

948 *Oppermann/Kilian*, Rechtsgrundsätze der Finanzierung öffentlich-rechtlichen Rundfunks, S. 96.

949 *Grupp*, FuR 1984, 284.

950 So auch VG Berlin ZUM 1986, 687; sowie VG Stuttgart ZUM 1987, 470 und VG München, ZUM 1987, 472 ff. unter Bezugnahme auf die Entscheidung des VG Berlin.

951 BVerfG, NJW 1981, 331.

952 *Hümmerich/Beucher*, AfP 1989, 715.

pilotprojekte und damit zur Verbesserung der Entwicklungsmöglichkeiten des privaten Rundfunks eingesetzt. Diese unterschiedliche Zielrichtung findet sich auch im Wortlaut des Art. 3 III 1 des Staatsvertrages von 1982 wieder, der vorsah, daß die durch den Zuschlag finanzierten Beträge „nur für Investitionen und für den technischen Betrieb von Kabelfernsehzentralen einschließlich Studiotechnik und Verwaltungskosten verwendet werden" durften. Diese Formulierung verdeutlicht, daß der Kabelgroschen in Höhe von DM 0,20 monatlich nach dem Willen der vertragsschließenden Bundesländer als selbständiger zweckgebundener Zuschlag zur Finanzierung der Kabelpilotprojekte verstanden werden sollte und rechtlich nicht als Teil der Rundfunkgebühr in der freien Verfügung der Landesrundfunkanstalten steht[953]. Dementsprechend teilt der Kabelgroschen nicht das Rechtsschicksal der Rundfunkgebühr, sondern ist abgabenrechtlich selbständig einzuordnen.

2. Der Kabelgroschen als Gegenleistungsabgabe

Es könnte sich bei dem Kabelgroschen um eine Gegenleistungsabgabe in Form des Beitrags[954] oder der Gebühr[955] gehandelt haben. Dazu wäre ein Leistungs-Gegenleistungsverhältnis erforderlich, welches die Abgabe als Typus prägt. Berechnungen haben ergeben, daß nur etwa 1% der bundesdeutschen Haushalte an dem Kabelpilotprojekten teilgenommen haben, während die übrigen 99 % die Pilotprojekte durch ihren Kabelgroschen-Zuschlag, den jeder mit der Rundfunkgebühr zu entrichten hatte, mitfinanzierten, ohne daß sie hierfür eine Gegenleistung erhielten[956]. Gegenleistungsabgaben setzen für den einzelnen Abgabenpflichtigen eine enge Beziehung der Geldleistung zur Gegenleistung voraus[957]. Wenn aber nur etwa 1% der Abgabepflichtigen des Kabelgroschens eine unmittelbare Gegenleistung in Form der Nutzung des Kabelpilotprojektes erhielten, so konnte es sich nicht um eine Gebühr handeln. Ebensowenig handelte es sich um einen Beitrag, da auch nur 1% der Leistungspflichtigen die Möglichkeit hatte, durch die Beteiligung an einem Kabelpilotprojekt einen besonderen Vorteil zu erlangen, der in einer engen Beziehung zur Geldleistung steht. Es fehlt damit dem Kabelgroschen an der für eine Gegenleistungsabgabe typischen Entgeltfunktion.

---

953 *Hess*, Verfassungsrechtliche Probleme der Gebührenfinazierung, S. 328; *Kollek*, Rechtsfragen der Rundfunkfinanzierung, S. 77 f.

954 So VG Berlin ZUM 1986, 687.

955 So VG München ZUM 1987, 474.

956 *Ott*, FuR 1984, 240 f.

957 BVerfGE 18, 274, 287.

Allerdings könnte man dagegen einwenden, daß die Erprobung des Kabelfernsehens in den Pilotprojekten für alle Fernsehteilnehmer geschah und daß die Mehrheit in den Bundesländern den Bürger am Beginn eines neuen Kommunikationszeitalters nicht unvorhersehbaren Risiken aussetzen mochten. Mithin sei die Verwendung des Kabelgroschens schon im Interesse des Allgemeinwohls sowie im Interesse jedes einzelnen Rundfunkteilnehmers erfolgt[958]. Doch selbst wenn man bereit ist, dieser Ansicht zuzustimmen, so bestand zwischen der Erhebung des Kabelgroschens und dieser „Gegenleistung" nur eine höchst indirekte Beziehung, während eine Gebühr eine unmittelbare Gegenleistung verlangt und auch der Beitrag eine „enge Beziehung" der Geldleistung zu den Vorteilen, die den Leistungspflichtigen durch eine Veranstaltung des Gemeinwesens erwachsen, voraussetzt. Eine individuell zurechenbare Gegenleistungsmöglichkeit für die Mehrheit der Rundfunkteilnehmer ist auch mit diesem Ansatz nicht zu begründen, so dass es sich nach keiner Auffassung bei dem Kabelgroschen um eine Gebühr oder einen Beitrag handeln konnte[959].

Im übrigen ist der Grundsatz der Staatsferne des Rundfunks zu beachten, der auch für den privaten Rundfunk Geltung beansprucht[960]. Die aus dem Kabelgroschen fließenden Mittel dienten der Förderung der Veranstaltung von Rundfunk durch die Kabelpilotprojekte und damit der Entwicklung von privaten Rundfunk in der Bundesrepublik, welcher aus Gründen der Staatsautonomie des Rundfunks nicht in die Organisationshoheit des Staates oder seiner Einrichtungen fallen darf. Der Kabelgroschen bezweckte also nicht die Förderung einer staatlichen, sondern einer staatsfernen Einrichtung, so daß er sowohl aus abgaben- als auch aus verfassungsrechtlichen Gründen nicht als Gegenleistungsabgabe qualifiziert werden kann.

3. Der Kabelgroschen als Steuer

Angesichts der fehlenden Gegenleistungsorientierung der Abgabe bleibt die Möglichkeit, daß es ich bei ihr um eine Steuer handelte, die allen Fernsehteilnehmern für jedes gebührenpflichtige Gerät auferlegt wurde. Den Teilnehmern, die nicht unmittelbar am Kabelpilotprojekt beteiligt sind, wurde der Kabelgroschen einseitig und ohne Rücksicht auf den Willen des Verpflichteten durch hoheitlichen Akt auferlegt. Von daher könnte er als Steuer anzusehen sein[961].

---

958 *Grupp*, FuR 1984, 289.

959 So auch *Hess*, Verfassungsrechtliche Probleme der Gebührenfinanzierung, S. 328.

960 *Hess*, Verfassungsrechtliche Probleme der Gebührenfinanzierung, S. 329 mwN.

961 *Ott*, FuR 1984, 243.

Da jedoch den Rundfunkanstalten, die den Kabelgroschen einzogen die Steuerhoheit gem. Art. 106 GG fehlt, wäre die Erhebung der Steuer „Kabelgroschen" verfassungs- und damit rechtswidrig[962].

Dem widerspricht *Grupp*, indem er feststellt, daß den Rundfunkanstalten durch den Rundfunkstaatsvertrag das Recht zum Gebühreneinzug zugestanden wurde, so daß von einer Verletzung der Steuerhoheit keine Rede sein könne[963]. Außerdem sei in dem Kabelgroschen keine Steuer im Sinne des § 3 I AO zu sehen, da eine Gegenleistung darin zu sehen sei, daß die Kabelpilotprojekte im Interesse aller Fernsehteilnehmer erfolgen, so daß auch diejenigen, die nicht zu den 1% der angeschlossenen Haushalte gehören, in der Erprobung des Breitbandkabels für die Zukunft einen eigenen Vorteil erblicken können.

Grupp kann insoweit zugestimmt werden, daß es sich bei dem Kabelgroschen nicht um eine Steuer handelte. Denn der für das Einnahmeerzielungsmerkmal der Steuer vorauszusetzende Zweck der Gewinnung von Mitteln für den „allgemeinen Finanzbedarf des Gemeinwesens" ist insbesondere dann nicht gegeben, wenn die Abgabe - wenn auch in einem viel weiteren Sinne als bei Gebühren oder Beiträgen - auf einen Vorteil abzielt, der ausschließlich der Gruppe der Abgabenpflichtigen zugute kommt[964]. So verhielt es sich aber bei dem Kabelgroschen, der zumindest einen weitgefaßten Vorteil für alle Fernsehteilnehmer brachte, indem die Entwicklung des Kabelfernsehens vorangebracht wurde[965].

Ein weiteres Argument gegen die Einordnung des Kabelgroschens als Zwecksteuer läßt sich der Entscheidung des BVerwG zur Filmabgabe[966] entnehmen. Darin heißt es, gegen eine Annahme der Filmabgabe als Zwecksteuer spreche die Tatsache, daß die Ansprüche der Förderungsempfänger nach Art und Höhe genau umschrieben seien[967]. Auf den Kabelgroschen angewendet, zeigt sich, daß auch hier die Ansprüche der Empfänger der durch den Kabelgroschen finanzierten Beträge nach Art und Höhe, Zweck und Auszahlungsmodus im einzelnen festgelegt waren, so daß auch der Kabelgroschen nicht als Zwecksteuer angesehen werden kann[968]. Ebenso hat das BVerfG in seiner Entscheidung zur Berufsausbildungsabgabe[969] die Ausgestaltung der Abgabenerhebung

962 *Ott*, FuR 1984, 243 f.
963 *Grupp*, FuR 1984, 291.
964 *Maunz*, in: *Maunz*/Dürig/*Herzog*, Grundgesetz, Art 105 Rn.18.
965 *Hess*, Verfassungsrechtliche Probleme der Gebührenfinanzierung, S. 329.
966 BVerwGE 45, 1 ff.
967 BVerwGE 45, 1, 2.
968 *Kollek*, Rechtsfragen der Rundfunkfinanzierung, S. 83.
969 BVerfGE 55, 274 ff.

im einzelnen (Verwaltung des Aufkommens als zweckgebundene Vermögensmasse; nicht auf Dauer angelegt) als Indiz dafür angesehen, daß die Abgabe nach ihrem materiellen Gehalt nicht als Zwecksteuer anzusehen ist, sondern lediglich ein zweckgebundenes Mittel zur Bewältigung einer besonderen Aufgabe durch Einschaltung der Beteiligten darstellt[970]. Da auch die Erhebung des Kabelgroschens in ähnlicher Weise ausgestaltet war (Verwaltung der Beträge durch die Rundfunkanstalten als zweckgebundene Masse; zeitliche Begrenzung auf drei Jahre) ist dieser nach alledem nicht als (Zweck-) Steuer anzusehen.

4. Der Kabelgroschen als Sonderabgabe

Wenn es sich, wie bereits gezeigt, bei dem Kabelgroschen weder um einen Teil der Rundfunkgebühr noch um eine Gebühr, einen Beitrag oder eine Steuer handelte, bleibt die Möglichkeit, in dem Kabelgroschen eine Sonderabgabe zu sehen[971]. Das BVerfG für die Rechtmäßigkeit einer Sonderabgabe folgende Gesichtspunkte herausgearbeitet[972], die beim Kabelgroschen erfüllt sein müssen, um ihn als Sonderabgabe einstufen zu können[973]:

a) Erhebung der Sonderabgabe von einer „homogenen Gruppe"

Eine gesellschaftliche Gruppe kann nur dann mit einer Sonderabgabe in Anspruch genommen werden, wenn sie durch eine gemeinsame, in der Rechtsordnung oder in der gesellschaftlichen Wirklichkeit vorgegebene Interessenlage oder durch besondere gemeinsame Gegebenheiten von der Allgemeinheit und anderen Gruppen abgrenzbar ist, wenn es sich also um eine in diesem Sinne homogene Gruppe handelt. Der Kabelgroschen wurde von allen Fernsehteilnehmern erhoben, eine Gruppe, die sich von der Gesamtheit der Steuerpflichtigen abgrenzen läßt. Anknüpfungspunkt ist wie bei der Rundfunkgebühr das Bereithalten eines Empfangsgeräts. Durch die Möglichkeit, von dem Medium Fernsehen Gebrauch zu machen, trat die Gruppe der Rundfunkteilnehmer deutlich aus der Allgemeinheit hervor[974].

970 BVerfGE 55, 274, 309 ff.

971 *Grupp*, FuR 1984, 287 ff; *Kollek*, Rechtsfragen der Rundfunkfinanzierung, S. 84 ff; *Hess*, Verfassungsrechtliche Probleme der Gebührenfinanzierung, S. 329 f.

972 BVerfGE 55, 274, 304 ff.

973 Vgl. ausführlich zu den Voraussetzungen auch o. E II 3 a aa.

974 *Hess*, Verfassungsrechtliche Probleme der Gebührenfinanzierung, S. 330.

b) Sachnähe der Abgabenpflichtigen zum Abgabenzweck

Zur Erhebung einer Sonderangabe ist weiterhin eine spezifische Beziehung zwischen dem Kreis der Abgabenpflichtigen und dem Abgabenzweck erforderlich. Die mit der Abgabe belastete Gruppe muß dem mit der Abgabe verfolgten Zweck evident näher stehen als jede andere Gruppe oder die Allgemeinheit, so daß aus dieser Sachnähe eine besondere Gruppenverantwortung heraus entsteht. Diese Sachnähe wird beim Kabelgroschen zum Teil bezweifelt. So wird behauptet, daß etwa die kabelproduzierende Industrie, die Gerätehersteller, die Programmproduzenten und die Programmveranstalter ein mindestens genauso großes Interesse an den Kabelpilotprojekten hatten wie die Rundfunkteilnehmer, da sie hier sogar noch Geld verdienen konnten[975]. Somit bedeutete die Erhebung des Kabelgroschens eine Umlage von Markterschließungskosten auf die Masse der Rundfunkteilnehmer unter Aussparung gleichermaßen betroffener Gruppen, was dem Gebot der Sachnähe der Abgabenpflicht zum Abgabenzweck widerspreche[976].

Dem kann nicht zugestimmt werden. Die Fernsehteilnehmer waren der in erster Linie in Betracht kommende Personenkreis, dem die mit Hilfe der Kabelpilotprojekte zu erzielenden Ergebnisse zugute kommen sollen[977]. Sie waren diejenigen, die aufgrund neuer Nutzungsmöglichkeiten ein erweitertes Rundfunkangebot in Anspruch nehmen konnten, welches nicht nur privaten Veranstaltungsformen diente, sondern gerade auch dem Informations- und Unterhaltungsinteresse der Gesamtgruppe der Rundfunkteilnehmer. Daß daneben auch andere Seiten von den Kabelpilotprojekten profitierten, ist für die Frage der Sachnähe der Abgabenpflichtigen zum Abgabenzweck unschädlich[978].

c) Gruppennützigkeit der Abgabe

Schließlich setzt eine außersteuerliche Sonderabgabe noch voraus, daß zwischen den Belastungen und den Begünstigungen, die die Sonderabgabe bewirkt, eine sachgerechte Verknüpfung besteht. Das ist der Fall, wenn das Abgabenaufkommen im Interesse der Abgabenpflichtigen, also „gruppennützig" verwendet wird.

Da der Kabelgroschen von allen Rundfunkteilnehmern erhoben wurde, aber nur etwa 1% der Rundfunkteilnehmer an die Kabelpilotprojekte angeschlossen waren, könnte man meinen der Kabelgroschen wurde nur im Interesse dieser

975 BayVGH, MPDok. II/1988, S. 100 ff.
976 *Kollek*, Rechtsfragen der Rundfunkfinanzierung, S. 87 f.
977 So auch *Grupp*, FuR 1984, 292.
978 *Hess*, Verfassungsrechtliche Probleme der Gebührenfinanzierung, S. 330.

Minderheit verwendet[979]. Dagegen ist jedoch einzuwenden, daß die Kabelpilotprojekte im Interesse aller Rundfunkteilnehmer lagen, weil sie dem Zweck dienten, neue Technologien zu erforschen und diese auf längere Sicht der Allgemeinheit der Rundfunkteilnehmer zugänglich zu machen[980]. Sie bildeten den Grundstein für die Entwicklung neuer Übertragungstechniken und Programmformen, die auch denjenigen Rundfunkteilnehmern zugute kam, die nicht unmittelbar Programme der Kabelpilotprojekte empfangen konnten.

Dem begegnet *Kollek* mit dem Argument, daß zur Zeit der Kabelpilotprojekte in vielen Bundesländern bereits Landesmediengesetze erlassen wurden, welche die Bedingungen für privaten Rundfunk festlegten. In diesen Bundesländern war es demnach nicht mehr möglich, von den Erfahrungen der Pilotprojekte zu profitieren, da bereits vollendete Tatsachen geschaffen wurden. Mithin sollte es sich bei dem Kabelgroschen um eine fremdnützige Sonderabgabe handeln, die nach Ansicht *Kolleks* verfassungswidrig war[981]. Dem muß widersprochen werden. Zunächst einmal erscheint es durchaus denkbar, daß auch die Länder, die bereits Landesmediengesetze verabschiedet hatten, diese aufgrund der in den Kabelpilotprojekten gemachten Erfahrungen noch verändern würden. Diese Gesetze erhoben keinen Anspruch auf ewige unveränderte Gültigkeit. Des weiteren erschien es für die Fortentwicklung des Rundfunks notwendig, die Kabelpilotprojekte zu betreiben, da nur so ausprobiert werden konnte, auf welche Akzeptanz der private Rundfunk bei den Rundfunkteilnehmern stößt und ob auch Breitband-Kabelfernsehen vielleicht zur Daseinsvorsorge zu zählen ist. Dies geschah nicht zuletzt im Interesse aller Rundfunkteilnehmer. Deshalb bestehen an der überragenden Bedeutung der Gestaltung einer zukünftigen Medienordnung insbesondere auch im Interesse der potentiellen Teilnehmer keine Zweifel.

Da die Abgabe somit auch im Interesse derjenigen Rundfunkteilnehmer, die nicht an die Kabelpilotprojekte angeschlossen sind, verwendet wurde, ist die gruppennützige Verwendung der Abgabe im Sinne der Anforderungen des BVerfG zu bejahen[982]. Dabei sind hinsichtlich der gruppennützigen Verwendung nicht die gleichen hohen Anforderungen an die Enge der Beziehung von Leistungspflicht und Nutzen für den Zahlungspflichtigen zu stellen, wie dies bei der Gebühr oder dem Beitrag der Fall ist, so daß hier keine widersprüchlichen Ergebnisse entstehen.

---

979 *Ott*, FuR 1984, 240.

980 BVerfGE 90, 60, 107; VG München ZUM 1987, 475; *Hümmerich/Beucher*, AfP 1989, 715; *Grupp*, FuR 1984, 289, 292.

981 *Kollek*, Rechtsfragen der Rundfunkfinanzierung, S 90.

982 *Steimer*, Grundprobleme der Rundfunkfinanzierung, S. 66; so auch im Ergebnis BVerfGE 90, 60, 105 f.

5. Ergebnis

Unter Beachtung der hervorragenden Bedeutung der Medienentwicklung, der erforderlichen Sachnähe bei der Auswahl des belasteten Personenkreises, der gruppennützigen Verwendung der erzielten Beträge und des Versuchscharakters der Kabelpilotprojekte handelte es sich bei dem sog. Kabelgroschen um eine abgabenrechtlich selbständig zu beurteilende, verfassungsrechtlich zulässige und damit rechtmäßige Sonderabgabe.

III. Die Finanzierung besonderer Aufgaben

Der Kabelgroschen wurde durch die in Art. 6 I RdfStV 1987 vorgesehene Verwendung eines zusätzlichen Anteils an der einheitlichen Rundfunkgebühr in Höhe von 2 Prozent des Gebührenaufkommens zur Finanzierung besonderer Aufgaben abgelöst. Mit dem 2%-Anteil sollten erstmals zielgerichtet und dauerhaft Aufgaben im Bereich des privaten Rundfunks finanziert werden. Mit der Änderung des Rundfunkstaatsvertrages wurde 1991 § 29 RdfStV eingeführt, der die Finanzierung der besonderen Aufgaben regelte. Nach weiteren Änderungen des Rundfunkstaatsvertrages findet sich diese Regelung nun in § 40 RdfStV. Danach kann ein zusätzlicher Anteil an der Rundfunkgebühr in Höhe von 2% für die Finanzierung von Zulassungs- und Aufsichtsfunktion der Landesmedienanstalten einschließlich hierfür notwendiger planerischer, insbesondere technischer Vorarbeiten, zur Förderung offener Kanäle sowie zur Förderung von landesrechtlich gebotener technischer Infrastruktur zur terrestrischen Versorgung des gesamten Landes und zur Förderung von Projekten für neuartige Rundfunkübertragungstechniken verwendet werden. Allerdings ermächtigt § 40 II RdfStV die Landesgesetzgeber, den Landesmedienanstalten nur einen Teil des 2%-Anteils zuzuweisen. Davon hat u.a. auch Hamburg Gebrauch gemacht. So erhält die Hamburgische Anstalt für neue Medien (HAM) lediglich 1,6%. Die übrigbleibenden 0,4% erhält der NDR für die Förderung des Medienstandortes Hamburg, insbesondere für Zwecke der Nachwuchsförderung, wobei auch Institutionen des dualen Rundfunks - nicht aber Rundfunkveranstalter - in Hamburg gefördert werden können[983]. Hintergrund der in § 40 II RdfStV niedergelegten Möglichkeit, den Landesmedienanstalten nur einen Teil der Gebührenmittel aus § 40 I RdfStV zuzuweisen, war die Einschätzung einiger Landesregierungen, die Festsetzung eines Anteils von 2 Prozent sei zur Finanzierung der Aufgaben der Landesmedienanstalten zu hoch. Da man aber gleichzeitig am Prinzip der „Einheitsgebühr“ [984] festhalten

[983] Art. 2 II 1 ZustG RdfStV 1991 v. 16.12.1991 (GVBl. S. 425).
[984] *Eberle*, Die Rundfunkgebühr, S. 28.

wollte, wurde dem Landesgesetzgeber die Option zur individuellen Reduzierung des Gebührenanteils eröffnet[985]. Schließlich bestimmt § 40 III RdfStV, daß alle Rundfunkgebührenmittel im Sinne des Absatz 1, die nicht in Anspruch genommen werden, den jeweiligen Landesrundfunkanstalten zustehen[986].

Zu überlegen ist, ob die zusätzlichen Anteile an der Rundfunkgebühr im Sinne des § 40 I RdfStV selbständige Abgabenformen darstellen und wie diese abgabenrechtlich einzuordnen sind.

1. Unselbständiger Bestandteil der allgemeinen Rundfunkgebühr oder selbständige Abgabenform?

Der Wortlaut des § 40 I RdfStV ist für die Beantwortung dieser Frage nicht eindeutig. Zwar wird ausdrücklich von einem Anteil an der „einheitlichen Rundfunkgebühr" gesprochen, was darauf hinweisen könnte, daß der 2%-Anteil ein integrierter Bestandteil der allgemeinen Rundfunkgebühr ist[987]. Doch kann der Begriff der „einheitlichen Rundfunkgebühr" auch bedeuten, daß hier nur die Zusammenfassung von Grund- und Fernsehgebühr gemeint ist[988], da § 40 I RdfStV auch von einem „zusätzlichen Anteil" an der Rundfunkgebühr spricht. Von der Systematik des RdfStV her spricht einiges für eine Selbständigkeit der 2%-Anteile, da die allgemeine Rundfunkgebühr in § 12 RdfStV normiert wird und somit deutlich getrennt von § 40 RdfStV geregelt wird. Die Entstehungsgeschichte gibt auch keinen weiteren Aufschluß, da die Frage der rechtlichen Selbständigkeit des 2%-Anteil in den Verhandlungen zum Rundfunkstaatsvertrag von 1987, wo diese Regelung erstmals eingeführt wurde, bis zuletzt umstritten war. Entscheidend ist somit die teleologische Auslegung. Dabei kann hinsichtlich der Zweckbestimmung des 2%-Anteils auf die Ausführungen zum Kabelgroschen verwiesen werden[989]: Hier wie dort verdeutlicht die unterschiedliche materielle Zielrichtung von allgemeiner Rundfunkgebühr und dem besonderen 2%-Anteil, daß es sich in Wahrheit um zwei selbständige Abgabenarten handelt[990]. Somit bleibt die Schlußfolgerung, daß der in § 40 I RdfStV

985 *Hess*, Verfassungsrechtliche Probleme der Gebührenfinanzierung, S. 318.

986 Davon hat Hamburg zum Beispiel Gebrauch gemacht (Art. 2 II 4 ZustG RdfStV 1991 v. 16.12.1991)

987 *Merznicht*, Der Aufsichtsgroschen, S. 167.

988 So auch die amtliche Begründung zu § 29 RdfStV 1991 in MP Dok. IIIb/91, S. 202.

989 Vgl. o. H II 1.

990 A.Ansicht: *Schmidt*, Die Rundfunkgebühr, S. 78, der die Zweckbestimmung von Kabel- und Aufsichtsgroschen für völlig unterschiedlich hält.

aufgeführte 2%-Anteil nicht untrennbarer Bestandteil der in § 12 RdfStV normierten allgemeinen Rundfunkgebühr ist, sondern eine hinsichtlich abgabenrechtlicher Einordnung hiervon separat zu beurteilende Abgabe darstellt[991].

2. Abgabenrechtliche Beurteilung des Aufsichtsgroschens

Nach § 40 I 1 Nr.1 RdfStV kann der 2%-Anteil am Gebührenaufkommen zur Finanzierung der Zulassungs- und Aufsichtsfunktionen der Landesmedienanstalten einschließlich hierfür notwendiger planerischer, insbesondere technischer Vorarbeiten eingesetzt werden (sog. „Aufsichtsgroschen“). Da den Landesmedienanstalten nach § 7 I, II RdfGebStV iVm § 10 RdfFinStV ein Anteil von 2 Prozent an der Grundgebühr und der Fernsehgebühr zusteht, sind sie als Gebührengläubiger des 2%-Anteils gem. § 40 I RdfStV anzusehen.

a) Der Aufsichtsgroschen als Gegenleistungsabgabe

Fraglich ist, wie sich der Aufsichtsgroschen rechtlich einordnen läßt. Eine Einordnung als Gebühr oder Abgabe scheidet aus, da mit der Aufsichtsabgabe gerade keine Tätigkeit der Verwaltung, sondern eine wegen des Gebotes der Staatsferne nicht der staatlichen Exekutive zuzurechnende grundrechtssichernde Aufgabe wahrgenommen wird[992]. Man gelangt zum selben Ergebnis, wenn man die Landesmedienanstalten der mittelbaren Staatsverwaltung zuordnet. In diesem Fall begründet der Aufsichtsgroschen aus der Sicht des gebührenpflichtigen Rundfunkteilnehmers eine Geldleistungspflicht, der keine individuell zurechenbare konkret nutzbare Gegenleistung der öffentlichen Hand entspricht[993].

b) Der Aufsichtsgroschen als Steuer

Man könnte angesichts der fehlende Gegenleistung an eine Einordnung des Aufsichtsgroschen als Steuer denken. Eine Steuer im engeren Sinne liegt jedoch

---

991 So auch *Hümmerich/Beucher*, AfP 1989, 715. A. Ansicht: *Merznicht*, Der Aufsichtsgroschen, S. 167 f., der davon ausgeht, daß der Aufsichtsgroschen weder Gebühr noch Beitrag darstellt und deshalb als selbständige Abgabenform rechtswidrig wäre. Deshalb müsse man dem Gesetzgeber die Intention unterstellen, den Aufsichtsgroschen als unselbsständigen Teil der Rundfunkgebühr verstanden haben zu wollen, da der Gesetzgeber sonst etwas rechtswidriges beschlossen hätte. Dem kann jedoch nicht gefolgt werden, da *Merznicht* dabei übersieht, daß es neben Gebühr, Beitrag oder Steuer auch noch andere Abgabeformen, wie die Sonderabgabe gibt.

992 *Hoffmann-Riem*, Finanzierung und Finanzkontrolle der Landesmedienanstalten, S. 50.

993 *Schmidt*, Die Rundfunkgebühr, S. 71 f.

nur dann vor, wenn die Abgabe dem allgemeinen Haushalt einer öffentlich-rechtlichen Gebietskörperschaft zufließt[994]. Der 2%-Anteil fließt aber nicht den allgemeinen Länderhaushalten zu, sondern den Landesmedienanstalten, denen gem. § 7 I, II RdfGebStV die materielle Verfügungsgewalt über diese Gebührenmittel zusteht. Die Aufsichtsabgabe bildet demnach ein vom allgemeinen Staatshaushalt deutlich zu trennendes Sondervermögen der Landesmedienanstalten. Deshalb folgt aus der, durch Art. 5 I 2 GG verfassungsrechtlich gebotenen, organisatorischen und wirtschaftlichen Distanziertheit der Landesmedienanstalten von der unmittelbaren Staatsverwaltung[995], daß die Finanzierung ihrer Zulassungs- und Aufsichtstätigkeit aus dem 2%-Anteil weder der Erzielung von Einnahmen für den allgemeinen staatlichen Haushalt noch der Finanzierung allgemeiner Staatsaufgaben dient. Eine Einordnung des Aufsichtsgroschen als Steuer scheidet mithin aus.

c) Der Aufsichtsgroschen als Sonderabgabe

Der Aufsichtsgroschen könnte aber eine außersteuerliche Sonderabgabe darstellen. Die Erhebungskompetenz liegt bei den Ländern, die sich aus ihrer Zuständigkeit für den Bereich Rundfunk ergibt. Zudem beschränkt sich der 2%-Anteil auf die Gruppe der gebührenpflichtigen Rundfunkteilnehmer, die sich durch das Bereithalten des Rundfunkempfangsgerätes und der damit verbundenen Möglichkeit, Programme der Gesamtveranstaltung Rundfunk zu empfangen, von der Allgemeinheit der Steuerzahler deutlich abgrenzen lassen. Auch dient die Zulassungs- und Aufsichtsfunktion der Landesmedienanstalten der Erhaltung der staatsvertraglichen Vorgaben über die zulässige Veranstaltung privaten Rundfunks und damit auch der Sicherung der Meinungsvielfalt in den privaten Rundfunkprogrammen, solange die Landesmedienanstalten staatsfern organisiert sind[996]. An der Staatsferne der heutigen Landesmedienanstalten mit einer Finanzierung durch die Rundfunkteilnehmer bestehen keine Zweifel[997]. Dazu steht die mit dem Aufsichtsgroschen geförderte Meinungsvielfalt im Bereich des privaten Rundfunks zu dem Kreis der gebührenpflichtigen Rundfunkteilnehmer in einem näheren Verhältnis, als dies bei der Allgemeinheit der Steuerzahler der Fall wäre[998].

Die effektive Kontrolle privater Anbieter stellt auch einen im Interesse des freien Kommunikationsprozesses liegenden rundfunkbezogenen Zweck dar.

---

994 *Heun*, DVBl. 1990, 667 nwN.

995 Vgl. dazu BVerwG, DVBl. 1999, 622.

996 BVerwG, DVBl. 1999, 622 f.

997 BVerwG, DVBl. 1999, 623; *Hess*, Verfassungsrechtliche Probleme der Gebührenfinanzierung, S. 353.

998 BVerwG, DVBl. 1999, 623. *Goerlich*, ZUM 1999, 472; A.A: *Renck-Laufke*, ZUM 1999, 475.

Dies gilt um so mehr, als eine funktionsgerechte Finanzierung der Rundfunkaufsicht primär der Effektuierung der Meinungsbildungsfreiheit der abgabenpflichtigen Rezipienten dient[999], da ohne die von Art. 5 I 2 GG geforderte „beschränkte“ und staatsferne Rundfunkaufsicht die Veranstaltung nationalen Privatfunks in Deutschland nicht möglich wäre[1000]. Schließlich ist die notwendige Aufsicht über die privaten Veranstalter eine unabdingbare Voraussetzung dafür, daß privater Rundfunk in Deutschland stattfinden kann[1001]. Insofern geht der Ansatz fehl, die Sachnähe der belasteten Gruppe der gebührenpflichtigen Rezipienten zum Verwendungszweck der Abgabe zu bestreiten, da der Aufsichtsgroschen dafür diene anderen, nämlich den privaten Rundfunkveranstaltern, ihr Rundfunkveranstalterrecht zu gewährleisten und statt dessen zu fordern, die privaten Rundfunkveranstalter sollten für ihre Beaufsichtigung selber aufkommen[1002]. Vielmehr wird deutlich, daß die effektive Sicherung der Meinungsvielfalt in den privaten Rundfunkprogrammen durch die Landesmedienanstalten auch dem jeweiligen abgabenpflichtigen Rezipienten zugute kommt[1003]. Andernfalls müßte dieser auf die privaten Programme verzichten. Somit ist die erforderliche Sachnähe zur belasteten Gruppe der Rundfunkteilnehmer vermittelt und zugleich die Gruppennützigkeit ihrer Verwendung begründet[1004].

Schmidt[1005]streitet die Gruppennützigkeit der Verwendung ab, da die Aufsicht über die privaten Rundfunkveranstalter letztlich im Interesse der Allgemeinheit steht. Er hält den Aufsichtsgroschen deshalb für verfassungswidrig. Dabei übersieht er jedoch, daß die Rundfunkteilnehmer im besonderen Falle des privaten Rundfunks der durch den Aufsichtsgroschen angestrebten Meinungsvielfalt im privaten Rundfunkprogramm näher stehen als die Allgemeinheit, die zum Teil gar nicht die Möglichkeit hat, private Rundfunkprogramme zu empfangen. Richtigerweise ist die mit der Gebührenfinanzierung der Kontrollfunktion der Landesmedienanstalten intendierte Gewährleistung der Meinungsvielfalt im Programmangebot privater Veranstalter als Kriterium für die erforderliche Sachnähe der belasteten Gruppe der Rundfunkteilnehmer und die Gruppennützigkeit der Verwendung heranzuziehen. Da die Meinungsvielfalt aus oben

---

999 *Hoffmann-Riem*, Finanzierung und Finanzkontrolle der Landesmedienanstalten, S. 81; *Hess*, Verfassungsrechtliche Probleme der Gebührenfinanzierung, S. 354.

1000 BVerwG, DVBl. 1999, 622 f.; *Hess*, Verfassungsrechtliche Probleme der Gebührenfinanzierung, S. 333.

1001 *Gall*, ZUM 1991, 170 mwN.

1002 Diesen Gedanke äußert *Renck-Laufke*, ZUM 1999, 475.

1003 BVerwG, Presse-Mitteilung v. 9.12.1998 in: www.marktplatz-recht.de. (Siehe auch BVerwG, DVBl. 1999, 622 f.). Vgl. auch FAZ vom 10.12.1998.

1004 BVerwG, DVBl. 1999, 623; *Hess*, Verfassungsrechtliche Probleme der Gebührenfinanzierung, S. 333.

1005 Media Perspektiven 1986, S. 170; *ders.*, Die Rundfunkgebühr, S. 72 f.

dargelegten Gründen gerade durch die Aufsichtsabgabe gewahrt wird, bestehen an der Sachnähe und Gruppennützigkeit der Verwendung keine Zweifel. Zugleich läßt stellt dieses Argument die Rechtfertigung für die Heranziehung aller Rundfunkteilnehmer, unabhängig davon, ob sie überhaupt privaten Rundfunk nutzen können, zur Aufsichtsabgabe dar, so daß ein Verstoß gegen Art. 3 I GG ausscheidet[1006]. Mithin handelt es sich bei dem Aufsichtsgroschen um eine rechtmäßige Sonderabgabe.

3. Abgabenrechtliche Beurteilung des Offenen Kanal-Groschens

§ 40 I 1 Nr.2 RdfStV eröffnet den einzelnen Ländern die Möglichkeit, den zusätzlichen Anteil an der Rundfunkgebühr in Höhe von 2% auch zur „Förderung offener Kanäle" zu verwenden (sog. „Offener Kanal-Groschen"). Der offene Kanal ist eine Einrichtung, die jedermann die Möglichkeit eröffnet, selbst und zu geringen Kosten einzelne Rundfunkbeiträge zu erstellen und zu senden, ohne ein regelmäßiges Programm zu veranstalten. Ziel ist es, einen Beitrag zur Meinungsvielfalt zu leisten, indem ein programmliches Experimentierfeld eröffnet wird[1007]. Nach der Intention der vertragsschließenden Länder sollen durch den Offenen Kanal-Groschen vor allem Kosten für die Errichtung und Einrichtung von Studios sowie von Produktionseinrichtungen für den laufenden Betrieb abgedeckt werden[1008]. Allerdings werden in der Praxis die Offenen Kanäle nicht unmittelbar aus der Rundfunkgebühr gefördert, sondern erhalten die finanzielle Unterstützung zumeist von den jeweiligen Landesmedienanstalten[1009], die sich ihrerseits vorwiegend aus dem 2%-Anteil nach § 40 I 1 Nr.1 RdfStV finanzieren.

a) Der Offene Kanal-Groschen als Steuer oder Gegenleistungsabgabe

Die rechtliche Einordnung des Offenen Kanal-Groschens ist fraglich. Eine Einordnung als Vorzugslast scheidet aus. Angesichts der geringen Verbreitung der offenen Kanäle im privaten Rundfunk wird nur eine Minderheit der gebührenpflichtigen Rundfunkteilnehmern die Möglichkeit haben, die Programmleistungen der offenen Kanäle zu nutzen. Somit fehlt es dem Offenen Kanal-Groschen an der zur Bejahung einer Vorzugslast erforderlichen Entgeltfunktion[1010]. Auch eine Einordnung als Steuer kommt nicht in Betracht, da die

---

[1006] BVerwG, DVBl. 1999, 623.

[1007] *Hess*, Verfassungsrechtliche Probleme der Gebührenfinanzierung, S. 314.

[1008] Amtliche Begründung zu § 29 RdfStV, abgedruckt in MP Dok. IIIb/91, S. 173, 202 f.

[1009] Vgl. z.B. § 33 IV 3 iVm § 33 II HmbMedienG. Weitere Nachweise bei: *Hess*, Verfassungsrechtliche Probleme der Gebührenfinanzierung, S. 315.

[1010] *Hess*, Verfassungsrechtliche Probleme der Gebührenfinanzierung, S. 334.

aus dem Offenen Kanal-Groschen fließenden Gebührenmittel nicht der Erzielung von Einnahmen für den allgemeinen Landeshaushalt dienen, sondern zur Finanzierung der staatsfernen Veranstaltung von Rundfunkprogrammen in offenen Kanälen dienen.

b) Der Offene Kanal-Groschen als Sonderabgabe

Allerdings kann auch der Offene Kanal-Groschen als Sonderabgabe eingeordnet werden. Hier fällt die Abgabenkompetenz ebenso wie beim Aufsichtsgroschen den Ländern zu. Der mit der Festlegung des Offenen Kanal-Groschens verfolgte Sachzweck, nämlich die Vielfaltsförderung im Rundfunk, geht über die bloße Mittelbeschaffung hinaus und wirkt dabei gestaltend auf das Programm ein, indem er die Möglichkeit zur Einbringung zusätzlicher Meinungsrichtungen dadurch eröffnet, daß jedermann eigene Beiträge im Medium Rundfunk veröffentlichen kann. Die homogene Gruppe der gebührenpflichtigen Rundfunkteilnehmer weist im Hinblick auf die mit dem Offenen Kanal-Groschen bezweckte Vielfaltsförderung eine engere Sachnähe auf als die Allgemeinheit der Steuerzahler oder andere gesellschaftliche Gruppen, die nicht die Möglichkeit haben, Rundfunk zu empfangen. Denn bei der Veranstaltung von Offenen Kanälen geht es nicht in erster Linie darum der Meinungsfreiheit des Kommunikators Rechnung zu tragen, sondern die Meinungsvielfalt im Rundfunk sicherzustellen, indem ohne Rücksicht auf einschaltquotenorientierte Vorgaben oder den Zwang zu binnenpluraler Ausgewogenheit über das bestehende professionelle Angebot hinaus weitere Informationen und Meinungsrichtungen in den Rundfunk eingebracht werden. Insofern besteht die Einrichtung Offener Kanäle im Interesse aller Rundfunkteilnehmer, auch derjenigen, die nicht im Offenen Kanal ihre Meinung veröffentlichen. Die erforderliche Gruppennützigkeit der Verwendung des Offenen Kanal-Groschens ergibt sich aus dem auf den Rundfunk bezogenen Sachzweck, einen Beitrag zur Meinungsvielfalt im Rundfunkprogramm zu leisten[1011]. Somit stellt auch der Offenen Kanal-Groschen eine rechtmäßige Sonderabgabe dar.

4. Abgabenrechtliche Beurteilung des Infrastrukturgroschens

Gemäß § 40 I 2 RdfStV besteht die Möglichkeit, den zusätzlichen Anteil an der Rundfunkgebühr bis zum 31. Dezember 2004 auch zur Förderung von landesrechtlich gebotener technischer Infrastruktur zur terrestrischen Versorgung des

[1011] Zu genaueren Begründung sei hier auf das zum Aufsichtsgroschen Gesagte verwiesen (vgl. o. H II 2 a).

gesamten Landes und zur Förderung von Projekten für neuartige Übertragungstechniken zu verwenden (sog. „Infrastrukturgroschen"). Die Förderung technischer Infrastruktur umfaßt dabei nicht nur die einmaligen Investitionskosten, sondern auch die Übernahme von laufenden Kosten wie Postgebühren oder Bezuschussung von Reichweitenstudien[1012]. Allgemeine Maßnahmen der Verkabelung fallen jedoch nicht hierunter, da dies zum Aufgabenbereich der Post bzw. Telekom gehört[1013]. Allerdings kann die Errichtung von Kabelanlagen aus dem Infrastrukturgroschen bezuschußt werden, wenn terrestrische Frequenzen durch den Einsatz von Breitbandverteilnetzen ersetzt werden. Wie bei der Finanzierung offener Kanäle ist auch die bisherige Praxis der Länder im Bereich der finanziellen Unterstützung des Ausbaus terrestrischer Übertragungskapazitäten wenig einheitlich. Zum Teil wird von einer Förderung ganz abgesehen[1014], während anderswo die technische Infrastruktur in unterschiedlicher Höhe aus der Rundfunkgebühr alimentiert wird[1015]. Mit der Änderung des Rundfunkstaatsvertrages 2000 wurde der Infrastrukturgroschen auf den 31.12.2004 verlängert. Gleichzeitig wurde der Verwendungsbereich auch auf die Förderung von Projekten für neuartige Rundfunkübertragungstechniken erstreckt. Damit soll die Förderung neuer, vor allem digitaler Techniken, wie Digital Audio Broadcasting (DAB), eröffnet werden. Darüber hinaus können nach § 40 I 3 RdfStV aufgrund besonderer landesgesetzgeberischer Ermächtigung auch Formen nichtkommerzieller Veranstaltung von lokalem und regionalem Rundfunk aus dem Infrastrukturgroschen gefördert werden.

a) *Der Infrastrukturgroschen als Steuer*

Abgabenrechtlich könnte man auch beim Infrastrukturgroschen an eine Einordnung als Steuer denken, da der gebührenpflichtige Rundfunkteilnehmer den Infrastrukturgroschen unabhängig von einer konkreten Dienstleistung der Post schuldet. Dabei würde jedoch übersehen, daß die in Rede stehende Abgabe gerade nicht die Erzielung von Einnahmen des staatlichen Haushalts im Auge hat, sondern eine finanzielle Entlastung der privaten Rundfunkveranstalter anstrebt. Dementsprechend fließt der 2%-Anteil auch den Landesmedienanstalten und nicht den Ländern zu. Die Situation beim Infrastrukturgroschen ist deshalb nicht anders zu beurteilen als beim Aufsichtsgroschen[1016].

1012 *Hess*, Verfassungsrechtliche Probleme der Gebührenfinanzierung, S. 316 mwN.

1013 *Wöste*, Media Perspektiven 1990, 297.

1014 So z.B. in Bremen, Niedersachsen und Schleswig-Holstein.

1015 Z.B. Baden-Württemberg, Bayern, Berlin/Brandenburg, Mecklenburg-Vorpommern, Nordrhein-Westfalen, Rheinland-Pfalz, Sachsen-Anhalt und Thüringen.

1016 *Hess*, Verfassungsrechtliche Probleme der Gebührenfinanzierung, S. 335.

b) Der Infrastrukturgroschen als Sonderabgabe

Mithin scheint auch der Infrastrukturgroschen eine Sonderabgabe darzustellen. Der rundfunkbezogene Sachzweck besteht hier in der Verbesserung der terrestrischen Frequenzsituation, vor allem in dünner besiedelten Gebieten[1017]. Die abgabenpflichtigen Rundfunkteilnehmer besitzen als homogene Gruppe gegenüber der Allgemeinheit der Steuerzahler eine größere Sachnähe zu dem mit dem Infrastrukturgroschen verfolgten Zweck, den Ausbau der terrestrischen Frequenzen zu fördern, da so die Mehrzahl der Rundfunkteilnehmer die Möglichkeit erhält, mehr Programme zu empfangen, die es bisher nur im Kabel- oder Satellitenfernsehen gab. Damit wird eine an den Geboten der aus Art. 3 I GG abgeleiteten Abgabengleichheit und Informationsfreiheit des Art. 5 I 1 GG orientierte möglichst gleichmäßige Versorgung der Rundfunkteilnehmer mit Rundfunkfrequenzen gewährleistet[1018]. Deshalb entspricht es auch dem Interesse der Gesamtgruppe der Rundfunkteilnehmer, daß für die Übertragung von privaten Rundfunkprogrammen ausreichende technische Kapazitäten zur Verfügung stehen. Die gruppennützige Verwendung der Gebührenmittel für die Verbesserung der technischen Infrastruktur zur terrestrischen Versorgung des ganzen Landes ergibt sich aus dem an der Informationsfreiheit sowie am Gleichheitsgrundsatz orientierten Gebot der gleichmäßigen Versorgung des Landes mit terrestrischen Frequenzen. Demnach handelt es sich auch beim Infrastrukturgroschen um eine rechtmäßige Sonderabgabe.

5. Abgabenrechtliche Beurteilung des Programmgroschens

Um der besonderen bayrischen Verfassungslage Rechnung zu tragen, die eine Ausstrahlung privater Programme nur unter öffentlich-rechtlicher Verantwortung und öffentlicher Trägerschaft zuläßt, wurde noch § 55 RdfStV eingeführt. Danach ist der Freistaat Bayern befugt, eine Verwendung des Anteils an der Rundfunkgebühr nach § 40 zur Finanzierung der landesgesetzlich bestimmten Aufgaben der Bayrischen Landeszentrale für neue Medien im Rahmen der öffentlich-rechtlichen Trägerschaft vorzusehen. Dementsprechend erlaubt § 55 RdfStV über die in § 40 I RdfStV benannten Verwendungszwecke hinaus zugleich die finanzielle Unterstützung besonderer Medienprogrammangebote im privaten Rundfunk aus dem Gebührenaufkommen (sog. „Programmgroschen"). Allerdings ist die Regelung des § 55 RdfStV restriktiv auszulegen, was bedeutet, daß mit ihr keine allgemeine „Programmsubventionierung" privater Anbieter verbunden ist[1019].

[1017] Begründung zu § 29 RdfStV 1991, abgedruckt in MP Dok. IIIb/91, S. 173 (203).
[1018] *Hess*, Verfassungsrechtliche Probleme der Gebührenfinanzierung, S. 355.
[1019] *Hess*, Verfassungsrechtliche Probleme der Gebührenfinanzierung, S. 317.

Auch der Programmgroschen ist abgabenrechtlich als außersteuerliche Sonderabgabe einzuordnen. Die bayrische Landesmedienanstalt hat die Aufgabe, die Meinungsvielfalt in den Programmen privater Anbieter finanziell zu fördern. Dazu dient der Programmgroschen, der insoweit eine Optimierung der Meinungsvielfalt bezweckt, was im Hinblick auf die Informationsfreiheit der abgabenpflichtigen Rezipienten angesichts der bestehenden Programmdefizite im privaten Rundfunk zulässig ist. Die zuständigen Länder haben sich also bei der Festlegung der Programmabgabe eines spezifischen Sachzwecks bedient, der über die bloße Mittelbeschaffung hinaus der Vielfaltsförderung im privaten Rundfunk dient und damit gestaltenden Einfluß auf den zu regelnden Sachbereich „Rundfunk" nimmt. Die mit dem Programmgroschen bezweckte Verbesserung der Meinungsvielfalt in den privaten Rundfunkprogrammen vermittelt die erforderliche Nähebeziehung zu den abgabenpflichtigen Rundfunkteilnehmern und stellt zugleich sicher, daß die aus dem Programmgroschen fließenden Mittel auch im Gesamtinteresse der Rezipienten, mithin gruppennützig, verwendet werden[1020]. Damit stellt auch der Programmgroschen eine rechtmäßige Sonderabgabe dar.

IV. Ergebnis

Wie gezeigt, handelt es sich bei den sog. zusätzlichen Anteilen an der Rundfunkgebühr in allen Fällen um eine Sonderabgabe deren Erhebung rechtmäßig ist. Insoweit zeigt sich bereits bei der Rechtsnatur ein Unterschied zur allgemeinen Rundfunkgebühr. Dies verdeutlicht, daß es sich bei den zusätzlichen Anteilen nicht um unselbständige Teile der Rundfunkgebühr handelt, sondern daß die zusätzlichen Anteile an der Rundfunkgebühr eine selbständige Abgabe darstellen.

[1020] *Hess*, Verfassungsrechtliche Probleme der Gebührenfinanzierung, S. 331.

J. Möglichkeiten und Grenzen der unmittelbaren Beteiligung privater Rundfunkveranstalter am Rundfunkgebührenaufkommen

Die Finanzierung des privaten Rundfunks gehört seit seiner Einführung zu den wichtigsten Fragen der dualen Rundfunkordnung. So ist die Finanzierung der Veranstaltung von Rundfunksendungen für den Bestand und die Eigenart privaten Rundfunks wie für den Bestand und den Inhalt seiner Programme von wesentlicher Bedeutung[1021].

Gegenwärtig finanziert sich der private Rundfunk in erster Linie über Einnahmen aus der Wirtschaftswerbung[1022], d.h. einer Finanzierungsart, deren Aufkommen von der Publikumsgunst abhängt[1023]. Jedoch bedeutet das finanzielle Schwierigkeiten vor allem für kleinere Anbieter und solche, die ein nicht so massenattraktives Programm veranstalten. Deshalb stellte sich die Frage, ob es zulässig ist, die privaten Rundfunkanbieter unmittelbar am Rundfunkgebührenaufkommen zu beteiligen[1024]. Eine mittelbare Beteiligung erfolgt bereits durch die Finanzierung der Aufsicht über die privaten Rundfunkveranstalter aus dem Rundfunkgebührenaufkommen gem. § 40 I 1 Nr.1 RdfStV, wenngleich dieser sog. „Aufsichtsgroschen“ nicht einen Teil der Rundfunkgebühr, sondern eine rechtliche selbständig zu beurteilende Abgabe darstellt[1025].

Das BVerfG hat eine unmittelbare Gebührenbeteiligung privater Rundfunkveranstalter bislang immer offenlassen können. Lediglich in der Nordrhein-Westfalen-Entscheidung hat das Gericht festgestellt, daß aus dem Grundgesetz keine Verpflichtung zu einer Gebührenfinanzierung privater Rundfunktätigkeit folge[1026]. Allerdings findet sich auch keine generelle Ablehnung einer unmittelbaren Gebührenbeteiligung privater Rundfunkveranstalter für die Zukunft, falls diese in die Grundversorgungsaufgabe hineinwachsen sollten[1027]. Ein verfassungsrechtliches Gebot oder Verbot, private Rundfunkanbieter an der Rundfunkgebühr zu beteiligen, läßt sich also aus der Rechtsprechung des BVerfG nicht herleiten.

1021 *Bethge*, Die verfassungsrechtliche Problematik der Zulassung von Rundfunkveranstaltern, S. 30.

1022 Vgl. § 43 RdfStV.

1023 *Degenhart*, Lerche-FS, S. 615; *Paschke*, Medienrecht, S. 147.

1024 Es soll hier nicht um die Förderung privater Rundfunkanbieter aus der Rundfunkgebühr gehen, die diesen mittelbar durch die besonderen Anteile an der Rundfunkgebühr gem. § 40 RdfStV zukommt.

1025 Vgl. o. H III 2.

1026 BVerfGE 83, 238 329.

1027 So lassen sich die „Jedenfalls-“ und die „Solange und soweit“-Aussage des BVerfG interpretieren (Vgl. o. B I 3 c dd (6) (b) und (c)).

Dagegen gibt es in der Literatur durchaus Auffassungen, die sich für eine Gebührenfinanzierung privater Rundfunkanbieter aussprechen, da angeblich kein Unterschied zwischen privaten und öffentlich-rechtlichen Rundfunkveranstaltern bestünde[1028]. Andere wiederum lehnen eine Gebührenfinanzierung von privatem Rundfunk generell ab[1029]. Dabei spielt vor allem die außenplurale Organisationsstruktur des privaten Rundfunks eine argumentative Rolle. Diese Organisationsstruktur verbiete eine Gebührenfinanzierung[1030]. Aber auch verfassungs- und wettbewerbsrechtliche Gründe werden ins Feld geführt, da die Rundfunkgebühr für ein öffentlich-rechtliches Programmangebot geschuldet werde, während für private Programmangebote auch nur private Entgelte verlangt werden könnten[1031]. Eine dritte Gruppe in der Literatur zieht eine Gebührenfinanzierung des privaten Rundfunks dann in Betracht, wenn die Anbieter bestimmte Voraussetzungen erfüllen, die sie gebührenfinanzierungsfähig erscheinen lassen. Kriterium sei dabei das Programmangebot hinsichtlich der gegenständlichen und meinungsbezogenen Vielfalt, welches dann gebührenfinanzierungsfähig erfüllt sei, wenn es sich substantiell nicht von dem der öffentlich-rechtlichen Rundfunkanstalten unterscheide[1032].

Im folgenden soll nun anhand formeller, abgaben- und rundfunkrechtlicher Maßstäbe versucht werden, die Gebührenfinanzierungsfähigkeit der privaten Rundfunkanbieter zu klären.

I. Vorbehalt des Gesetzes

Zunächst gilt es zu fragen, welche formellen Voraussetzungen an eine Beteiligung privater Rundfunkanbieter an der Rundfunkgebühr zu stellen sind. Da bislang die Gesetzeslage eindeutig gegen eine Beteiligung der privaten Anbieter am Gebührenaufkommen spricht (§ 43 S. 2 RdfStV), bedürfte es einer Änderung des Rundfunkstaatsvertrages durch die Länder[1033].

1028 *Geiger*, AfP 1977, 264. Auch *Selmer/Gersdorf*, DVBl. 1992, 87 ff. befürworten grundsätzlich eine Möglichkeit der Rundfunkgebührenfinanzierung für private Anbieter.

1029 *Badura*, ZUM 1988, 162; *Herzog* in *Maunz*/Dürig, Grundgesetzkommentar, Art.5 Rn. 239c; *Kollek*, Rechtsfragen der Rundfunkfinanzierung, S. 100 f.; *Klein*, Rundfunkfreiheit, S. 93; *Kübler*, Media Perspektiven 1982, 559; *Stender*, Staatsferne und Gruppenferne, S. 320 ff.; *Winkel*, Die Finanzierung privaten Fernsehens, S. 52 ff.

1030 *Herzog* in *Maunz*/Dürig, Grundgesetzkommentar, Art. 5 GG, Rn 239 a; *Kübler*, Media Perspektiven 1982, 559; *Winkel*, Die Finanzierung privaten Fernsehens, S. 52 ff.

1031 *Badura*, ZUM 1988, 162.

1032 *Selmer/Gersdorf*, DVBl. 1992, 79 ff.; Starck in *v.Mangoldt/Klein/Starck*, Das Bonner GG, Art 5 Abs. 1,2 GG, Rn 94; *Koch*, Möglichkeiten der Beteiligung, S. 65 f.

1033 BVerfGE 29, 214 ff.; *Badura*, Rundfunkfreiheit und Finanzautonomie, S. 18, 46 f; *Koch*, Möglichkeiten der Beteiligung, S. 78.

Außerdem wären die Gebührenzahler einer finanziellen Mehrbelastung ausgesetzt, da sich die Rundfunkgebühr bei einer Beteiligung privater Rundfunkanbieter am Gebührenaufkommen wohl erhöhen würde. Diese finanzielle Mehrbelastung könnten einen Eingriff in das Grundrecht der Eigentumsgarantie des Art. 14 I GG oder der allgemeinen Handlungsfreiheit des Art. 2 I GG darstellen. Inwieweit Art. 14 I GG das Vermögen als solches schützt und damit die Auferlegung von Geldleistungspflichten eine Beeinträchtigung der Eigentumsfreiheit darstellt ist umstritten. Die herrschende Meinung lehnt zurecht einen derart umfassenden Schutz aus Art. 14 I GG ab[1034], da Art. 14 I GG nur konkrete Rechtspositionen schützt und nicht finanzielle Erwartungen oder Enttäuschungen. Etwas anderes gilt lediglich, wenn die Vermögensbeeinträchtigung von solchem Gewicht ist, daß sie einem klassischen Eigentumseingriff gleichgestellt werden kann. Im übrigen besteht für eine derartige Erweiterung des Schutzbereichs des Art. 14 I GG keine Veranlassung, da die Auferlegung einer Geldleistungspflicht zumindest eine Beeinträchtigung der allgemeinen Handlungsfreiheit darstellt, die vom Schutzbereich des Art. 2 I GG umfaßt ist[1035]. Insoweit besteht ausreichender verfassungsrechtlicher Schutz über Art. 2 I GG. Eine finanzielle Mehrbelastung der Rundfunkteilnehmer stellt also einen Eingriff in Art. 2 I GG dar, die einer verfassungsrechtlichen Rechtfertigung bedarf[1036]. Dieser sog. Gesetzesvorbehalt entspringt dem aus Art. 20 III GG abgeleiteten Rechtsstaatsprinzip und besagt, daß in grundlegenden normativen Bereichen der Gesetzgeber selbst verpflichtet ist tätig zu werden[1037]. Zu den grundlegenden normativen Bereichen zählen auch Eingriffe in die Freiheitsrechte des Bürgers[1038]. Deshalb steht die Beteiligung privater Rundfunkanbieter am Rundfunkgebührenaufkommen wegen ihrer finanziell negativen Auswirkungen auf die Rezipienten unter dem Vorbehalt des Gesetzes. Das bedeutet, daß es zu ihrer Verwirklichung eines formellen Gesetzes der bedarf, zu dem die Länder gem. Art. 70 I, 30 GG die Gesetzgebungskompetenz besitzen.

Zu den Fragen, die durch den parlamentarischen Landesgesetzgeber geregelt werden müssen, gehören u.a. die materiellen Voraussetzungen für eine Beteiligung an der Vergabe von Gebührenmitteln, die Festlegung des Förderumfangs und die Bestimmung der Kriterien, nach denen eine Gebührenfinanzierung

---

1034 BVerfG NJW 2000, 649; BVerfGE, 78, 232, 243; 81, 108, 122; BGHZ 83, 190, 194 f.; *Jarass/Pieroth*, GG, Art. 14 Rn 15 mwN. A.A. Kimmich, Bonner-Kommentar zum Grundgesetz, Art. 14, Rn. 65)

1035 *Jarass/Pieroth*, GG, Art. 2 Rn. 3.

1036 BVerfG NJW 2000, 649. Dabei ist unerheblich, ob insofern der Bezugsmaßstab in der Eigentumsgarantie des Art. 14 I GG oder Art. 2 I GG zu suchen ist; vgl. *Selmer*, Die Verwaltung, Band 23, S. 19 ff., der Art. 14 I GG anwendet.

1037 BVerfGE 61, 260, 275; 49, 89, 126; 77, 170, 230 f.

1038 *Jarass/Pieroth*, GG, Art. 20, Rn. 44 mwN.

einzelner privater Anbieter rückgängig gemacht werden kann. Außerdem sind durch Gesetz nichtstaatliche Stellen zu bestimmen, die für die Zuerkennung und Aberkennung der Förderungsfähigkeit zuständig sind[1039]. Hier wäre z.B. an die Landesmedienanstalten zu denken, da diese Lösung auch das Gebot der Staatsfreiheit beachtet[1040]. Den Landesmedienanstalten würde dann die Kontrolle obliegen, daß die den privaten Anbietern zugeteilten Rundfunkgebühren nicht zur Gewinnmaximierung zweckentfremdet würden.

II. Abgabenrechtliche Problematik einer Finanzierung privater Rundfunkanbieter durch Rundfunkgebühren

1. Die Rechtsnatur der Rundfunkgebühr

Bei der Untersuchung der Gebührenfinanzierungsfähigkeit der privaten Rundfunkanbieter in abgabenrechtlicher Hinsicht ist zunächst die Rechtsnatur der Rundfunkgebühr entscheidend. Wie bereits festgestellt, handelt es sich bei der Rundfunkgebühr um eine Abgabe sui generis, in der sich Elemente einer Gebühr, eines Beitrages und einer sachkompetenzimpliziten Abgabe vereinigen. Sie besitzt einen Gegenleistungscharakter insoweit, daß sie für die Finanzierung der Gesamtveranstaltung Rundfunk erhoben wird. Allerdings stellt sie keine Gegenleistung für einzelne Rundfunkprogramme dar, sondern dient vielmehr der Aufrechterhaltung des öffentlich-rechtlichen Rundfunks und der Sicherung der Grundversorgung[1041]. Es ist also zu fragen, ob eine öffentlich-rechtliche Abgabe wie die Rundfunkgebühr, für die Veranstaltung privater Rundfunkprogramme erhoben werden darf.

2. Die Möglichkeit der Erhebung einer öffentlich-rechtlichen Abgabe für einen privaten Veranstalter

Zunächst ist zu fragen, ob die Verbreitung von Rundfunksendungen durch private Anbieter eine öffentlich-rechtlich oder privatrechtlich erbrachte Leistung ist. Dazu ist es erforderlich, das Senderechtsverhältnis der privaten Rundfunkanbieter gegenüber den Rundfunkteilnehmern im Vergleich zu den öffentlich-rechtlichen Rundfunkanstalten näher zu bestimmen.

1039 *Hess*, Verfassungsrechtliche Probleme der Gebührenfinanzierung, S. 293.

1040 Im Ergebnis so auch *Koch*, Möglichkeiten der Beteiligung, S. 67 f.

1041 Vgl. o. E II 5.

a) Das Senderechtsverhältnis der öffentlich-rechtlichen Rundfunkanstalten zu den Rundfunkteilnehmern

Die öffentlich-rechtlichen Rundfunkanstalten sind Anstalten des öffentlichen Rechts. Der überwiegende Teil der Literatur sieht deshalb auch im Programmrundfunk der öffentlich-rechtlichen Rundfunkanstalten eine hoheitliche Tätigkeit[1042].

Maßgebend dafür ist, daß die öffentlich-rechtlichen Rundfunkanstalten ihre Programme in Wahrnehmung des ihnen obliegenden Programmauftrages verbreiten, der landesrechtlich in den Rundfunkgesetzen normiert ist. Zurechnungssubjekt dieser Vorschriften sind allein die Rundfunkanstalten als Träger hoheitlicher Gewalt. Die Programmtätigkeit ist damit als Erfüllung öffentlich-rechtlicher Normen und deshalb als hoheitlich zu qualifizieren[1043]. Ein weiteres Indiz dafür sind die hoheitlich auferlegten Rundfunkgebühren und die Tatsache, daß sich die Rundfunkanstalten bei der Programmveranstaltung im Bereich des Art. 5 I 2 GG bewegen[1044]. So sind sowohl die gebührenrechtliche Beziehung zwischen den öffentlich-rechtlichen Rundfunkanstalten als auch die Programmtätigkeit der Anstalten öffentlich-rechtlich ausgestaltet. Das Senderechtsverhältnis der öffentlich-rechtlichen Anstalten zu den Rundfunkteilnehmern ist damit öffentlich-rechtlich, so daß angesichts dieses hoheitlichen Charakters gegen eine Finanzierung des Programmrundfunks durch die öffentlich-rechtliche Rundfunkgebühr keine durchgreifenden abgabenrechtlichen Bedenken bestehen[1045].

b) Das Senderechtsverhältnis der privaten Rundfunkanbieter zu den Rundfunkteilnehmern

Private Rundfunkanbieter sind in erster Linie als Kapitalgesellschaften organisiert und somit juristische Personen des Privatrechts. Dies spricht dafür, auch das Senderechtsverhältnis dem Privatrecht zuzuordnen. Etwas anderes ist es allerdings, wenn die privaten Anbieter bei dem Angebot von Rundfunkprogrammen als Beliehene tätig würden. Dann ließe sich die Programmtätigkeit des privaten Rundfunks wie bei den Rundfunkanstalten dem öffentlichen Recht zuordnen.

1042 *Bethge*, Verw. Archiv 63 (1972), 156; *Bettermann*, NJW 1977, 513 ff. *Kopp*, Ule-FS, S. 42 ff.; Weitere Verweise bei *Selmer/Gersdorf*, DVBl. 1992, 82 in Fn. 24.

1043 *Selmer/Gersdorf*, DVBl. 1992, 83 mwN.

1044 *Koch*, Möglichkeiten der Beteiligung, S. 141.

1045 *Selmer/Gersdorf*, DVBl. 1992, 83.

aa) Rechtsfigur der Beleihung

Durch Beleihung wird eine Privatperson dazu berechtigt und verpflichtet, hoheitliche Zuständigkeiten im eigenen Namen wahrzunehmen[1046]. Fraglich ist dabei allerdings, ob die delegierten Kompetenzen staatliche Aufgaben betreffen müssen oder ob auch öffentliche, aber nichtstaatliche Funktionen Inhalt der Übertragung sein können. Dies ist insofern von Bedeutung, als die Veranstaltung von Rundfunk wegen des Grundsatzes der Staatsferne keine staatliche Aufgabe sein kann[1047]. Nach Sinn und Zweck des Rechtsinstituts der Beleihung können private Rechtssubjekte immer dann den privaten Rechtskreis verlassen und in das öffentlich-rechtliche Rechtsregime hineinwachsen, wenn sich ihr Tätigsein funktional nicht mehr von dem der Träger öffentlicher Gewalt unterscheidet. Maßgeblich für die Rechtsfigur der Beleihung ist demnach die funktionale Äquivalenz privater und öffentlich-rechtlicher Rechtsträger[1048].

bb) Funktionale Gleichwertigkeit als materielle Anforderung

Die funktionale Äquivalenz mag im Bereich des Rundfunks bezweifelt werden, da die Programmtätigkeit der privaten Rundfunkanbieter im Gegensatz zu dem am Allgemeinwohl orientierten öffentlich-rechtlichen Rundfunk auf der Grundlage privatwirtschaftlicher Handlung basiert[1049]. Doch verkennt eine derartige Sichtweise, daß der einzelne Rundfunkveranstalter nicht primär um seiner persönlichen Freiheit willen den Schutz des Art. 5 I 2 GG genießt, sondern vor allem wegen seiner Funktion im Rahmen des verfassungsrechtlich geschützten Prozesses freier Meinungsbildung[1050]. Dies zeigt sich bei einer etwaigen binnenpluralistischen Organisationsform des privaten Rundfunks, welche nach den Vorgaben des BVerfG zulässig ist[1051]. Bei einem solchen Modell liegt der maßgebliche Einfluß auf die Programmgestaltung nicht mehr bei dem Unternehmer, sondern bei den gesellschaftlichen Gruppen, die in einem binnenpluralistisch besetzten Gremium vertreten sind. Stehen also die entsprechenden zur Sicherung gleichgewichtiger Vielfalt erlassenen Bestimmungen denjenigen der öffentlich-rechtlichen Rundfunkanstalten nicht nach, so

---

1046 *Heimburg*, Verwaltungsaufgaben und Private, S. 33 ff.; *Arndt* in *Steiner*, Bes. VerwR, Wirtschaftsverwaltung, Rn. 234.

1047 BVerfGE 90, 60 ff.

1048 *Selmer/Gersdorf*, DVBl. 1992, 84.

1049 *Badura*, ZUM 1988, 162.

1050 *Koch*, Möglichkeiten der Beteiligung, S. 144.

1051 BVerfGE 57, 295, 325; 73, 118, 171; 74, 297, 328 ff.; 83, 238, 325.

ist hinsichtlich der bestehenden funktionellen Äquivalenz privaten und öffentlich-rechtlichen Rundfunks kein Hinderungsgrund ersichtlich, die Form der privaten Rundfunkveranstaltung zum Gegenstand eines Beleihungsaktes zu machen[1052].

cc) Die Notwendigkeit eines Beleihungsaktes

Aus dem für die Beleihung geltenden rechtsstaatlichen und institutionellen Gesetzesvorbehalt folgt, daß eine Beleihung eines formellen Beleihungsaktes bedarf, der eine gesetzliche Grundlage voraussetzt[1053]. An einer solchen gesetzlichen Grundlage für eine Betrauung privater Rundfunkanbieter mit der Ausübung öffentlich-rechtlicher Befugnisse fehlt es. Vielmehr sehen die aktuellen Rundfunkgesetze in der Veranstaltung von privatem Rundfunk eine privatrechtliche Leistung gegenüber dem Rezipienten[1054]. Somit läßt sich festhalten, daß die privaten Rundfunkanbieter bei der Veranstaltung von Rundfunkprogrammen gegenwärtig nicht als Beliehene tätig werden, sondern ihre Leistungen gegenüber den Rundfunkteilnehmern auf der Ebene des Privatrechts erbringen. Gleichwohl besteht die Möglichkeit des Gesetzgebers, durch entsprechende Gesetzesänderung einen „Beleihungsakt" vorzunehmen, da die materielle Voraussetzung einer funktionalen Äquivalenz gegeben ist.

c) Notwendigkeit eines öffentlich-rechtlichen Charakters der Gegenleistung bei Gegenleistungsabgaben

Da es bislang an einer Beleihung der privaten Rundfunkanbieter fehlt, bleibt zu prüfen, ob als Rechtfertigung für eine hoheitliche Abgabe wie der Rundfunkgebühr von Verfassungs wegen auch eine privatrechtliche Leistung gegenüber dem Rezipienten in Betracht kommt.

aa) Öffentlich-rechtliche Abgabe für öffentlich-rechtliche Gegenleistungen

Die Gegenleistungsabgaben begründen als hoheitlich auferlegte Geldforderungen einen öffentlich-rechtlichen Abgabenanspruch. Die herrschende Meinung geht deshalb davon aus, daß vor dem Hintergrund der hoheitlichen Charakterisierung auch die Gegenleistung öffentlich-rechtlicher Natur sein müsse[1055].

1052 *Koch*, Möglichkeiten der Beteiligung, S. 144 f.

1053 *Arndt* in *Steiner*, Bes.VerwR, Wirtschaftsverwaltung, Rn 234; *Burmeister*, Herkunft, Inhalt und Stellung des institutionellen Gesetzesvorbehalt, S. 43.

1054 *Selmer/Gersdorf*, DVBl. 1992, 85.

1055 *Emmerich/Steiner*, Möglichkeiten und Grenzen der wirtschaftlichen Betätigung der öffentlich-rechtlichen Rundfunkanstalten, S. 62; *Kollek*, Rechtsfragen der Rundfunk-

bb) Öffentlich-rechtliche Abgabe auch für private Gegenleistungen

Dagegen ist zu argumentieren, daß nach allgemeiner Auffassung der Verwaltung ein Wahlrecht zusteht, inwiefern sie hinsichtlich ihrer Versorgungsaufgaben privatrechtliche oder öffentlich-rechtliche Handlungsformen wählt. Aufgrund dieser eingeräumten Gestaltungsmöglichkeit müßte auch eine privatrechtliche Leistung Gegenstand eines Gebühren- oder Beitragstatbestand sein können[1056]. Allerdings erweist sich dieser Schluß nicht als zwingend, da die Verwaltung, soweit sie sich bei der Erledigung ihrer Aufgaben des Privatrechts bedient, auch ein privatrechtliches Entgelt verlangen könnte.

Der Gesetzgeber kann unter bestimmten Voraussetzungen sogar einen Kontrahierungszwang normieren, um die Finanzierung der Verwaltungstätigkeit sicherzustellen[1057]. So ließe sich etwa bei einem ausschließlich privatrechtlich organisierten Rundfunk an einen Kontrahierungszwang zugunsten des betreffenden privaten Rundfunkanbieters denken, um auf diese Weise die finanziellen Rahmenbedingungen für die Erfüllung der verfassungsrechtlich gebotenen Grundversorgung der Bevölkerung mit einem vielfältigen und ausgewogenen Rundfunkangebot zu gewährleisten[1058].

Aber selbst bei der Konstellation der dualen Rundfunkordnung, wie sie im Moment gegeben ist, sind keine durchgreifenden Bedenken ersichtlich, die gegen eine Finanzierung privater Leistungen der öffentlichen Verwaltung mittels öffentlicher Abgaben sprächen. Ein solches Ergebnis läßt sich zwar nicht mit der Subjektionstheorie begründen, die sich dadurch auszeichnet, daß sie ein Über- und Unterordnungsverhältnis zum Gegenstand hat[1059]. Doch ist nach der Sonderrechtstheorie eine solche Aufspaltung durchaus denkbar: Nach dieser Theorie dient der Rechtsinhalt des betreffenden Rechtssatzes dogmatisch der Abgrenzung des privaten vom öffentlichen Recht. Insofern ist es möglich, daß sich die rechtliche Beurteilung ein und derselben Rechtsbeziehung zum Teil nach den an jedermann gerichteten privatrechtlichen Bestimmungen, zum Teil

---

finanzierung, S. 100; *Rogosch*, Verfassungsrechtliche Bindungen, S. 25 ff.; *Wilke*, Gebührenrecht und Grundgesetz, S. 60 ff.

1056 *Selmer/Gersdorf*, DVBl. 1992, 86; *Wilke*, Gebührenrecht und Grundgesetz, S. 60.

1057 *Selmer/Gersdorf*, DVBl. 1992, 86.

1058 *Selmer/Gersdorf*, DVBl. 1992, 86.

1059 *Wilke*, Gebührenrecht und Grundgesetz, S. 62 f; *Rogosch*, Verfasungsrechtliche Bindungen, S, 26 ff.; *Selmer/Gersdorf*, DVBl. 1992, 86, *Koch*, Möglichkeiten der Beteiligung, S. 147 f. Näher dazu auch *Hess*, Verfassungsrechtliche Probleme der Gebührenfinanzierung, S. 290.

nach den ausschließlich für die Träger hoheitlicher Gewalt geltenden Bestimmungen bemißt[1060]. Die von der herrschenden Meinung und der Rechtsprechung vertretenen Zweistufentheorie unterstützt eine solche Möglichkeit. Auch wenn eine Verknüpfung einer privatrechtlichen Leistung mit einem öffentlich-rechtlichen Abgabeanspruch zu etwaigen Problemen führen kann, ist eine solche Gestaltung der Rechtsbeziehungen nicht von vornherein ausgeschlossen[1061].

Berücksichtigt man ferner, daß das Grundgesetz keinen eigenständigen Gebühren- oder Abgabenbegriff kennt und der Gesetzgeber deshalb im Bereich des Rechts der Gegenleistungsabgaben einen weiten Ausgestaltungsspielraum besitzt[1062], so steht es dem Gesetzgeber grundsätzlich frei, neben hoheitlichen auch privatrechtliche Leistungen zum Gegenstand einer öffentlich-rechtlichen Gegenleistungsabgabe zu machen[1063]. Allerdings bedarf dazu eines öffentlichen Interesses an der Erfüllung der privatrechtlich vorgenommenen Handlung, weil die Bürger nur dann zwangsweise zu einer öffentlich-rechtlichen Abgabe herangezogen werden dürfen, wenn der Vollzug der betreffenden Aufgabe, welche zum Gegenstand des Abgabenanspruchs gemacht wird, den privaten Kreis überwunden hat und sich zwischen Staat und Gesellschaft einfügt[1064]. Für den Bereich des Rundfunks ist diese Voraussetzung erfüllt, weil die Veranstaltung von Rundfunk eine öffentliche Aufgabe darstellt[1065]. Somit besteht hinsichtlich der Erfüllung der öffentliche Aufgabe Rundfunk die Möglichkeit der Erhebung einer öffentlich-rechtlichen Abgabe für private Rundfunkveranstalter.

3. Ergebnis

Nach den zuvor getroffenen Feststellungen ist davon auszugehen, daß aus abgabenrechtlichen Gesichtspunkten keine Bedenken dagegen bestehen, daß private Rundfunkveranstalter durch Rundfunkgebühren finanziert oder zumindest daran beteiligt werden. Dem Landesgesetzgeber steht insoweit ein breiter Handlungsspielraum zur Verfügung. Zu klären bleibt, ob und gegebenenfalls unter welchen Voraussetzungen eine Gebührenfinanzierung des Privatfunks auch unter rundfunkrechtlichen Gesichtspunkten verfassungsrechtlich möglich ist.

1060 *Wilke*, Gebührenrecht und Grundgesetz, S. 63; *Rogosch*, Verfasungsrechtliche Bindungen, S, 26 ff.

1061 *Selmer/Gersdorf*, DVBl. 1992, 86.

1062 BVerfGE 50, 217, 226; 79, 1, 27.

1063 *Wilke*, Gebührenrecht und Grundgesetz, S. 66; *Selmer/Gersdorf*, DVBl. 1992, 87.

1064 *Bethge*, Die verfassungsrechtliche Problematik der Zulassung von Rundfunkveranstaltern des Privatrechts, S. 33 f.

1065 *Selmer/Gersdorf*, DVBl. 1992, 87.

III. Rundfunkrechtliche Problematik einer Finanzierung privater Rundfunkanbieter durch Rundfunkgebühren

1. Funktion der Rundfunkgebührenfinanzierung

Die Möglichkeiten für eine Finanzierung von privaten Rundfunk aus dem Rundfunkgebührenaufkommen unter Beachtung der rundfunkrechtlichen Aspekte hängt von der Funktion der Rundfunkgebührenfinanzierung ab. Die Rundfunkgebühr ist keine Gegenleistung für bestimmte öffentlich-rechtliche Programme, sondern Mittel zu Finanzierung der Gesamtveranstaltung Rundfunk. Die Gebührenfinanzierung des öffentlich-rechtlichen Rundfunks dient der Sicherung der Grundversorgung und damit auch der Qualitätssicherung im Rundfunk[1066]. Dabei ist die Grundversorgungsaufgabe bislang den öffentlich-rechtlichen Rundfunkanstalten zugesprochen worden[1067].

2. Gebührenfinanzierungsfähigkeit privater Rundfunkanbieter in einer dualen Rundfunkordnung

Wie gezeigt, besteht die Funktion der Gebührenfinanzierung in der Sicherung der Grundversorgung. Wenn nun eine Beteiligung der privaten Anbieter am Gebührenaufkommen erwogen wird, so stellt sich die Frage, ob nicht auch diese - gegebenenfalls mit vergleichbaren Anforderungen an programmliche Vielfalt etc. - in der Lage sind, die Grundversorgung zu gewährleisten und damit, wenn auch nur anteilig, gebührenfinanzierungsfähig sind.

Der private Rundfunk muß sich an den Bedürfnissen des Marktes orientieren[1068]. Dies könnte gegen eine Übernahme der Grundversorgungsfunktion der privaten Rundfunkanbieter sprechen. Doch soll eine Gebührenfinanzierung privater Anbieter gerade dem Ziel dienen, sie von dem wirtschaftlichen Druck zu entlasten, möglichst massenattraktive Programme veranstalten zu müssen[1069]. Deshalb wird die Rundfunkgebühr auch nicht anteilig zur Reichweite verteilt, sondern gleichmäßig zur Gewährleistung der Verbreitung von Minderheitenprogrammen, ohne die der Rundfunk seiner dienenden Funktion nicht nachkommen könnte[1070]. Es ist aber kein Grund ersichtlich, warum nicht auch

1066 Vgl. o. D I 4 sowie E II 4 und 5.
1067 Vgl. o. B I 3 c dd (6).
1068 *Klein*, Rundfunkfreiheit, S. 93.
1069 *Selmer/Gersdorf*, DVBl. 1992, 87.
1070 *Bausch*, RuF 1978, 4.

private Anbieter mittels Unterstützung aus dem Rundfunkgebührenaufkommen in der Lage sein sollten, Minderheitenprogramme zu veranstalten, die der Vielfaltsgewährleistung dienen.

Es gilt nun im folgenden zu untersuchen, unter welchen Voraussetzungen eine Gebührenfinanzierung privat kommerziellen Rundfunks bei Zugrundelegen des Grundversorgungsbegriffs sowie des Sozialstaatsprinzips in Betracht kommt.

Die Antwort dazu kann nur im Wege einer differenzierenden Betrachtungsweise gefunden werden, da in den einzelnen Bundesländern unterschiedliche Bedingungen für die Veranstaltung privaten Rundfunks gelten[1071]. Dazu sollen entsprechend den verschiedenen Erscheinungsformen privater Rundfunktätigkeit vor allem im Bereich der programmlichen und verfahrensrechtlichen Vielfalt, d.h. der „qualitativen Grundversorgung"[1072], verschiedene Fallgruppen gebildet werden und untersucht werden, ob die Leistungsangebote privater Rundfunkanbieter gebührenfinanzierungsfähig erscheinen. Nur dann stünde eine Gebührenfinanzierung privater Rundfunkveranstalter mit den spezifischen Funktionen der Rundfunkgebühr in Einklang.

a) Quantitativer Aspekt der Grundversorgung

Damit die Grundversorgungsaufgabe auch von privaten Anbietern wahrgenommen werden kann, müssen diese von allen Rezipienten zu empfangen sein. Dies ist im Moment noch nicht der Fall, da sich der private Rundfunk längst nicht in allen Landstrichen der terrestrischen Frequenzen bedienen kann[1073]. Allerdings bleibt zu bedenken, daß für den Fall, daß der private Rundfunk grundversorgende Aufgaben wahrnehmen soll, der Gesetzgeber verpflichtet wäre einzugreifen und zur Sicherung der Grundversorgung den privaten Anbietern durch bevorzugte Frequenzvergabe jene flächendeckende Versorgung zu ermöglichen, die dem privaten Rundfunk derzeit fehlt[1074]. Der quantitative Aspekt der Grundversorgung[1075] steht also ihrer Wahrnehmung durch private Rundfunkanbieter nicht entgegen.

[1071] Vgl z.B. die besonderen Regeln in Bayern (sog. Bayrisches Modell).

[1072] *Grimm*, RuF 1987, 29.

[1073] *Grimm*, RuF 1987, 28 f.; *Scheble*, Perspektiven der Grundversorgung, S. 142 f.

[1074] *Hess*, Verfassungsrechtliche Probleme der Gebührenfinanzierung, S. 296; *Scheble*, Perspektiven der Grundversorgung, S. 143.

[1075] Vgl. zu dem Begriffspaar „quantitative" und qualitative" Grundversorgung: *Grimm*, RuF 1987, 29.

b) Qualitativer Aspekt der Grundversorgung

Beim qualitativen Aspekt der Grundversorgung ist zwischen der programmlichen Vielfaltssicherung und der verfahrensrechtlichen Vielfaltssicherung zu unterscheiden.

aa) Programmliche Vielfaltssicherung

Es fragt sich, ob private Anbieter in der Lage sein können, hinsichtlich der programmlichen Vielfaltssicherung ein Äquivalent zu den öffentlich-rechtlichen Anstalten zu bieten und damit als gebührenfinanzierungsfähig einzustufen sind.

(1) Inhaltliche Binnenpluralität

Dabei wäre zunächst eine binnenplurale Programmstruktur notwendig, die der Landesgesetzgeber den privaten Rundfunkanbietern allerdings vorschreiben könnte[1076]. Dadurch würde innerhalb des Programms Raum für alle Meinungsrichtungen geschaffen und das Gebot der Ausgewogenheit gewährleistet. Das Programmangebot eines binnenpluralistischen privaten Rundfunkanbieters darf sich von den öffentlich-rechtlichen Programmen in Bezug auf gleichgewichtige Meinungsvielfalt nicht substantiell unterscheiden[1077]. Aufgabe der für die Aufsicht über den privaten Rundfunk zuständigen Landesmedienanstalten ist es dann, darüber zu wachen, daß die privaten Rundfunkanbieter auch tatsächlich diesen hohen Anforderungen an die Sicherung der Meinungs- und Programmvielfalt genügen und damit den inhaltlichen Standard der Programme der öffentlich-rechtlichen Rundfunkanstalten erreichen. Ist dieses Ziel erreicht, so wäre diesbezüglich die Programmtätigkeit eines in programmlicher Hinsicht binnenpluralistisch organisierten privaten Rundfunks gebührenfinanzierungsfähig[1078].

(2) Primär nichtmassenattraktive Programmgestaltung

Eine weitere Form privater Rundfunktätigkeit sind die Leistungsangebote der Veranstalter von Sparten- und Vollprogrammen, die sich ausschließlich oder zumindest überwiegend an eine kleine Zahl von Rundfunkteilnehmern wendet[1079]. Man könnte hinsichtlich der Gebührenfinanzierungsfähigkeit derartiger Sender argumentieren, daß die privaten Rundfunkanbieter die

---

1076 BVerfGE 57, 295, 325; 73, 118, 171; 74, 297, 328 ff.; 83, 238, 320 ff.

1077 *Selmer/Gersdorf*, DVBl. 1992, 88.

1078 *Selmer/Gersdorf*, DVBl. 1992, 88.

1079 Hier sei als Beispiel der nach hamb. Landesrecht zugelassene Sender „Klassik-Radio“ genannt, der ausschließlich klassische Musik und Wortbeiträge ausstrahlt.

Möglichkeit hätten, Gewinne zu erwirtschaften und deshalb auch das Risiko für nichtprofitable Sendungen tragen müßten. Doch veranstalten diese Rundfunkanbieter Programme, die sich nur mit Mühe über Werbeeinnahmen finanzieren lassen, die bei einer umfassenden Informationsmöglichkeit aber unabdingbar sind[1080]. Die Finanzierung von nichtmassenattraktiven Programmteilen entspricht aber gerade der spezifischen Funktion der Rundfunkgebühr, nämlich die Grundversorgung zu gewährleisten. Demzufolge sind unter dem Gesichtspunkt der programmlichen Vielfalt auch Programme privater Rundfunkanbieter mit primär nichtmassenattraktiven Charakter gebührenfinanzierungsfähig.

(3) Programmangebote oberhalb des Minimalstandards, aber unterhalb des Maximalstandards

Etwas anders sieht es bei den Programmen der privaten Anbieter aus, die sich an den deutlich geringeren Programmbindungen für private Anbieter orientieren, weil die Grundversorgungsaufgabe den öffentlich-rechtlichen Anstalten zugeschrieben ist. Dieser in programmlicher Hinsicht leistungsschwächere Privatrundfunk bildet gegenwärtig den Schwerpunkt privater Rundfunktätigkeit. Es erscheint überaus zweifelhaft, ob diese Form privaten Rundfunks aus dem Rundfunkgebührenaufkommen finanziert werden dürfte.

Derartige Programme privater Anbieter sind zum Großteil sehr wohl werbefinanzierbar, da sie primär massenattraktive „quotenbringende" Sendungen veranstalten. Allerdings enthalten sie z.B. „Regionalfenster", die eher dem nichtmassenattraktiven Bereich zuzuordnen sind, wenngleich es sich dabei um einen vergleichsweise kleinen Programmteil handelt. Damit würde eine Gebührenfinanzierung derartiger nichtmassenattraktiver Programmteile de facto zu einer Gewinnmaximierung der privaten Rundfunkanbieter dienen, die dann sämtliche Programmteile, wirtschaftlich lukrativ veranstalten könnten. Dies entspricht aber nicht der Gemeinschaftsaufgabe für die der Rundfunkteilnehmer zwangsweise herangezogen werden dürfte[1081]. Schließlich verlangt die Rundfunkfreiheit als dienende Freiheit ein gewisses Maß an inhaltlichen Anforderungen auch an den privaten Rundfunk, mit denen die privaten Rundfunkanbieter zu leben haben, solange ihre Betätigung als Rundfunkveranstalter dadurch nicht unmöglich gemacht wird[1082]. Diese auf Art. 5 I 2 GG basierende Pflichtigkeit würde umgangen, wenn man ihnen die Last der Finanzierung nichtmassenattraktiver und damit unprofitabler Programmteile abnähme, indem man sie - wenn auch nur ergänzend - aus der Rundfunkgebührenaufkommen

1080 *Selmer/Gersdorf*, DVBl. 1992, 88.
1081 BVerfGE 83, 238, 311.
1082 BVerfGE 83, 238, 311.

finanzierte[1083]. Dadurch eröffnete sich den privaten Rundfunkanbietern ein rein ökonomischer Markt, bei dem seine Sendungen vermehrt als Ware fungieren. Die kann nicht Sinn und Zweck der Zulassung privater Rundfunkanbieter sein. Dementsprechend sind Programme, die oberhalb des Minimal-, aber unterhalb des Maximalstandards liegen, nicht gebührenfinanzierungsfähig.

(4) Programmangebote der außenpluralen Vielfalt

Inwieweit Programmgebote privater Rundfunkanbieter in einem außenpluralistischen Modell, bei dem ein vielfältiges Angebot durch eine Vielzahl miteinander konkurrierender Unternehmen bewirkt werden soll, gebührenfinanzierungsfähig sind, ist umstritten.

Man könnte zugunsten einer Gebührenfinanzierung derartiger Rundfunkprogramme anführen, daß die privaten Anbieter in ihrer Gesamtheit die Funktion wahrnehmen, die in einem binnenpluralen System dem einzelnen Anbieter zukommt. Doch verkennt eine solche Argumentation, daß die privaten Rundfunkanbieter in einem außenpluralistischen System zwar der Kontrolle durch die Landesmedienanstalten unterfallen, aber keinen programmbezogenen Gemeinwohlbindungen unterliegen, solange sich in der Gesamtheit des Programmangebotes die gebotene Vielfalt widerspiegelt. Damit können sich die Programmanbieter verstärkt auf die Veranstaltung werbeumsatzstarker massenattraktiver Sendungen konzentrieren, so daß ein öffentliches Interesse auch hier zu verneinen ist[1084]. Insofern scheidet eine zwangsweise Heranziehung der Rundfunkteilnehmer zur Finanzierung derartiger Programmteile aus. Programmangebote aus einem rein außenpluralistischen Modell sind demnach nicht gebührenfinanzierungsfähig[1085].

(5) Zwischenergebnis

Es bleibt festzuhalten, daß unter dem Gesichtspunkt der programmlichen Vielfaltssicherung einzig private Programmangebote der inhaltlich-pluralistischen sowie der primär nichtmassenattraktiven Programmgestaltung gebührenfinanzierungsfähig sind.

1083 *Kollek*, Rechtsfragen der Rundfunkfinanzierung, S. 100f.

1084 *Badura*, ZUM 1988, 162; *Herzog* in *Maunz*/Dürig, Art. 5 Abs. 1, 2 Rn 239 c.; *Kollek*, Rechtsfragen der Rundfunkfinanzierung, S. 99; *Kübler*, Media Perspektiven 1982, 559; *Selmer/Gersdorf*, DVBl. 1992, 89.

1085 *Kollek*, Rechtsfragen der Rundfunkfinanzierung, S. 99; *Kübler*, Media Perspektiven 1982, 559.

bb) Verfahrensrechtliche Vielfaltssicherung

Im zweiten Teilbereich qualitativer Aspekte der Grundversorgung geht es darum, inwieweit auf organisatorischer Ebene des privaten Rundfunks eine binnenpluralistische Struktur möglich ist.

In einigen Bundesländern befinden sich bereits heute in den rundfunkrechtlichen Bestimmungen für private Rundfunkanbieter binnenpluralistische Organisationsformen[1086]. Dies wird auch vom BVerfG für zulässig erachtet[1087]. Bei einem solchen Modell liegt der maßgebliche Einfluß nicht beim Unternehmer, sondern bei den gesellschaftlichen Gruppen und Kräften, die in einem binnenpluralistischen Gremium vertreten sind. Für einen Tendenzrundfunk bliebe also kein Raum mehr. Deshalb unterscheidet sich das Programmangebot eines binnenpluralistisch organisierten privaten Rundfunkanbieters in Bezug auf gleichgewichtige Meinungs- und Programmvielfalt nicht substantiell von dem der öffentlich-rechtlichen Programme.

Es bleibt jedoch zu befürchten, daß es zu einem ständigen Widerstreit zwischen den Interessen des Rundfunkunternehmers, der den Sender aus wirtschaftlichen Interessen betreibt, und den Vorstellungen des Kontrollorgans, welches eher ideelle Interessen verfolgt, kommt. Dieser Konflikt erscheint auch schwerlich auflösbar, da ein Abweichen von den jeweiligen Interessen zur Folge hätte, daß die Programmveranstaltung entweder wirtschaftlich nicht mehr attraktiv wäre oder die Meinungsvielfalt eingeschränkt wäre[1088]. Allerdings könnten die mit einer binnenpluralistischen Organisationsstruktur verbundenen finanziellen Risiken durch einen Anteil an der Rundfunkgebühr aufgefangen werden, um so zur Sicherung der finanziellen Grundlage beizutragen. Eine solche Struktur ist demnach als gebührenfinanzierungsfähig anzuerkennen[1089].

Dagegen scheint privater Rundfunk in einem außenpluralen Ordnungsmodell nicht gebührenfinanzierungsfähig[1090]. Denn die geforderte programminhaltliche Binnenpluralität ist nur durch wirksame organisatorische Vorkehrungen sicherzustellen, die ein außenplurales Rundfunkmodell nicht gewährleistet. Schließlich besteht die Gefahr, daß sich die einzelnen Programme lediglich an der Gewinnmaximierung orientieren und nicht, wie für die Sicherstellung der Grundversorgung notwendig, an dem Gemeinwohl[1091].

1086 Vgl. § 23-30 LRG NW; § 22 II, IV LMedienG BW.

1087 BVerfGE 57, 295, 325; 73, 118, 171; 74, 297, 328 ff; 83, 238, 320 ff.

1088 *Kübler*, Media Perspektiven 1982, 557.

1089 *Hess*, Verfassungsrechtliche Probleme der Gebührenfinanzierung, S. 298 ff.; *Selmer/ Gersdorf*, DVBl. 1992, 88.

1090 *Kollek*, Rechtsfragen der Rundfunkfinanzierung, S. 99.

1091 *Hess*, Verfassungsrechtliche Probleme der Gebührenfinanzierung, S. 299 f.

cc) Zwischenergebnis

Damit ergibt sich eine Gebührenfinanzierungsfähigkeit für private Rundfunkanbieter, die binnenpluralistisch organisiert sind und eine binnenpluralistische Programmvielfalt gewährleisten, sowie für private Rundfunkanbieter, die binnenpluralistisch organisiert sind und die primär nicht massenattraktive Programminhalte ausstrahlen.

c) Gebot der Systemgerechtigkeit und Systemkonsequenz

Eine den Spielraum des ausgestaltenden Rundfunkgesetzgeber eingrenzende Wirkung könnte aus der Pflicht des Gesetzgebers zur Systemgerechtigkeit und Systemkonsequenz resultieren. Darunter ist die Bindung des Gesetzgebers zu verstehen, einmal getroffene Entscheidungen folgerichtig weiterzuführen, solange nicht zwingende Gründe für eine Abkehr vom alten System sprechen[1092]. So hat sich der Rundfunkgesetzgeber für eine grundsätzliche Zulassung des privaten Rundfunks entschieden und damit das System des dualen Rundfunks geschaffen. Deshalb darf nicht verkannt werden, daß sich der private Rundfunk mit einem Zugriff auf die Rundfunkgebühr von seinem eigenen Anspruch entfernen würde, die Rundfunkfreiheit auf privatwirtschaftlicher Grundlage zu verwirklichen und hierbei grundrechtliche Funktionen mit zu übernehmen, die bislang dem öffentlich-rechtlichen Rundfunk vorbehalten sind[1093]. Auch partielle Gebührenfinanzierung mindert die spezifische freiheitliche Substanz des privaten Mediums. Sie bedeutet einen prinzipiellen Widerspruch zur Grundsatzentscheidung des Gesetzgebers für privaten Rundfunk[1094]. Dies führt aber noch nicht zur Verfassungswidrigkeit. Eine strikte Systemkonsequenz wird von der Verfassung nicht gefordert. Wie einerseits die dem öffentlich-rechtlichen Rundfunk adäquate Gebührenfinanzierung keine Ausschließlichkeit in der Durchführung beansprucht, ist andererseits die privatem Rundfunk vorrangig adäquate publikumsabhängige Finanzierung jedenfalls durch Art. 5 I 2 GG nicht in verfassungsrechtlicher Ausschließlichkeit vorgegeben[1095].

Wenn „quasi-öffentlich-rechtliche Standards" als normative Verpflichtung an private Rundfunkanbieter herangetragen werden, so liegt die maßgebliche

1092 *Selmer*, Bestands- und Entwicklungsgarantien, S. 33.

1093 *Bethge*, Die verfassungsrechtliche Position des öffentlich-rechtlichen Rundfunks, S. 47; *Degenhart*, Lerche-FS, S. 619.

1094 *Degenhart*, Lerche-FS, S. 619.

1095 *Degenhart*, Lerche-FS, S. 619.

Inkongruenz auf der Ebene der Rundfunkorganisation[1096]. Wird sie hier toleriert, so kann die funktionsgemäße Organisationsentscheidung des Gesetzgebers nicht über die sie nachvollziehende Finanzierungsregelung in Frage gestellt werden. Solange hierdurch privater Rundfunk lediglich in seinem Wettbewerbschancen dem öffentlich-rechtlichen Rundfunk gleichgestellt wird, stehen dem öffentlich-rechtlichen Rundfunk unter dem Gesichtspunkt der Gleichbehandlung auch keine Abwehrrechte zur Verfügung[1097].

Insofern scheitert die Möglichkeit einer - anteiligen - Rundfunkgebührenfinanzierung der oben dargelegten Formen nicht an dem Gebot der Systemkonsequenz.

d) Gebühren für privaten Rundfunk und Position der Rezipienten

Allerdings könnten Rechtspositionen der Rezipienten bei einer Gebührenfinanzierung privater Rundfunkanbieter berührt sein. Es steht zu befürchten, daß eine Gebührenbeteiligung der privaten Anbieter dazu führt, daß die Rundfunkgebühr erhöht wird. Denn auch die öffentlich-rechtlichen Rundfunkanstalten sind weiterhin mit einem angemessenen Finanzrahmen auszustatten, so daß die Gebühren die den privaten Anbietern zugesprochen werden sollen, zusätzlich zu den bislang erhobenen Rundfunkgebühren fällig würde. Damit ist eine Gebührenerhöhung bei der Beteiligung privater am Rundfunkgebührenaufkommen unumgänglich, solange der öffentlich-rechtliche Rundfunk aufrechterhalten werden soll. Eine Erhöhung der Rundfunkgebühren ist jedoch nur insoweit zulässig, als die Höhe durch die zu finanzierende Aufgabe gerechtfertigt sein muß[1098]. Dies ist die Grundversorgung des Publikums. Wird diese aber durch den öffentlich-rechtlichen Rundfunk bereits abgedeckt, so darf den Rezipienten nicht die Finanzierung weiterer Programme auferlegt werden, mögen diese auch, für sich genommen, zusätzliche Grundversorgungsfunktionen erfüllen[1099].

Hess[1100]und *Koch*[1101] halten eine gewisse Gebührenerhöhung noch für vertretbar. Dem gilt es zu widersprechen, da die Rundfunkgebühr mit über DM 30,- im Monat bereits eine erhebliche finanzielle Belastung für Sozialschwache darstellt, solange diese nicht der Gebührenbefreiung unterfallen. Es genügt schon, daß die Rundfunk Erhöhungen durch gesteigerten Finanzbedarf der

---

1096 *Degenhart*, Lerche-FS, S. 619.
1097 *Degenhart*, Lerche-FS, S. 619.
1098 Vgl. o. D I 5 b.
1099 *Degenhart*, Lerche-FS, S. 621.
1100 *Hess*, Verfassungsrechtliche Probleme der Gebührenfinanzierung, S. 301, 308.
1101 *Koch*, Möglichkeiten der Beteiligung, S. 69 f.

öffentlich-rechtlichen Anstalten ausgesetzt ist[1102]. Weitere Erhöhungen zur teilweisen Finanzierung privater Anbieter erscheinen da nicht mehr zumutbar. Auch der Vergleich mit den Kosten für eine Kinokarte ist nicht nachvollziehbar, da Kino nur sehr begrenzt die Funktion der täglichen Meinungsbildung erfüllt, sondern eher Freizeitvergnügen darstellt. Rundfunk hingegen dient der täglichen Informationsverschaffung im Sinne von Art. 5 I 1 GG und muß deswegen in seinem täglichen Konsum auch für alle finanzierbar bleiben. Demnach ist die Förderung privater Rundfunkanbieter aus der Rundfunkgebühr aus Gründen der Verhältnismäßigkeit unzulässig, wenn hierzu eine Gebührenerhöhung geplant ist[1103].

e) Bestands- und Entwicklungsgarantie des öffentlich-rechtlichen Rundfunks

Etwas anderes kann nur gelten, wenn die Grundversorgungsaufgabe zwischen öffentlich-rechtlichen und privaten Rundfunkveranstaltern aufgeteilt wird. Jedoch wären dann die öffentlich-rechtlichen Rundfunkanstalten in ihrem Bestand gefährdet. Auch das wird von *Koch* bestritten. Er behauptet, die öffentlich-rechtlichen Anstalten hätten die Möglichkeit, sich auf eine Gebührenumverteilung einzustellen[1104]. Da jedoch heute schon die Rundfunkanstalten nur so viel Finanzmittel aus der Rundfunkgebühr erhalten, wie sie Bedarf angemeldet haben[1105], erscheint es meines Erachtens bedenklich zu behaupten, die Anstalten hätten Einsparungsmöglichkeiten. Damit würde unterstellt, die Anstalten halten sich momentan nicht an die Grundsätze der Sparsamkeit und Wirtschaftlichkeit, wozu sie gem. § 3 I RdfFinStV verpflichtet sind[1106]. Eine solche Unterstellung erscheint nicht gerechtfertigt[1107], so daß davon auszugehen ist, daß die öffentlich-rechtlichen Rundfunkanstalten in ihrem Bestand gefährdet wären, wenn ihnen weniger Gebührenmittel zur Verfügung stünden. Dies ist angesichts der vom BVerfG zugesicherten Bestands- und Entwicklungsgarantie für den öffentlich-rechtlichen Rundfunk unzulässig[1108], so daß diese Garantie

1102 Vgl. dazu F.A.Z. vom 1.11.2000, S. 13 und o. D I 5 b aa.

1103 *Koch*, Möglichkeiten der Beteiligung, S. 53, ist allerdings der Ansicht, daß die Grundversorgungsaufgabe durch die öffentlich-rechtlichen Anstalten nicht mehr gesichert ist und deswegen die privaten Anbieter zu beteiligen sind. Dem wird jedoch hier jedoch nicht zugstimmt, danach der hier vertrenen Ansicht keine Bedenken bestehen, daß die Grundversorgung durch die öffentlich-rechtlichen Anstalten gewährleistet wird.

1104 *Koch*, Möglichkeiten der Beteiligung, S. 79.

1105 § 1 ff. RdfFinStV.

1106 § 3 I RdfFinStV.

1107 So auch BVerwG DVBl. 1999, 621.

1108 Vgl. dazu o. B I 3 c ee.

für den öffentlich-rechtlichen Rundfunk, als Determinante, d.h. als Grenze einer möglichen Gebührenfinanzierung privater Rundfunkanbieter, erscheint[1109].

f) Ergebnis

Es bleibt festzuhalten, daß die Grundversorgung durch die öffentlich-rechtlichen Anstalten im Rahmen der dualen Rundfunkordnung gewährleistet wird und als Aufgabe allein ihnen übertragen ist. Solange und soweit dies der Fall ist, ist eine Gebührenfinanzierung privater Rundfunkveranstalter ausgeschlossen, auch wenn deren Programmangebot qualitativ Grundversorgung darstellen mag. Andernfalls käme es zu einer verfassungsrechtlich unzulässigen Belastung der Rezipienten.

3. Gebührenfinanzierungsfähigkeit privater Rundfunkanbieter bei Auflösung der dualen Rundfunkordnung

Hinsichtlich einer Gebührenfinanzierung von privaten Rundfunk bleibt daher vor dem Hintergrund der gegenwärtigen Rechtsprechung des BVerfG zur Ausgestaltung einer gemischten Medienordnung nur die Möglichkeit einer Auflösung des dualen Rundfunksystems.

Das BVerfG hat vor allem im 6. Rundfunkurteil betont, daß es kein Gebot der Modellkonsistenz der Art gebe, daß öffentlich-rechtliche und privatrechtliche Formen der Rundfunkorganisation getrennt gehalten werden müßten[1110]. Wenn nun der Gesetzgeber entsprechende qualitative Anforderungen über die Landesmediengesetze an private Rundfunkveranstalter stellt, diese also insbesondere den klassischen Rundfunkauftrag gewährleisten und damit in die Grundversorgungsaufgabe hineingewachsen wären, so bestünde wegen der nicht mehr nachvollziehbaren Unterschiede zwischen öffentlich-rechtlichem und privatem Rundfunk kein Bedürfnis mehr für die Beibehaltung des dualen Rundfunksystems. Ergebnis einer solchen gesetzgeberischen Leistung wäre in Konsequenz die Schaffung einer Rundfunkordnung in rein privater Struktur. Dies ähnlich wie im Verwaltungsprivatrecht, bei dem das Ziel ist, daß private Unternehmen, durch Gewährleistung größerer Anpassungsfähigkeit an lokale Gegebenheiten, die Daseinsvorsorge-Aufgabe wahrnehmen[1111].

1109 *Bethge*, Die verfassungsrechtliche Position des öffentlich-rechtlichen Rundfunks, S. 46; *Degenhart*, Lerche-FS, S. 621.

1110 BVerfGE 83, 238 ff.

1111 *Ladeur*, ZUM 1993, 387.

Dem steht auch die Bestands- und Entwicklungsgarantie für den öffentlich-rechtlichen Rundfunk nicht entgegen, da diese nur innerhalb der dualen Rundfunkordnung zum Tragen kommt[1112]. Sobald die duale Rundfunkordnung vom Gesetzgeber abgeschafft würde, da die privaten Anbieter die Grundversorgung gewährleisteten, fehlt es an der Rechtfertigung für den Anstaltsfunk[1113]. Eine Institutsgarantie läßt sich für den öffentlich-rechtlichen Rundfunk aus Art. 5 I 2 GG nicht ableiten[1114], auch wenn die dem öffentlich-rechtlichen Rundfunk zugewiesene Grundversorgungsaufgabe von einem Teil der Literatur als „institutionelle Garantie" des öffentlich-rechtlichen Rundfunks gewertet wird[1115]. Dies deshalb, weil die Rundfunkfreiheit des Art. 5 I 2 GG weder Rechtsinstitut noch Einrichtung oder Anstalt ist. Ihr Inhalt ist nicht von Staats wegen formiert[1116].

Eine Auflösung des dualen Rundfunksystems erscheint unter bestimmten Voraussetzungen damit denkbar. Allerdings bedarf es zur Abschaffung der dualen Rundfunkordnung eines formellen Gesetzes, da dies eine grundrechtswesentliche Entscheidung darstellt. Gleichzeitig müßte der klassische Rundfunkauftrag den privaten Anbietern übertragen werden.

a) *Alleinige Wahrnehmung der Grundversorgungsaufgabe durch private Anbieter*

Voraussetzung einer Auflösung der dualen Rundfunkordnung ist die vollständige Übernahme der Grundversorgungsfunktion durch die privaten Anbieter. Somit ist zu klären, inwiefern die privaten Rundfunkanbieter allein in der Lage sind oder sein können, die Grundversorgung als Rechtfertigung für die Rundfunkgebührenfinanzierung wahrzunehmen. Dabei gilt es zwischen der Grundversorgung als Gewährleistung des „Essentiellen" (klassischer Rundfunkauftrag) und der Verpflichtung zur Grundversorgung (Auftrag) zu unterscheiden. Schließlich ist jede Versorgung primär die Bereitstellung etwas Notwendigen und erst sekundär wird mit dieser Versorgungsaufgabe ein Rechtssubjekt beauftragt[1117].

1112 *Selmer*, Bestands- und Entwicklungsgarantie, S. 81.

1113 *Hain*, Rundfunkfreiheit und Rundfunkordnung, S. 155; wohl auch *Hess*, Verfassungsrechtliche Probleme der Gebührenfinanzierung, S. 302 f., der eine Gebührenfinanzierung privater Rundfunkanbieter fodert, wenn diese vom Gesetzgeber an der Grundversorgungsaufgabe beteiligt werden.

1114 *Hesse*, Rundfunkrecht, S. 79; *Selmer*, Bestands- und Entwicklungsgarantien, S. 81.

1115 *Hain*, Rundfunkfreiheit und Rundfunkordnung, S. 157

1116 *Hain*, Rundfunkfreiheit und Rundfunkordnung, S. 158 f.

1117 *Scheble*, Perspektiven der Grundversorgung, S. 146.

aa) Grundversorgung als Gewährleistung

Die privaten Rundfunkanbieter müßten also mit ihren Programmangeboten die Grundversorgung gewährleisten können. Das ist gegenwärtig nicht der Fall, da insbesondere die Elemente der Kultur und Bildung in den Programmen der Privaten unterrepräsentiert sind[1118]. Doch sind die Gründe nicht entscheidend. Entscheidend ist die Tatsache, daß die privaten Anbieter im Moment nicht die Grundversorgung gewährleisten können und dies wohl auch für die Zukunft gar nicht wollen. Nicht anders ist es zu verstehen, wenn die privaten Anbieter nach einer Lockerung der Werberichtlinien streben und nichtmassenattraktive Programmfenster aus ihrem Programm streichen wollen[1119]. Die privaten Anbieter denken nicht an eine Programmgestaltung im Sinne des klassischen Rundfunkauftrages, sondern an eine Ausweitung gewinnorientierter Sendestrukturen. Es ist allerdings vorstellbar, daß die privaten Rundfunkveranstalter in der Zukunft ihre Gesinnung ändern und Programme anbieten, die dem Grundversorgungsauftrag vollständig gerecht werden[1120]. Denn private Rundfunkanbieter haben „keinen Makel von Geburt, sind nicht per Definition Banausen, die Feinsinniges verschmähen“[1121].

bb) Übertragbarkeit der Grundversorgungsaufgabe auf private Rundfunkanbieter

Zu prüfen bleibt, ob einem Privatrundfunk auch die Grundversorgungsaufgabe übertragen werden kann. Denn die Grundversorgungsaufgabe ist ein verfassungsrechtlicher Auftrag, der zur zuverlässigen Einhaltung bestimmte Anforderungen voraussetzt, denen sich dann der private Rundfunk zu unterwerfen hätte, woraus sich Probleme ergeben[1122]. Hier sei nur so viel gesagt, daß der private Rundfunk durch höhere Programmanforderungen, strengere Kontrollen, binnenpluralistischer Sicherung der Meinungsvielfalt in organisatorischer Hinsicht sowie Beschränkungen im Werbebereich stark einzuschränken wäre. Dies würde den Grundsatz der Privatautonomie beeinträchtigen. Der Grundsatz der Privatautonomie drückt aus, daß der einzelne berechtigt ist, seine Lebensverhältnisse im Rahmen der Rechtsordnung eigenverantwortlich zu gestalten.

1118 BVerfGE 83, 238, 299; *Badura*, Rundfunkfreiheit und Finanzautonomie, S. 50; *Bethge*, Media Perspektiven 1996, 67; *Hess*, Verfassungsrechtliche Probleme der Gebührenfinanzierung, S. 308; *Hoffmann-Riem*, Schutz der Meinungsbildungsfreiheit, S. 91; *Scheble*, Perspektiven der Grundversorgung, S. 146.

1119 Hamburger Abendblatt vom 25.9.1995; Süddeutsche Zeitung vom 14.9.1995.

1120 Vgl. o. J III 2.

1121 *Kull*, ZUM 1987, 356.

1122 *Scheble*, Perspektiven der Grundversorgung, S. 146 ff.

Eine solche Beeinträchtigung müßte aber verhältnismäßig sein. Die Verpflichtung des privaten Rundfunks zur Grundversorgung mag zwar geeignet, den angestrebten Zweck zu erreichen und auch zumutbar sein, wenn die entstehenden Mehrkosten durch die Rundfunkgebühr ausgeglichen würden, doch fehlt es an der Erforderlichkeit eine solchen Maßnahme, solange der öffentlich-rechtliche Rundfunk die Grundversorgung ausreichend wahrnehmen kann[1123].

Außerdem besteht bei privaten Rundfunkanbietern ein Konkursrisiko, dem der öffentlich-rechtliche Rundfunk nicht ausgesetzt ist[1124]. Ein Konkurs des Trägers der Grundversorgungsaufgabe würde jedoch dazu führen, daß der Gesetzgeber weiterhin die Grundversorgung sicherzustellen hat, was dazu führen könnte, daß erneut ein öffentlich-rechtlicher Rundfunk aufzubauen wäre. Dies spricht gegen die Zuverlässigkeit des privaten Rundfunks als Träger der Grundversorgungsaufgabe. Außerdem bestünde für private Rundfunkanbieter die Möglichkeit, sich durch Abwanderung ins Ausland dem Einflußbereich des Gesetzgebers zu entziehen. All dies zeigt, daß die Grundversorgungsaufgabe nicht auf private Rundfunkanbieter übertragen werden kann, wenn die aus Art. 5 I 2 GG gebotene Sicherstellung der Grundversorgung ernst genommen werden soll.

cc) Zwischenergebnis

Die privaten Rundfunkanbieter gewährleisten derzeit nicht die Grundversorgung. Jedoch ist es vorstellbar, daß sie dies in der Zukunft einmal tun könnten. Doch ist eine Übertragung der Grundversorgungsaufgabe auf die privaten Rundfunkanbieter nicht zulässig, da sie weder die erforderliche Zuverlässigkeit besitzen, noch eine Übertragung überhaupt erforderlich ist, solange der öffentlich-rechtliche Rundfunk die Grundversorgung ausreichend wahrnehmen kann.

b) Notwendige Beibehaltung der dualen Rundfunkordnung

Wie gezeigt, scheidet eine Privatisierung der Grundversorgungsaufgabe aus. Mithin ist die Grundversorgung weiter durch die öffentlich-rechtlichen Rundfunkanstalten zu gewährleisten. Damit ist auch eine Auflösung des dualen Systems nicht zulässig. Die duale Rundfunkordnung ist notwendigerweise beizubehalten.

1123 BVerwG, DVBl. 1999, 622; *Scheble*, Perspektiven der Grundversorgung, S. 155. Das Kriterium der Erforderlichkeit erkennt auch *Hess*, Verfassungsrechtliche Probleme der Gebührenfinanzierung, S. 306 f., an. Jedoch wendet er es nur auf die Frage an, welche privaten Anbieter vornehmlich gebührenfinanzierungswürdig wären. Dabei übersieht er, daß es gerade die Erforderlichkeit ist, die zumindest momentan eine Gebührenfinanzierung privater Anbieter generell ausschließt.

1124 *Scheble*, Perspektiven der Grundversorgung, S. 156; *Uphoff*, Fernsehmarkt und Grundversorgung, S. 64 f.

Es könnten sich aber aus Art. 3 I GG Zweifel an der notwendigen Beibehaltung der dualen Rundfunkordnung ergeben, da sich öffentlich-rechtlicher und privater Rundfunk zunehmend gleichen. Selbst wenn man der Ansicht ist, daß hinsichtlich des Leistungsangebotes keine Überlegenheit der öffentlich-rechtlichen Anstalten gegenüber binnenplural organisierten privaten Anbietern zu verzeichnen ist, so rechtfertigt sich die Ungleichbehandlung in der Gebührenverteilung durch die unterschiedlichen Zielsetzungen der beiden Sendeformen. Während die öffentlich-rechtlichen Anstalten nach den jeweiligen Landesgesetzen gemeinnützig arbeiten, veranstalten die privaten Anbieter Rundfunk gewinnorientiert[1125]. Insofern zwingt auch Art. 3 I GG nicht zur Annahme eines anderen Ergebnisses. Es besteht momentan keine Notwendigkeit, die privaten Rundfunkveranstalter am Gebührenaufkommen zu beteiligen.

Im übrigen ist eine Gebührenbeteiligung nicht der einzige Weg, um bei ähnlicher Aufgabenstellung im Sinne des „klassischen Rundfunks" von öffentlich-rechtlichem und privatem Rundfunk den Privaten Gleichheit im Wettbewerb zu sichern[1126]. Auch ein gegenüber dem öffentlich-rechtlichen Rundfunk großzügigeres Reglement für Werbung, Sponsoring und weitere publikumsabhängige Finanzierungsarten kommen in Betracht, um die Qualität privater Programmangebote zu fördern und zu sichern.

4. Ergebnis

Als Ergebnis läßt sich festhalten, daß aus rundfunk- und verfassungsrechtlichen Erwägungen eine Gebührenfinanzierung des privaten Rundfunks ausscheidet. Zum einen erscheint es schon schwer vorstellbar, daß dieser die Grundversorgungsaufgabe bei Auflösung der dualen Rundfunkordnung übernehmen kann, doch ist auf jeden Fall eine Übertragung dieser Aufgabe auf den privaten Rundfunk verfassungsrechtlich nicht zulässig. Es fehlt den privaten Anbietern insoweit an einer ausreichenden Zuverlässigkeit und Kontinuität. Soweit allerdings bei Beibehaltung des dualen Rundfunksystems die Grundversorgung ohnehin von den öffentlich-rechtlichen Anstalten wahrgenommen wird, scheitert eine Beteiligung der privaten Anbieter an der Rundfunkgebühr an den Rechtspositionen der Rezipienten. So würde die Beteiligung privater Rundfunkanbieter am Gebührenaufkommen eine Erhöhung der Rundfunkgebühr mit sich bringen, die den Teilnehmern nicht zuzumuten ist, da der öffentlich-rechtliche Rundfunk allein die Grundversorgungsaufgabe vollständig wahrnimmt und es

1125 *Koch*, Möglichkeiten der Beteiligung, S. 52 f.

1126 *Degenhart*, Lerche-FS, S. 620.

deshalb an der Erforderlichkeit einer Gebührenerhöhung fehlt. Aber auch eine Aufteilung der Grundversorgungsaufgabe und der jetzigen Rundfunkgebühr zwischen öffentlich-rechtlichem und privatem Rundfunk scheitert an der vom BVerfG aufgestellten Bestands- und Entwicklungsgarantie, die dem öffentlich-rechtlichen Rundfunk seine gegenwärtige Finanzierung primär über das bestehende Gebührenaufkommen sichert.

K. Alternativen zum derzeitigen System der Rundfunkgebührenfinanzierung

I. Mögliche Ausgestaltung der Rundfunkgebühr als echte Gebühr

Wie bereits festgestellt, handelt es sich bei der Rundfunkgebühr in ihrer jetzigen Form um eine Abgabe sui generis, in der sich Elemente einer Gebühr, eines Beitrages und einer sachkompetenzimpliziten Abgabe vereinigen. Man könnte jedoch überlegen, inwieweit eine Umgestaltung der Rundfunkgebühr in eine echte Gebühr im abgabenrechtlichen Sinne und damit die Anpassung von Namen und Rechtswirklichkeit der Rundfunk"gebühr" möglich ist[1127]. Die Rundfunkgebühr würde dann für die tatsächliche Inanspruchnahme des Angebots der öffentlich-rechtlichen Rundfunkanstalten erhoben, da eine Gebühr eine unmittelbare Verknüpfung von Leistung und Gegenleistung voraussetzt. Inwieweit dies zulässig ist soll im folgenden geprüft werden.

1. Verfassungsrechtliche Zulässigkeit einer Änderung der Rechtsnatur der Rundfunkgebühr in eine echte Gebühr

Wie jede rundfunkrechtliche Regelung ist auch die Änderung der Rechtsnatur der Rundfunkgebühr an den Maßstäben des Art. 5 I 2 GG zu messen. Die Rechtsnatur der Rundfunkgebühr kann geändert werden, indem der Gebührenerhebungstatbestand umgestaltet wird. Dazu bedarf es einer Änderung des Rundfunkgebührenstaatsvertrages durch die Landesgesetzgeber. Ein kompetenzrechtlicher Verstoß gegen Bundesrecht droht hierdurch nicht, da auch die Regelung der Rundfunkfinanzierung gem. Art. 70, 30 GG Ländersache ist[1128]. Inhaltlich muß die Gebührenpflichtigkeit der Rezipienten vom Bereithalten eines Rundfunkempfangsgerätes gelöst werden und der tatsächliche Empfang öffentlich-rechtlichen Rundfunks als neuer Erhebungstatbestand festgeschrieben werden. Dadurch wird eine unmittelbare Verknüpfung von Leistung und Gegenleistung hergestellt, wie sie für eine Gebühr typisch ist.

Verfassungsrechtlich wäre ein solcher Schritt zulässig. Art. 5 I 2 GG verpflichtet den Gesetzgeber nur die hinreichende Finanzierung der öffentlich-rechtlichen Programme zu „ermöglichen"[1129]. Das bedeutet, daß er Finanzierungsmöglichkeiten offenhalten muß. Diese vom Erfolg im publizistischen Wettbewerb abhängig zu machen, verstößt nicht gegen die Garantie der Rundfunk-

---

1127 *Badura*, Rundfunkfreiheit und Finanzautonomie, S. 18; *Selmer*, JuS 1992, 528.

1128 *Badura*, Rundfunkfreiheit und Finanzautonomie, S. 18 mwN.

1129 BVerfGE 74, 297, 342.

freiheit, die im dualen System diesen publizistischen Wettbewerb umschließt[1130]. Deshalb ist es verfassungsrechtlich unbedenklich, wenn man die Finanzierungsmöglichkeit der öffentlich-rechtlichen Rundfunkanstalten durch die Rundfunkgebühr mit der tatsächlichen Inanspruchnahme im publizistischen Wettbewerb koppelt und so die Rundfunkgebühr als eine echte Gebühr im abgabenrechtlichen Sinne gestaltet. Es gilt jedoch zu beachten, daß der öffentlich-rechtliche Rundfunk nicht dem Zwang zur Massenattraktivität unterworfen werden darf, damit er seiner Grundversorgungsaufgabe, die auch die Veranstaltung von Minderheitenprogrammen einschließt, noch nachkommen kann.

2. Folgen der Änderung der Rechtsnatur für den Verwendungszweck der Rundfunkgebühr und die Gebührenpflichtigkeit

Wenn die Rundfunkgebühr durch Neugestaltung des Erhebungstatbestandes von einer Abgabe sui generis in eine echte Gebühr geändert wird, so hat dies auch Auswirkungen auf den Verwendungszweck der Rundfunkgebühr und die Gebührenpflichtigkeit der Rezipienten. Schließlich berührt die Rechtsnatur der Rundfunkgebühr auch die Frage, zu welchen Zwecken die Gebührenmittel eingesetzt werden dürfen. Die abgabenrechtliche Klassifizierung der Rundfunkgebühr determiniert insoweit ihren Verwendungszweck. Dementsprechend dürften die Gebührenmittel bei einer als echte Gebühr ausgestalteten Rundfunkgebühr auch nur für die Veranstaltung von öffentlich-rechtlichen Programmen verwendet werden. Dies gebietet eine für die Gebühr finanzrechtlich erforderliche Konnexität[1131]. Zwar gilt abgabenrechtlich der Grundsatz, daß das Gebührenaufkommen nicht ausschließlich zur Finanzierung der gebührenpflichtigen Leistung verwendet werden muß, sondern vielmehr nach dem haushaltsrechtlichen Prinzip der Nonaffektation alle staatlichen Einnahmen als Deckungsmittel für alle Ausgaben dienen[1132]. Doch bedeutet das lediglich, daß keine abgabenrechtlichen Bindungen für den Verwendungszweck der Rundfunkgebühr bestehen. Da die Rundfunkgebühr jedoch wegen des Grundsatzes der Staatsferne gerade keine staatliche Einnahmequelle darstellt[1133], sondern die funktionsgerechte Finanzierungsquelle des durch Art. 5 I 2 GG besonders geschützten Rundfunk bedeutet[1134], unterliegt sie verfassungsrechtlichen Zweckbindungen[1135], die sich nicht ändern, nur weil sich die Rechtsnatur der Rundfunkgebühr ändert. Es bleibt also dabei, daß die Rundfunkgebühr

1130 BVerfGE 74, 297, 330 ff.
1131 Vgl. o. F I 2 c.
1132 *Kirchhof* in: *Isensee/Kirchhof*, Handbuch des Staatsrechts IV, § 88 Rn. 208.
1133 Vgl. o. E II 1 a cc.
1134 Vgl. o. E II 3 b bb.
1135 Vgl. o. D I 5 b.

ausschließlich für Zwecke des Rundfunks zu verwenden ist. Insofern behalten die hinsichtlich der oben erwähnten besonderen Vorhaben der öffentlich-rechtlichen Rundfunkanstalten erzielten Ergebnisse[1136] ihre Gültigkeit, auch wenn sich die Rechtsnatur der Rundfunkgebühr in eine echte Gebühr ändert.

Sollte die Rechtsnatur der Rundfunkgebühr von einer Abgabe sui generis in eine echte Gebühr geändert werden, so ändert sich aber die Gebührenpflichtigkeit. So setzt eine Gebühr eine unmittelbare Verknüpfung von Leistung und Gegenleistung voraus. Damit wird die Gebühr nur fällig, wenn der Rezipient die angebotene Leistung auch tatsächlich nutzt und nicht lediglich die Möglichkeit dazu besteht[1137]. Für die Frage der Gebührenpflichtigkeit von Internet-Rechnern ergeben sich daraus keine neuen Erkenntnisse, da auch bei einer Änderung der Rechtsnatur der Rundfunkgebühr die im Internet angebotenen Dienste keinen Rundfunk darstellen[1138]. Insofern bedeutet das Inanspruchnehmen von Internet-Diensten keine Inanspruchnahme eines öffentlich-rechtlichen Rundfunkprogramms und löst mithin keine Gebührenpflicht aus.

Etwas anderes gilt für die Gebührenpflichtig bei Bereithalten von Rundfunkempfangsgeräten ohne öffentlich-rechtlichen Empfang. Sollte ein Gerät tatsächlich in der Lage sein, lediglich private Rundfunkprogramme zu empfangen, so kommt es nicht zu einer Inanspruchnahme der Leistungen der öffentlich-rechtlichen Rundfunkanstalten. Mithin wäre der Erhebungstatbestand einer echten Gebühr im abgabenrechtlichen Sinne nicht erfüllt. Daß der Teilnehmer, der lediglich private Rundfunkprogramme konsumiert, mittelbar auch die öffentlich-rechtliche Grundversorgung in Anspruch nimmt, ohne die privater Rundfunk in seiner heutigen Form gar nicht zulässig wäre[1139], tut diesem Ergebnis keinen Abbruch. Denn die Gebühr verlangt eine unmittelbare Verknüpfung von Leistung und Gegenleistung, die in diesem Fall nicht existiert, da der Zuschauer öffentlich-rechtliche Programme zumindest nicht unmittelbar, sondern nur mittelbar nutzt.

Auch auf die Höhe der Rundfunkgebühr nimmt ihre Rechtsnatur Einfluß. Denn die Beziehung zwischen den Vorteilen, die der Empfang von Rundfunksendungen mit sich bringt, und den Belastungen, welche die Rundfunkgebührenpflicht auslöst, ist bei einer echten Gebühr deutlich enger als bei der oben dargestellten Abgabe sui generis. Demzufolge finden bei einer echten Gebühr das Kostendeckungs- und das Äquivalenzprinzip uneingeschränkte Anwendung, während dies bei der Rundfunkgebühr in ihrer heutigen Form nicht der

1136 Vgl. o. G.
1137 Vgl. o. EII 2 a aa.
1138 Vgl. o. G I 1 a.
1139 Vgl. o. G II 2 a.

Fall ist[1140]. Das bedeutet, daß die Gebührenhöhe durch den Verwaltungsaufwand begrenzt wird und daß die gewährten Vorteile nicht in einem Mißverhältnis zur Gegenleistung des Bürgers stehen dürfen. Allerdings erscheinen das Kostendeckungs- und das Äquivalenzprinzip bei der aktuellen Höhe der Rundfunkgebühr von 28,25 DM im Monat noch gewahrt.

Die Frage nach der Beteiligung privater Rundfunkanbieter an einer Rundfunkgebühr, die als echte Gebühr ausgestaltet ist, beantwortet sich von selbst. Der Erhebungsgrund für eine solche Rundfunkgebühr ist die tatsächliche Inanspruchnahme eines öffentlich-rechtlichen Rundfunkprogramms, so daß kein Grund ersichtlich ist, warum private Rundfunkanbieter daran zu beteiligen sind. Nur wenn die privaten Anbieter sich an der Grundversorgungsaufgabe beteiligen würden und der Gebührenerhebungstatbestand dahingehend geändert wird, daß auch die tatsächliche Inanspruchnahme eines privaten Rundfunkprogramms die Gebührenpflicht auslöst, wären die privaten Rundfunkveranstalter am Gebührenaufkommen zu beteiligen. Inwieweit dies verfassungsrechtlich zulässig ist, bleibt allerdings sehr fraglich[1141].

3. Ergebnis

Als Ergebnis ist festzuhalten, daß die Änderung der Rundfunkgebühr von einer Abgabe sui generis in eine echte Gebühr im abgabenrechtlichen Sinne zulässig ist. Sie hat durch eine entsprechende Änderung des Rundfunkgebührenstaatsvertrages zu geschehen. Die Folgen einer solchen Änderung der Rechtsnatur sind unterschiedlich. Während sich für den Verwendungszweck keine entscheidenden Änderungen ergeben, da es bei einer verfassungsrechtlichen Zweckbindung bleibt, ändert sich die Gebührenpflichtigkeit in Einzelfällen sehr wohl. So würden Rundfunkempfangsgeräte, die ausschließlich private Programme empfangen können, nicht mehr der Rundfunkgebührenpflicht unterfallen. Auch eine Beteiligung privater Rundfunkanbieter am Aufkommen aus einer echten Rundfunkgebühr im abgabenrechtlichen Sinne scheidet aus, da durch die Inanspruchnahme privater Rundfunkprogramme der Gebührenerhebungstatbestand nicht ausgelöst wird.

[1140] Vgl. o. E I.

[1141] Vgl. o. J III.

II. Alternative Finanzierungsmodelle für den öffentlich-rechtlichen Rundfunk

Wenngleich das BVerfG mehrfach betont hat, daß die Gebührenfinanzierung die funktionsgerechte Finanzierungsmöglichkeit für den öffentlich-rechtlichen Rundfunk im dualen Rundfunksystem ist[1142], bleibt zu fragen, ob nicht doch andere Finanzierungskonzepte für den öffentlich-rechtlichen Rundfunk vorstellbar sind. Dazu bedarf es allerdings einer ausdrücklichen gesetzlichen Grundlage. So geht das BVerfG davon aus, daß rundfunkpolitische Grundsatzentscheidungen dem Gesetzgeber vorbehalten sein müssen. Hierzu zählt mit Sicherheit auch das Gesamtgefüge der Finanzierung öffentlich-rechtlichen sowie privaten Rundfunks, da der Gesetzgeber hier die Bedingungen festzulegen hat, die einerseits dem öffentlich-rechtlichen Rundfunk die Erfüllung seines Funktionsauftrages, andererseits dem privaten Rundfunk die angemessene Finanzierung durch Werbeeinnahmen ermöglicht[1143]. Darüber hinaus hat das BVerfG in seinem Baden Württemberg-Beschluß explizit festgestellt, verfassungsrechtlich geboten sei nur die funktionsgerechte Finanzierung des öffentlich-rechtlichen Rundfunks, die Entscheidung, in welchen Formen dies zu geschehen habe, sei Sache des Gesetzgebers[1144]. Damit bedarf jedes der folgenden alternativen Finanzierungsmodelle einer ausdrücklichen gesetzlichen Grundlage[1145]. Allerdings erscheint es vorstellbar, daß sobald eine geeignete Finanzierungsalternative zur derzeitigen Mischfinanzierung der öffentlich-rechtlichen Rundfunkanstalten aus Rundfunkgebühr und Werbeeinnahmen gefunden ist, auch eine entsprechende gesetzliche Grundlage geschaffen wird[1146].

1. Werbefinanzierung

Da eine zumindest teilweise Werbefinanzierung des öffentlich-rechtlichen Rundfunks bereits heute vorgesehen ist (§ 12 I RdfStV)[1147], steht an erster Stelle der Überlegungen, ob der öffentlich-rechtliche Rundfunk seine Aufgaben nicht auch vollständig oder zumindest überwiegend aus Werbung finanzieren könnte. Hiergegen stehen jedoch massive verfassungsrechtliche Bedenken.

1142 Vgl. u.a. BVerfGE 90, 60, 90.

1143 BVerfGE 83, 238, 310 ff.

1144 BVerfGE 74, 297, 347.

1145 Vgl. ausführlich zum Gesetzesvorrang und Gesetzesvorbehalt beim Pay-TV auch: *Hoffmann-Riem*, PayTV im öffentlich-rechtlichen Rundfunk, S. 110 ff.

1146 So ist zumindest die Teilfinanzierung der öffentlich-rechtlichen Rundfunkanstalten durch Werbeeinnahmen schon lange gesetzlich normiert (§ 12 RdfStV).

1147 Vgl. zur Geschichte um die Einführung der Rundfunkwerbung: *Kollek*, Rechtsfragen der Rundfunkfinanzierung, S. 104 ff.

Dabei spielt weniger die Bestands- und Entwicklungsgarantie eine Rolle, als wiederum die grundrechtlich gebotene Gruppenunabhängigkeit und die Grundversorgungsaufgabe der öffentlich-rechtlichen Rundfunkanstalten. Daß eine reine Werbefinanzierung das finanzielle Aus für die öffentlich-rechtlichen Anstalten auf dem hart umkämpften Werbemarkt bedeuten soll, ist nämlich nicht ersichtlich. Schließlich haben auch die öffentlich-rechtlichen Anstalten massenattraktive Programme anzubieten, die es denkbar erscheinen lassen, daß das Werbeaufkommen noch zu steigern ist[1148].

Doch steht zu befürchten, daß eine vollständige oder überwiegende Werbefinanzierung der öffentlich-rechtlichen Anstalten zu einer Einschränkung der Programmvielfalt durch die Unterordnung unter die primär absatzorientierten Interessen der werbetreibenden Wirtschaft führt, die aus verfassungsrechtlichen Gesichtspunkten nicht hinzunehmen ist[1149]. Zwar ist die Gefahr eines unmittelbaren Eingriffs in den Programmbereich aufgrund der binnenpluralen Organisationsstruktur der öffentlich-rechtlichen Rundfunkanstalten eher gering. Doch dürfte eine Werbevollfinanzierung zu einer wirtschaftlichen Abhängigkeit von spezifischen unternehmerischen Interessen führen, die sich negativ auf die Programmfunktionen der öffentlich-rechtlichen Anstalten auswirkt, die nicht nur einseitig massenattraktive Belange, sondern das gesamte Spektrum der in der Gesellschaft vorhandenen Meinungen und Strömungen, mit Einfluß der einschaltquotenschwachen Minderheiteninteressen, zu berücksichtigen haben. Es stünde zu befürchten, daß die öffentlich-rechtlichen Rundfunkanstalten gezwungen wären, nahezu ausschließlich massenattraktive Programme zu veranstalten, um möglichst viele Werbekunden zu gewinnen[1150]. Das würde eine Verflachung des Programmniveaus bedeuten, welche in einem krassen Widerspruch zur umfassenden Grundversorgungsaufgabe der öffentlich-rechtlichen Anstalten steht. Aufgewogen wird dies auch nicht durch den positiven Effekt der Werbefinanzierung, daß durch Werbeeinnahmen die Rundfunkanstalten unabhängiger von den Rundfunkgebühren würden und damit dem Grundsatz der Staatsfreiheit noch mehr Genüge getan wäre[1151]. Denn eine Beeinflussung der Programmfreiheit der öffentlich-rechtlichen Rundfunkanstalten durch die werbetreibende Wirtschaft würde bedeuten, daß die Rundfunkanstalten nicht mehr in der Lage wären, ihre Funktion in der dualen Rundfunkordnung, die Rücksichtnahme auf das Öffentlichkeits- und Gemeinwohlinteresse erfordert,

---

1148 Vgl. z.B. die Übertragung großer Sportereignisse oder Unterhaltungsshows.

1149 BVerfGE 83, 238, 311; 87, 181, 199; 90, 60, 91; *Oppermann/Kilian*, Rechtsgrundsätze der Finanzierung, S. 94; *Hesse*, Rundfunkrecht, S. 143; *Ricker*, Rundfunkwerbung und Rundfunkordnung, S. 17 f.

1150 *Kollek*, Rechtsfragen der Rundfunkfinanzierung, S. 114 ff.

1151 *Hesse*, Rundfunkrecht, S. 143 f. mwN.

zu erfüllen[1152]. Dies wäre nicht besser als eine mögliche staatliche Einflußnahme und ein schlichtweg nicht hinzunehmender Zustand[1153]. Deshalb muß es bei der Rundfunkgebühr als vorrangigem Finanzierungsinstrument für den öffentlich-rechtlichen Rundfunk bleiben.

2. Staatsfinanzierung

Teilweise wird im Schrifttum die Gewährung direkter finanzieller Zuwendungen aus den Mitteln der Länderhaushalte gefordert[1154]. Dadurch sollen die stagnierenden Einnahmen der Rundfunkanstalten dynamisiert und die Mehrwertsteuerfreiheit für die Zukunft gesichert werden sowie die unpopulären Gebührenerhöhungen durch die Länderparlamente entfallen. Zudem entfielen die Schwarzhörerkontrollen[1155]. Die Gegenansicht rügt, daß eine staatliche Alimentation der Rundfunkanstalten nicht mit dem Grundsatz der Staatsferne zu vereinbaren sei[1156]. Die Mehrheit des Schrifttums betrachtet die Zuweisung staatlicher Haushaltsmittel als „ultima ratio" der verfassungsrechtlich zulässigen Finanzierungsformen, wenn und soweit andere Finanzierungsformen nicht vorhanden seien und ein spezielles Parlamentsgesetz ausreichende Vorkehrungen gegen eine staatliche Einflußnahme treffe[1157]. Auch das BVerfG sieht eine Gefahr der politischen Einflußnahme bei einer Staatsfinanzierung des Rundfunks[1158].

Der herrschenden Meinung ist zuzustimmen. Der öffentlich-rechtliche Rundfunk ist von staatlichen Einflüssen frei zu halten. Eine ausschließliche oder überwiegende Staatsfinanzierung der Rundfunkanstalten würde nicht nur zu einer Abhängigkeit im finanziellen Bereich führen. Es ist zu befürchten, daß diese Abhängigkeit auch auf die programmliche Ebene des Rundfunks durchschlagen würde. Schließlich ist es nicht schwer vorstellbar, daß derjenige, der die finanziellen Mittel zur Verfügung stellt, sich auch ein Mitspracherecht in

---

1152 *Schneider*/Radeck, Verfassungsprobleme der Rundfunkfinanzierung, S. 76.

1153 So auch bereits BVerfGE 39, 159, 167.

1154 *Heydt*, AöR 100(1975), S. 584 ff.; *Stern*, Funktionsgerechte Finanzierung der Rundfunkanstalten durch den Staat, S. 42 ff.

1155 *Heydt*, AöR 100 (1975), S. 586 ff.

1156 *Badura*, Rundfunkfreiheit und Finanzautonomie, S. 19; *Thieme*, AöR 88 (1965), S. 73 ff; *Oppermann/Kilian*, Rechtsgrundsätze der Finanzierung, S. 103.

1157 *Bethge*, Der verfassungsrechtliche Standort des öffentlich-rechtlichen Rundfunks, S. 45; *Jarass*, Die Freiheit des Rundfunks vom Staat, S. 61; *Ossenbühl*, Rundfunkfreiheit und Finanzautonomie, S. 32 f.; *Schneider*/Radeck, Verfassungsprobleme der Rundfunkfinanzierung, S. 97 f.; *Steimer*, Grundprobleme der Rundfunkfinanzierung, S. 15; *Zeidler*, Probleme der Rundfunkgebühr, S. 44.

1158 BVerfGE 83, 238, 310.

programmlichen Dingen ausbittet. Zumindest aber wird ein mittelbarer Einfluß auf das Programm nicht zu verhindern sein, da der Staat durch Zuweisung oder Kürzung von Geldern die Veranstaltung bestimmter Programme fördern oder verhindern kann. Ein Beispiel für den staatlichen Einfluß bei einer Staatsfinanzierung zeigt sich bei der aus Steuermitteln finanzierten „Deutschen Welle". Hier plante die neue Bundesregierung die Absetzung des Intendanten, da dieser zu sehr eine Oppositionsrolle eingenommen habe, anstatt die Bundesregierung und ihre Politik zu unterstützen. Zudem sollen die Mittel für die „Deutsche Welle" gekürzt werden, was zu Einsparungen auch im Programmbereich führt[1159]. Solchen Einflußnahmen könnte man nur durch eine Globalzuweisung der Mittel abhelfen, bei welcher der Staat den Rundfunkanstalten die Mittel als Gesamtheit zuweist und nicht für einzelne Projekte bewilligt. Die Anstalten könnten dann nach eigenem Gutdünken mit den Mitteln umgehen. Doch auch hier ist zu befürchten, daß aus Sparsamkeitserwägungen des Staates oder anderen nicht vorhersehbaren Gründen, die Mittel gekürzt werden und so - wenn auch nicht unbedingt gewollt - mittelbarer Einfluß auf die Programmgestaltung durch den Staat genommen wird. Deshalb ist eine Staatsfinanzierung grundsätzlich aus verfassungsrechtlichen Grundsätzen der Staatsfreiheit und der Programmfreiheit abzulehnen.

Wenn jedoch die Gefahr staatlicher Einflußnahme durch die Alimentation des Rundfunks nicht droht, da mit Staatsmitteln nur untergeordnete Aufgaben der Rundfunkanstalten finanziert werden und die Haushaltsmittel nicht zu einer wesentlichen Einnahmequelle avancieren, so steht einer Staatsfinanzierung nichts im Wege[1160]. Ähnlich liegt der Fall, wenn anderweitige Finanzierungsformen eine funktionsgerechte Programmveranstaltung nicht ermöglichen können. Dann erscheint es als das kleinere Übel, eine Staatsfinanzierung zuzulassen, um die überragend wichtige Funktion des Rundfunks im Meinungsbildungsprozeß zu erhalten, auch wenn eine staatliche Einflußnahme droht. Allerdings ist sicherzustellen, daß die Einflußnahmemöglichkeit so gering wie möglich bleibt[1161]. Entscheidend ist, daß der Entzug oder die Kürzung staatlicher Gelder nicht geeignet sein darf, die Programmfunktion der öffentlich-rechtlichen Rundfunkanstalten zu beeinträchtigen. Dies könnte zum Beispiel durch die oben angesprochene Globalzuweisung zu realisieren sein.

Schließlich spricht auch eine Ungerechtigkeit in der Belastung der steuerzahlenden Bürger gegen eine Staatsfinanzierung des Rundfunks. So würde eine Staatsfinanzierung bedeuten, daß der Staat aus seinen Haushaltsmitteln den

---

1159 Hamburger Morgenpost v. 19.8.1999, S. 2.

1160 *Hess*, Verfassungsrechtliche Probleme der Gebührenfinanzierung, S. 70.

1161 *Thieme*, Rundfunkfinanzierung im Bundesstaat, S. 32 f.

öffentlich-rechtlichen Rundfunk zu finanzieren hätte. Hierzu würden die staatlichen Einnahmen herangezogen, die bei jedem Bürger erhoben werden, ohne daß es darauf ankommt, ob dieser überhaupt eine Nutzungsmöglichkeit des Rundfunkangebots hat[1162]. Dies widerspricht dem aus Art. 3 I GG abzuleitenden Grundsatz der Abgabengerechtigkeit. Es erscheint insoweit wesentlich gerechter, die Rundfunkgebühr im herkömmlichen Sinne nur von denjenigen zu erheben, die ein Rundfunkgerät zum Empfang bereithalten.

3. Eigene wirtschaftlich-unternehmerische Betätigung

Eine weitere Finanzierungsalternative wäre die Ausweitung des erwerbswirtschaftlichen Aktionspotentials der Rundfunkanstalten, die Art. 5 I 2 GG dem öffentlich-rechtlichen Rundfunk grundsätzlich zubilligt. Allerdings ist eine expansive unternehmerische Betätigung der Rundfunkanstalten verfassungsrechtlich nicht unbedenklich. Da sind zunächst die Grundrechtspositionen der privaten Mitbewerber zu beachten, die einer unverhältnismäßigen, die Funktionsfähigkeit von Presse und privatem Rundfunk bedrohenden Ausweitung entgegenstünden[1163]. Außerdem würde eine überwiegend kommerzielle Orientierung der öffentlich-rechtlichen Anstalten deren verfassungsrechtlichen Gemeinwohlbindung entgegenstehen, die in der Gewährleistung der Grundversorgung ihren Ausdruck findet. Sollten sich die öffentlich-rechtlichen Rundfunkanstalten verstärkt der unternehmerischen Betätigung zuwenden und dementsprechend ihre Programmstruktur einseitig nach kommerziellen Belangen ausrichten, so droht eine verfassungsrechtlich unzulässige Vernachlässigung der Grundversorgungsaufgabe[1164]. Somit ist auch der Ausbau erwerbswirtschaftlicher Aktivitäten keine geeignete Alternative zur derzeitigen Finanzierung des öffentlich-rechtlichen Rundfunks.

4. Pay-TV

Eine weitere denkbare Finanzierungsmöglichkeit für die Rundfunkanstalten wäre die Einführung von öffentlich-rechtlichem Pay-TV, d.h. die Erhebung eines Teilnehmerentgeltes für die Programmnutzung. Das BVerfG hat in seiner

---

[1162] *Heydt*, AöR 100 (1975), S. 593 f., der allerdings die daraus resultierende Steuererhöhung von etwa 1-2% noch für vertretbar hält.

[1163] *Hess*, Verfassungsrechtliche Probleme der Gebührenfinanzierung, S. 69.

[1164] BVerfGE 83, 238, 306; *Oppermann/Kilian*, Rechtsgrundsätze der Finanzierung, S. 102; *Thieme*, Rundfunkfinanzierung im Bundesstaat, S. 24.

5. Rundfunkentscheidung klargestellt, daß der öffentlich-rechtliche Rundfunk nicht von der Veranstaltung von Pay-TV-Sendungen, d.h. Spartenprogrammen mit gesonderter Finanzierung, ausgeschlossen werden darf[1165].

Grundsätzlich ist Pay-TV als Finanzierung durch Teilnehmerentgelte durch zwei Grundtypen gekennzeichnet:

Beim Pay-per-Channel oder Pay-per-Package zahlt der Nutzer ein periodisch zu entrichtendes Entgelt für die Nutzbarkeit eines Gesamtangebots eines Kanals, mehrerer Kanäle oder eines Programmbouquets. Entgeltpflichtig ist die Möglichkeit der Nutzung, nicht der konkret Nutzungsvorgang selbst. Dies entspräche einem Beitrag im abgabenrechtlichen Sinne. Beim Pay-per-View hingegen knüpft die Zahlungsverpflichtung an die Nutzung einer einzelnen Sendung an[1166]. Dies entspricht eher einer echten Gebühr. Unstreitig unterfallen beide Pay-TV-Formen heute dem Rundfunkbegriff[1167], da nach § 2 I RdfStV auch Darbietungen, die verschlüsselt verbreitet werden oder gegen ein besonderes Entgelt empfangbar sind, vom Rundfunkbegriff eingeschlossen sind.

Für die hier zur Entscheidung stehende Frage, ob Pay-TV als Finanzierungsalternative zur bisherigen Mischfinanzierung des öffentlich-rechtlichen Rundfunk in Betracht kommt, ist danach zu differenzieren, ob hiermit Programme finanziert werden sollen, die der Grundversorgung zuzurechnen sind. Pay-TV-Programme richten sich nur an einen begrenzten Teilnehmerkreis und besitzen nur eine limitierte Informationsmöglichkeit[1168]. Demnach sind sie für den Bereich der Grundversorgung, die u.a. eine Empfangbarkeit für alle verlangt, als Finanzierungsalternative ungeeignet. Es wäre mit dem Grundversorgungsauftrag unvereinbar, wenn klassische Bestandteile des überkommenen Programmauftrages, wie beispielsweise der Informationsbereich mit den Nachrichten, künftig nur noch gegen ein besonderes Entgelt angeboten würden. Damit würde ein Stück kommunikativer Chancengleichheit zu Lasten all derer zerstört, die sich diese entgeltlichen Angebote nicht leisten können oder wollen[1169]. Dementsprechend wurde in die Neuregelung der EG-Fernsehrichtlinie[1170] in Art. 3 a aufgenommen, daß dafür Sorge zu tragen ist, daß Veranstal-

---

1165 BVerfGE 74, 297, 345.

1166 Vgl. zu den Begriffen auch *Libertus*, AfP 1998, 150 sowie *Stettner*, ZUM 1995, 294.

1167 Zu dieser Frage herrschte früher heftiger Streit. Vgl. einerseits *Ring*, ZUM 1990, 279, der Pay-TV seit jeher als Rundfunk verstand, andererseits *Schwarz-Schilling*, ZUM 1989, 487, der im Pay-TV keinen Rundfunk sah.

1168 BVerfGE 74, 297, 345; BVerwG, DVBl. 1999, 621.

1169 *Libertus*, AfP 1998, 153; *Stettner*, ZUM 1995, 299.

1170 ABlEG Nr. L 202 vom 30.6.1997, S. 60 ff. Die Umsetzung der in der Richtlinie vorgesehenen Änderungen ist in Deutschland noch nicht efolgt, da die Verhändlungen zur 4. Änderung des Rundfunkstaatsvertrags noch andauern.

tungen von großer Bedeutung auch im sog. Free-TV übertragen werden und nicht ausschließlich dem Pay-TV vorbehalten bleiben. Daraus läßt sich erkennen, daß das Europäische Parlament eine Rundfunkversorgung ausschließlich durch Pay-TV nicht billigt. Schon aus diesem Grund scheint eine ausschließliche Finanzierung der öffentlich-rechtlichen Rundfunkanstalten durch Pay-TV nicht zulässig.

Außerdem bestünde die Gefahr einer Niveausenkung im öffentlich-rechtlichen Rundfunkprogramm, wenn so viele Programmkäufer erreicht werden müßten, wie zur Erzielung einer Einnahmenhöhe nötig wären, um eine wesentliche Mitfinanzierung der Anstalten durch Pay-TV zu erreichen[1171]. Dies widerspricht aber dem Grundversorgungsgedanken, der auch gerade die Veranstaltung von Minderheitenprogrammen zum Schwerpunkt hat. Gegen diesen Einwand könnte man anführen, daß es genügend Kontrollmechanismen wie die Rundfunkräte und die staatliche Rechtsaufsicht gibt, die einer Senkung des Programmniveaus entgegensteuern sollen[1172]. Inwieweit diese Kontrollmechanismen tatsächlich greifen würden, ist jedoch schwer zu beurteilen und kann dahingestellt bleiben, da bereits die mangelnde Empfangbarkeit für alle eine Grundversorgung durch Pay-TV-Programme ausschließt.

Jenseits der Grundversorgung hingegen, insbesondere im Bereich der Spartenprogramme, scheint eine Finanzierung durch Pay-TV durchaus vorstellbar, solange es sich um deutlich abgrenzbare Programmsegmente innerhalb des Anstaltsfunks handelt (z.B. Spartenprogramme jenseits der Grundversorgung) und eine Kommerzialisierung des Hauptprogramms ausgeschlossen wird[1173]. Pay-TV stellt also nur eine begrenzt taugliche Finanzierungsalternative für den Randbereich der Programmtätigkeit des öffentlich-rechtlichen Rundfunks dar.

Doch ist Vorsicht geboten. Es erscheint fraglich, inwieweit es den öffentlich-rechtlichen Rundfunkanstalten gestattet sein kann, Pay-TV-Programme zu veranstalten, in denen attraktive Spielfilme oder Serien wiederholt werden[1174]. Da es sich lediglich um Wiederholungen handelt und im normalen Vollprogramm auch weiterhin Spielfilme und Serien angeboten werden, scheint eine Verlagerung der Grundversorgungsaufgabe in den Pay-TV-Bereich durch derartige Projekte nicht ersichtlich. Man kann allerdings die Ansicht vertreten, daß entsprechendes Sendematerial aus der Rundfunkgebühr finanziert wurde

---

1171 *Oppermann/Kilian*, Rechtsgrundsätze der Finanzierung, S. 104; *Stettner*, ZUM 1995, 293 f., 300 f.

1172 *Hoffmann-Riem*, PayTV im öffentlich-rechtlichen Rundfunk, S. 95 f.

1173 BVerfGE 83, 238, 306. So auch *Eberle*, Die Rundfunkgebühr, S. 20 f., der eine Finanzierung öffentlich-rechtlicher Spartenprogramme bejaht, solange diese neben den herkömmlichen Vollprogrammen veranstaltet werden.

1174 Entsprechende Pläne gibt es seitens des ZDF, vgl. *Stettner*, ZUM 1995, 293 ff.

und der Rezipient damit seinen Obolus für die Nutzung dieser Programme bereits geleistet habe. Schließlich ist die von jedem Rezipienten zu entrichtende Rundfunkgebühr als Mittel zur Finanzierung der Gesamtveranstaltung Rundfunk zu verstehen[1175]. Von dem Begriff Gesamtveranstaltung Rundfunk sind alle in der Bundesrepublik Deutschland ausgestrahlten öffentlich-rechtlichen Programme umfaßt. Mithin erscheint es nicht einzusehen, daß öffentlich-rechtliche Programme, für die der Rezipient - wenn auch indirekt - bereits eine Zahlung entrichtet hat, nun zur erneuten Nutzung an eine weitere Zahlung gekoppelt werden. Für solche reinen „Verwertungsprogramme" ist eine verfassungsrechtliche Legitimation nicht erkennbar[1176]. Es steht auch zu befürchten, daß die Zulassung solcher Pay-TV-Programme dazu führt, daß seitens der öffentlich-rechtlichen Anstalten immer weiter versucht wird, die Attraktivität dieser Programme zu erhöhen, indem Informationen bereits vorab im Pay-TV-Programm veröffentlicht werden, um sich so vermehrt zusätzliche Einnahmequellen zu verschaffen. Dadurch droht aber eine Verlagerung der Grundversorgungsfunktion in den Bereich des Pay-TV, die verfassungsrechtlich nicht hinnehmbar ist[1177]. Schließlich fehlt es dem Pay-TV gerade an der Möglichkeit, die Grundversorgungsaufgabe wahrzunehmen.

Abgabenrechtlich gilt es zu beachten, daß bei öffentlich-rechtlich ausgestalteten Leistungsbeziehungen zu den Rezipienten, unter dem Entgelt für das Programm ein Beitrag oder eine Gebühr zu verstehen ist[1178]. Dementsprechend sind das Kostendeckungs- und das Äquivalenzprinzip zu beachten. Allerdings ist angesichts der zu erwartenden Konkurrenz mit Privaten im Pay-TV-Markt davon auszugehen, daß gegen diese Prinzipien nicht verstoßen wird. Vielmehr wird die Konkurrenzsituation dazu führen, daß die Höhe der Pay-TV-Entgelte so knapp kalkuliert sind, daß abgabenrechtliche Höchstgrenzen nicht überschritten werden[1179]. Insofern braucht die abgabenrechtliche Problematik einer Finanzierung von öffentlich-rechtlichen Rundfunkprogrammen durch Pay-TV-Entgelte nicht weiter erörtert zu werden.

Es bleibt festzuhalten, daß Pay-TV als Finanzierungsform für den öffentlich-rechtlichen Rundfunk die Rundfunkgebühr nicht ablösen kann. Als ergänzende Alternative zur Rundfunkgebühr ist die Veranstaltung von Pay-TV durch den

---

1175 Vgl. o. E II 5.

1176 *Stettner*, ZUM 1995, 302.

1177 Dem stimmt auch *Hoffmann-Riem*, PayTV im öffentlichen-rechtlichen Rundfunk, S. 91, zu. Allerdings ist er der Ansicht, daß es grundsätzlich zulässig ist Sendungen im Pay-TV vorab zu veröffentlichen, solange die Erfüllung der Grundversorgungsaufgabe durch die öffentlich-rechtlichen Anbieter dadurch nicht eingeschränkt wird.

1178 Vgl. o. K II 4 am Anfang.

1179 *Hoffmann-Riem*, PayTV im öffentlich-rechtlichen Rundfunk, S. 103 f.

öffentlich-rechtlichen Rundfunk grundsätzlich vorstellbar, doch gilt es darauf zu achten, daß nur spezielle Programmsegmente der öffentlich-rechtlichen Anstalten Pay-TV-finanzierungsfähig sind.

5. Beiträge und Spenden

Die Finanzierung des öffentlich-rechtlichen Rundfunks allein aus Mitgliedsbeiträgen oder Spenden birgt das Risiko einseitiger Einflußnahme auf die Programmgestaltung. Die Situation ist in etwa vergleichbar mit der der Werbefinanzierung[1180]. Es ist denkbar, daß kapitalkräftige Gruppen als Rundfunkveranstalter auftreten, indem sie durch ihre Spendenbereitschaft die Rundfunkanstalten von sich abhängig machen. Dies verstößt zum einen gegen die Gruppenunabhängigkeit des Rundfunks, und zum anderen gegen den Grundsatz kommunikativer Chancengleichheit, da weniger begünstigten Gruppen dieser Weg der Meinungsverbreitung nicht möglich ist[1181]. Eine denkbare Möglichkeit, eine solche Einflußnahme durch die Spender bzw. Beitragszahler zu verhindern, ist die Einsetzung binnenpluralistisch besetzter Aufsichtsgremien, wie es derzeit bei den öffentlich-rechtlichen Rundfunkanstalten der Fall ist oder die Einführung einer Spendenbegrenzung, so daß einzelne Personen oder Gruppen nicht derartig hohe Spenden entrichten dürfen, daß sie maßgebenden Einfluß auf die Rundfunkanstalten haben, indem sie sie fast allein finanzieren. Doch selbst wenn die Gefahr einer Einflußnahme auf die Programmgestaltung ausgeschlossen wird, erscheint es höchst zweifelhaft, daß durch Beiträge und Spenden, die auf freiwilliger Leistung basieren, genügend Finanzmittel zusammenkommen, um eine funktionsgerechte Finanzierung der Rundfunkanstalten zu gewährleisten. Dies gilt insbesondere für den Fall, daß eine Spendenbegrenzung eingeführt wird. Insofern müssen Beiträge und Spenden als wesentliche Einnahmequellen für den öffentlich-rechtlichen Rundfunk außer Betracht bleiben.

6. Steuerrechtliche Alternativen

Weiter wird vorgeschlagen, die Gebührenfinanzierung des öffentlich-rechtlichen Rundfunks auf eine sog. „Rundfunksteuer" umzustellen, die durch Einführung eines zweckgebundenen Zuschlags zur Einkommenssteuer aufgebracht werden soll und im Staatshaushalt als durchlaufender Posten zu behandeln wäre[1182]. Dadurch soll die wirtschaftliche Leistungsfähigkeit der Abgabepflichtigen berücksichtigt werden, an der sich die Besteuerung grundsätzlich zu

---

1180 *Hess*, Verfassungsrechtliche Probleme der Gebührenfinanzierung, S. 72.

1181 *Kollek*, Rechtsfragen der Rundfunkfinanzierung, S. 126.

1182 *Heydt*, AöR 100 (1975), S. 606 ff.

orientieren hat (sog. Grundsatz der Steuergerechtigkeit)[1183]. Dem ist jedoch nicht beizutreten. Das Kriterium der Steuergerechtigkeit vermag eine zweckgebundene Steuer nicht zu rechtfertigen. Würde man die „Rundfunksteuer“ so gestalten, daß sie einen prozentualen Anteil an der Einkommenssteuer darstellt, so wäre zwar sichergestellt, daß einkommmensschwächere Rezipienten weniger Rundfunkabgaben zahlen würden. Doch auch bei der heutigen Gestaltung der Rundfunkgebührenerhebung ist vorgesehen, daß Personen aus sozialen Gründen oder aus Billigkeitsgründen, von der Rundfunkgebührenpflicht befreit werden können (§ 6 I Nr. 1 RdfGebStV). Insofern bedarf es nicht der Einführung einer „Rundfunksteuer“, um sozial gerechtere Verhältnisse herzustellen.

Darüber hinaus bestehen auch weitreichende Zweifel an der verfassungsrechtlichen Zulässigkeit einer Rundfunksteuer. Ihren Befürwortern ist zuzugeben, daß allein die Tatsache, daß eine Rundfunksteuer nicht im Grundgesetz vorgesehen ist, ihrer Einführung nicht entgegenstünde, da es nach herrschender Auffassung keinen numerus clausus der Steuern gibt[1184]. Doch bedeutet die Einführung einer Rundfunksteuer, daß die eine Steuer ausmachende gegenleistungsunabhängige Erhebung dadurch herzustellen ist, daß die Steuerpflicht nicht an das Halten eines Rundfunkempfangsgerätes gebunden ist, sondern von jedermann geschuldet wird. Dies ist jedoch mit dem Grundsatz der Steuergerechtigkeit nicht zu vereinbaren. Dem Gesetzgeber ist zwar eine weitreichende Gestaltungsfreiheit im Bereich des Steuerrechts eingeräumt, so daß er sich auch von finanzpolitischen, volkswirtschaftlichen, sozialpolitischen oder steuertechnischen Erwägungen leiten lassen kann. Doch endet die Gestaltungsfreiheit dort, wo die gleiche oder ungleiche Behandlung der geregelten Sachverhalte nicht mehr mit einer am Gerechtigkeitsgedanken orientierten Betrachtungsweise vereinbar ist, wo also ein sachlicher Grund für die Gleichbehandlung oder die Ungleichbehandlung fehlt[1185]. Es widerspricht dem Gerechtigkeitsgedanken, wenn alle einkommenssteuerpflichtigen Bürger zu einer Rundfunksteuer herangezogen würden, unabhängig davon, ob sie überhaupt eine Möglichkeit haben, mit der Veranstaltung von Rundfunk in Berührung zu kommen. Auch die Bedeutung des Rundfunks für die Meinungsbildung innerhalb der gesamten Bevölkerung rechtfertigt es nicht, diejenigen mit Rundfunkabgaben zu belasten, die zum Teil ganz bewußt den Rundfunkkonsum für sich ausschließen. Daher erscheint es deutlich sachgerechter, für die Abgabepflicht bei dem Bereithalten eines Empfangsgerätes anzuknüpfen und somit diejenigen nicht zu belasten, die sich dem Rundfunk verweigern, wie es die

---

1183 Vgl. o. C III 2.
1184 So *Heydt*, AöR 100 (1975), S. 606.
1185 BVerfGE 74, 182, 200.

jetzige Erhebungsweise vorsieht. Eine von jedermann geschuldete Rundfunksteuer verstößt mithin gegen den aus Art. 3 I GG abgeleiteten Grundsatz der Steuergerechtigkeit und ist deswegen verfassungswidrig.

Zudem bestehen gegen eine Rundfunksteuer in etwa dieselben verfassungsrechtlichen Bedenken wie gegen eine Staatsfinanzierung des Rundfunks, da auch hier eine staatliche Einflußnahme zu befürchten ist. Schließlich wären die Rundfunkanstalten von den staatlichen Steuerfestsetzungen abhängig. Außerdem ist nicht ersichtlich, daß eine Finanzierung der Rundfunkanstalten auf Steuerbasis zu einer verbesserten Einnahmesituation führt, da die Anzahl der Steuerpflichtigen ebenso beschränkt ist, wie die Anzahl der Rundfunkgebührenpflichtigen[1186].

Eine Umstellung der Gebührenfinanzierung des öffentlich-rechtlichen Rundfunks auf eine als zweckgebundenen Zuschlag auf die Einkommenssteuer aufgebrachte Rundfunksteuer ist damit verfassungsrechtlich unzulässig. Sie verspricht darüber hinaus keine Verbesserung der finanziellen Situation der Rundfunkanstalten. Insofern kann eine ausführlichere Erörterung des Themas der Rundfunkfinanzierung aus dem Steueraufkommen, insbesondere der Erhebungskompetenzen[1187], hier unterbleiben, da die Rundfunksteuer als Finanzierungsalternative ausscheidet.

7. Stiftungs- oder Fondsmodelle

Es wird auch erwogen, die Rundfunkanstalten in öffentlich-rechtliche Stiftungen umzuwandeln[1188] bzw. durch einen besonderen Medienfonds zu finanzieren[1189]. Öffentliche Stiftungen müssen im Gegensatz zu privaten Stiftungen einen gemeinnützigen Zweck verfolgen. Dieser könnte bei den öffentlich-rechtlichen Rundfunkanstalten in der Gewährleistung der Grundversorgung zu erblicken sein. Rechtsträger einer solchen Stiftung könnte eine juristische Person des öffentlichen oder des privaten Rechts sein. Ein „Medienfonds" könnte Vergabe und Verwaltung von Mitteln für diejenigen Rundfunkveranstalter übernehmen, die ein an der Grundversorgung der Bevölkerung orientiertes Programm anbieten. Ein derartiger Fonds könnte als Anstalt oder als Stiftung des öffentlichen Rechts organisiert werden[1190].

1186 *Hess*, Verfassungsrechtliche Probleme der Gebührenfinanzierung, S. 70.

1187 Vgl. hierzu *Heydt*, AöR 100 (1975), S. 607 f.

1188 *Krüger*, Die Rundfunkstiftung, S. 35.

1189 *Kollek*, Rechtsfragen der Rundfunkfinanzierung, S. 188 ff.

1190 *Kollek*, Rechtsfragen der Rundfunkfinanzierung, S. 199 ff.

Allerdings ist mit der Gründung eines Fonds oder einer Stiftung noch nicht die Frage der ökonomischen Effizienz geklärt. Diese Organisationsformen wären auf Zuweisungen in Milliardenhöhe angewiesen, um eine ernstzunehmende Alternative zur herkömmlichen Gebührenfinanzierung darzustellen, die immerhin jährlich 11.123.927 Mio. DM. Dazu wird vorgeschlagen, die Fonds bzw. Stiftungen entweder aus Haushaltsmitteln zu speisen[1191], was allerdings verfassungsrechtlich bedenklich ist[1192], oder Konzessionsabgaben privater Anbieter zu erheben[1193], was jedoch nicht genügend Mittel beschaffen könnte, wollte man die Konzessionsabgabe in der Höhe so gering halten, daß sie nicht existenzbedrohend auf die privaten Anbieter wirkt[1194]. Die Stiftungs- oder Fondslösung stellt also keine taugliche Finanzierungsform zur Ablösung des gegenwärtigen Finanzierungssystems der Rundfunkanstalten dar.

8. Ergebnis: Fortbestehende Notwendigkeit der Rundfunkgebühr

Es hat sich gezeigt, daß es derzeit kein durchgehend geeignetes alternatives Finanzierungsmodell für den öffentlich-rechtlichen Rundfunk gibt. Damit bewahrheitet sich die Ansicht des BVerfG, daß die Gebührenfinanzierung die einzig funktionsgerechte Finanzierungsmöglichkeit für den öffentlich-rechtlichen Rundfunk ist[1195]. Nur die aus der Gebührenfinanzierung resultierende Unabhängigkeit von Einschaltquoten und Werbeeinnahmen ermöglicht es dem öffentlich-rechtlichen Rundfunk, den verfassungsrechtlichen Anforderungen an gegenständliche und meinungsmäßige Vielfalt zu entsprechen und somit die Grundversorgung der Bevölkerung im dualen System sicherzustellen[1196]. So lassen sich die für eine Grundversorgung unabdingbaren Programmsegmente wie Kultur, Bildung oder lokale Informationen ausschließlich über die Rundfunkgebühr finanzieren, will man einen größtmöglichen Schutz vor wie auch immer gearteter Einflußnahme erreichen. Die alleinige Werbefinanzierung dieser Programmsegmente scheitert an der fehlenden Massenattraktivität und den daraus resultierenden geringen Einnahmen. Alternative Finanzierungsmodelle wie verschiedene Formen von Pay-TV scheiden für die Grundversorgung wegen der nur für einen begrenzten Rezipientenkreis gegebenen Empfangbarkeit aus. Eine Staatsfinanzierung hingegen widerspricht dem Grundsatz der Staatsfreiheit des Rundfunks. Alle übrigen denkbaren Finanzierungsmodelle, wie die Spendenfinanzierung, Stiftungs- und Fondsmodelle

---

1191 *Kollek*, Rechtsfragen der Rundfunkfinanzierung, S. 202 f.

1192 Vgl. o. K II 2.

1193 *Kollek*, Rechtsfragen der Rundfunkfinanzierung, S. 190 ff.

1194 *Oppermann/Kilian*, Rechtsgrundsätze der Finanzierung, S. 103 f.

1195 BVerfGE 90, 60, 90 unter Hinweis auf BVerfGE 73, 118, 158 und BVerfGE 87, 181, 199.

1196 BVerfGE 90, 60, 90. So auch BayVGH, MMR 1999, 292.

oder eine eigene unternehmerische Betätigung der Rundfunkanstalten scheitern an der mangelnden ökonomischen Effizienz dieser Lösungen, da es nicht zu erwarten ist, daß diese Modelle in der Lage sind, ausreichend Haushaltsmittel für ein öffentlich-rechtliches Rundfunkprogramm zu beschaffen, welches den verfassungsrechtlichen Anforderungen an Umfang und Vielfalt genügt[1197].

Es erscheint deshalb sinnvoll, an dem derzeitigen System der Mischfinanzierung aus Rundfunkgebühr, Werbeeinnahmen und sonstigen Einnahmen festzuhalten. Nur so wird sowohl eine Abhängigkeit von gesellschaftlichen Gruppen als auch eine totale Abhängigkeit von der Rundfunkgebühr ausgeschlossen und dem öffentlich-rechtlichen Rundfunk eine bestmögliche Freiheit bei der Programmgestaltung gewährleistet. Dabei muß die Rundfunkgebühr den finanziellen Hauptpfeiler der Rundfunkanstalten bilden.

Die Funktion des Rundfunks als Medium und Faktor gesellschaftlicher Integration bedingt notwendig eine vorrangig teilnehmerabhängige Finanzierung, derzeit eine solche aus dem Rundfunkgebührenaufkommen. Demgegenüber müssen teilnehmerunabhängige Finanzierungsinstrumente nachrangig bleiben. Denn nur eine überwiegende Gebührenausstattung der öffentlich-rechtlichen Sender ist aus verfassungsrechtlicher Sicht geeignet, die mit der Werbefinanzierung einhergehenden vielfaltsverengenden Zwänge zu minimieren und gleichzeitig die finanzielle Basis für einen grundversorgungsadäquaten Programmstandard zu bieten[1198].

Es läßt sich mithin eine konkrete Bestandsgarantie für das Finanzierungsinstrument der Rundfunkgebühr erkennen. Der Gesetzgeber ist nach dem oben gesagten von Verfassungs wegen verpflichtet, die Rundfunkgebühr als primäre Finanzquelle des öffentlich-rechtlichen Rundfunks zu erhalten. Auch haben staatliche Eingriffe in das System der Gebührenfinanzierung, die dazu führen, daß die Rundfunkgebühr ihre Funktion als vorrangiges Finanzierungsinstrument des öffentlich-rechtlichen Rundfunks einbüßen würde, zu unterbleiben.

1197 *Oppermann/Kilian*, Rechtsgrundsätze der Finanzierung, S. 105.

1198 BVerfGE 87, 181, 199 f.; 90, 60, 91.

L. Der Einfluß des europäischen Gemeinschaftsrechts auf die Rundfunkgebühr

Es wurde bereits angesprochen, daß das Verhältnis von Rundfunkgebühr und europäischen Gemeinschaftsrecht nicht unproblematisch ist[1199]. Im folgenden soll nun untersucht werden, welche Einflüsse das Gemeinschaftsrecht auf die Rundfunkgebühr hat. Dabei ist besonderes Augenmerk auf die Frage zu werfen, inwieweit die Gebührenfinanzierung des öffentlich-rechtlichen Rundfunks gegen die Beihilfevorschriften des EG-Vertrages verstößt. Private Rundfunkveranstalter aus Frankreich, Italien, Portugal und Spanien haben bei der Europäischen Kommission Beschwerden eingereicht, die beinhalten, daß die Finanzierung des öffentlich-rechtlichen Rundfunks in ihren Ländern nicht mit dem EG-Beihilferecht vereinbar sei, da sie den Wettbewerb zwischen öffentlich-rechtlichen Rundfunkanstalten und privaten Rundfunkanbietern zu Lasten der privaten Sender unzulässig verzerre[1200]. Allerdings werden die öffentlich-rechtlichen Rundfunkanstalten dort zum Teil direkt vom Staat finanziert. Aus Deutschland sind solche Beschwerden bislang noch nicht bei der Kommission eingegangen, doch bestehen gleichartige Bedenken an der beihilferechtlichen Zulässigkeit der Gebührenfinanzierung des öffentlich-rechtlichen Rundfunks auch hier[1201].

I. Europarechtliche Grundlagen: Rundfunk als Dienstleistung

Spätestens seit Einzug der Satellitentechnik machen Rundfunkwellen auch vor Landesgrenzen nicht mehr halt. Damit entzieht sich der Rundfunk mehr und mehr dem alleinigen Einfluß nationalen Rechts und wird zu einer europäischen Angelegenheit. Dementsprechend wird auch seitens der EU zunehmend versucht, sich eine Regelungskompetenz für das Rundfunkrecht zu verschaffen[1202]. Dies stößt allerdings in einer förderalen Medienordnung, wie sie in der Bundesrepublik Deutschland herrscht, auf Widerstände. Insbesondere die Länder, denen die Kulturhoheit obliegt, wehren sich gegen eine Beschneidung ihrer ohnehin schon stark beschränkten originären Gestaltungskompetenzen[1203]. In Deutschland wird Rundfunk als kulturelle Aufgabe verstanden, die sich einer

1199 Vgl. o. A II und F II 1 d.

1200 Vgl. 23. Wettbewerbsbericht der Kommission 1993, Rn. 146, 546; 25. Wettbewerbsbericht 1995, Rn. 200.

1201 Vgl. für viele: *Engel*, Europarechtliche Grenzen für öffentlich-rechtliche Spartenprogramme, S. 15 ff. und *Bleckmann*, Öffentlich-rechtlicheSpartenprogramme als Bestandteil der Grundversorgung, S. 113 ff., in ihrem Gutachten für den Verband Privater Rundfunk und Telekommunikation e.V.

1202 *Dörr*, ZUM 1995, 264 f.

1203 *Koch*, Möglichkeiten der Beteiligung, S. 91 mwN.

Kontrolle durch eine für Waren- und Dienstleistungen zuständigen supranationalen Instanz, wie sie die EU-Kommission darstellt, entzöge und Ländersache sei[1204].

Die ersten gemeinschaftsrechtlichen Aussagen zum Rundfunk stammen vom EuGH und datieren auf das Jahr 1974. In der „Sacchi"-Entscheidung[1205] subsumierte das Gericht das Fernsehen unter die Dienstleistungsfreiheit des EWG-Vertrages. Der EuGH behandelt seitdem den Rundfunk als eine Dienstleistung, die sich nicht von anderen Dienstleistungen unterscheide[1206]. Dabei komme es auf die Übertragungstechnik nicht an[1207]. Auch seitens der EU-Kommission wird der kulturelle Aspekt des Rundfunks nicht so hoch bewertet. So leitet sie ihre Kompetenz im Medien- und Rundfunkbereich aus Art. 47 II und 55 EGV AV ab, die zur Angleichung der Vorschriften über die Aufnahme und Ausübung selbständiger Tätigkeiten ermächtigen[1208]. Nach einhelliger und zutreffender Ansicht enthalten nämlich die Gemeinschaftsverträge keine generelle Ermächtigung zum Erlaß von Rechtsakten, sondern nur Einzelermächtigungen[1209].

Angesichts der differierenden Auffassung der Bundesländer einerseits und des EuGH sowie der EU-Kommission andererseits, ist es notwendig, zu untersuchen, ob es sich beim Rundfunk um eine Dienstleistung im Sinne der Art. 49, 50 EGV AV handelt. Dies ist der Fall, wenn die Rundfunkprogramme gem. Art. 50 EGV AV entgeltlich und gem. Art. 49 I EGV AV grenzüberschreitend ausgestrahlt werden. Während die grenzüberschreitende Ausstrahlung heutzutage durch die Satellitentechnik unproblematisch gegeben ist, bereitet die Entgeltlichkeit der Programme zumindest im Bereich des öffentlich-rechtlichen Rundfunks einige Schwierigkeiten, da die Zahlungen der Rezipienten in Form der Rundfunkgebühr erhoben werden. Die Gebührenerhebung ist aber unabhängig von der tatsächlichen Inanspruchnahme und begründet sich allein auf das Bereithalten eines Gerätes zum Empfang. Damit kann die Beziehung zwischen Entgelt und tatsächlich empfangener Leistung, welche in dem Vorhalten des Programmangebots liegt, ungleichgewichtig sein. Trotzdem wird allgemein angenommen, daß die Rundfunkgebühr dem Begriff des Entgelts für eine Leistung im Sinne von Art. 50 EGV AV genügt, da für die Rundfunkgebühr in

---

1204 *Holzer*, ZUM 1996, 275; *Koszuszek*, ZUM 1989, 546; *Seidel*, NVwZ 1991, 124.

1205 EuGH, Slg. 1974, 409, 430, Rs 155/73 - Sacchi.

1206 Vgl. EuGH, Rs. C-353/89, Slg. 1991, 4069, 4092 - Kommission/Niederlande; Rs. C-288/89, Slg. 1991, 4007, 4040 - Mediawet; Rs. 62/79, Slg. 1980, 881, 903 - Coditel I.

1207 EuGHE 1980, 833, 855, RS 52/79, „Debauve".

1208 Vgl. die ausführliche Darlegung des Standpunktes der EG sowie des gesamten Meinungsstands zur Kompetenzenfrage bei *Ricker/Schiwy*, Rundfunkverfasungsrecht, S. 475 ff.

1209 *Dörr/Eckl*, NJW 1999, 1928.

dem Programmangebot eine entsprechende wirtschaftliche Gegenleistung zu sehen ist[1210]. Gleiches gilt auch für die primär werbefinanzierten privaten Rundfunkveranstalter, auf die hier jedoch nicht näher eingegangen werden soll, da insoweit der Bezug zur Rundfunkgebühr fehlt. Somit kann in der Veranstaltung von Rundfunk eine Dienstleistung im Sinne von Art. 49, 50 EGV AV gesehen werden.

Ein weiteres Indiz für die Auffassung der EU-Kommission, daß Rundfunk eine kommerzielle Dienstleistung sei, ist die EG-Fernsehrichtlinie[1211]. Hier hat die EU durch Einführung von Quotenregelungen und Aufsicht über Fernsehprogramme in die Programmfreiheit der einzelnen Rundfunkveranstalter eingegriffen. Dies läßt sich kompetenzrechtlich aber nur rechtfertigen, wenn Rundfunk als Dienstleistung angesehen und damit eine Kompetenz der EU begründet wird. Die Einordnung von Rundfunk als Dienstleistung wird damit begründet, daß sich die Begriffe „kulturelle Leistung“ und „Dienstleistung“ nicht gegenseitig ausschlössen, der Begriff der Dienstleistung vielmehr den Oberbegriff darstelle, welcher eine Regelungskompetenz der EU für den Rundfunkbereich beinhalte, ohne dessen kulturelle Bedeutung zu vernachlässigen[1212].

Der EuGH sieht den Rundfunk als Dienstleistung in Sinne der Art. 49, 50 EGV AV an. Damit wird die Kompetenz im Rundfunkbereich verbindlich der EU zugewiesen. Denn den Urteilen des EuGH kommt selbst dann eine verbindliche Wirkung für alle Mitgliedstaaten zu, wenn objektives Recht verkannt wird[1213]. Damit unterliegt wirtschaftliche Rundfunktätigkeit der EG-Beihilfeaufsicht nach Art. 49 ff. EGV AV. Gemäß dem Prinzip der begrenzten Einzelermächtigung beschränkt sich die Gemeinschaftszuständigkeit allerdings auf die erwähnten Bereiche der wirtschaftlichen Tätigkeit des Rundfunks und der Kontrolle nach den Vorschriften der Art. 49 ff. EGV AV sowie Art. 87 ff. EGV AV. Die Programmtätigkeit des Rundfunks, die Wesen und Schwerpunkt von Rundfunk ausmacht, ist grundsätzlich in der Obhut der Mitgliedstaaten, in Deutschland der Länder, verblieben[1214]. Dies gilt auch und gerade für den Rundfunk als kulturelle Institution, wie an Art. 151 EGV AV abzulesen ist.

1210 *Engel*, Europarechtliche Grenzen für öffentlich-rechtliche Spartenprogramme, S. 71; *Holzer*, ZUM 1996, 276; *Koch*, Möglichkeiten der Beteiligung, S. 92; *Petersen*, Rundfunkfreiheit und EG-Vertrag, S. 50 ff.; *Ricker/Schiwy*, Rundfunkverfassungsrecht, S. 493 f. Rn. 43.

1211 Abl. Nr. L 298 vom 17.10.98, S. 23, zuletzt geändert 1997, ABlEG Nr. L 202 vom 30.6.1997, S. 60 ff. Zur Novellierung vgl. *Berger*, ZUM 1996, 119 ff.; *Dörr/Eckl*, NJW 1999, 1926 f.

1212 *Schwartz*, ZUM 1991, 164; *Trautwein*, ZUM 1995, 325 f.

1213 *Koch*, Möglichkeiten der Beteiligung, S. 93 mwN.

1214 *Oppermann*, ZUM 1996, 656.

Zu prüfen ist nun, welche europarechtlichen Konsequenzen sich aus der Einordnung des Rundfunks als Dienstleistung durch den EuGH in bezug auf die Rundfunkgebührenfinanzierung ergeben.

II. Die Rundfunkgebühr als Verstoß gegen das EU-Beihilferecht

Es gilt zu klären, inwieweit die Rundfunkgebührenfinanzierung des öffentlich-rechtlichen Rundfunks in der Bundesrepublik Deutschland das EG-Beihilfe-regime der Art. 87 ff. EGV AV berührt. Der Umstand, daß der öffentlich-rechtliche Rundfunk zur Finanzierung seiner Programmtätigkeit nicht nur auf Einnahmen aus Wirtschaftswerbung zurückgreifen muß, sondern sich im Gegensatz zum privaten Rundfunk aus dem Gebührenaufkommen bedienen kann, könnte eine verbotene wettbewerbsverfälschende Beihilfe im Sinne von Art. 87 I EGV AV bedeuten.

In den Art. 87-89 EGV AV sind detaillierte Aussagen zum Beihilferecht kodifiziert. Danach sind staatliche oder aus staatlichen Mitteln gewährte Beihilfen gleich welcher Art, die durch die Begünstigung bestimmter Unternehmen oder Produktionszweige den Wettbewerb verfälschen oder zu verfälschen drohen, mit dem Gemeinsamen Markt unvereinbar, soweit sie den Handel zwischen den Mitgliedstaaten beeinträchtigen (Art. 87 I EGV AV). In Art. 87 II EGV AV findet sich eine Aufzählung von Beihilfen, die zwingend mit dem Gemeinsamen Markt vereinbar sind und in Art. 87 III EGV AV findet sich eine Aufzählung von Beihilfen, die mit dem Gemeinsamen Markt als vereinbar angesehen werden können. Art. 88 EGV AV regelt die Kontrolle und Maßnahmen gegen unstatthafte Beihilfen. In Betracht kommt z.B. eine Aufhebung oder Umgestaltung der Beihilfe (Art. 88 II EGV AV). Zur Durchsetzung der in Art. 87 und 88 EGV AV erlassenen Bedingungen, kann der Europäische Rat auf Vorschlag der Kommission und nach Anhörung des Europäischen Parlaments zweckdienliche Durchführungsverordnungen erlassen (Art. 89 EGV AV).

Fraglich ist zunächst, ob diese Artikeln ein generelles Beihilfeverbot statuieren. Ginge man von einem generellen Beihilfeverbot mit Ausnahme der in Art. 87 II, III EGV AV geregelten Tatbestände aus, wären alle staatlichen Zuwendungen an Unternehmen verboten. Dies stellt einen schweren Eingriff in die Handlungsfreiheit der einzelnen Mitgliedstaaten dar. Es ist anzunehmen, daß es nicht Sinn und Zweck des EG-Vertrages ist, die wirtschaftliche Handlungsfreiheit der Mitgliedstaaten derart stark zu beschneiden. Deshalb erscheint es sinnvoller, das Beihilfeverbot des Art. 87-89 EGV AV auf die Beihilfen zu beschränken, die vom Tatbestand des Art. 87 I EGV AV erfaßt werden, also den Wettbewerb verfälschen oder zu verfälschen drohen und den Handel zwischen den Mitgliedstaaten beeinträchtigen. Soweit diese zusätzlichen Voraussetzungen bei einer Beihilfe nicht vorliegen, ist diese mit dem Gemeinsamen Markt vereinbar. Weiterhin mit dem Gemeinsamen Markt vereinbar sind die Ausnahmen desArt. 87 II, III EGV AV[1215]. Es gibt jedoch keine Bereichsausnahme zugunsten von Kultur oder Medien. Vielmehr ergibt sich aus der Neufassung des Art. 87 III lit. d EGV AV deutlich, daß auch kulturell motivierte Fördermaßnahmen der Mitgliedstaaten in den sachlichen Anwendungsbereich der Art. 87 ff. EGV AV fallen[1216].

Da Art. 87 I EGV AV seine Wirkung ex-tunc entfaltet und damit auch auf vor seinem Inkrafttreten bereits bestehende Beihilfen Anwendung findet[1217], ist die Rundfunkgebührenfinanzierung auf den Prüfstand des EG-Beihilferegimes zu stellen.

1. Tatbestand des Art. 87 I EGV AV

Nach Art. 87 I EGV AV sind staatliche oder aus staatlichen Mittel gewährte Beihilfen gleich welcher Art, die durch die Begünstigung bestimmter Unternehmen oder Produktionszweige den Wettbewerb verfälschen oder zu verfälschen drohen, mit dem Gemeinsamen Markt unvereinbar. In den Absätzen 2 und 3 des Art. 87 EGV AV sind weitreichende Ausnahmetatbestände von diesem Beihilfeverbot begründet.

a) Begriff der Beihilfe

Zu überlegen ist also, ob die Rundfunkgebührenfinanzierung der öffentlich-rechtlichen Rundfunkanstalten eine Beihilfe im Sinne von Art. 87 I EGV AV darstellt. Der Begriff der Beihilfe ist extensiv auszulegen[1218]. Dafür spricht bereits der Wortlaut, in dem von „Beihilfen gleich welcher Art" die Rede ist. Trotzdem ist bislang noch keine genaue Definition des Beihilfebegriffs erfolgt[1219]. Vielmehr wird im Rahmen der Frage, inwieweit eine Unterstützung

---

1215 *Ress*, Kultur und europäischer Binnenmarkt, S. 124 f.

1216 *Selmer/Gersdorf*, Rundfunkfinanzierung auf dem Prüfstand des EG-Beihilferegimes, S. 23 mwN.

1217 *Oppermann*, Deutsche Rundfunkgebühr und europäisches Beihilferecht, S. 31.

1218 *Holzer*, ZUM 1996, 276 mwN; *Uphoff*, Fernsehmarkt und Grundversorgung, S. 107.

1219 Vgl. auch die Rspr. des EuGH: Rs. 173/73, Slg. 1974, 709, 718; Rs. 57/86, Slg. 1988, 2855, 2871; Rs. 73/91, Slg. 1993, I-887, 934.

eine Beihilfe darstellt, stets auf zwei Elemente des Beihilfebegriffs abgestellt[1220].

aa) Begünstigungselement

Maßgebliches Tatbestandsmerkmal des Art. 87 I EGV AV ist der Begriff der Begünstigung. Dabei sind in der Literatur verschiedene Kriterien herausgearbeitet worden, um eine Begünstigung festzustellen, was jedoch immer dann zu unbefriedigenden Ergebnissen geführt hat, wenn die marktspezifischen Besonderheiten außer acht gelassen wurden[1221]. Dementsprechend soll im folgenden eine Begünstigung dann anzunehmen sein, wenn die hoheitliche Maßnahme der Realisierung von Zielen dient, die der Begünstigte unter kaufmännischen Wirtschaftlichkeitsgesichtspunkten ohne Begünstigung nicht bzw. nur zu ungünstigeren, weil marktüblichen Bedingungen erreicht hätte[1222]. Deshalb ist auch dann eine Begünstigung im Sinne von Art. 87 I EGV AV anzunehmen, wenn die Maßnahme nur eine Gegenleistung für Dienstleistungen eines Unternehmens darstellt, aber das Verhältnis zwischen Leistung und Gegenleistung nicht ausgeglichen ist[1223].

Bleibt zu fragen, ob die Rundfunkgebührenfinanzierung nach dieser Definition eine Begünstigung darstellt. Die Gebührenfinanzierung soll es dem öffentlich-rechtlichen Rundfunk ermöglichen, ein Programm zu gestalten, daß nur begrenzt von den Einschaltquoten abhängig ist. Durch diese finanzielle Unabhängigkeit soll eine Programmgestaltung erreicht werden, die den verfassungsrechtlichen Anforderungen an gegenständlicher und meinungsmäßiger Vielfalt gerecht wird[1224]. Dies bedeutet eine finanzielle Förderung, die es erlaubt, Programmsegmente auszustrahlen, die bei einer ausschließlichen Werbefinanzierung oder Finanzierung durch Pay-TV nicht rentabel zu finanzieren wären[1225]. Insofern kann in der ausschließlichen Rundfunkgebührenfinanzierung des öffentlich-rechtlichen Rundfunks unter marktspezifischen Gesichtspunkten eine Begünstigung im Sinne von Art. 87 I EGV AV erblickt werden.

[1220] Vgl. dazu die ausführliche Darstellung bei *Selmer/Gersdorf*, Rundfunkfinanzierung auf dem Prüfstand des EG-Beihilferegimes, S. 24 ff.; *Damm*, Gebührenprivileg und Beihilferecht, S. 79 ff.

[1221] *Koch*, Möglichkeiten der Beteiligung, S. 96 f. unter Nennung weiterer Ansichten der Literatur.

[1222] *Selmer/Gersdorf*, Rundfunkfinanzierung auf dem Prüfstand des EG-Beihilferegimes, S. 26.

[1223] *Otten*, ZUM 1997, 793; *Dörr*, Kommunikation und Recht 2001, 235.

[1224] BVerfGE 90, 60, 90.

[1225] *Engel*, Europarechtliche Grenzen für öffentlich-rechtliche Spartenprogramme, S. 26 f.; *Uphoff*, Fernsehmarkt und Grundversorgung, S. 130 ff.

Dem wird zum Teil widersprochen, da die beitragsartige Rundfunkgebühr das Entgelt für die Gesamtveranstaltung Rundfunk darstellen soll und den Schwellenwert des Marktüblichen nicht überstiege[1226]. Schließlich werde die Höhe der Rundfunkgebühr nach der Bedarfsanmeldung durch die Rundfunkanstalten von der KEF entsprechend den Grundsätzen von Wirtschaftlichkeit und Sparsamkeit überprüft. Deshalb sei davon auszugehen, daß die von den Rundfunkanstalten abgegebenen Bedarfsanmeldungen tatsächlich innerhalb des Grundversorgungsauftrags blieben und die Rundfunkgebühr deshalb eine angemessene Gegenleistung für die Rundfunkleistung der öffentlich-rechtlichen Sendeanstalten bilde, so daß von einer tatsächlichen Begünstigung keine Rede sein könnte[1227]. Gestützt wird diese Sichtweise auf die sog. Altöl-Entscheidung des EuGH[1228], in welcher der EuGH befindet, daß Art. 92 I EGV (jetzt Art. 87 I EGV AV) nicht berührt sei, wenn der Staat im öffentlichen Interesse entstehende Kosten durch seine Zuwendungen ausgleicht.

Dies vermag nicht zu überzeugen. Die Rundfunkgebühr stellt kein Entgelt im Sinne eines Beitrages für die Programmausstrahlung dar, sondern ist Mittel zur Finanzierung der Gesamtveranstaltung Rundfunk und besitzt lediglich einen abstrakten Gegenleistungscharakter[1229]. Insofern hat die Rundfunkgebühr durchaus einen fördernden Charakter im Sinne des europäischen Beihilferechts, da sie eine weitestgehend unabhängige Programmgestaltung der öffentlich-rechtlichen Rundfunkanstalten ermöglichen soll, indem sie ihnen finanzielle Unabhängigkeit von der Werbewirtschaft vermittelt. Dies genügt für eine Begünstigung im Sinne des europäischen Beihilferechts. Im übrigen kann auch die Altöl-Entscheidung des EuGH nicht für den fehlenden Beihilfecharakter der Gebührenfinanzierung in Anspruch genommen werden. Denn eine Übertragung auf die hier interessierende Fragestellung scheitert daran, daß in dem entschiedenen Fall das vom Staat entrichtete Entgelt in gleicher Weise auch von einem privaten Auftraggeber entrichtet worden wäre. Zudem hat das Unternehmen im Altöl-Fall im Gegensatz zu den öffentlich-rechtlichen Rundfunkanstalten keine typische und ausschließlich öffentlich-rechtliche Dienstleistung erbracht. Mithin ist von einer Begünstigung der öffentlich-rechtlichen Anstalten durch die Rundfunkgebührenfinanzierung auszugehen.

1226 *Betz*, Media Perspektiven 1997, 9 f.; *Dörr/Cloß*, ZUM 1996, 110 f.; *Eberle*, ZUM 1995, 766; *Holzer*, ZUM 1996, 278 ff. (insb. 282 f.); *Holznagel/Vesting*, Sparten- und Zielgruppenprogramme, S. 95 f.; *Oppermann*, ZUM 1996, 656; *ders.*, Deutsche Rundfunkgebühren und europäisches Beihilferecht, S. 36 ff.

1227 *Otten*, ZUM 1997, 795 f.; *Michel*, Finanzierung des öffentlich-rechtlichen Rundfunks, S. 4; *Kohl*, ZUM 1999, 661.

1228 Rs. 240/83, Slg. 1985, 531, 550. *Oppermann*, Deutsche Rundfunkgebühren und europäisches Beihilferecht, S. 27.

1229 Vgl. o. E II 4 b.

Auch die Besserstellung der privaten Sender bei der Vergabe von Werbezeiten vermag die Begünstigung der öffentlich-rechtlichen Anstalten in beihilferechtlicher Hinsicht nicht zu kompensieren. Der EuGH hat bereits entschieden, daß die zum Ausgleich eines Wettbewerbsnachteils erbrachte Vergünstigung deren Beihilfecharakter nicht zu beseitigen vermag[1230].

Inwieweit die Bevorzugung der privaten Rundfunkanbieter bei den zur Verfügung stehenden Werbezeiten als Korrelat zu deren Ausschluß von der Gebührenfinanzierung gem. § 43 RdfStV ebenso eine Begünstigung darstellt, kann hier dahingestellt bleiben, da es die Frage nach dem Einfluß des europäischen Gemeinschaftsrecht auf die Rundfunkgebühr nicht berührt.

bb) Freiwilligkeit der Begünstigung

Für die Annahme einer Beihilfe ist weiterhin die Freiwilligkeit der Begünstigung entscheidend[1231]. Somit fallen unter den Beihilfebegriff keine Zuwendungen, die auf einer rechtlichen Verpflichtung basieren.

Man könnte daran denken, in der aus Art. 5 I 2 G gebotenen Verpflichtung des Gesetzgebers zur funktionsgerechten Finanzierung des öffentlich-rechtlichen Rundfunks eine Rechtspflicht zur Einführung der Rundfunkgebührenfinanzierung zu erblicken[1232]. Schließlich stellt die Rundfunkgebührenfinanzierung derzeit die einzig funktionsgerechte Finanzierung für den öffentlich-rechtlichen Rundfunk dar[1233]. Doch widerspricht dies dem Zweck des EG-Beihilferegimes. Sinn und Zweck der Art. 87 ff. EGV AV ist es, den innergemeinschaftlichen Handelsverkehr vor Verfälschungen durch die Unionsstaaten zu schützen. Dem kann aber nur wirksam entsprochen werden, wenn der Beihilfebegriff ohne Rücksicht auf die Rechtsordnungen der Mitgliedstaaten und deren Besonderheiten allein unter gemeinschaftsrechtlichen Kriterien bestimmt wird[1234]. Dementsprechend vermag die nationale Pflicht des bundesdeutschen Gesetzgebers zur Schaffung einer funktionsgerechten Finanzierung des öffentlich-rechtlichen Rundfunks nicht das Kriterium der Freiwilligkeit der Begünstigung aufzuheben.

[1230] Urteil vom 22.3.1977, Rs. 78/79, Slg. 1977, 595, 613 - Steinike.

[1231] *V.Wallenberg* in: *Grabitz/Hilf*, EU-Kommentar, Art 92, Rn. 7; *Mederer* in: *v.d.Groeben/Thiesing/Ehlermann*, EU/EG-Vertrag, Art 92, Rn. 20 ff.

[1232] So *Oppermann*, ZUM 1996, 657; *ders.*, Deutsche Rundfunkgebühren und europäisches Beihilferecht, S. 44; *Holznagel/Vesting*, Sparten- und Zielgruppenprogramme, S. 86 ff.

[1233] Vgl. o. K II 8.

[1234] *Selmer/Gersdorf*, Rundfunkfinanzierung auf dem Prüfstand des EG-Beihilferegimes, S. 29; *Uphoff*, Fernsehmarkt und Grundversorgung, S. 111 f.

Es bleibt also dabei, daß die Rundfunkgebührenfinanzierung des öffentlich-rechtlichen Rundfunks eine Beihilfe im Sinne von Art. 87 I EGV AV darstellt.

b) Herkunft der Beihilfe

Art. 87 I EGV AV ist nur auf staatliche oder aus staatlichen Mitteln gewährte Beihilfen anwendbar. Rechtsgrundlage für die Erhebung und Verteilung der Rundfunkgebühr sind die in jeweiliges Landesrecht transformierten Staatsverträge der Länder (RdfStV, RdfGebStV, RdfFinStV). Die Ertragshoheit ist der jeweiligen Landesrundfunkanstalt zugewiesen. Daneben werden aus der Rundfunkgebühr auch das ZDF, Deutschlandradio und die jeweiligen Landesmedienanstalten finanziert. Fraglich ist, ob es sich hierbei um eine staatliche Beihilfe oder um eine aus staatlichen Mitteln gewährte Beihilfe handelt. Eine staatliche Beihilfe liegt vor, wenn sie direkt vom Bund oder von den Ländern gewährt wird. Eine Beihilfe aus staatlichen Mitteln ist dagegen anzunehmen, wenn die staatlichen Mittel nicht direkt vom Staat, sondern indirekt durch vom Staat beauftragte private oder öffentliche Einrichtungen gewährt werden[1235].

Die Einstufung der Rundfunkgebühr als direkte staatliche Beihilfe scheidet aufgrund der Staatsfreiheit des Rundfunks aus[1236]. In Betracht käme aber eine aus staatlichen Mitteln gewährte Beihilfe. Dazu müßte das Rundfunkgebührenaufkommen als staatliches Mittel qualifiziert werden. Dies ist der Fall, wenn der Gesetzgeber eine Ermächtigungsnorm schafft, auf deren Grundlage die zu vergebenen Mittel erhoben werden[1237]. Die Ermächtigungsgrundlage für die Erhebung der Rundfunkgebühr sind die von den Landesgesetzgebern transformierten Staatsverträge. Dies spricht für eine Einordnung der Rundfunkgebühr als eine aus staatlichen Mitteln gewährte Beihilfe. Dem widerspricht es auch nicht, daß die Vergabe der Mittel durch die staatsfreie GEZ erfolgt, da es auf die Herkunft der Mittel und nicht auf den Vergabemodus ankommt[1238]. Insofern bleibt der Anknüpfungspunkt die Erhebung der Mittel, welche bei der

---

1235 *V. Wallenberg* in: *Grabitz/Hilf*, EU-Vertrag, Art. 92, Rn. 17.

1236 *Betz*, Media Perspektiven 1997, 10; *Koenig/Kühling*, ZUM 2001, 540 ff.; *Michel*, Finanzierung des öffentlich-rechtlichen Rundfunks, S. 5.

1237 *Engel*, Europarechtliche Grenzen für öffentlich-rechtliche Spartenprogramme, S. 30 ff.; *Freis*, ZEuS 1999, 131; *Ress*, Kultur und europäischer Binnenmarkt, S. 130. A. A. *Otten*, ZUM 1997, 797 f., der angesichts der pluralen Zusammensetzung der KEF einen staatlichen Einfluß auf die Gebührenhöhe als verschwindend gering ansieht und deshalb von einer Staatsfreiheit der Rundfunkgebühr ausgeht.

1238 *Damm*, Gebührenprivileg und Beihilferecht, S. 102; *Holzer*, ZUM 1996, 277; *Koch*, Möglichkeiten der Beteiligung, S. 101; *Koenig/Kühling*, ZUM 2001, 545. Zweifel hieran hegen: *Oppermann*, Deutsche Rundfunkgebühren und europäisches Beihilferecht, S. 47 ff.; *Otten*, ZUM 1997, 796 f.

Rundfunkgebühr durch ein formelles Gesetz geregelt ist, so daß diese als staatliches Mittel qualifiziert werden kann. Außerdem knüpft die Rundfunkgebührenpflicht weder an die tatsächliche Inanspruchnahme der angebotenen Leistung noch an die Freiwilligkeit der Bezahlung an, sondern erfolgt durch gesetzlich angeordnete, zwangsweise Heranziehung der Rezipienten[1239]. Auch das spricht für eine Staatlichkeit der Rundfunkgebühr.

Weiter müßte die Rundfunkgebühr zu Lasten der jeweiligen öffentlichen Haushalte ausgewiesen werden. Auf den ersten Blick erscheint das nicht der Fall zu sein, da die Rundfunkgebühr von den Rundfunkrezipienten aufgebracht wird, somit von Privaten. Deshalb wird sie teilweise auch als „Bürgerabgabe" bezeichnet[1240]. Dies wäre jedoch unbeachtlich, wenn man den Begriff „zu Lasten öffentlicher Haushalte" weit auslegt und auch parafiskalische Umverteilungen hierunter versteht[1241]. Damit sind Finanzmittel gemeint, die durch Zwangsbeiträge oder andere nicht freiwillige zweckgebundene Abgaben erhoben werden und in einen Sonderfonds außerhalb des Haushaltsplans fließen[1242]. Diese Mittel wären vom Staat aufzubringen, wenn es die zwangsweise Erhebung bei Privaten nicht gebe. Es erscheint daher nur sinnvoll, sämtliche Privilegierungen finanzieller Art aufgrund staatlicher Zwangsmaßnahmen dem Tatbestand des Art. 87 I EGV AV zuzurechnen. Ansonsten könnte der Staat durch die konkrete Ausgestaltung der Fördermodalitäten über die Relevanz der Art. 87 ff. EGV AV entscheiden und auf diese Weise die gemeinschaftsrechtlichen Beihilfevorschriften umgehen[1243]. Dies widerspricht dem Sinn und Zweck der Art. 87 ff. EGV AV. Auch verstößt eine weite Auslegung nicht gegen den Wortlaut des Art. 87 I EGV AV, da auch derartige vermögenswirksame Maßnahmen mit der ihnen zugrundeliegenden Ermächtigungsnorm auf einen staatlichen Hoheitsakt zurückzuführen sind, und sich deshalb innerhalb des Begriffs der „staatlichen Beihilfe" befinden[1244]. Der Begriff „zu Lasten öffentlicher Haushalte" ist also weit auszulegen.

1239 *Selmer/Gersdorf*, Rundfunkfinanzierung auf dem Prüfstand des EG-Beihilferegimes, S. 31; *Uphoff*, Fernsehmarkt und Grundversorgung, S. 110 f.

1240 *Kohl*, ZUM 1999, 661.

1241 *Damm*, Gebührenprivileg und Beihilferecht, S. 103; *Selmer/Gersdorf*, Rundfunkfinanzierung auf dem Prüfstand des EG-Beihilferegimes, S. 32 f.; *Uphoff*, Fernsehmarkt und Grundversorgung, S. 114 f.

1242 *Koenig/Kühling*, ZUM 2001, 543.

1243 *Selmer/Gersdorf*, Rundfunkfinanzierung auf dem Prüfstand des EG-Beihilferegimes, S. 33. A.A *Koenig/Kühling*, ZUM 2001, 543 ff., die eine weite Begriffsauslegung im Hinblick auf das PreussagElektra-Urteil ablehnen.

1244 *Selmer/Gersdorf*, Rundfunkfinanzierung auf dem Prüfstand des EG-Beihilferegimes, S. 33. So auch die Entscheidungen der Kommission: 69/266/EWG v. 18.7.1969, Abl. L 220/1, 2; 92/315/EWG v. 11.3.1992, Abl. L 170/34, 35.

Fraglich ist jedoch, ob die Rundfunkgebühr noch der weiten Auslegung des Begriffs der „staatlichen Beihilfe“ unterfällt. Nach dem eben Gesagten wäre das der Fall, wenn der öffentlich-rechtliche Rundfunk aus dem Staatshaushalt zu finanzieren wäre, soweit es keine Rundfunkgebühr geben würde. Zum Teil wird vertreten, daß eine Staatsfinanzierung wegen des Grundsatzes der Staatsfreiheit unter keinen Umständen in Betracht käme und die Rundfunkgebühr demnach auch keine parafiskalische Umverteilung darstellt[1245]. Vielmehr käme bei Nichtexistenz der Rundfunkgebühr ausschließlich eine Werbefinanzierung in Betracht. Daß dem nicht zugestimmt werden kann, wurde bereits deutlich gemacht[1246]. Die Finanzierung des öffentlich-rechtlichen Rundfunks durch Zuweisung von Haushaltsmitteln stellt sehr wohl die ultima ratio dar, da eine durch Gesetze so weit wie möglich geminderte staatliche Einflußnahme auf die meinungsbildenden Funktion des öffentlich-rechtlichen Rundfunks das kleinere Übel darstellt im Vergleich zu einer kommerziellen Einflußnahme[1247]. Somit kann die Rundfunkgebühr als eine aus staatlichen Mitteln gewährte Beihilfe im Sinne des Art. 87 I EGV AV bewertet werden[1248].

Dieses Ergebnis entspricht auch der ständigen Rechtsprechung des Europäischen Gerichtshofs, welcher Zwangsbeiträge und zweckgebundene Zwangsabgaben oder solche Abgaben, deren Verteilung staatlich reglementiert ist, unter den Beihilfetatbestand subsumiert[1249]. Von der staatlichen Herkunft der Rundfunkgebühren im Sinne von Art. 87 I EGV AV ist mithin trotz der fehlenden unmittelbaren Belastung von Bund- und Länderhaushalten auszugehen.

c) Kreis der Begünstigten

Begünstigter im Sinne von Art. 87 I EGV AV müssen entweder bestimmte Unternehmen oder bestimmte Produktionszweige sein.

aa) Produktionszweig

Zu überlegen ist, ob es sich bei den am Rundfunkgebührenaufkommen beteiligten Programmträgern um einen Produktionszweig gem. Art. 87 I EGV AV handelt. Hierunter werden auch Handel und Dienstleistungen erfaßt, so daß

1245 *Eberle*, ZUM 1995, 767; *Oppermann*, Deutsche Rundfunkgebühren und europäisches Beihilferecht, S. 48 f.; *Damm*, Gebührenprivileg und Beihilferecht, S. 104 f.

1246 Vgl. o. K II 2.

1247 Vgl. o. K II 2.

1248 Dem stimmt im Ergebnis auch *Damm*, Gebührenprivileg und Beihilferecht, S. 113, zu, der dies allerdings aus dem Zwangscharakter der Rundfunkgebühr begründet.

1249 Urteil vom 2.7.1984, R.s. 173/73, Slg. 1974, 709, 720 - Textilbeihilfen; Urteil vom 25.6.1970, Rs. 47/69, Slg. 1970. 487, 496 - Frankreich/Kommission. Dies erscheint allerdings nach der Entscheidung zur Stromversorgung nicht mehr so eindeutig.

auch der Rundfunk als Dienstleistung ein Produktionszweig darstellen kann[1250]. Voraussetzung ist allerdings, daß die staatlichen Leistungen an die gesamte Branche, das heißt an alle Rundfunkveranstalter, gezahlt werden[1251]. Die Rundfunkgebühr wird jedoch nur an die öffentlich-rechtlichen Anstalten ausgezahlt, so daß eine Begünstigung des Produktionszweiges Rundfunk nicht ersichtlich ist.

bb) Öffentlich-rechtliche Rundfunkanstalten als Unternehmen im Sinne von Art. 87 I EGV AV

Der Anwendung des Beihilferegimes unterfallen aber auch Fördermaßnahmen, die nur bestimmten Unternehmen zugute kommen. Der EuGH interpretiert den Unternehmensbegriff dahingehend, daß hierunter eine einheitliche Zusammenfassung personeller, materieller und immaterieller Faktoren zur Verfolgung eines dauerhaften wirtschaftlichen Zwecks bei gleichzeitiger Zuordnung zu einem bestimmten Rechtssubjekt zu verstehen ist[1252]. Eine Gewinnerzielungsabsicht ist nicht Voraussetzung, sondern vielmehr die Entgeltlichkeit der ausgeübten Tätigkeit und die Teilnahme am Wirtschaftsleben, unabhängig von der Rechtsform und der Art der Finanzierung[1253]. Mithilfe dieser Definition hat der EuGH erstmals in der „Sacchi-Entscheidung“[1254] den Unternehmensbegriff auf die Rundfunkanstalten übertragen[1255]. Dies ist in den Literatur auch weitestgehend akzeptiert worden[1256]. Letztlich erbringen die öffentlich-rechtlichen Rundfunkanstalten ihre wirtschaftlichen Leistungen gegen Entgelt und sind daher infolge ihrer Rechtsform als Rundfunkanstalten des öffentlichen Rechts öffentliche Unternehmen im Sinne des EU-Wettbewerbsrecht und damit Unternehmen im Sinne des EU-Beihilferechts[1257].

Allerdings könnte man geneigt sein, die Anwendung der Art. 87-89 EGV AV auf Rundfunkanstalten gem. Art. 86 II EGV AV auszuschließen, indem man in ihnen Unternehmen sieht, die mit Dienstleistungen von allgemeinem wirtschaftlichem Interesse betraut werden[1258]. Sie wären dann an die Bestimmungen

---

1250 *Geiger*, EGV, Art. 92, Rn 12.

1251 *V.Wallenberg* in: *Grabitz/Hilf*, EU-Kommentar, Art. 92, Rn. 22.

1252 EuGH, Rs. 19/61, Slg. 1962, 717, 750 - Mannesmann/Hohe Behörde.

1253 EuGH, NJW 1993, 2598.

1254 Slg. 1974, 409.

1255 EuGH, Slg. 1974, 409, 430; EuGH, Rs. C-353/89, Slg. 1991, 4069, 4098 - Kommission/Niederlande.

1256 *Koch*, Möglichkeiten der Beteiligung, S. 104; *Selmer/Gersdorf*, Rundfunkfinanzierung auf dem Prüfstand des EG-Beihilferegimes, S. 37 f.; *Uphoff*, Fernsehmarkt und Grundversorgung, S. 124 f.

1257 *Oppermann*, ZUM 1996, 657.

1258 So *Scheble*, Perspektiven der Grundversorgung, S. 293 f.; *Frey*, ZUM 1999, 534.

des EGV nur insoweit gebunden, als dadurch nicht die Erfüllung der ihnen übertragenen Aufgaben verhindert wird. Dem ist zuzugeben, daß die öffentlich-rechtlichen Rundfunkanstalten entgeltliche Dienstleistungen im Rahmen der Daseinsvorsorge erbringen, und daß sie mit Dienstleistungen von allgemeinem wirtschaftlichen Interesse betraut sind[1259]. Doch fällt die Gebührenfinanzierung der öffentlich-rechtlichen Rundfunkanstalten unter den Ausnahmetatbestand des Art. 87 III lit. d EGV AV[1260], der im Gegensatz zu Art. 86 II EGV AV eine spezifische kulturelle Komponente im Rahmen des Beihilferegimes enthält. Somit gelangt Art. 86 II EGV AV nicht zur Anwendung, da Art. 87 III lit. d EGV AV als spezielle Vorschrift den allgemeinen Vorbehalt des Art. 86 II EGV AV zugunsten nationaler Belange verdrängt, sofern es um die Sicherstellung spezifisch kultureller Zielsetzungen der Mitgliedsstaaten geht[1261].

Doch auch wenn man nicht von einer Spezialität des Art. 87 III lit. d EGV AV ausgeht, so findet Art. 86 II EGV AV erst Anwendung, wenn ein Verstoß gegen Beihilfevorschriften vorliegt und nicht eine Beihilfe nach Art. 87 III lit. d EGV AV gerechtfertigt ist. Insofern genießt Art. 87 III lit. d EGV AV systematischen Vorrang vor Art. 86 II EGV AV[1262].

Außerdem entfaltet die Erfüllung nationaler öffentlicher Aufgaben keine wettbewerbliche Ausschlußwirkung, wenn damit marktbezogene Verhaltensweisen verbunden sind. Entscheidend für die wettbewerbsrechtliche Erfassung der öffentlichen Hand ist das Vorliegen wirtschaftlicher Handlungen[1263]. Die öffentlich-rechtlichen Rundfunkanstalten betätigen sich wirtschaftlich am Markt, indem sie Sendematerial und Lizenzen einkaufen sowie Mitarbeiter einstellen. Außerdem bieten sie eigene Produktionen zum Verkauf. Insofern sind die öffentlich-rechtlichen Rundfunkanstalten als Unternehmen im Sinne von Art. 87 I EGV AV einzustufen.

1259 EuGH, Slg. 1974, 409, 431 - Sacchi. *Dörr*, Kommunikation und Recht 2001, 236.

1260 Ausführlicher zu den Tatbestandsvoraussetzungen u. K II 2.

1261 *Otten*, ZUM 1997, 791 f.; *Selmer/Gersdorf*, Rundfunkfinanzierung auf dem Prüfstand des EG-Beihilferegimes, S. 44. A.A. *Engel*, Europarechtliche Grenzen für öffentlich-rechtliche Spartenprogramme, S. 52; *Oppermann*, Deutsche Rundfunkgebühren und europäisches Beihilferecht, S. 52 ff., der einen Ausschlußcharakter des Art. 92 III lit. d) EGV nicht erkennen will.

1262 *Damm*, Gebührenprivileg und Beihilferecht, S. 144 f.

1263 *Damm*, Gebührenprvileg und Beihilferecht, S. 116.

d) *Verfälschung des Wettbewerbs*

Ein Beihilfeverbot gem. Art. 87 I EGV AV setzt weiter eine bestehende oder drohende Wettbewerbsverfälschung voraus. Dabei wird der Begriff der Verfälschung weit ausgelegt, so daß zwischen Verfälschung, Einschränkung oder Verhinderung des Wettbewerbs nicht unterschieden wird[1264].

aa) *Relevanter Markt*

Zur Feststellung einer Wettbewerbsverfälschung ist es erforderlich, den für die Verfälschung relevanten Markt abzugrenzen. Dabei ist zunächst an den Programmarkt zu denken. Doch fehlt es hier an einem wirtschaftlichen Konkurrenzverhältnis zwischen öffentlich-rechtlichen Rundfunkanstalten und privaten Anbietern um die Rundfunkgebühr[1265]. Ein Wettbewerb findet hier nur in publizistischer Hinsicht statt[1266]. Auch eine Austauschbeziehung zwischen Programmveranstaltern und Rezipienten besteht nicht[1267].

Dagegen besteht auf dem Werbemarkt, insbesondere bei der Akquisition von Werbekunden, sehr wohl ein Konkurrenzverhältnis zwischen öffentlich-rechtlichen Anstalten und privaten Anbietern[1268]. Dies hat auch programmliche Auswirkungen, da die Attraktivität des Programmes über den Verkauf von Werbezeiten entscheidet[1269].

Ein weiteres Wettbewerbsverhältnis ist zwischen öffentlich-rechtlichen und privaten Anbietern im Hinblick auf die Vorbereitung und Verwertung von Programmen zu erkennen (sog. Programmbeschaffungs- und -verwertungsmarkt). Hier geht es um die Anwerbung von Personal sowie den Ankauf und die spätere Vermarktung von Fernseh- und Senderechten[1270]. Der relevante Markt für die Wettbewerbsverfälschung durch die Gebührenfinanzierung ist also im Bereich der Programmproduktion und mittelbar im Programm selbst zu sehen, welches über die werbliche Attraktivität entscheidet.

1264 *V. Wallenberg* in: *Grabitz/Hilf*, EU-Kommentar, Art. 92, Rn 23.

1265 *Selmer/Gersdorf*, Rundfunkfinanzierung auf dem Prüfstand des EG-Beihilferegimes, S. 46.

1266 *Hess*, Verfassungsrechtliche Probleme der Gebührenfinanzierung, S. 305 f; *Oppermann*, Deutsche Rundfunkgebühr und europäisches Beihilferecht, S. 61. A.A. *Uphoff*, Fernsehmarkt und Grundversorgung, S. 135.

1267 *Koch*, Möglichkeiten der Beteiligung, S. 106.

1268 *Damm*, Gebührenprivileg und Beihilferecht, S. 119; *Uphoff*, Fernsehmarkt und Grundversorgung, S. 135 ff.

1269 *Otten*, ZUM 1997, 798; *Selmer/Gersdorf*, Rundfunkfinanzierung auf dem Prüfstand des EG-Beihilferegimes, S. 46.

1270 *Koch*, Möglichkeiten der Beteiligung, S. 107.

bb) Wettbewerbsverfälschung

Es gilt nun festzustellen, ob auf den eben skizzierten Märkten durch die Gebührenfinanzierung der öffentlich-rechtlichen Rundfunkanstalten eine Wettbewerbsverfälschung zu verzeichnen ist.

Auf dem Markt der Programmvorbereitung und -verwertung ist hinsichtlich kulturell anspruchsvoller und kostenintensiver Programmsegmente eine Wettbewerbsverfälschung zu erkennen. So wird die Wettbewerbsfähigkeit der öffentlich-rechtlichen Anstalten auf diesem für die Werbewirtschaft relativ uninteressanten Markt durch den Erhalt der Rundfunkgebühr entscheidend verbessert. Dies gilt sowohl für den Ankauf als auch für die Produktion kostenintensiver Programmbeiträge[1271]. Dagegen wird behauptet, der öffentlich-rechtliche Rundfunk sei auf dem Markt der Programmbeschaffung benachteiligt, da er seine Finanzmittel gemäß den Vielfaltsanforderungen des Grundversorgungsauftrags „splitten" müsse und ihm daher beim Wettbewerb um die massenattraktiven Rechte Grenzen gesetzt seien[1272]. Doch kann dem nicht zugestimmt werden. Der öffentlich-rechtliche Rundfunk hat durch die Möglichkeit, einer Werbe- oder Sponsorfinanzierung sehr wohl die Möglichkeit Rechte für massenattraktive Programme zu erwerben[1273]. Insofern ist er hier gegenüber den privaten Anbieter nicht entscheidend benachteiligt. Außerdem wiegt die Begünstigung im Bereich der Programmbeschaffung nicht massenattraktiver Programme durch Einsatz der Rundfunkgebührenmittel einen etwaigen Nachteil mehr als auf. Insofern besteht ein Ungleichgewicht in der finanziellen Ausgangssituation bei der Programmbeschaffung zugunsten der öffentlich-rechtlichen Rundfunkanstalten.

Im übrigen wird den öffentlich-rechtlichen Rundfunkanstalten durch die Gebührenförderung zur Erfüllung des Grundversorgungsauftrages das Risiko der finanziellen Abhängigkeit von der Werbewirtschaft weitgehend abgenommen. Den öffentlich-rechtlichen Anstalten ist es möglich, Programmsegmente auszustrahlen, die sich unter Marktaspekten nicht kostendeckend finanzieren lassen. Gleichzeitig werden die privaten Anbieter automatisch in den Bereich der

---

1271 *Koch*, Möglichkeiten der Beteiligung, S. 107.

1272 *Oppermann*, ZUM 1996, 657; *Michel*, Finanzierung des öffentlich-rechtlichen Rundfunks, S. 6; *Otten*, ZUM 1997, 798 f.

1273 Dies zeigt sich schon darin, daß noch immer sportliche Großereignisse wie Olympische Spiele und Fussballweltmeisterschaften im öffentlich-rechtlichen Rundfunk übertragen werden und die öffentlich-rechtlichen Anstalten eher eine Ausweitung der Veranstaltung von derart massenattraktiven Programmen planen als eine Einschränkung aus finanziellen Gründen (Vgl. z.B. den geplanten Erwerb der Erstverwertungsrechte für die Fussball-Bundesliga). So im Ergebnis auch *Engel*, Europarechtliche Grenzen für öffentlich-rechtliche Spartenprogramme, S. 34 f.

massenattraktiven Programmgestaltung gedrängt, da sie von den Werbeeinnahmen abhängig sind. Dadurch wird es den privaten Anbietern nahezu unmöglich gemacht, in den Bereich der Grundversorgung vorzudringen, unabhängig davon, ob sie dies überhaupt anstreben.

Gegen eine Wettbewerbsverzerrung könnte man die Beschränkung der öffentlich-rechtlichen Anstalten bei der Veranstaltung von Werbung ins Feld führen. So dürfe die Rundfunkgebühr nicht isoliert betrachtet werden, sondern müsse im Zusammenhang mit denn übrigen Einkünften gesehen werden. Anders sei die Marktrelevanz des öffentlich-rechtlichen Rundfunks gar nicht zu erfassen[1274]. Das Gesamtfinanzierungssystem mit den deutlich freieren Werbebestimmungen für private Rundfunkanbieter begünstige aber vielmehr diese[1275]. Begründet wird dies mit der Tatsache, daß die großen privaten Anbieter derzeit Werbeeinkünfte erzielen, die vergleichbar mit dem Gebührenaufkommen seien. Dem ist zuzugeben, daß von einer Wettbewerbsverfälschung nur dann gesprochen werden kann, wenn unter Zugrundelegen sämtlicher Wettbewerbsparameter die Wettbewerbssituation des öffentlich-rechtlichen Rundfunks besser wäre als die der privaten Veranstalter[1276]. Trotzdem läßt sich nicht leugnen, daß die privaten Anbieter, um derartige Einkünfte erzielen zu können, ein stark massenattraktives Programm veranstalten müssen und den jeweiligen Stimmungen und Schwankungen des Marktes unterworfen sind. Die öffentlichrechtlichen Anbieter dagegen können ihr Programm unabhängiger und mit mehr Sicherheit für die Zukunft gestalten. Diese finanzielle Sicherheit vermittelt einen Vorteil am Markt, auf dem sich die öffentlich-rechtlichen Anstalten in allen Winkeln und Nischen umtun können. Nicht zuletzt wird auch eine Übertragung der Grundversorgungsaufgabe auf die privaten Anbieter mit der Begründung abgelehnt, diese seien einem Konkursrisiko ausgesetzt und besäßen deshalb nicht die für die Grundversorgung notwendige Zuverlässigkeit hinsichtlich einer dauerhaften vielfältigen Programmgestaltung[1277]. Dies spricht dafür, daß den öffentlich-rechtlichen Rundfunkanstalten durch die Gebührenfinanzierung sehr wohl ein wettbewerblicher Vorteil in Form einer krisensicheren Finanzierung gegenüber den privaten Anbietern eingeräumt wird. Damit ist auch von einer Wettbewerbsverfälschung auszugehen[1278].

1274 *Eberle*, ZUM 1995, 767, Fn. 23; *Holzer*, ZUM 1996, 282; *Otten*, ZUM 1997, 795.

1275 *Eberle*, ZUM 1995, 767; *Otten*, ZUM 1997, 799; *Michel*, Finanzierung des öffentlich-rechtlichen Rundfunks, S. 6.

1276 *Selmer/Gersdorf*, Rundfunkfinanzierung auf dem Prüfstand des EG-Beihilferegimes, S. 49.

1277 Vgl. o. J III 3 a (am Ende).

1278 *Damm*, Gebührenprivileg und Beihilferecht, S. 126.

Es ist also festzuhalten, daß der Wettbewerb auf dem Markt der wenig werbeattraktiven und anspruchsvollen Programmsegmente durch die ausschließliche Gebührenförderung der öffentlich-rechtlichen Rundfunkanstalten gem. Art. 87 I EGV AV verfälscht wird.

e) Beeinträchtigung des Handelsverkehrs

Für die Verwirklichung des Beihilfetatbestandes des Art. 87 I EGV AV wird schließlich eine innergemeinschaftliche Handelsbeeinträchtigung vorausgesetzt. Eine solche Beeinträchtigung des Handels zwischen den Mitgliedstaaten liegt vor, wenn die Ein- oder Ausfuhr durch die Beihilfegewährung erschwert oder erleichtert wird. Dagegen ist die Handelsbeeinträchtigung zu verneinen, wenn sich die Beihilfe räumlich lediglich auf das Territorium eines Mitgliedstaates auswirkt und eine grenzüberschreitende Wettbewerbskonstellation somit nicht vorliegt[1279].

Durch die Gebührenfinanzierung wird die Stellung des öffentlich-rechtlichen Rundfunks in der Bundesrepublik Deutschland gegenüber in- und ausländischen Anbietern potentiell verbessert. Er ist in der Lage, eine finanziell weitestgehend unabhängige Programmgestaltung zu verwirklichen. Dies wirkt sich auch über die Landesgrenzen hinaus aus, da im Zuge moderner Übertragungstechniken durch Kabel und Satellit die Rundfunkanbieter schon lange nicht mehr auf eine nationale Verbreitung angewiesen sind[1280]. Auch im Bereich der Programmbeschaffung und -verwertung konzentrieren sich die Rundfunkanbieter nicht mehr allein auf nationalen Markt, sondern sind europa- oder gar weltweit aktiv. Damit wirken sich aber auch national gewährte Beihilfen auf den internationalen Markt aus, so daß die alleinige Förderung der öffentlich-rechtlichen Rundfunkanstalten aus der Rundfunkgebühr eine Handelsbeeinträchtigung im Sinne von Art. 87 I EGV AV darstellt.

f) Ergebnis

Die alleinige Gebührenfinanzierung des öffentlich-rechtlichen Rundfunks erfüllt den Tatbestand der Beihilfe gem. Art. 87 I EGV AV. Die Gebührenfinanzierung ist eine aus staatlichen Mitteln gewährte Beihilfe, welche durch die Begünstigung der öffentlich-rechtlichen Rundfunkanstalten auf dem Markt

---

1279 *V. Wallenberg* in: *Grabitz/Hilf*, EU-Kommentar, Art. 92, Rn. 28, 29.

1280 So sind auch im deutschen Kabelnetz schon seit langem ausländische Programme wie das französische TV 5, das polnische TV Polonia oder das türkische TRT zu empfangen. Vgl. auch *Castendyk*, ZUM 1993, 473 f.

der Vorbereitung, Herstellung und Verwertung anspruchsvoller Programmsegmente den Wettbewerb mit den privaten Anbietern verfälscht und gleichzeitig den Handelsverkehr zwischen den Mitgliedstaaten beeinträchtigt.

2. Befreiungstatbestand des Art. 87 III lit. d EGV AV

Durch Einführung des Art. 87 III lit. d EGV AV wurde klargestellt, daß Beihilfen zur Förderung der Kultur und Erhaltung des kulturellen Erbes der einzelnen Mitgliedstaaten als mit dem Gemeinsamen Markt vereinbar angesehen werden können. Es steht also im Ermessen der EU-Kommission, kulturspezifisch gewährte Beihilfen für vereinbar mit dem Beihilferegime zu erklären. Es handelt sich insoweit um ein präventives Verbot mit Erlaubnisvorbehalt[1281]. Diese Klausel geht dem allgemeinen Gebot der kulturellen Rücksichtnahme aus Art. 151 IV EGV AV in Bezug auf die Anwendung im Beihilferegime vor. Auch Art. 86 II EGV AV ist insoweit subsidiär[1282].

Es gilt also zu fragen, ob die Rundfunkgebührenfinanzierung des öffentlich-rechtlichen Rundfunks als eigentlich unzulässige Beihilfe im Sinne von Art. 87 I EGV AV geeignet ist, die Förderung der Kultur oder die Erhaltung des kulturellen Erbes zu bewirken, ob für ihre Gewährung eine Notwendigkeit besteht und ob die aus ihr resultierende Wettbewerbsbeeinträchtigung zumutbar erscheint.

Grundlage einer positiven Entscheidung der Kommission ist eine den Grundsatz der Verhältnismäßigkeit berücksichtigende Abwägung. Der Entscheidung kommt feststellender Charakter zu[1283]. Allerdings ist bei Ermessensentscheidung nach Art. 87 III lit. d EGV AV der auf Wahrung gleichgewichtiger Vielfalt gerichtete Gehalt des Art. 10 EMRK[1284] zu beachten, der auch bei der Anwendung und Auslegung der gemeinschaftlichen Wettbewerbsvorschriften Wirkung entfaltet[1285]. Danach sind bei der durch Art. 87 III lit. d EGV AV gebotenen Abwägung von Kultur- und Wettbewerbsprinzipien die kulturbezogenen Zielsetzungen hoch zu gewichten[1286]. Das bedeutet, daß bei Vorliegen der Voraussetzungen des Art. 87 III lit. d EGV AV in aller Regel das

---

1281 *Selmer/Gersdorf*, Rundfunkfinanzierung auf dem Prüfstand des EG-Beihilferegimes, S. 70 ff.

1282 Vgl. o. L II 1 c bb.

1283 *Wenig* in: *v.d.Groeben/Thiesing/Ehlermann*, EU/EG-Vertrag, Art. 92, Rn. 65.

1284 Europäische Konvention zum Schutze der Menschenrechte und Grundfreiheiten vom 4. November 1950.

1285 *Damm*, Gebührenprivileg und Beihilferecht, S. 68 ff., 148 f.

1286 *Ricker/Schiwy*, Rundfunkverfassungsrecht, S. 510 f.

Ermessen der Kommission auf Null reduziert sein wird[1287]. Inwieweit die Voraussetzungen des Art. 87 III lit. d EGV AV gegeben sind, orientiert sich an den verschiedenen Elemente des Verhältnismäßigkeitsgrundsatzes.

a) Eignung der Gebührenfinanzierung zur Förderung der Kultur

Die zu prüfende Beihilfe durch die Rundfunkgebührenfinanzierung müßte geeignet sein, die Kultur oder die Erhaltung des kulturellen Erbes der Bundesrepublik Deutschland zu fördern. Dies ist der Fall, wenn die Erhebung der Rundfunkgebühren geeignet ist, einen Beitrag zur kulturellen Vielfalt im Sinne einer demokratischen Meinungspluralisierung in der Bundesrepublik zu leisten. Dabei ist der Begriff der Kultur weit zu fassen und nicht nur auf die künstlerische „Hochkultur" zu beschränken, sondern als Gesamtheit der geistigen Sphäre zu verstehen[1288]. Diese Definition schließt den Rundfunk unmißverständlich mit ein[1289]. Trotzdem wird teilweise behauptet, die Definition dessen, was dem Kulturbegriff des EGV unterfällt, liege in der Kompetenz der EU[1290]. Doch stehen Wortlaut, Sinn und Zweck der die Kultur betreffenden Regelungen des EGV dieser Auslegung entgegen. Der Gebrauch des Plurals in Art. 3 lit. q EGV AV (Entfaltung des Kulturlebens in den Mitgliedstaaten) und in Art. 151 I EGV AV (Beiträge zur Entfaltung der Kulturen in den Mitgliedstaaten) stellt klar, daß die Kulturpolitik in den Händen der Mitgliedstaaten bleiben soll. Nur mit dieser Sichtweise läßt sich die unstreitig bei den Mitgliedstaaten verbliebene primäre Kulturkompetenz (Art. 5 EGV AV) vereinbaren. Andernfalls hätte es die EU in der Hand, ihrerseits die Kompetenz der Mitgliedstaaten im kulturellen Bereich durch eigene Definitionen zu beschränken[1291].

Der öffentlich-rechtliche Rundfunk wird durch die Gebührenfinanzierung in die Lage versetzt, ein von Einschaltquoten weitgehend unabhängiges, kulturell wertvolles Programm anzubieten, daß den Anforderungen an gegenständliche und meinungsmäßige Vielfalt gerecht wird[1292]. Dieses entspricht dem Verfassungsauftrag der Grundversorgung und hierin ist auch der vornehmliche Zweck der Gebührenfinanzierung zu erblicken, die dienende Funktion des Rundfunks innerhalb des verfassungsrechtlich geschützten Kommunikationsprozesses

1287 *Oppermann*, ZUM 1996, 658; *Selmer/Gersdorf*, Rundfunkfinanzierung auf dem Prüfstand des EG-Beihilferegimes, S.72.

1288 *Oppermann*, Deutsche Rundfunkgebühren und europäisches Beihilferecht, S. 83 ff.

1289 *Otten*, ZUM 1997, 799 mwN.

1290 *Engel*, Europarechtlichtliche Grenzen für öffentlich-rechtliche Spartenprogramme, S. 43.

1291 *Betz*, Media Perspektiven 1997, 12.

1292 BVerfGE 90, 60, 90.

sicherzustellen[1293]. Deshalb ist die Gebührenfinanzierung des öffentlich-rechtlichen Rundfunks geeignet, daß kulturelle Leben in der Bundesrepublik Deutschland zu fördern.

Teilweise wird vertreten, daß zwar die Gebührenfinanzierung generell geeignet sei, die Kultur in der Bundesrepublik Deutschland zu fördern, doch daß eine ausschließliche Gebührenfinanzierung des öffentlich-rechtlichen Rundfunks diesem Ziel nicht zuträglich sei. Denn dadurch werde die publizistische Leistungsfähigkeit privater Rundfunkveranstalter geschwächt und der publizistische Wettbewerb verkürzt. Dies könne nicht der Förderung der Kultur dienen[1294]. Zwar vermag dies einzuleuchten, doch steht es im Widerspruch zur momentanen verfassungsrechtlichen und unternehmenspolitischen Position des privaten Rundfunks. Dieser ist derzeit an einer Gebührenbeteiligung gar nicht interessiert, sondern strebt ganz im Gegenteil einer Ausweitung seiner Werbemöglichkeiten an, da sich aus wirtschaftlicher Betrachtungsweise hier deutlich größere Gewinnmöglichkeiten bieten[1295]. Darüber hinaus kommt eine Beteiligung des privaten Rundfunks am Rundfunkgebührenaufkommen auch aus verfassungsrechtlichen Gründen nicht im Betracht, da den privaten Anbietern die erforderliche Zuverlässigkeit und Kontinuität zur Übertragung der Grundversorgungsaufgabe fehlt, die wiederum den Gebührenfinanzierungsanspruch auslöst. Einer Aufteilung des Gebührenaufkommens stehen die Bestands- und Entwicklungsgarantie des öffentlich-rechtlichen Rundfunks und das Recht der Rezipienten, nicht unangemessen hoch belastet zu werden, gegenüber[1296].

Zudem verstieße eine Gebührenbeteiligung des privaten Rundfunks gegen Gemeinschaftsrecht. Zwar wäre dann das Verhältnis von öffentlich-rechtlichem und privatem Rundfunk ausgeglichen, doch besäße der private Rundfunk in Deutschland bei einer teilweisen Gebührenfinanzierung einen Wettbewerbsvorteil gegenüber der gemeinschaftlichen Konkurrenz. Demnach wäre die Gebührenbeteiligung der privaten Anbieter eine verbotene Beihilfe im Sinne von Art. 87 I EGV AV. Diese wäre auch nicht durch Art. 87 III lit. d EGV AV gerechtfertigt, da private Anbieter mangels umfassender Meinungsvielfalt nicht geeignet sind, das kulturelle Leben in der Bundesrepublik Deutschland zu bereichern[1297].

1293 *Selmer/Gersdorf*, Rundfunkfinanzierung auf dem Prüfstand des EG-Beihilferegimes, S. 74.

1294 *Selmer/Gersdorf*, Rundfunkfinanzierung auf dem Prüfstand des EG-Beihilferegimes, S. 75 ff.; *Koch*, Möglichkeiten der Beteiligung, S. 114 f.

1295 Vgl. o. J III 3 a.

1296 Vgl. o. J III. So auch *Damm*, Gebührenprivileg und Beihilferecht, S. 152 f.

1297 *Damm*, Gebührenprivileg und Beihilferecht, S. 152 f.

Insofern ist die an der Geeignetheit der Gebührenfinanzierung geübte Kritik zwar ein interessanter Denkanstoß für eine Neugestaltung des Instruments der Gebührenfinanzierung[1298], jedoch ist bei bestehender Rechtslage die Geeignetheit des Instruments der ausschließlichen Gebührenfinanzierung des öffentlich-rechtlichen Rundfunks zur Förderung der Kultur anzunehmen[1299].

b) Erforderlichkeit der Gebührenfinanzierung

Als weiteres bedarf es im Rahmen der Verhältnismäßigkeitsprüfung nach Art. 87 III lit. d EGV AV der Erforderlichkeit der Gebührenfinanzierung. Nach dem derzeitigen Erkenntnisstand ist gebührenfinanzierter öffentlich-rechtlicher Rundfunk grundsätzlich notwendig, um der kulturellen Dimension des Rundfunks in Deutschland gerecht werdende Programme zu gewährleisten[1300]. Demnach ist die Erforderlichkeit eines gebührenfinanzierten Rundfunks angesichts der thematischen und kulturellen Defizite eines rein werbefinanzierten Rundfunks zu bejahen.

c) Zumutbarkeit der Gebührenfinanzierung

Die Gebührenfinanzierung des öffentlich-rechtlichen Rundfunks müßte, um den Grundsatz der Verhältnismäßigkeit zu genügen, nicht nur erforderlich, sondern auch zumutbar, d.h. verhältnismäßig im engeren Sinne sein. Dies könnte allein schon deswegen der Fall sein, weil der Förderungszweck, Erhaltung der kulturellen Vielfalt, kaum Kollisionspunkte mit dem primär massenattraktiv orientierten Programm privater Rundfunkveranstalter bietet. Und doch ergeben sich Bedenken an der Zumutbarkeit, wenn die öffentlich-rechtlichen Rundfunkanstalten die Rundfunkgebühr nicht nur zur Finanzierung von kulturell relevanten Programmteilen, sondern auch zur Finanzierung massenattraktiver Programme verwenden. So wird zum Teil die Zumutbarkeit bzw. sogar die Erforderlichkeit einer sogenannten „Querschnittssubventionierung" mit dem Argument verneint, daß massenattraktive Programme öffentlich-rechtlicher Anstalten ebenso werbe- und Pay-TV-finanzierbar sind wie die vergleichbaren Programme privater Anbieter. Deshalb stelle es eine nicht zu rechtfertigende Wettbewerbsbeeinträchtigung dar, wenn derartige Programme der öffentlich-rechtlichen Anstalten auch aus der Rundfunkgebühr finanziert werden[1301].

1298 So nutzen es auch *Selmer/Gersdorf*, Rundfunkfinanzierung auf dem Prüfstand des EG-Beihilferegimes, S. 85 ff., die eine beihilferechtlich und verfassungsrechtlich kompatible Ausgestaltung der Rundfunkfinanzierungsordnung entwickeln.

1299 *Oppermann*, Deutsche Rundfunkgebühren und europäisches Beihilferecht, S. 95 ff.

1300 Vgl. o. K II 8. In aller Ausführlichkeit *Oppermann*, Deutsche Rundfunkgebühren und europäisches Beihilfrecht, S. 98 ff.; *Damm*, Gebührenprivileg und Beihilferecht, S. 153.

1301 *Engel*, Europarechtliche Grenzen für öffentlich-rechtliche Spartenprogramme, S. 43 ff.; *Holznagel/Vesting*, Sparten- und Zielgruppenprogramme, S. 102; *Koch*, Möglichkeiten

Dies widerspricht allerdings der Verfassung. Die Gebührenfinanzierung des öffentlich-rechtlichen Rundfunks rechtfertigt sich aus der Übertragung der Grundversorgungsaufgabe[1302]. Zur Grundversorgung gehören neben Minderheitenprogrammen aber auch die Veranstaltung massenattraktiver Programme, da Grundversorgung nicht Mindestversorgung bedeutet, sondern Erfüllung des gesamten klassischen Rundfunkauftrags[1303]. Anspruchsvolle und massenattraktive Programmsegmente können nicht von einander getrennt gewertet werden, weil der kulturelle und gesellschaftspolitische Auftrag des öffentlich-rechtlichen Rundfunks dessen gesamtes Programm durchzieht und sich nicht einzelnen Sendungen oder Programmsparten zuordnen läßt[1304]. Letztlich würde eine „Zerlegung“ des Rundfunkprogramms in gebührenfinanzierte kulturelle und werbefinanzierte sonstige Programmsegmente gegen die Verfassungslage in Deutschland stehen und die Existenz des öffentlich-rechtlichen Rundfunks antasten sowie entgegen Art. 151 EGV AV die Kultur verflachen, statt sie zu fördern[1305].

Außerdem stehen auch praktische Gesichtspunkte gegen das „Zerlegungsmodell“. Würde man sich den verengten „Hochkulturbegriff“ zu eigen machen, so müßte jedesmal nach bislang unbestimmten Kriterien von bislang unbestimmten Instanzen zuverlässig entschieden werden, welche Programme noch dem engen Kulturbegriff unterfallen und welche nicht mehr. Die Durchführung dieser Kontrollen scheint momentan nur sehr schwer vorstellbar, da durch sie stets eine Einmischung in Programmfragen drohen würde, die verfassungsrechtlich nicht zulässig erscheint, zumal die Kriterien, nach denen ein Programm als kulturell oder nicht kulturell eingestuft wird, nicht ersichtlich sind. Die Einschaltquote kann zumindest kein geeigneter Indikator sein, da sowohl massenattraktive Programme „Flops“ sein als auch kulturell anspruchsvolle Programme zum Teil mit hohen Einschaltquoten aufwarten können[1306].

Schließlich stellt auch die Rundfunkgebühr das Mittel zur Finanzierung der Gesamtveranstaltung Rundfunk dar und nicht lediglich eine Zusatzfinanzierung

---

der Beteiligung, S. 115; *Selmer/Gersdorf*, Rundfunkfinanzierung auf dem Prüfstand des EG-Beihilferegimes, S. 80 ff.; *Uphoff*, Fernsehmarkt und Grundversorgung, S. 163 ff.

1302 Vgl. o. E II 4 b.

1303 BVerwG, DVBl. 1999, 621; *Betz*, Media Perspektiven 1997, 10 f.; *Dörr*, ZUM 1995, 18.

1304 *Eberle*, ZUM 1995, 767; *Holzer*, ZUM 1996, 280; *Otten*, ZUM 1997, 794; *Voß*, Media Perspektiven 1999, 282; *Hesse*, ZUM 2000, 184.

1305 *Oppermann*, ZUM 1996, 658.

1306 *Oppermann*, Deutsche Rundfunkgebühren und europäisches Beihilferecht, S. 105.; *Damm*, Gebührenprivileg und Beihilferecht, S. 154 f.

für bestimmte öffentlich-rechtliche Sonderaufgaben[1307]. Deshalb erscheint es durchaus verhältnismäßig, wenn das gesamte Programm der öffentlich-rechtlichen Rundfunkanstalten gebührenfinanziert wird, da es nur in seiner Gesamtheit auch die Grundversorgung sicherstellt. Eine Beschränkung auf die Nischen der Information und Kultur würde dem öffentlich-rechtlichen Rundfunk auf längere Sicht gerade des Gewichts berauben, dessen er bedarf, um seine Rolle als publizistischer Faktor von Gewicht auch und gerade in dem ihm vorrangig zugewiesenen Bereichen spielen zu können[1308]

Dem entspricht es, daß die Europäische Kommission bis heute in ihrer Beihilfeaufsicht keinen Anlaß gesehen hat, das System der ausschließlichen Gebührenfinanzierung des öffentlich-rechtlichen Rundfunks in der Bundesrepublik Deutschland zu überprüfen. Vielmehr wurde seitens der Gemeinschaft der besondere Charakter öffentlich-rechtlichen Rundfunks als „Service public" im Interesse des Gemeinwohls anerkannt[1309].

Für die Zumutbarkeit der Gebührenfinanzierung des öffentlich-rechtlichen Rundfunk könnte auch die Tatsache sprechen, daß die privaten Rundfunkanbieter im Moment gar nicht an der Grundversorgungsaufgabe teilhaben wollen[1310]. Es erscheint damit durchaus verhältnismäßig, wenn allein der die Grundversorgung gewährleistende öffentlich-rechtliche Rundfunk aus der Rundfunkgebühr finanziert wird. Zudem ist die Gewährleistung der Grundversorgung durch die öffentlich-rechtlichen Anstalten auch zwingende Voraussetzung für die Veranstaltung von privaten Rundfunk in der derzeitigen dualen Rundfunkordnung[1311]. Nur solange der öffentlich-rechtliche Rundfunk die ihm von Verfassungs wegen obliegenden Aufgaben erfüllt und im Wettbewerb mit den privaten Anbietern bestehen kann, ist das duale System in seiner gegenwärtigen Form mit der Verfassung vereinbar[1312]. Da die Grundversorgung aber nur durch eine Gebührenfinanzierung sicherzustellen ist, profitieren auch die privaten Rundfunkanbieter zumindest mittelbar von der Gebührenfinanzierung des öffentlich-rechtlichen Rundfunks. Es ist deshalb nicht einzusehen, warum die Gebührenfinanzierung der öffentlich-rechtlichen Anstalten für die privaten Veranstalter unzumutbar sein sollte. Zudem fällt bei der Abwägung zwischen

1307 Vgl. o. E II 5.
1308 *Hesse*, ZUM 2000, 184.
1309 *Oppermann*, ZUM 1996, 657.
1310 Vgl. o. J III 3 a.
1311 BVerwG, DVBl. 1999, 622. Vgl. auch o. B I 3 a und c (dd).
1312 BVerfGE 83, 238, 207; 90, 60, 90.

den außerordentlichen kulturpolitischen Interessen, die mit der Gebührenfinanzierung des öffentlich-rechtlichen Rundfunks verknüpft sind, und den nicht existenzbedrohenden Beeinträchtigungen des innergemeinschaftlichen Rundfunkwettbewerbs der Kulturförderungsauftrag im Sinne von Art. Art 3 lit. q, 151 EGV AV stärker ins Gewicht[1313].

Mithin ist der Grundsatz der Verhältnismäßigkeit gewahrt und der Befreiungstatbestand des Art. 87 III lit. d EGV AV erfüllt. Die Rundfunkgebührenfinanzierung des öffentlich-rechtlichen Rundfunks ist also als mit dem Gemeinsamen Markt vereinbar zu erklären.

3. Befreiungstatbestand des Art. 87 III lit. b EGV AV

Die Erhaltung und Entwicklung eines gemeinwohlorientierten öffentlich-rechtlichen Rundfunks könnte auch ein Vorhaben von gemeinsamen europäischen Interesse im Sinne von Art. 87 III lit b EGV AV darstellen. So heißt es in einer Entschließung des Europäischen Parlaments vom 19. September 1996, die öffentlich-rechtlichen Anstalten seien ein grundlegender Faktor im öffentlichen Raum und hätten unter anderem die Aufgabe, der gesamten Bevölkerung eine Vielfalt hochwertiger Produktionen in allen Bereichen anzubieten, um sicherzustellen, daß das große Publikum zu Ereignissen von allgemeinen öffentlichen Interesse Zugang hat[1314]. Dazu hat der Europäische Gerichtshof für Menschenrechte in seinem Urteil vom 24. November 1993 festgestellt, daß Errichtung und Erhaltung öffentlich-rechtlicher Rundfunkanstalten vom Recht aus Art. 10 EMRK umfaßt sei; die grundlegende Rolle der Meinungsfreiheit für eine demokratische Gesellschaft legitimiere den Staat zur Errichtung und Erhaltung öffentlich-rechtlicher Rundfunkanstalten zwecks Verbreitung von Informationen und Ideen von allgemeinem Interesse[1315]. Dementsprechend stellt die Veranstaltung von öffentlich-rechtlichen Rundfunk ein wichtiges Vorhaben von gemeinsamem europäischen Interesse dar. Damit ist die Gebührenfinanzierung, die die einzig funktionsgerechte Finanzierungsart für den öffentlich-rechtlichen Rundfunk darstellt[1316], eine Beihilfe zur Förderung dieses Interesses, die nach Art. 87 III lit. b EGV AV als mit dem Gemeinsamen Markt vereinbar anzusehen ist[1317].

1313 *Oppermann*, ZUM 1996, 658.

1314 Abgedruckt im Media Persepktiven 1996, 652 ff.

1315 EuGHMR, Medien und Recht 1993, 239 ff.

1316 Vgl. o. K II 8.

1317 *Betz*, Media Perspektiven 1997, 11 f.

4. Veränderung der Rechtslage durch den Amsterdamer Vertrag?

a) Aufnahme eines Protokolls über die Rundfunkfinanzierung

Der Europäische Rat hat am 16. und 17. Juni 1997 bei einem Treffen in Amsterdam eine Reihe von Veränderungen des EG-Vertrages beschlossen und als Bestandteil des Amsterdamer Vertrages vom 2.10.1997 unterzeichnet. Um den Angriffen gegen die Gebührenfinanzierung des öffentlich-rechtlichen Rundfunks mit den Argumenten des Gemeinschaftsrecht von vornherein zu begegnen, haben sich die Mitgliedstaaten auch auf eine als „Protokoll" bezeichnete Vereinbarung über die Finanzierung des öffentlich-rechtlichen Rundfunks geeinigt[1318]. Nach Ansicht der Bundesregierung wird durch das „Protokoll über den öffentlich-rechtlichen Rundfunk in den Mitgliedstaaten" die Kompetenz der Mitgliedstaaten zur Festlegung des Auftrages der öffentlich-rechtlichen Rundfunkanstalten und der Anforderungen an deren Finanzierung aus der Sicht des Gemeinschaftsrechts klargestellt[1319]. Um die Frage beantworten zu können, inwieweit sich die so eben dargestellte Rechtslage durch dieses „Protokoll" bzw. dessen Ratifizierung durch die Mitgliedstaaten ändert, kommt es auf dessen Wortlaut an. In dem „Protokoll" heißt es:

„Protokoll über den öffentlich-rechtlichen Rundfunk in den Mitgliedstaaten
Die hohen Vertragsparteien -
in der Erwägung, daß der öffentlich-rechtliche Rundfunk in den Mitgliedstaaten unmittelbar mit den demokratischen, sozialen und kulturellen Bedürfnissen jeder Gesellschaft sowie mit dem Erfordernis verknüpft ist, den Pluralismus in den Medien zu wahren -
sind über folgende auslegende Bestimmung übereingekommen, die dem Vertrag zur Gründung der Europäischen Gemeinschaft beigefügt ist:
Die Bestimmungen des Vertrages zur Gründung der Europäischen Gemeinschaft berühren nicht die Befugnis der Mitgliedstaaten, den öffentlich-rechtlichen Rundfunk zu finanzieren, sofern die Finanzierung der Rundfunkanstalten dem öffentlich-rechtlichen Auftrag, wie er von den Mitgliedstaaten den Anstalten übertragen, festgelegt und ausgestaltet wird, dient und die Handels- und Wettbewerbsbedingungen der Gemeinschaft nicht in einem Ausmaß beeinträchtigt, das dem gemeinsamen Interesse zuwiderläuft, wobei den Erfordernissen der Erfüllung des öffentlich-rechtlichen Auftrages Rechnung zu tragen ist."

1318 Protokoll Nr. 9 (Abl. Nr. C v. 10.11.1997, S. 109).
1319 Denkschrift der Bundesregierung, BR-Drucks. 784/97, S. 163, Nr. 9.

Zurückzuführen ist das Protokoll auf das Bestreben der Europäischen Kommission, eine friedliche Koexistenz von öffentlich-rechtlichen und privaten Rundfunkveranstaltern im gemeinsamen Wettbewerb herzustellen. Dies ergibt sich aus dem Antwortschreiben von 1994 des damaligen Präsidenten der Europäischen Kommission, *Jaques Delors*, auf einen Brief des damaligen Ministerpräsidenten von Rheinland-Pfalz, *Rudolf Scharping*, in dem dieser seine Besorgnis mitteilte, daß die Kommission die Finanzierung des öffentlich-rechtlichen Rundfunks in Frage stellen könnte[1320]. In seinem Brief weist *Delors* daraufhin, daß die Kommission für alle zwölf Mitgliedstaaten eine Studie über die Lage der Finanzierung der öffentlich-rechtlichen Rundfunkanstalten und deren damit zusammenhängenden Aufgaben und Beschränkungen anfertige. Dies führte im Ergebnis zum Beschluß des „Protokolls über den öffentlich-rechtlichen Rundfunk in den Mitgliedstaaten", nachdem die Bundesregierung auf Initiative des Bundesrates die Frage der Gebührenfinanzierung des öffentlich-rechtlichen Rundfunks im Rahmen einer Regierungskonferenz aufgriff.

b) Das Amsterdamer Protokoll als Auslegungsrichtlinie

Die Formulierungen des Amsterdamer Protokolls über die Rundfunkfinanzierung lassen nicht eindeutig erkennen, welche rechtlichen Konsequenzen für die Rundfunkfinanzierung in den Mitgliedstaaten hieraus zu ziehen sind. Zum einen ist zu überlegen, ob es hierbei um eine weitere Bereichsausnahme handelt, die mit Art. 87 III lit. d EGV AV vergleichbar ist, da auch hier wie in Art. 87 III lit. d EGV AV die Formulierung „berühren nicht" verwendet wird. Dann wären die Vorschriften des EG-Vertrages immer dann nicht auf die Finanzierung des öffentlich-rechtlichen Rundfunk anzuwenden, wenn die Voraussetzungen der Übereinkunft vorliegen.

Das Protokoll kann aber auch als Auslegungsrichtlinie für den EG-Vertrag verstanden werden. Hierfür spricht die Präambel des Protokolls, in der eindeutig von einer „auslegenden Bestimmung" die Rede ist. Außerdem eröffnet die im sog. operativen Teil, d.h. dem Teil, in dem die eigentliche Bestimmung steht, gewählte Formulierung des „nicht berühren" Auslegungsspielräume[1321]. Darüber hinaus fällt auf, daß in den Bereichsausnahmen des EG-Vertrages üblicherweise Wendungen, wie „mit dem gemeinsamen Markt vereinbar" (Art. 87 II EGV AV) oder „es gelten die Vorschriften des Vertrages ... soweit" (Art. 86 II EGV AV) verwandt werden, während sich solche in dem Amsterdamer

[1320] Undatiertes Antwortschreiben (Az.: 9119-1/94) des Präsidenten der Europäischen Kommission auf das Schreiben des Ministerpräsidenten des Landes Rheinland-Pfalz vom 27.7.1994. Zu diesem Briefwechsel: *Freis*, ZEuS 1999, 132.

[1321] *Holznagel/Vesting*, Sparten-und Zielgruppenprogramme, S. 99; *Damm*, Gebührenprivileg und Beihilferecht, S. 168; *Dörr*, Kommunikation und Recht 2001, 234.

Protokoll über die Rundfunkfinanzierung nicht finden lassen. Insofern sprechen Wortlaut und Systematik dafür, das Amsterdamer Protokoll über die Rundfunkfinanzierung als Auslegungsrichtlinie zu verstehen.

c) Bindungswirkung der Auslegungsgrundsätze

Die Einstufung als Auslegungsrichtlinie besagt jedoch nicht, welche rechtliche Bindungswirkung die im operativen Teil niedergelegten Auslegungsgrundsätze entfalten. Dies hängt davon ab, ob das Amsterdamer Protokoll über die Rundfunkfinanzierung als Protokoll im Sinne von Art. 311 EGV AV einzustufen ist, die den gleichen Rang wie der EG-Vertrag selbst einnehmen und wie dieser für die Mitgliedstaaten verbindlich sind[1322] oder es sich lediglich um eine rechtlich nicht bindende Protokollerklärung handelt.

Für eine Einstufung als Protokoll spricht zunächst der Wortlaut der Überschrift, der die Vereinbarung als „Protokoll" bezeichnet. Zudem findet sich die Regelung in dem Amsterdamer Vertrag unter Nr. 9 des Abschnittes „Protokolle zum Vertrag über die Europäische Union und zum Vertrag zur Gründung der Europäischen Gemeinschaft" und nicht im dem ebenfalls existierenden Abschnitt „Von der Konferenz angenommene Erklärungen". Damit spricht auch die Systematik für eine Einordnung des Amsterdamer Protokolls über die Rundfunkfinanzierung als Protokoll im Sinne von Art. 311 EGV AV.

Schließlich steht in der Präambel, daß die Regelung über die Finanzierung des öffentlich-rechtlichen Rundfunks dem EG-Vertrag „beigefügt" ist. Dies zeigt, daß die Mitgliedstaaten eine dem EG-Vertrag in der Verbindlichkeit gleichgestellte Regelung treffen wollten. Insofern ist davon auszugehen, daß dem Amsterdamer Protokoll über die Rundfunkfinanzierung über die Finanzierung des öffentlich-rechtlichen Rundfunks eine verbindliche Wirkung zukommt.

Es bleibt zu überlegen, ob und inwiefern das Amsterdamer Protokoll über die Rundfunkfinanzierung zu Veränderungen hinsichtlich der beihilferechtlichen Beurteilung der Gebührenfinanzierung des öffentlich-rechtlichen Rundfunks in Deutschland führt.

d) Konsequenzen des Amsterdamer Protokolls für die Rundfunkgebühr

Die inhaltliche Bestimmung des operativen Protokollteils muß sich stets an dem in der Präambel festgelegten Sinn und Zweck der Übereinkunft orientieren. Danach wird als Grund für die Verabschiedung des Protokolls genannt, daß der

1322 *Vedder* in: *Grabitz/Hilf*, EU-Kommentar, Art. 239 Rn. 5; *Schneider-Freyermuth*, ZUM 2000, 569.

öffentlich-rechtliche Rundfunk in den Mitgliedstaaten unmittelbar demokratischen, sozialen und kulturellen Bedürfnissen einer jeden Gesellschaft Rechnung trägt und zudem die Aufgabe hat, den Pluralismus in den Medien zu wahren.

Im operativen Teil des Protokolls wird festgestellt, daß die Bestimmungen des EG-Vertrages die Befugnis der Mitgliedstaaten zur Finanzierung des öffentlich-rechtlichen Rundfunks grundsätzlich „nicht berühren". Dies gilt auch für die Gebührenfinanzierung, die in Deutschland maßgeblich der Finanzierung des öffentlich-rechtlichen Rundfunks dient. Dem kann nicht entgegengehalten werden, daß die Rundfunkgebühren von den Rezipienten aufgebracht werden und insofern von einer staatlichen Finanzierung nicht die Rede sein kann. Denn bereits bei der Einordnung der Rundfunkgebühr als Beihilfe im Sinne von Art. 87 I EGV AV wurde gezeigt, daß es sich bei der Rundfunkgebühr in Deutschland sehr wohl um eine Zuwendung staatlicher Herkunft, zumindest im Sinne des Gemeinschaftsrechts, handelt[1323].

Doch sind die Befugnisse der Mitgliedstaaten, für die Finanzierung ihres öffentlich-rechtlichen Rundfunks zu sorgen, nicht unbegrenzt. Zum einen muß die Finanzierung dem öffentlich-rechtlichen Auftrag dienen, der allein von den Mitgliedstaaten festgeschrieben wird. Damit wird eine Zweckbindung festgelegt, wie sie auch im deutschen Rundfunkrecht vorzufinden ist[1324]. Zum anderen ergibt sich eine Grenze aus der Beeinträchtigungsklausel. Die Finanzierung des öffentlich-rechtlichen Rundfunks darf die Handels- und Wettbewerbsbedingungen nicht in einem Ausmaß beeinträchtigen, das dem gemeinsamen Interesse zuwiderläuft. Allerdings sind die EG-Organe bei der Überprüfung gehalten, dem Erfordernis Rechnung zu tragen, daß die Rundfunkanstalten ihren von den Mitgliedstaaten definierten öffentlich-rechtlichen Auftrag erfüllen müssen. Deshalb können die EG-Organe lediglich eine solche Finanzierung des öffentlich-rechtlichen Rundfunks als mit dem EG-Beihilferecht unvereinbar erklären, die über das Maß hinausgeht, das für die Erfüllung ihres öffentlichen Auftrages erforderlich ist[1325].

aa) Der Verwendungszweck der Rundfunkgebühr

Auf die Rundfunkgebührenfinanzierung des öffentlich-rechtlichen Rundfunks in Deutschland angewendet, ergeben sich aus dem eben Gesagten allerdings

---

1323 Vgl. o. L II 1 b.

1324 Vgl. o. D I 5 b.

1325 *Dörr/Eckl*, NJW 1999, 1928; *Holznagel/Vesting*, Sparten- und Zielgruppenprogramme, S. 102.

keine neuen Erkenntnisse. Es ist geltende Rechtslage, daß aus der Rundfunkgebühr lediglich Vorhaben der öffentlich-rechtlichen Anstalten zu finanzieren sind, die noch im Funktionsbereich der Rundfunkanstalten liegen[1326]. Insofern ändert sich hinsichtlich des Verwendungszwecks nichts.

bb) Die Rundfunkgebühr als zulässige Beihilfe

Desweiteren ergibt sich aus dem Amsterdamer Protokoll über die Rundfunkfinanzierung nicht, daß die Rundfunkgebührenfinanzierung keine Beihilfe im Sinne von Art. 87 I EGV AV darstellt[1327]. Nach hiesiger Ansicht ist dieser Schluß allein aus der Formulierung, daß die Bestimmungen des EG-Vertrages die Befugnis der Mitgliedstaaten den öffentlich-rechtlichen Rundfunk nicht berühren, nicht zu rechtfertigen. Die Regelung des Amsterdamer Protokolls über die Rundfunkfinanzierung besagt nicht, daß die Vorschriften des EG-Vertrages auf die Rundfunkfinanzierung in den Mitgliedstaaten keine Anwendung finden soll. Vielmehr stellt sie lediglich klar, daß die Sicherung der Finanzierung des öffentlich-rechtlichen Rundfunks durch die Mitgliedstaaten keinen Verstoß gegen den EG-Vertrag begründen. Es ginge zu weit, dem entnehmen zu wollen, daß der Verstoß gegen den EG-Vertrag bereits auf tatbestandlicher Ebene, mithin der Einordnung der Rundfunk als Beihilfe im Sinne von Art. 87 I EGV AV, ausscheide[1328]. Denn ein der Regelung des Amsterdamer Protokolls über die Rundfunkfinanzierung entsprechendes Ergebnis läßt sich auch erzielen, wenn man einen Verstoß gegen die EG-Beihilferegelung durch die Rundfunkgebührenfinanzierung ablehnt, da zugunsten der Rundfunkgebührenfinanzierung die Ausnahmeregelung von Art. 87 III lit. d EGV AV Anwendung findet. Das Protokoll bezweckt allein eine Reduzierung des Rechtsfolgeermessens der Kommission dahingehend, daß eine Beanstandung nur möglich ist, wenn die dem öffentlich-rechtlichen Rundfunk zufließenden Finanzmittel nicht mehr dem ausdrücklichen anerkannten Interesse eines Mitgliedstaats an der Aufrechterhaltung von Meinungspluralismus dienen. Eine derartige Ermessensreduzierung war jedoch im Rahmen der Ausnahmevorschriften des Art. 87 III EGV AV bereits vor dem Beschluß des Protokolls anerkannt[1329].

1326 Vgl. o. F I 3.

1327 So aber: *Holznagel/Vesting*, Sparten- und Zielgruppenprogramme, S. 102.

1328 So auch: *Dörr/Eckl*, NJW 1999, 1928, die zwar bereits den Beihilfecharakter der Rundfunkgebühr durch dasAmsterdamer Protokoll ausgeschlossen sehen, doch auch die Möglichkeit in Betracht ziehen, daß das Amsterdamer Protokoll nur besagt, daß es sich bei der Rundfunkgebühr nicht um eine vebotene Beihilfe handelt..

1329 Vgl. o. L II 2.

Nach der hier vertretenen Auffassung sprechen die besseren Argumente dafür, die Rundfunkgebühr zwar als Beihilfe im Sinne von Art. 87 I EGV AV einzustufen, die jedoch unter den Befreiungstatbestand der Art. 87 III lit. d und b EGV AV fällt und deswegen als mit dem Gemeinsamen Markt vereinbar zu erklären ist[1330].

Zu diesem Ergebnis kommt auch die Europäische Kommission, die zu entscheiden hatte, inwiefern die Gebührenfinanzierung der beiden öffentlich-rechtlichen Spartenprogramme „Kinderkanal“ und Phoenix“ gegen die EG-Beihilfevorschriften verstößt. Sie wertete dabei die Gebührenmittel als Beihilfe im Sinne von Art. 87 I EGV AV, die jedoch mit dem Gemeinschaftsrecht vereinbar sind, weil sie als Ausgleich für von Mitgliedstaaten festgelegte und übertragene Dienstleistungen von allgemeinen wirtschaftlichen Interesse gewährt würden[1331]. Insofern berühren die Vorschriften des EG-Vertrages die Rundfunkgebührenfinanzierung der öffentlich-rechtlichen Anstalten in Deutschland im Ergebnis nicht. Damit tritt durch das Amsterdamer Protokoll über die Rundfunkfinanzierung keine Veränderung der Rechtslage ein, sondern es wird lediglich primärrechtlich der bereits bestehende status quo klargestellt[1332].

5. Ergebnis

Die Rundfunkgebührenfinanzierung des öffentlich-rechtlichen Rundfunks in der Bundesrepublik Deutschland stellt zwar eine grundsätzlich unzulässige Beihilfe im Sinne von Art. 87 I EGV AV dar, doch dient sie der Förderung der Kultur und wichtiger Vorhaben von gemeinsamen europäischen Interesse und ist deswegen gemäß der Ausnahmetatbestände der Art. 87 III lit. d und b EGV AV für vereinbar mit dem Gemeinsamen Markt zu erklären. Insoweit ist eine Reduzierung des Ermessens der Kommission auf Null anzunehmen. Ein Verstoß gegen das EG-Beihilferegime liegt demnach nicht vor. Das Amsterdamer Protokoll über die Rundfunkfinanzierung bestätigt dieses Ergebnis. Es ist also festzuhalten, daß die Gebührenfinanzierung des öffentlich-rechtlichen Rundfunks in der Bundesrepublik Deutschland zwar einer kritischen Würdigung durch das Gemeinschaftsrecht bedarf, dieser jedoch standhält.

1330 Vgl. o. L II 1 f und L II 2 und 3.

1331 Wettbewerbsrechtliche Begründung der Entscheidung in: epd-Medien Nr. 29 vom 21.4.1999, S. 27 ff.

1332 So auch: *Damm*, Gebührenprivileg und Beihilferecht, S. 168; *Dörr/Eckl*, NJW 1999, 1298, die allerdings davon ausgehen, daß Rundfunkgebühren keine Beihilfen im Sinne von Art. 92 I EGV sind.

III. Alternativvorschläge der Europäischen Kommission zur Rundfunkfinanzierung

Im Oktober 1998 hat sich die Generaldirektion IV (Wettbewerb) der Europäischen Kommission zur Finanzierung des öffentlich-rechtlichen Rundfunks geäußert[1333]. Ausgangspunkt war die Beschwerde privater Rundfunkveranstalter, die in der staatlichen Finanzierung bzw. der Gebührenfinanzierung des öffentlich-rechtlichen Rundfunks einen Verstoß gegen das europäische Wettbewerbsrecht sehen. Maßgebend für einen Verstoß ist die Einordnung der Rundfunkgebühr als unzulässige Beihilfe. Obwohl die Kommission zutreffend der Ansicht ist, daß es sich bei der Rundfunkgebührenfinanzierung nicht um eine unzulässige Beihilfe im Sinne von Art. 87 I EGV AV handelt[1334], hat sich die Generaldirektion IV drei verschiedene Finanzmodelle ausgedacht, die nach ihrer Ansicht mit dem Gemeinschaftsrecht vereinbar sind und die andauernde Diskussion um die Einordnung der Finanzierung des öffentlich-rechtlichen Rundfunks in den Mitgliedstaaten als unzulässige Beihilfe beenden würden[1335].

1. Einzelfinanzierung des öffentlich-rechtlichen Rundfunks

Als erste Option schlägt die Generaldirektion IV vor, den öffentlich-rechtlichen Rundfunk allein aus Gebühren oder aus staatlichen Mitteln zu finanzieren. Dazu soll ihm jegliche Art von Wirtschaftswerbung untersagt werden. Dies würde dazu führen, daß die öffentlich-rechtlichen Anstalten und die privaten Rundfunkanbieter nicht mehr bei der Akquisition von Werbekunden konkurrieren. In dem die beiden Lager des dualen Rundfunksystems sich konkurrenzlos finanzieren, droht auch kein direkter Wettbewerb mehr im programmlichen Bereich, da nicht mehr die Attraktivität des Programms darüber entscheidet, wie gut es sich finanzieren läßt. Durch die fehlende Konkurrenzsituation zwischen öffentlich-rechtlichen und privaten Rundfunkanbietern kann es nicht zu einer Verfälschung des Wettbewerbs im Sinne von Art. 87 I EGV AV kommen. Damit wäre ein Verstoß gegen die EG-Beihilfevorschriften durch die Finanzierung des öffentlich-rechtlichen Rundfunks ausgeschlossen.

1333 Erklärung von EU-Kommissar *van Miert* vom 20.10.1998 - DN: IP 198/916 vom 21.10.1998.

1334 Entscheidung der Kommission zur Gebührenfinanzierung öffentlich-rechtlicher Spartenprogramme in: epd-Medien Nr. 29 vom 21.4.1999, S. 27 ff.

1335 Vgl. dazu Diskussionspapier in: epd-Medien Nr. 77 vom 3.10.1998, S. 26 ff.

2. Duale Finanzierung des öffentlich-rechtlichen Rundfunks

Das zweite Modell beschäftigt sich mit der dualen Finanzierung. Danach sind die öffentlich-rechtlichen Anstalten befugt, sich im Wettbewerb um Markteinnahmen zu bemühen und gleichzeitig Gebühren oder andere staatliche Mittel für diejenigen Kosten zu erhalten, die bei der Erfüllung ihres spezifischen öffentlich-rechtlichen Auftrages anfallen. Es müsse aber eine strikte Trennung der Bereiche erfolgen. Um an Wettbewerb auf dem Markt teilzunehmen sollen sich die öffentlich-rechtlichen Rundfunkanstalten, nach Ansicht der Generaldirektion IV, Tochterfirmen bzw. kostenmäßig getrennter Untergliederungen bedienen, die keinerlei direkte oder indirekte Zuschüsse aus den Gebühren oder staatlichen Mittel erhalten. Das bedeutet, daß der in diesem Fall eng zu verstehende öffentliche Auftrag zur Grundversorgung der Bevölkerung mit Rundfunkprogrammen mit staatlichen Mitteln bzw. Gebühren erfüllt wird. Daneben dürfen sich die öffentlich-rechtlichen Anbieter haushaltsmäßig getrennt kommerziell nach den Gesetzen des Marktes und nach den für alle privaten Veranstalter geltenden Bedingungen betätigen. Dies führt ebenso wie das erste Modell der Generaldirektion IV dazu, daß der gebührenfinanzierte Bereich der öffentlich-rechtlichen Anstalten der Konkurrenzsituation zu den privaten Anbietern entzogen wird. Mangels konkurrenzrelevanten Marktes, kann es auch bei diesem Modell nicht zu einer Verfälschung des Wettbewerbs im Sinne von Art. 87 I EGV AV kommen. Lediglich die kommerzielle Tätigkeit der öffentlich-rechtlichen Anstalten stünde in Konkurrenz zu den Tätigkeiten der privaten Anbieter. Da die öffentlich-rechtlichen Anbieter aber für ihre kommerziellen Tätigkeiten keine staatlichen Mittel oder Gebühren erhalten, fehlt es hier bereits an der für eine Beihilfe im Sinne von Art. 87 I EGV AV notwendigen Begünstigung. Damit wäre ein Verstoß gegen das EG-Beihilferecht nicht denkbar.

3. Ausschreibung der Aufgaben des öffentlich-rechtlichen Rundfunks

Als dritte Möglichkeit sieht die Generaldirektion IV eine öffentliche Ausschreibung zur Übernahme der gemeinwirtschaftlichen Verpflichtungen vor. Die herkömmlich durch die öffentlich-rechtlichen Anstalten wahrgenommenen Aufgaben sollen nach diesem Modell öffentlich ausgeschrieben werden und das beste Modell unter den Bewerbern ausgewählt werden. Die durch die Erfüllung dieses Auftrags entstehenden Mehrkosten würden dem Veranstalter, der den Zuschlag erhält, dann vom Staat erstattet. Auch dieses Modell würde dazu führen, daß eine Verfälschung des Wettbewerbs im Sinne von Art. 87 I EGV AV ausgeschlossen wäre. Im Wettbewerb um den Zuschlag zur Veranstaltung eines grundversorgenden Programms würden sich öffentlich-rechtliche und private Anbieter, die sich allerdings vor Erteilung des Zuschlags nur in ihrer

Organisationsform unterscheiden würden, nicht hinsichtlich ihres Programms, mit gleichen Ausgangsvoraussetzungen gegenüber stehen, so daß keine Seite bevorteilt wäre. Erst mit Erteilung des Zuschlags würde eine Seite staatliche Unterstützung erhalten, die aber als eine Art Aufwandsentschädigung verstanden werden kann und damit ein Äquivalent für die Veranstaltung eines nicht kommerziell finanzierbaren grundversorgenden Programms darstellt. Da sie insoweit eine angemessene Gegenleistung für die öffentliche Aufgabe darstellt, fehlt es bei einer derartigen Rundfunkfinanzierung bereits am Begünstigungselement einer Beihilfe im Sinne von Art. 87 I EGV AV.

4. Zusammenfassende Bewertung

Die Generaldirektion gibt eine klare Präferenz für eines der Modelle nicht an, doch scheint sie der ersten Möglichkeit, also der Einzelfinanzierung zugeneigt zu sein. Allen drei Modellen ist zuzugeben, daß die in ihnen vorgeschlagene Finanzierung des öffentlich-rechtlichen Rundfunks keinen Verstoß gegen das EG-Beihilferecht der Art. 87 ff. EGV AV begründet und sie insoweit geeignet sind, dem Ausgangsziel der Generaldirektion IV Rechnung zu tragen.

Inwieweit die einzelnen Modelle allerdings wirklich umsetzbar sind, erscheint mehr als fraglich. Zunächst würde jede der Möglichkeiten eine erhebliche Veränderung des jetzigen Finanzierungssystems darstellen und als wesentlicher Eingriff in Art. 5 I 2 GG, einer gesetzlichen Regelung bedürfen. Das Modell der Einzelfinanzierung erscheint noch am ehesten durchsetzbar, da hierdurch keine Veränderung innerhalb des dualen Rundfunksystems droht. Allerdings würde eine ausschließliche Gebührenfinanzierung des öffentlich-rechtlichen Rundfunks angesichts fehlender anderweitiger Einnahmen zu einer Gebührenerhöhung führen. Es kann nicht erwartet werden, daß die öffentlich-rechtlichen Rundfunkanstalten allein aus den Gebühreneinnahmen in der jetzigen Höhe in der Lage wären, ihr die Grundversorgung gewährleistendes Vollprogramm aufrechtzuerhalten. Ansonsten verstießen sie derzeit, wo ihnen Gebühren- und Werbeeinnahmen zufließen, gegen die ihnen auferlegten Grundsätze der Wirtschaftlichkeit und Sparsamkeit[1336]. Für eine solche Annahme liegen jedoch keine Anhaltspunkte vor. Die mithin notwendige Gebührenerhöhung zur Wahrung des Programmstandards ließe jedoch schwerlich mit den Rechtspositionen der Rezipienten vereinbaren. Auch wenn ein rein gebührenfinanziertes Programm eventuell eine Qualitätssteigerung mit sich bringen würde, besteht für die Mehrbelastung der Rezipienten keine sachliche Grundlage, wenn sich der öffentlich-rechtliche Rundfunk teilweise auch durch Wirtschaftswerbung finanzieren läßt, solange ein die Grundversorgung sicherstellendes

[1336] Vgl. dazu D IV 8; E I 1; J III 2 e.

Programm gewährleistet ist, welches den verfassungsrechtlichen Qualitätsanforderungen genügt[1337]. Es erscheint zudem schwer vorstellbar, daß die öffentlich-rechtlichen Anstalten kampflos auf ihrer Recht zur Finanzierung durch Werbeeinnahmen und Sponsoring verzichten würden.

Das zweite Modell liefe auf eine enge Zweckbindung für die Verwendung des Rundfunkgebührenaufkommens hinaus, neben welcher der Tätigkeitsbereich der öffentlich-rechtlichen Anstalten völlig unbegrenzt bliebe. Es entfielen sämtliche Bindungen für die kommerzielle Tätigkeit öffentlich-rechtlicher Anbieter, die in eine direkte und den gleichen Regeln unterworfene Konkurrenz zu den privaten Anbietern treten würden. Doch stößt die Trennung des öffentlich-rechtlichen Programms in marktfähige und nicht marktfähige Teile auf tatsächliche und rechtliche Schwierigkeiten. Rechtlich spricht gegen eine solche Trennung, daß der kulturelle und gesellschaftspolitische Auftrag des öffentlich-rechtlichen Rundfunks dessen gesamtes Programm durchzieht und sich nicht einzelnen Sendungen oder Programmteilen zuordnen läßt. Insofern wäre die Trennung des Programms verfassungsrechtlich unzulässig. Praktisch setzt die Trennung voraus, daß nach bislang unbestimmten Kriterien durch bislang unbestimmte Gremien kontrolliert würde, welche Sendungen dem öffentlichen Auftrag unterfallen und gebührenfinanzierungswürdig wären und welche Sendungen von auszulagernden kommerziellen Tochterunternehmen zu veranstalten wären. Diese Einmischung in Programmfragen der öffentlich-rechtlichen Rundfunkanstalten sind aber verfassungsrechtlich nicht zulässig[1338]. Damit stehen dem Modell der dualen Finanzierung verfassungsrechtliche Bedenken entgegen, die eine Umsetzung in Deutschland unmöglich erscheinen lassen.

Auch dem dritten Vorschlag der Generaldirektion IV stehen nationale verfassungsrechtliche Einwände gegenüber. Wenn die Aufgabe der öffentlich-rechtlichen Rundfunkanstalten zur Grundversorgung der Bevölkerung mit Rundfunk öffentlich ausgeschrieben werden soll, bestünde die Möglichkeit, daß auch private Anbieter diese Aufgabe zugesprochen bekämen. Eine Übertragung der Grundversorgungsaufgabe auf private Rundfunkanbieter ist jedoch angesichts deren mangelnder Zuverlässigkeit verfassungsrechtlich nicht zulässig[1339]. Etwas anderes läßt sich auch nicht mit einem Blick auf das Telekommunikationsrecht begründen, wo dem marktbeherrschenden Unternehmen durch die Regulierungsbehörde auferlegt werden kann, daß es Universaldienstleistungen im Telekommunikationsbereich zu erbringen hat und dafür einen Ausgleich erhält (§§ 18-21 TKG). Der Telekommunikationsmarkt ist jedoch inzwischen vollständig privatisiert, während sich auf dem Rundfunkmarkt öffentlich-rechtliche

1337 Vgl. o. J III 2 d.
1338 Vgl. o. L II 2 c.
1339 Vgl. o. J III 3 a bb.

und private Anbieter gegenüberstehen. Deshalb gelten im Bereich des Rundfunks besondere verfassungsrechtliche Bindungen gerade für die öffentlich-rechtlichen Anstalten, die einen Vergleich zwischen Telekommunikations- und Rundfunksektor hinken lassen.

Es bleibt festzuhalten, daß jedem der drei Vorschläge der Generaldirektion IV verfassungsrechtliche Bedenken entgegenstehen. Darüber hinaus bestehen auch aus europarechtlicher Sicht Zweifel an der Zulässigkeit der Modelle. So will die Generaldirektion IV Sportveranstaltungen und Unterhaltungssendungen nicht dem öffentlichen Auftrag zurechnen. Es ist aber gerade Aufgabe der Mitgliedstaaten und nicht der Kommission, den Funktionsbereich des öffentlich-rechtlichen Rundfunks festzulegen und auszugestalten, wie es auch das Protokoll über die Rundfunkfinanzierung ausdrücklich vorsieht[1340]. Insoweit droht ein Verstoß gegen Gemeinschaftsrecht.

Abschließend kann gesagt werden, daß die Vorschläge der Generaldirektion IV der Europäischen Kommission zwar dem Ziel gerecht werden, die Einordnung der Finanzierung des öffentlich-rechtlichen Rundfunks aus staatlichen Mitteln bzw. Gebühren als Beihilfe im Sinne von Art. 87 I EGV AV auszuschließen. Doch stellen sie mangels verfassungsrechtlicher Zulässigkeit keine Alternative zum derzeitigen System der Mischfinanzierung des öffentlich-rechtlichen Rundfunks in Deutschland dar. Damit bleibt es bei der notwendigen Beibehaltung der Gebührenfinanzierung des öffentlich-rechtlichen Rundfunks.

1340 Vgl. o. I. II 4 a.

M. Schlußbetrachtung

Es hat sich gezeigt, daß die Rechtsnatur der Rundfunkgebühr schwer zu erfassen ist. Richtigerweise ist sie wohl als eine Abgabe sui generis zu verstehen, die unterschiedliche Abgabenelemente in sich birgt. Besonders prägend sind dabei die Gebühren- und Beitragselemente sowie die Elemente einer sachkompetenzimpliziten Abgabe. Allerdings genügt es für die allermeisten Probleme, die sich um die Rundfunkgebühr drehen, wenn man die Rundfunkgebühr mit dem BVerfG einfach als Mittel zur Finanzierung der Gesamtveranstaltung Rundfunk begreift. Schließlich dient die Gebührenfinanzierung des öffentlich-rechtlichen Rundfunks nicht nur der Aufrechterhaltung des Anstaltsfunks und damit der Sicherung der Grundversorgung. Vielmehr legitimiert die Gewährleistung der Grundversorgung durch die öffentlich-rechtlichen Anstalten auch die Absenkung des Programmniveaus bei den privaten Anbietern und bildet damit die finanzielle Basis für ein verfassungsrechtlich zulässiges Programmangebot der privaten Rundfunkveranstalter.

Von diesem Grundverständnis ausgehend, lassen sich nahezu alle mit der Rundfunkgebühr in Zusammenhang gebrachten Fragen hinreichend beantworten. So ergibt sich aus dem Verständnis der Rundfunkgebühr als Mittel zur Finanzierung der Gesamtveranstaltung Rundfunk der zulässige Verwendungszweck ebenso wie die Gebührenpflichtigkeit für bestimmte Empfangsgeräte. Auch die Ablehnung der Gebührenfinanzierungsfähigkeit privater Rundfunkanbieter läßt sich so erklären. Schließlich ist es gerade die Grundversorgungsaufgabe des öffentlich-rechtlichen Rundfunks, die eine Beteiligung privater Anbieter an der Rundfunkgebühr ausschließt, da eine Übernahme der Grundversorgungsaufgabe durch die privaten Rundfunkanbieter sowohl aus praktischen als auch aus verfassungsrechtlichen Gründen ausscheidet.

Wenn es genügt, die Rundfunkgebühr als Mittel zur Finanzierung der Gesamtveranstaltung Rundfunk zu verstehen, so ist es nicht verwunderlich, daß eine genaue rechtliche Einordnung der Rundfunkgebühr durch das BVerfG bislang noch nicht erfolgt ist. Es erscheint kein Grund ersichtlich, weshalb sich das BVerfG auf eine Abgabenform eindeutig festlegen sollte, wenn alle relevanten Fragen auch ohne diese exakte Einordnung beantwortet werden können. Es ist deshalb auch nicht zu erwarten, daß eine solche höchstrichterliche Charakterisierung in der Zukunft erfolgen wird, zumal die zukunftsrelevanten Fragen, wie die Erschließung neuer Märkte und neuer Kommunikationsformen durch die öffentlich-rechtlichen Rundfunkanstalten sich beantworten lassen, ohne die Rundfunkgebühr einem bestimmten Abgabentyp eindeutig zuzuordnen. Es wird also auch in der Zukunft dabei bleiben, daß die Rundfunkgebühr als Mittel zur Finanzierung der Gesamtveranstaltung Rundfunk erhoben wird. Sie stellt schließlich die einzig funktionsgerechte Art der Finanzierung für den öffentlich-rechtlichen Rundfunk dar, indem sie eine weitgehende programmliche Unabhängigkeit gewährleistet. Auch wenn Einzelfragen, wie der Erhebungstatbestand oder der Rundfunkfinanzausgleich, Veränderungen unterworfen sein werden, wird die Rundfunkgebühr als solche zu Recht bestehen bleiben, solange der öffentlich-rechtliche Rundfunk mit seiner Grundversorgungsaufgabe besteht. Daran wird auch eine etwaige Verlagerung der Tätigkeitsfelder weg vom klassischen Hörfunk und Fernsehen mit seinen Vollprogrammen hin zu neuen Medien und neuen Programmformen nichts ändern.

Allerdings ist zum jetzigen Zeitpunkt nicht zu erkennen, wohin sich der Rundfunkmarkt mittelfristig entwickelt. Es ist zu erwarten, daß neue Medien wie das Internet und Video on Demand und neue Programmformen wie Spartenprogramme vermehrt anzutreffen sind. Diese Entwicklung wurde im Rahmen dieser Arbeit erkannt und berücksichtigt. Doch erscheint es denkbar, daß angesichts der Geschwindigkeit des technischen Fortschritts schon in den nächsten 10 bis 20 Jahren der Rundfunkmarkt ein Gesicht angenommen hat, welches heute nicht vorhersehbar ist. Insofern steht die These von einem unveränderten Fortbestehen der Rundfunkgebühr unter dem Vorbehalt der hier erwarteten technischen Fortentwicklung.

Etwas anderes könnte sich durch die zunehmende Bedeutung des europäischen Binnenmarktes ergeben. Nach europäischem Recht wird Rundfunk als Dienstleistung verstanden und unterliegt damit auch wettbewerbsrechtlichen Regelungen. Zwar stellt die Rundfunkgebühr im Moment noch eine rechtmäßige Beihilfe im Sinne Art. 87 III lit. d und b EGV AV dar, doch ist die Rechtsprechung des EuGH zur Rundfunkgebühr lange noch nicht so gefestigt, wie dies auf nationaler Ebene der Fall ist. Sollte es nun zu einer Untersagung der Gebührenfinanzierung der öffentlich-rechtlichen Rundfunkanstalten durch den EuGH oder die Europäische Kommission kommen, droht dem deutschen Rundfunksystem ein Beben, welches weitflächige Konsequenzen und Änderungen mit sich bringen würde. Es stünde der gesamte öffentlich-rechtliche Rundfunk und damit die Grundversorgung auf dem Spiel. Dies wird jedoch auf europäischer Ebene erkannt, so daß es wohl nicht so weit kommen wird und die hier geäußerten Befürchtungen eher ein theoretisches Szenario bleiben. Dies zeigt sich auch in dem „Protokoll über den öffentlich-rechtlichen Rundfunkanstalten", welches mit dem Amsterdamer Vertrag geltendes Recht wurde, und die Ausgestaltung der Finanzierung des öffentlich-rechtlichen Rundfunks den Mitgliedstaaten überläßt. Die Europäische Kommission ist damit auf dem richtigen Weg.
Wenn nun im Rahmen dieser Arbeit die Rechtsnatur der Rundfunkgebühr trotz der dargelegten Entbehrlichkeit einer solchen Einordnung eindeutig bestimmt

wurde, so geschah dies, um dem seit Jahrzehnten in der Literatur schwelenden Streit über die Rechtsnatur der Rundfunkgebühr Rechnung zu tragen. Angesichts des offenen Systems der öffentlichen Abgaben, genügt es allerdings die Rundfunkgebühr als Abgabe sui generis zur Finanzierung der Gesamtveranstaltung Rundfunk zu begreifen, um dann auf die wirklich praxisrelevanten Fragen eingehen zu können. Dies ist meines Erachtens der richtige Weg, um die Zukunft mit ihren Problemen für die Rundfunkgebühr anzugehen. Es bleibt deshalb die Hoffnung, daß der Streit um die Rechtsnatur der Rundfunkgebühr bald der Vergangenheit angehört.

N. Ausblick: Die Rundfunkgebühr als haushaltsgebundene Abgabe

Unmittelbar vor Drucklegung dieser Arbeit haben die Ministerpräsidenten der Bundesländer einen weitreichenden Beschluß gefaßt: Statt der Rundfunkgebührenpflicht, die an das Bereithalten eines Empfangsgerätes anknüpft, soll es vom Jahr 2005 an eine Abgabe je Haushalt und Betrieb geben[1341]. Die Überarbeitung der Finanzierung des öffentlich-rechtlichen Rundfunks sei notwendig geworden, da im Multimedia-Zeitalter die Begriffe wie „Rundfunk" und „Empfangsgerät" zunehmend unklar würden. So ist schon heute die Einordnung moderner Zugriffs- und Abrufdienste unter den Rundfunkbegriff fraglich. Insbesondere Online-Dienste werden hiervon nicht mehr erfaßt[1342]. Deshalb stellten sich die Ministerpräsidenten die Frage nach einer möglichen Rundfunkgebührenpflicht für Computer mit Internetzugang, da immer mehr Rundfunkanstalten ihr Programm auch im Internet anbieten[1343]. Um diesen Problemen zu begegnen, gab es Vorschläge die Rundfunkgebühr durch eine Steuer oder Abgabe pro Kopf zu ersetzen. Vorteile wären dabei die sinkenden Verwaltungskosten sowie eine Beruhigung der Datenschützer gewesen, die das gegenwärtige Verfahren als „Schnüffelsystem" ablehnen. Letztlich hat man sich dann doch für das Modell der Abgabe pro Haushalt oder Betrieb entschieden, wobei weitere Präzisierungen bereits angekündigt wurden[1344].

Durch diese Umgestaltungen entstehen einige gravierende Veränderungen. Bislang gilt die Regelung, daß jeweils ein Radio- und ein Fernsehgerät zur Zahlung verpflichtet. Zweitgeräte können unentgeltlich betrieben werden. Insofern würde sich kaum etwas ändern, wenn man zur Abgabepflicht an die Haushalte anknüpft. Allerdings gibt es im Moment eine Gebührenpflicht für Haushaltsangehörige mit eigenem Einkommen. Diese entfiele bei dem geplanten Modell, es sei denn man definiert sie entgegen dem Wortlautverständnis als selbständige Haushalte. Ähnliche Schwierigkeiten stellen sich bei der Behandlung von Ferienwohnungen und Zweitwohnsitzen, doch ist Anteil dieser Beträge am Gesamtaufkommen eher gering. Einen größeren Gebührenausfall befürchten ARD und ZDF bei den Unternehmen. Derzeit sind für jedes einzelne Gerät am Arbeitsplatz Rundfunkgebühren zu bezahlen. Zukünftig gäbe nach den aktuellen Vorschlägen nur noch eine Gebühr pro Unternehmen. Praktisch gibt es in den Unternehmen jedoch kaum gemeldete Empfangsgeräte. So sind etwa 300.000 Radios und fünf Millionen Fernseher angemeldet, von denen die meisten in Hotels stehen. Daß diese in Zukunft mit nur einer Gebühr pro Hotel

1341 FAZ vom 27.10.2001, Seite 4.
1342 Vgl. o. B II.
1343 Vgl. dazu auch oben G I.
1344 FAZ vom 27.10.2001, Seite 25.

davon kommen, ist nicht vorgesehen. Vielmehr ist an nach Größe der Unternehmen gestaffelte Gebührensätze gedacht[1345]. Zudem würden mit einem Schlag etwa drei Millionen Computer mit Internetzugang in den Unternehmen gebührenpflichtig, wenngleich dies rechtlich bedenklich erscheint[1346]. Nach derzeitigem Stand entstünden allein dadurch Einnahmen in Höhe einer Milliarde Mark, so ein Gebührenausfall nicht zu besorgen ist.

Auch im Hinblick auf die im Vordergrund dieser Arbeit stehende rechtliche Einordnung der Rundfunkgebühr, wirft deren geplante Erscheinungsform einige Fragen auf. Soweit die Rundfunkgebühr bei jedem Haushalt erhoben wird, unabhängig davon, ob dieser überhaupt ein Empfangsgerät besitzt, erhält sie einen stark steuerähnlichen Charakter, da eine Äquivalenz zwischen Gebührenpflicht und Möglichkeit der Inanspruchnahme nicht mehr besteht. Allerdings bleiben die Bedenken gegen eine Charakterisierung der Rundfunkgebühr als reine Steuer unter den oben angesprochenen Aspekten des Gebotes der Staatsferne und des fehlenden Finanzierungszweckes für den allgemeinen staatlichen Finanzbedarf[1347]. Durch die geplante Änderung verliert die Rundfunkgebühr auch ihren Gegenleistungscharakter, da sie nicht mehr nur bei Rezipienten erhoben wird. Eine Einordnung als Gegenleistungsabgabe scheidet deshalb ebenfalls aus. Schließlich kommt eine Einordnung der „neuen" Rundfunkgebühr als Sonderabgabe nicht in Betracht, da es insoweit an einer abgrenzbaren homogenen Gruppe fehlt, wenn die Rundfunkgebühr bei jedem Haushalt und Unternehmen erhoben wird. Es bleibt mithin dabei, die Rundfunkgebühr als Abgabe sui generis zu betrachten, die allerdings - entgegen ihrem heutigen Charakter - deutliche steuerliche Elemente in sich birgt. Entsprechend werden sich Verwendungszweck und Erhebungsgrundsätze etwas verändern. So ist bereits vorgesehen, Internetrechner als gebührenpflichtig zu bestimmen. Auch die Problematik der Gebührenpflicht von Rundfunkempfangsgeräten ohne öffentlich-rechtlichem Empfang entfällt, wenn die Rundfunkgebühr unterschiedslos bei jedem Haushalt und Betrieb erhoben wird. Es bleibt zudem abzuwarten, ob die Rundfunkgebühr in ihrer geplanten Gestalt nicht als eine Beihilfe im Sinne des Art. 87 EGV zu verstehen ist. Schon jetzt gibt es angesichts der Entscheidung zu den Stromversorgern Tendenzen, eine staatliche Herkunft der Rundfunkgebühr im Sinne des Beihilferechts abzulehnen.

1345 FAZ vom 27.10.2001, Seite 4.

1346 Vgl. o. G I.

1347 Vgl. o. E II 1 a cc.

Da die Beratungen über das neue Modell jedoch noch nicht abgeschlossen sind, sondern vielmehr diverse Präzisierungen seitens der Ministerpräsidenten und der Rundfunkanstalten angekündigt wurden[1348], bleibt abzuwarten, wie sich die Rundfunkgebühr ab dem Jahr 2005 tatsächlich darstellt, bevor eine endgültige Neubewertung der rechtlichen Einordnung und der Verwendungszwecke vorgenommen werden kann.

1348 FAZ vom 27.10.2001, Seite 25.

Zusammenfassung der Ergebnisse

1. In Deutschland muß jede Person, die ein Rundfunkempfangsgerät bereithält, gemäß dem Rundfunkstaatsvertrag der Länder Rundfunkgebühren bezahlen. Diese „Gebühr“ fließt direkt den öffentlich-rechtlichen Rundfunkanstalten zu, soweit sie nicht für andere Aufgaben bestimmt sind. Das Gebührenaufkommen ist die Hauptfinanzierungsquelle des öffentlich-rechtlichen Rundfunks. Die Werbefinanzierung der öffentlich-rechtlichen Rundfunkanstalten ist gesetzlich zugunsten der privaten Rundfunkanbieter stark eingeschränkt.

2. Das Gebührenaufkommen dient der Erfüllung der Gesamtheit der Aufgaben, die dem öffentlich-rechtlichen Rundfunk kraft Verfassung und einfacher Gesetz auferlegt sind. Um der Rundfunkfreiheit willen wird die Höhe der Gebühr regelmäßig in einem staatsfernen Verfahren festgesetzt.

3. Die Aufgabe des öffentlich-rechtlichen Rundfunks in Deutschland ist die Grundversorgung der Bevölkerung mit Rundfunkdiensten. Ihre Erfüllung obliegt den Rundfunkanstalten als verfassungsrechtliche Pflicht um der Vielfalt der Meinungsbildung und der kulturellen Entfaltung in einer demokratischen Gesellschaft willen. Mit der Grundversorgungsaufgabe ist ein umfassender kultureller Programmauftrag gemeint. Dieser beinhaltet nicht nur die klassische „Hochkultur“, sondern gleichermaßen Information, Kunst und Unterhaltung im weitesten Sinne. Außerdem beinhaltet er die notwendigen technischen und organisatorischen Voraussetzungen.

4. Die zuverlässige Erfüllung des Grundversorgungsauftrages durch die öffentlich-rechtlichen Rundfunkanstalten ist die verfassungsrechtliche Voraussetzung für die Zulassung privaten Rundfunks in Deutschland.

5. Der öffentlich-rechtliche Rundfunk ist bei der Programmgestaltung nicht nur auf die klassischen Medien Hörfunk und Fernsehen beschränkt. Ihm ist auch der Weg zu neuen Kommunikationsformen offenzuhalten, damit er in Zukunft konkurrenzfähig bleiben kann. Allerdings gilt es zu beachten, daß nicht alle neuen Kommunikationsformen dem Rundfunkbegriff unterfallen, da es ihnen zum Teil an der Meinungsbildungsfunktion für die Allgemeinheit fehlt (so ist z.B. das Internet eher als eine Form der Individualkommunikation anzusehen).

6. Es gibt keinen numerus clausus der öffentlichen Abgaben. Nichtsteuerliche Abgaben sind grundsätzlich verfassungsrechtlich zulässig, unabhängig davon, ob sie sich einem bestimmten Abgabentyp zuordnen lassen, solange sie von der Steuer eindeutig abgrenzbar sind. Trotzdem werden Abgaben grob in die Abgabenkategorien Steuer, Gebühr, Beitrag und Sonderabgabe eingeteilt. Für die jeweiligen Abgabentypen gelten unterschiedliche Erhebungs- und Bemessungsprinzipien, die alle auf Art. 3 I GG basieren und eine gerechte Belastung der Abgabepflichtigen zum Ziel haben.

7. Der Verwendungszweck der Rundfunkgebühr beeinflußt ihre Rechtsnatur umgekehrt. Legislative Vorgaben zum Verwendungszweck lassen sich in den Staatsverträgen nicht finden. Deshalb wird der Verwendungszweck der Rundfunkgebühr durch verfassungsrechtliche und abgabenrechtliche Aspekte bestimmt. Verfassungsrechtlich ist eine Heranziehung der Rundfunkteilnehmer zur Gebührenentrichtung nur insoweit zulässig und geboten, wie die Gebührenmittel zur Funktionserfüllung der öffentlich-rechtlichen Anstalten verwendet werden. Dabei stellt sich die Funktion der öffentlich-rechtlichen Anstalten in der dualen Rundfunkordnung als Veranstaltung von Rundfunk, insbesondere als die Wahrnehmung der Grundversorgung dar.

8. Die Erhebung einer Rundfunkgebühr ist zulässig. Solange sie keine Steuer darstellt, verstößt sie kompetenzrechtlich nicht gegen die Finanzverfassung. Auch materiellrechtlich ist die Rundfunkgebühr mit Art. 5 I GG vereinbar, da dieser kein Recht auf unentgeltliche Unterrichtung enthält.

9. Das Bundesverfassungsgericht hat sich im Rahmen seiner Rundfunkentscheidungen mehrfach mit der Rundfunkgebühr beschäftigt. So stellt es insbesondere fest, daß die Rundfunkgebührenfinanzierung die dem öffentlich-rechtlichen Rundfunk gemäße Art der Finanzierung sei, neben der eine Werbefinanzierung zwar zulässig sei, doch sekundär bleiben müsse. Das BVerfG unterließ es aber bislang die Rundfunkgebühr einem bestimmten Abgabentyp eindeutig zuzuordnen. Es beließ es dabei, die Rundfunkgebühr als Mittel zur Finanzierung der Gesamtveranstaltung Rundfunk zu verstehen. Dies genügte, um alle zur Entscheidung stehenden Fragen beurteilen zu können. Selbst in der sog. Rundfunkgebührenentscheidung, dem 8. Rundfunkurteil, setzte sich das BVerfG zwar ausführlich mit dem Gebührenfestsetzungverfahren auseinander, eine neue Einordnung der Rundfunkgebühr in einen bestimmten Abgabentyp erfolgte jedoch nicht.

10. Von den abgabenrechtlichen Erhebungsprinzipien finden weder das Äquivalenz- noch das Kostendeckungsprinzip auf die Rundfunkgebühr Anwendung. Maßgebliche Grenzen für die Erhebung und Bemessung lassen sich allein aus den Grundrechten der Art. 3 I GG und Art. 5 I 2 GG ableiten.

11. Die Rundfunkgebühr läßt sich ihrem Rechtscharakter nach nicht eindeutig in das klassische Formenarsenal des Abgabenrechts einordnen. Sie stellt ebensowenig eine Steuer dar, wie eine Gebühr, einen Beitrag, eine Sonderabgabe oder einen anderen anerkannten Abgabentyp, da keine dieser Abgabenformen dem komplexen Charakter der Rundfunkgebühr vollständig gerecht wird. Deshalb besitzt die Rundfunkgebühr eine Sonderstellung im System der öffentlichen Abgaben. Ihre Erhebungskompetenz leitet sich wie bei einer sachkompetenzimpliziten Abgabe unmittelbar aus Art. 5 I 2 GG ab. Materiellrechtlich liegt der maßgebliche Belastungsgrund für die Rundfunkgebühr in der Funktionsfähigkeit des öffentlich-rechtlichen Rundfunks als Voraussetzung für die von Verfassungs wegen geforderte umfassende Berichterstattung durch den Rundfunk. Die Rundfunkgebühr stellt damit das Mittel zur Finanzierung der Gesamtveranstaltung Rundfunk dar. Sie ist keine Gegenleistung für die Programmausstrahlung der öffentlich-rechtlichen Rundfunkanstalten, sondern lediglich eine Art Gegenleistung für das Recht, Rundfunksendungen jeglicher Art zu empfangen und damit quasi die Gegenleistung der Rezipienten für die Gesamtveranstaltung Rundfunk.

12. Abgabenrechtlich läßt sich die Rundfunkgebühr als Abgabe sui generis bezeichnen, in der sich Elemente einer Gebühr, eines Beitrages und einer sachkompetenzimpliziten Abgabe vereinigen. Sie ist die einzig funktionsgerechte Finanzierung für den öffentlich-rechtlichen Rundfunk.

13. Aus abgabenrechtlicher Hinsicht darf die Rundfunkgebühr zur Finanzierung der Gesamtveranstaltung Rundfunk verwendet werden. Das bedeutet, daß hiermit zum einen Aufgaben zu finanzieren sind, die im Funktionsbereich der öffentlich-rechtlichen Anstalten liegen, und zum anderen die Aufsichtsfunktion der Landesmedienanstalten über den privaten Rundfunk zu finanzieren ist, da dies der Meinungs- und Programmvielfalt im gesamten dualen Rundfunksystem zugute kommt. Dies entspricht den verfassungsrechtlichen Vorgaben für den Verwdendungszweck. Die Rundfunkteilnehmer besitzen keinen Anspruch auf eine gesetzes- oder verfassungskonforme Verwendung der Rundfunkgebührenmittel.

14. Die Verwendung des Rundfunkgebührenaufkommens ist nicht nur auf die Veranstaltung von öffentlich-rechtlichem Rundfunk im klassischen Sinne beschränkt, sondern erlaubt auch die Finanzierung diverser besonderer Vorhaben seitens der öffentlich-rechtlichen Anstalten. So ist die Finanzierung von Spartenprogrammen, die dem klassischen Rundfunkauftrag zuzuordnen sind, ebenso zulässig wie das Betreiben von Nebentätigkeiten, die einen Programmbezug aufweisen. Dabei ist es gleich, ob die Nebentätigkeit selber Rundfunk oder lediglich eine Annexfunktion darstellt. Gleiches gilt für die Finanzierung von neuen Kommunikationsdiensten. Darüber hinaus ist die Verwendung der Rundfunkgebühr für die Veranstaltung von europäischen Gemeinschaftsprogrammen sowie von Lokal- und Regionalprogrammen zulässig.

15. Eine Rundfunkgebührenpflicht für Computer mit Internet-Zugang besteht auch dann nicht, wenn mittels des Computers Rundfunksendungen aus dem Internet empfangen werden können. Dies ergibt sich aus dem Rundfunkgebührenstaatsvertrag, der zum einen in § 5a eine Gebührenpflichtigkeit für Internetrechner bis 31.12.2004 ausschließt. Zum anderen knüpft der Rundfunkgebührenstaatsvertrag für die Gebührenpflichtigkeit an Rundfunkempfangsgeräte anknüpft, zu denen Computer mit Internet-Zugang nicht zu zählen sind, da dem Internet das Merkmal des Rundfunkbegriffs der Allgemeinheit fehlt. Eine entsprechende Änderung des Rundfunkgebührenstaatsvertrages wäre verfassungsrechtlich unzulässig, da hierdurch eine unverhältnismäßige Belastung der Rezipienten droht.

16. Die Erhebung von Rundfunkgebühren bei Teilnehmern, die ausschließlich private Programme empfangen, ist rechtmäßig und wegen der dem öffentlich-rechtlichen Rundfunk in der dualen Rundfunkordnung obliegenden Grundversorgungsaufgabe auch verfassungsrechtlich geboten. Dies ergibt sich bereits aus der Rechtsnatur der Rundfunkgebühr, die gerade keine Gegenleistung für die empfangenen Programme darstellt, sondern der Aufrechterhaltung des öffentlich-rechtlichen Rundfunks und der Sicherung der Grundversorgung und damit mittelbar auch der Zulässigkeit von privatem Rundfunk dienen soll.

17. Die mit der Rundfunkgebühr zusammen erhobenen zusätzlichen Anteile gem. § 40 RdfStV sind ebenso wie der nicht mehr existente Kabelgroschen selbständige Abgaben und keine unselbständigen Teile der Rundfunkgebühr. Es handelt sich bei ihnen um rechtmäßige Sonderabgaben im Sinne des Abgabenrechts.

18. Eine Beteiligung privater Rundfunkanbieter am Rundfunkgebührenaufkommen scheidet aus. Zunächst bestimmen die Rundfunkstaatsverträge eindeutig die öffentlich-rechtlichen Rundfunkanstalten als alleinigen Gläubiger der bestehen keine Bedenken gegen eine Gebührenbeteiligung privater Rundfunkanbieter. Zwar ist das Senderechtsverhältnis der öffentlich-rechtlichen Rundfunkanstalten zu den Rezipienten als öffentlich-rechtlich einzustufen, während das Senderechtsverhältnis zu den privaten Rundfunkveranstaltern als privatrechtlich zu qualifizieren ist. Doch ist es nicht ausgeschlossen, daß eine privatrechtlich erbrachte Leistung Anknüpfungspunkt für eine öffentlich-rechtliche Gegenleistung sein kann. Damit wäre abgabenrechtlich eine Beteiligung privater Rundfunkveranstalter an der Rundfunkgebühr möglich. Doch ist eine Änderung der Staatsverträge dahingehend, daß auch die privaten Anbieter anspruchsberechtigt sein sollen, verfassungsrechtlich nicht zulässig. Solange die duale Rundfunkordnung aufrechterhalten wird, sind es die Rechtspositionen der Rezipienten, die einer Gebührenbeteiligung privater Anbieter entgegenstehen. So würde die Beteiligung privater Rundfunkanbieter am Gebührenaufkommen eine Erhöhung der Rundfunkgebühr mit sich bringen, die den Teilnehmern nicht zuzumuten ist, da der öffentlich-rechtliche Rundfunk allein die Grundversorgungsaufgabe vollständig wahrnimmt und es deshalb an der Erforderlichkeit einer Gebührenerhöhung fehlt. Auch eine Übertragung der Grundversorgungsaufgabe auf die privaten Anbieter scheidet aus, da ihnen die erforderliche Zuverlässigkeit fehlt. Ebensowenig kommt eine Aufteilung des Gebührenaufkommens zwischen privaten Anbietern und öffentlich-rechtlichen Anstalten in Betracht, da dies die Bestands- und Entwicklungsgarantie des öffentlich-rechtlichen Rundfunks gefährdet und deshalb unzulässig ist.

19. Eine Änderung der Rundfunkgebühr von einer Abgabe sui generis in eine echte Gebühr ist abgabenrechtlich zulässig. Sie hat durch entsprechende Änderung des Rundfunkgebührenstaatsvertrags zu erfolgen, indem der Erhebungstatbestand an die tatsächliche Inanspruchnahme öffentlich-rechtlicher Programme gekoppelt wird. Hieraus würden sich für den Verwendungszweck der Rundfunkgebühr keine Änderungen ergeben. Allerdings wären Rezipienten, die ausschließlich private Programme empfangen, nicht mehr gebührenpflichtig.

20. Alternative, durchgehend gleichgeeignete Finanzierungsmodelle für den öffentlich-rechtlichen Rundfunk zur Mischfinanzierung aus Rundfunkgebühren, Werbung und sonstigen Einnahmen sind derzeit nicht ersichtlich. Damit bestätigt sich die Ansicht des BVerfG, daß die Gebührenfinanzierung die einzig funktionsgerechte Finanzierungsmöglichkeit für

den öffentlich-rechtlichen Rundfunk und die ihm obliegende Grundversorgungsaufgabe darstellt. Nur so läßt sich eine weitgehende programmliche Unabhängigkeit erreichen. Es sollte deshalb am derzeitigen System der Mischfinanzierung mit den Gebührenmitteln als Hauptpfeiler für den öffentlich-rechtlichen Rundfunk festgehalten werden.

21. Das europäische Gemeinschaftsrecht berührt die Rundfunkgebühr. Rundfunk wird in europarechtlicher Hinsicht als Dienstleistung im Sinne von Art. 49, 50 EGV AV verstanden. Deshalb stellt die Rundfunkgebühr eine Beihilfe im Sinne von Art. 87 I EGV AV dar. Allerdings ist diese Beihilfe nicht unzulässig, da sie gem. Art. 87 III lit. d und b EGV AV als mit dem Gemeinsamen Markt vereinbar zu erklären ist. Sie dient der Förderung der Kultur sowie wichtiger Vorhaben von gemeinsamen europäischen Interesse. Das Ermessen der Kommission bezüglich der Vereinbarkeitserklärung ist insofern auf Null reduziert. Das Amsterdamer Protokoll über den öffentlich-rechtlichen Rundfunk in den Mitgliedstaaten bestätigt dieses Ergebnis.

22. Von der Generaldirektion IV der Europäischen Kommission stammen verschiedene Vorschläge zur Finanzierung des öffentlich-rechtlichen Rundfunks und der Grundversorgungsaufgabe, die zwar dem Ziel gerecht werden, die Einordnung der Finanzierung des öffentlich-rechtlichen Rundfunks aus staatlichen Mitteln bzw. Gebühren als Beihilfe im Sinne von Art. 87 I EGV AV auszuschließen. Doch stellen sie mangels verfassungsrechtlicher Zulässigkeit keine Alternative zum derzeitigen System der Mischfinanzierung des öffentlich-rechtlichen Rundfunks in Deutschland dar. Insoweit ergibt sich in europarechtlicher Hinsicht nichts anderes als es bereits in nationaler Hinsicht festgestellt wurde.

23. Die geplante Änderung der empfangsgerätebezogenen Rundfunkgebühr hin zu einer Abgabe je Haushalt und Betrieb ab dem Jahr 2005 bringt einige rechtliche und tatsächliche Probleme mit sich. Insbesondere die Einordnung der Rundfunkgebühr in das System der öffentlichen Abgaben ist neu vorzunehmen, da die Rundfunkgebühr dann starke Ähnlichkeiten mit einer Steuer aufweist. Auch die zulässige Erhebung und Verwendung sind in diesem Fall Veränderungen unterworfen. Doch fehlt es für eine abschließende Bewertung bislang noch an der notwendigen Präzisierung der Vorschläge.

Literaturverzeichnis

ARD: Jahrbuch 1998, 30. Jahrgang; Hamburg 1998

ARNDT, Hans-Volfgang: Wirtschaftsverwaltungsrecht; in: *Steiner, Udo*, Besonderes Verwaltungsrecht; 6. Auflage, Heidelberg 1999

AUBERT, Joachim: Fermelderecht, Eine Systematische Darstellung; 3. Auflage, Hamburg 1974

BADURA, Peter: Rundfunkfreiheit und Finanzautonomie; in: Beiträge zum Rundfunkrecht, Heft 35, Frankfurt a.M. 1986

BADURA, Peter: „Zur Frage der Zulässigkeit von Fördermaßnahmen zugunsten privater Anbieter, die aus dem Aufkommen der Rundfunkgebühren finanziert werden"; in: Zeitschrift für Urheber- und Medienrecht, ZUM 1988, Seite 155 ff.

BADURA, Peter: „Zur grundrechtlichen, gebühren- und europarechtlichen Auslegung des Rundfunkbegriffs"; in: Dittmann/ Fechner/ Sander, Der Rundfunkbegriff im Wandel der Medien; Seite 117 ff., Berlin 1997

BADURA, Peter/ SCHOLZ, Rupert: Wege und Verfahren des Verfassungslebens; Festschrift für Peter Lerche zum 65. Geburtstag; München 1993

BAUSCH, Hans: „Rundfunkfreiheit für Jedermann?"; in: Rundfunk und Fernsehen, RuF 1978, Seite 3 ff.

BECKER, Jürgen: Beiträge zum Medienprozeßrecht; Festgabe für Carl Hermann Ule zum 80. Geburtstag; Baden-Baden 1988

BECKER, Udo: Existenzgrundlagen öffentlich-rechtlicher und privater Rundfunkveranstalter nach dem Rundfunkstaatsvertrag; in: Nomos Universitätsschriften Medien, Band 6, Baden-Baden 1992

BERG, Klaus: „Grundversorgung und Programmzeitschriften des öffentlich-rechtlichen Rundfunks nach dem 6. Rundfunkurteil des Bundesverfassungsgerichts"; in: Kohl (Hrsg.): Die Freiheit des Rundfunks nach dem Nordrhein-Westfalen Urteils des Bundesverfassungsgerichts; Symposium aus Anlaß des 70. Geburtstag von Wolfgang Lehr; Seite 16 ff.; Konstanz 1991

BERG, Klaus: „Weichenstellung. Das Niedersachsenurteil als Leitlinie der künftigen Rundfunkordnung"; in: Media Perspektiven 1986, Seite 799 ff.

BERG, Klaus: „Grundversorgung - Begriff und Bedeutung im Verhältnis von öffentlich-rechtlichem und privatem Rundfunk nach der neueren Rechtsprechung des Bundesverfassungsgerichts"; in: Archiv für Presserecht, AfP 1987, Seite 457 ff.

BERGER, Frithjof: „Novellierung der Fernsehrichtlinie ohne Novellierung des Fernsehübereinkommens?"; in: Zeitschrift für Urheber- und Medienrecht, ZUM 1996, Seite 119 ff.

BETHGE, Herbert: Die verfassungsrechtliche Problematik der Zulassung von Rundfunkveranstaltern des Privatrechts; in: Schriftenreihe des Instituts für Rundfunkrecht an der Universität zu Köln, Band 29, München 1981
BETHGE, Herbert: Der verfassungsrechtliche Standort des öffentlich-rechtlichen Rundfunks; Frankfurt a.M. 1987
BETHGE, Herbert: Grundprobleme einer Spaltung der Rundfunkgebühr; in: ZDF-Schriftenreihe, Heft 38, Mainz 1990
BETHGE, Herbert: Die Verfassungsrelevanz des föderalen Rundfunkfinanzausgleichs - Zur Finanzierung des öffentlich-rechtlichen Rundfunks im kooperativen Bundesstaat; in: Schriftenreihe des Instituts für Europäisches Medienrecht, Saarbrücken, Band 3, München 1992
BETHGE, Herbert: Die verfassungsrechtliche Position des öffentlich-rechtlichen Rundfunks in der dualen Rundfunkordnung; in: Beiträge zum Rundfunkrecht, Heft 47, Baden-Baden 1996
BETHGE, Herbert: „Rechtswegprobleme des öffentlich-rechtlich strukturierten Rundfunks"; in: Verwaltungsarchiv Band 63 (1972), Seite 152 ff.
BETHGE, Herbert: „Die Problematik des Gesetzesvorbehalts bei der Finanzierung des öffentlichrechtlichen Rundfunks"; in: Neue Juristische Wochenschrift, NJW 1990, Seite 2451 ff.
BETHGE, Herbert: „Genuine Aufgabe - Gutachten zur verfassungsrechtlichen Position des öffentlich-rechtlichen Rundfunks"; in: epd / Kirche und Rundfunk vom 13.12.1995, Seite 28 ff.
BETHGE, Herbert: „Der Grundversorgungsauftrag des öffentlich-rechtlichen Rundfunks in der dualen Rundfunkordnung"; in: Media Perspektiven 1996, Seite 66 ff.
BETTERMANN, Karl August: „Vom Rechtsschutz und Rechtsweg des Bürgers gegen Rundfunk-Rufmord"; in: Neue Juristische Wochenschrift, NJW 1977, Seite 513 ff.
BETZ, Jürgen: „Spartenkanäle bei ARD und ZDF - Eine juristische Bewertung"; in: Media Perspektiven 1997, Seite 2 ff.
BLECKMANN, Albert: Öffentlich-rechtliche Spartenprogramme als Bestandteil der Grundversorgung? - Ein Rechtsgutachten; Hrsg.: Verband Privater Rundfunk und Telekommunikation e.V. (VPRT), Berlin 1996
BLECKMANN, Albert/ PIEPER, Ulrich/ ERBERICH, Ingo: „Zur Zulässigkeit der Veranstaltung von Spartenprogrammen durch öffentlich-rechtliche Rundfunk-anstalten"; in: Archiv für Presserecht, AfP 1997, Seite 417 ff.
BOLEY, Peter: Gebühren und Beiträge; Tübingen 1977
BONNER KOMMENTAR zum Grundgesetz, Hrsg.: Rudolf Dolzer; Loseblattsammlung, Stand: 96. Ergänzungslieferung, Heidelberg 2001
BRACK, Hans: Organisation und wirtschaftliche Grundlagen des Hörfunks und des Fernsehens in Deutschland; in: Schriftenreihe des Instituts für Rundfunkrecht an der Universität zu Köln, Band 2, München 1968

BRAUN, Matthias/ GILLERT, Olaf/ HOBERG, Dominik/ HÜBNER, Eva-Maria/ KAMPS, Michael: „Spartenkanäle: Grenzen einer Zukunftsperspektive für den öffentlich-rechtlichen Rundfunk"; in: Zeitschrift für Urheber- und Medienrecht, ZUM 1996, Seite 201 ff.

BREUER, Rüdiger/ KLOEPFER, Michael/ MARBURGER, Peter/ SCHRÖDER, Meinhard: Umweltschutz durch Abgaben und Steuern; Schriftenreihe des Instituts für Umwelt- und Technikrecht der Universität Trier, Band 16; Heidelberg 1992

BULLINGER, Martin: Länderfinanzausgleich und Rundfunkfinanzausgleich; Baden-Baden 1998

BULLINGER, Martin: „Freiheit und Gleichheit in den Medien"; in: Juristenzeitung, JZ 1987, Seite 257 ff.

BULLINGER, Martin: „Das Verhältnis von deutschem und europäischem Medienrecht"; in: Verwaltungsblätter für Baden-Württemberg, VBlBW 1989, Seite 161 ff.

BULLINGER, Martin: „Rechtliche Eigenart der Vollprogramme im Rundfunk"; in: Zeitschrift für Urheber- und Medienrecht, ZUM 1994, Seite 596 ff.

BULLINGER, Martin: „Der Rundfunkbegriff in der Differenzierung kommunikativer Dienste"; in: Archiv für Presserecht, AfP 1996, Seite 1 ff.

BULLINGER, Martin/ MESTMÄCKER, Ernst-Joachim: Multimediadienste: Struktur und staatliche Aufgaben nach deutschem und europäischem Recht; 1. Auflage, Baden-Baden 1997

BURMEISTER, Günther C.: Herkunft, Inhalt und Stellung des institutionellen Gesetzesvorbehalts; in: Schriften zum öffentlichen Recht Band 601, 1991

CASTENDYK, Oliver: „Die Rangfolge im Kabel - Verfassungsmäßige Kriterien bei der Einspeisung von Rundfunkprogrammen in Kabelanlagen am Beispiel des fünften nordrhein-westfälischen Rundfunkänderungsgesetzes vom 09.10. 1992"; in: Zeitschrift für Urheber- und Medienrecht, ZUM 1993, Seite 464 ff.

CLASSEN, Claus Dieter: „Der Rundfunk zwischen Wirtschaft und Kultur: Die Perspektive des europäischen Gemeinschaftsrechts"; in: Dittmann/ Fechner/ Sander, Der Rundfunkbegriff im Wandel der Medien; Seite 53 ff., Berlin 1997

DAMM, Andreas: Gebührenprivileg und Beihilferecht - Zur Vereinbarkeit der Finanzierung des öffentlich-rechtlichen Rundfunks in Deutschland mit Art. 92 EGV; Berlin 1998

DAVID, Joachim: Abgabenrecht - Rechtssprechung des Bundesverfassungsgericht; Band 1: Gebühren, Beiträge, Sonderabgaben (1958-1987); Düsseldorf 1988

DEGENHART, Christoph: Verfassungsrechtliche Determinanten der Rundfunkfinanzierung - Gestaltungsfreiheit und Systemkonsequenz; in: Badura/ Scholz (Hrsg.): Wege und Verfahren des Verfassungslebens; Festschrift für Peter Lerche zum 65. Geburtstag; München 1993

DEGENHART, Christoph: Online-Angebote öffentlich-rechtlicher Rundfunkanstalten - Ein Rechtsgutachten; Leipzig 1997

DEGENHART, Christoph: „Rundfunk und Internet"; in: Zeitschrift für Urheber- und Medienrecht, ZUM 1998, Seite 333 ff.

DEGENHART, Christoph: „Programmauftrag Internet - Öffentlich-rechtliche Rundfunkanstalten und Online-Dienste"; in: MultiMedia und Recht - Zeitschrift für Informations-, Telekommunikations- und Medienrecht, MMR 1998, Seite 137 ff.

DEGENHART, Christoph: „Funktionsauftrag und „dritte Programmsäule" des öffentlich-rechtlichen Rundfunks"; in: Kommunikation und Recht 2001, Seite 329 ff.

DITTMANN, Armin: „Der Rundfunkbegriff im deutschen Recht - Kulturgut im multimedialen Wandel"; in: Dittmann/ Fechner/ Sander, Der Rundfunkbegriff im Wandel der Medien; Seite 19 ff., Berlin 1997

DITTMANN, Armin/ FECHNER, Frank/ SANDER, Gerald G.: Der Rundfunkbegriff im Wandel der Medien, Symposium zum 65. Geburtstag von Thomas Oppermann; Berlin, 1997

DÖRR, Dieter: Programmvielfalt im öffentlich-rechtlichen Rundfunk durch funktionsgerechte Finanzausstattung; 1. Auflage, Baden-Baden 1997/98

DÖRR, Dieter: „Die Maastricht-Entscheidung des Bundesverfassungsgerichts und ihre Auswirkungen auf die Medienpolitik"; in: Zeitschrift für Urheber- und Medienrecht, ZUM 1995, Seite 14 ff.

DÖRR, Dieter: „Europäische Perspektiven der dualen Rundfunkordnung"; in: Zeitschrift für Urheber- und Medienrecht, ZUM 1995, Seite 264 ff.

DÖRR, Dieter: „Multimedia und der Rundfunkbegriff"; in: Dittmann/ Fechner/ Sander, Der Rundfunkbegriff im Wandel der Medien; Seite 121 ff., Berlin 1997

DÖRR, Dieter: „ Öffentlich-rechtlicher Rundfunk und Gebührenregelung unter dem Druck des Gemeinschaftsrechts"; in: Kommunikation und Recht 2001, Seite 233 ff.

DÖRR, Dieter/ CLOSS, Wolfgang: „Die Vereinbarkeit der Gebührenfinanzierung des österreichischen Rundfunks mit EG-Beihilferecht"; in: Zeitschrift für Urheber- und Medienrecht, ZUM 1996, Seite 105 ff.

DÖRR, Dieter / ECKL, Judith: „Die Entwicklung des Medienrechts"; in: Neue Juristische Wochenschrift, NJW 1999, Seite 1925 ff.

EBERLE, Carl-Eugen: „Die Rundfunkgebühr - Verfassungsrechtlicher Anspruch und gesellschaftspolitische Funktion“; in: Die Finanzierung des Rundfunks nach dem Gebührenurteil des Bundesverfassungsgerichts; Schriftenreihe des Instituts für Rundfunkrecht an der Universität zu Köln, Band 64, München 1996

EBERLE, Carl-Eugen: „Die Rundfunkgebühr - Verfassungsrechtlicher Anspruch und gesellschaftspolitische Funktion“; in: Archiv für Presserecht, AfP 1995, Seite 559 ff.

EBERLE, Carl-Eugen: „Neue Übertragungstechniken und Verfassungsrecht“; in: Zeitschrift für Urheber- und Medienrecht, ZUM 1995, Seite 249 ff.

EBERLE, Carl-Eugen: „Aktivitäten der Europäischen Union auf dem Gebiet der Medien und ihre Auswirkungen auf den öffentlich-rechtlichen Rundfunk“; in: Zeitschrift für Urheber- und Medienrecht, ZUM 1995, Seite 763 ff.

EBERLE, Carl-Eugen: „Rundfunk - Regelungsmodell für Online-Dienste?“; in: Dittmann/ Fechner/ Sander, Der Rundfunkbegriff im Wandel der Medien; Seite 151 ff., Berlin 1997

EBERLE, Carl-Eugen: „Betätigung des ZDF im Online-Bereich“; in: Archiv für Presserecht, AfP 1998, Seite 277 ff.

EBERLE, Carl-Eugen: „Referat anlässlich der 83. Tagung des Studienkreises für Presserecht und Pressefreiheit: Betätigung öffentlichrechtlicher Institutionen im Online-Bereich“; in: Neue Juristische Wochenschrift, NJW 1999, Seite 2953 ff.

ECKNER, Herbert: Funkhoheit und Rundfunkteilnehmer; in: Steinmetz (Hrsg.), Bundespost und Rundfunk, Seite 35 ff.; Hamburg 1960

EMMERICH, Volker/ STEINER, Udo: Möglichkeiten und Grenzen der wirtschaftlichen Betätigung der öffentlich-rechtlichen Rundfunkanstalten; Berlin 1986

ENGEL, Christoph: Europarechtliche Grenzen für öffentlich-rechtliche Spartenprogramme - Beihilfeaufsicht, Wettbewerbsregeln, Grundfreiheiten; Hrsg.: Verband Privater Rundfunk und Telekommunikation e.V. (VPRT), Berlin 1996

ERNST, Stefan: „Erst anmelden, dann surfen - Rundfunkgebühren für Internet-Anschlüsse?“; in: Neue Juristische Wochenschrift, NJW 1997, Seite 3006

FREIS, Iris: „Das Recht der Finanzierung des öffentlich-rechtlichen Rundfunks in Deutschland, Frankreich, Großbritannien und Österrreich im Vergleich“; in: Zeitschrift für europarechtliche Studien, ZEuS 1999, Seite 109 ff.

FREY, Dieter: „Das öffentlich-rechtliche Fernsehen im Wettbewerbsrecht der EG“; in: Zeitschrift für Urheber- und Medienrecht, ZUM 1999, Seite 528 ff.

FUHR, Ernst W.: ZDF-Staatsvertrag; Mainz 1972

FUHR, Ernst W.: „Der öffentlich-rechtliche Rundfunk im dualen Rundfunksystem“; in: Zeitschrift für Urheber- und Medienrecht, ZUM 1987, Seite 145 ff.

FUHR, Ernst W./ RUDOLF, Walter/ WASSERBURG, Klaus: Recht der Neuen Medien; Heidelberg 1989

GABRIEL-BRÄUTIGAM, Karin: Rundfunkkompetenz und Rundfunkfreiheit; Baden-Baden 1990

GABRIEL-BRÄUTIGAM, Karin: „Der Deutschlandfunk nach der Vereinigung“; in: Deutsches Verwaltungsblatt, DVBl. 1990, Seite 1931 ff.

GALL, Andreas: „Die Rundfunkgebühr - Garant der dualen Rundfunkordnung“; in: Zeitschrift für Urheber- und Medienrecht, ZUM 1991, Seite 167 ff.

GEIGER, Rudolf: EUV/EGV: Kommentar zu dem Vertrag über die Europäische Union und dem Vertrag zur Gründung der europäischen Gemeinschaft; 3. Auflage, München 2000

GEIGER, Willi: „Sicherung der Informationsfreiheit des Bürgers als Verfassungsproblem“; in: Archiv für Presserecht, AfP 1977, Seite 256 ff.

GEIGER, Willi: „Verfassungsrechtliche Grundlagen der neuen Rundfunkordnung“; in: Archiv für Presserecht, AfP 1984, Seite 136 ff.

GERSDORF, Hubertus: Staatsfreiheit des Rundfunks in der dualen Rundfunkordnung der Bundesrepublik Deutschland; Berlin 1991

GERSDORF, Hubertus: Der verfassungsrechtliche Rundfunkbegriff im Lichte der Digitalisierung der Telekommunikation; Berlin 1995

GERSDORF, Hubertus: „Multi-Media: Der Rundfunkbegriff im Umbruch? - Insbesondere zur verfassungsrechtlichen Einordnung der Zugriffs- und Abrufdienste“; in: Archiv für Presserecht, AfP 1995, Seite 565 ff.

GERSDORF, Hubertus: „Das Grundrecht der Rundfunkfreiheit als `Supergrundrecht`? Zur Notwendigkeit einer dogmatischen Weiterentwicklung des verfassungsrechtlichen Begriffsbildes“; in: Dittmann/ Fechner/ Sander, Der Rundfunkbegriff im Wandel der Medien; Seite 137 ff., Berlin 1997

GERSDORF, Hubertus: „Einige Fragen zu Online-Diensten des öffentlich-rechtlichen Rundfunks“; in: Neue Juristische Wochenschrift - Computerreport, NJW-CoR 1998, Seite 238 ff.

GERSDORF, Hubertus/ BROSIUS-GERSDORF, Frauke: Rechtsfragen des Teilnehmerentgeltsystems nach bayrischem Rundfunkrecht; in: BLM-Schriftenreihe, Band 42, Bayrische Landeszentrale für neue Medien, München 1997

GEZ: Geschäftsbericht der Gebühreneinzugszentrale der öffentlich-rechtlichen Rundfunkanstalten in der Bundesrepublik Deutschland 2000; Köln, 2001

GIANI, Paul Leo: „Umfassende Rechteübertragung als tendenzielle Einschränkung von Rundfunkfreiheit - Zum Unterschied zwischen Art. 3 und Art. 6 Rundfunkstaatsvertrag“; in: Zeitschrift für Urheber- und Medienrecht, ZUM 1990, Seite 400 ff.

GIESE, Friedrich: „Die Rundfunkkompetenz in der Bundesrepublik“; in: Die Öffentliche Verwaltung, DÖV 1953, Seite 587 ff.

GOERLICH, Helmut: „Duale Rundfunkordnung, Aufsicht und Gebühr, Programmzahl und Frequenzzuweisung - Anmerkungen zu BVerwG U.v. 9.12.1998 -6 C 13.97 und U.v. 21.10.1998 - 6 A 1.97“; in: Zeitschrift für Urheber- und Medienrecht, ZUM 1999, Seite 472 ff.

GRABITZ, Eberhard/ HILF, Meinhard: Kommentar zur Europäischen Union - Maastrichter Fassung; Loseblattsammlung, Stand: 14. Ergänzungslieferung, München 1999

GRAWERT, Rolf: „Rundfunkordnung für das Land Nordrhein-Westfalen im Spiegel der Verfassungsrechtsprechung“; in: Archiv für Presserecht, AfP 1986, Seite 277 ff.

GRIMM, Dieter: „Verfassungsrechtliche Perspektiven einer dualen Rundfunkordnung“; in: Rundfunk und Fernsehen, RuF 1987, Seite 25 ff.

GROEBEN, Hans von der/ THIESING, Jochen/ EHLERMANN, Claus-Peter: Kommentar zum EU-/ EG-Vertrag, Band 2; 5. Auflage, Baden-Baden 1999

GROSS, Rolf: „Die Rundfunkordnung in Deutschland“; in: Verwaltungsrundschau 1997, Seite 145 ff.

GRUPP, Alfred Paul: Grundfragen des Rundfunkgebührenrechts; in: Beiträg zum Rundfunkrecht, Heft 27, Frankfurt a.M. 1983

GRUPP, Alfred Paul: Rechtsfragen des Rundfunkgebühreneinzugsverfahren am Beispiel der Gebührenpflicht für Autoradios; Tübingen 1981

GRUPP, Alfred Paul: „Der Kabelgroschen“; in: Film und Recht - Zeitschrift für Urheber- und Medienrecht, FuR 1984, Seite 283 ff.

HAIN, Karl-Eberhard: Rundfunkfreiheit und Rundfunkordnung; in: Schriften und Materialien zur Verfassungsgerichtsbarkeit, Band 55, Baden-Baden 1993

HARTSTEIN, Reinhard/ RING, Wolf-Dieter/ KREILE, Johannes/ DÖRR, Dieter/ STETTNER, Rupert: Rundfunkstaatsvertrag - Kommentar; Loseblattsammlung, Stand: 8. Ergänzungslieferung, München 2001

HECKER, Wolfgang: „Gesetzliche Beschränkungen der Veranstaltung und Verbreitung regionaler und lokaler Rundfunkprogramme der öffentlich-rechtlichen Anstalten“; in: Zeitschrift für Urheber- und Medienrecht, ZUM 1987, Seite 276 ff.

HEIMBERG, Sybille von: Verwaltungsaufgaben und Private - Funktionen und Typen der Beteiligung Privater an öffentlichen Aufgaben; Berlin 1982

HENDRICKS, Birger: „Zum Wettbewerb im dualen Rundfunk"; in: Zeitschrift für Urheber- Und Medienrecht, ZUM 1988, Seite 209 ff.
HENNEKE, Hans-Günter: „Finanzierungsformen im Abgabenstaat - Voraussetzungen und materiell-rechtliche Grenzen der Abgabenerhebung - Teil I: Steuern"; in: Jura 1990, Seite 63 ff.
HENNEKE, Hans-Günter: „Finanzierungsformen im Abgabenstaat - Voraussetzungen und materiell-rechtliche Grenzen der Abgabenerhebung - Teil II: Gebühren, Beiträge, Sonderabgaben"; in: Jura 1990, Seite 113 ff.
HENSELER, Paul: Legitimation und Begriffsmerkmale von Sonderabgaben; Baden-Baden 1984
HERRMANN, Günter: Fernsehen und Hörfunk in der Verfassung der Bundesrepublik Deutschland; Tübingen 1975
HERRMANN, Günter: Rundfunkrecht, Fernsehen und Hörfunk mit neuen Medien; München 1994
HERRMANN, Günter: „Zur Zuständigkeit für die Regelung der Rundfunkgebühren"; in: Archiv für Urheber-, Film-, Funk- und Theaterrecht, UFITA Band 50, 1967, Seite 147 ff.
HERRMANN, Günter: „Die Rundfunkanstalt"; in: Archiv des öffentlichen Rechts, AöR Band 90 (1965), Seite 286 ff.
HERRMANN, Günter: „Die Grundversorgung als Aufgabe der öffentlich-rechtlichen Rundfunkanstalten"; in: Zeitschrift für Urheber- und Medienrecht, ZUM 1989, Seite 448 ff.
HESS, Wolfgang: Verfassungsrechtliche Probleme der Gebührenfinanzierung im dualen Rundfunksystem; Köln 1996
HESS, Wolfgang: „Die EG-Rundfunkrichtlinie vor dem Bundesverfassungsgericht. Anmerkung zum Verfahren 2 BvG 1/89"; in: Archiv für Presserecht, AfP 1990, Seite 95 ff.
HESSE, Albrecht: Rundfunkrecht - Die Organisation des Rundfunks in der Bundesrepublik Deutschland; München 1990
HESSE, Albrecht: „Der Vierte Rundfunkänderungsstaatsvertrag aus der Sicht des öffentlich-rechtlichen Rundfunks"; in: Zeitschrift für Urheber- und Medienrecht, ZUM 2000, Seite 183 ff.
HEUN, Werner: „Die Sonderabgabe als verfassungsrechtlicherAbgabentypus"; in: Deutsches Verwaltungsblatt, DVBl. 1990, Seite 666 ff.
HEYDT, Volker: „Die Rundfunkfinanzierung aus dem Staatshaushalt"; in: Archiv des öffentlichen Rechts, AöR Band 100 (1975), Seite 584 ff.
HOCHSTEIN, Reiner: „Teledienste, Mediendienste und Rundfunkbegriff - Anmerkung zur praktischen Abgrenzung multimedialer Erscheinungsformen"; in: Neue Juristische Wochenschrift, NJW 1997, Seite 2977 ff.
HOFFMANN, Guido: Möglichkeiten der Finanzierung öffentlich-rechtlichen Rundfunks in der Bundesrepublik Deutschland; St. Ingbert 1996

HOFFMANN-RIEM, Wolfgang: Indexierung der Rundfunkgebühr; Baden-Baden 1991
HOFFMANN-RIEM, Wolfgang: Finanzierung und Finanzkontrolle der Landesmedienanstalten; Berlin 1993
HOFFMANN-RIEM, Wolfgang: PayTV im öffentlich-rechtlichen Rundfunk; 1. Auflage, Baden-Baden 1996
HOFFMANN-RIEM, Wolfgang: „Der Schutz der Meinungsbildungsfreiheit im privaten Rundfunk"; in: Bundeszentrale für politische Bildung (Hrsg.), Privatkommerzieller Rundfunk in Deutschland - Entwicklungen, Forderungen, Regelungen, Folgen, Seite 89 ff.; Bonn 1991
HOFFMANN-RIEM, Wolfgang: „Der Rundfunkbegriff in der Differenzierung kommunikativer Dienste"; in: Archiv für Presserecht, AfP 1996, Seite 9 ff.
HOLZER, Norbert: „Deutsche Rundfunkgebühr als unzulässige Beihilfe im Sinne des europäischen Rechts?"; in: Zeitschrift für Urheber- und Medienrecht, ZUM 1996, Seite 274 ff.
HOLZNAGEL, Bernd: „Probleme der Rundfunkregulierung im Multimedia-Zeitalter"; in: Zeitschrift für Urheber- und Medienrecht, ZUM 1996, Seite 16 ff.
HOLZNAGEL, Bernd/ VESTING, Thomas: Sparten- und Zielgruppenprogramme im öffentlich-rechtlichen Rundfunk, insbesondere im Hörfunk; in: Beiträge zum Rundfunkrecht, Heft 49, Baden-Baden 1999
HÜMMERICH, Klaus: „Rundfunkgebühren: Staatsvertragliche Entwürfe zur Umsetzung des 8. Rundfunkurteils"; in: Archiv für Presserecht, AfP 1996, Seite 25 ff.
HÜMMERICH, Klaus/ BEUCHER, Klaus: „Rundfunkfinanzierung auf dem Prüfstand"; in: Archiv für Presserecht, AfP 1989, Seite 708 ff.
IPSEN, Hans Peter: Die Rundfunkgebühr; 2. Auflage, Hamburg 1958
IPSEN, Hans Peter: „Zum Funktionsbereich der öffentlich-rechtlichen Rundfunkanstalten außerhalb der unmittelbaren Programmgestaltung"; in: Die Öffentliche Verwaltung, DÖV 1979, Seite 721 ff.
ISENSEE, Josef/ KIRCHHOF, Paul: Handbuch des Staatsrechts der Bundesrepublik Deutschland, Band IV: Finanzverfassung - Bundesstaatliche Ordnung; Heidelberg 1990
JANIK, Viktor: „Der deutsche Rundfunkbegriff im Spiegel technischer Entwicklungen"; in: Archiv für Presserecht, AfP 2000, Seite 7 ff.
JARASS, Hans D.: Die Freiheit des Rundfunks vom Staat; Berlin 1981
JARASS, Hans D.: Online-Dienste und Funktionsbereich des Zweiten Deutschen Fernsehens; in: ZDF-Schriftenreihe, Heft 53, Mainz 1997
JARASS, Hans D.: „Rundfunkbegriffe im Zeitalter des Internets"; in: Archiv für Presserecht, AfP 1998, Seite 133 ff.

JARASS, Hans D./ PIEROTH, Bodo: Grundgesetz für die Bundesrepublik Deutschland - Kommentar; 5. Auflage, München 2000

KÄMMERER, Ludwig: „Post und Rundfunk"; in: Die Öffentliche Verwaltung, DÖV 1990, Seite 432 ff.

KAMANN, Uwe: „Groß und Klein - Zu den 14. Stendener Medientagen"; in: epd / Kirche und Rundfunk vom 10.6.1989, Seite 3 ff.

KAMANN, Uwe: „Der zweite Blick - öffentlich-rechtlicher Programmauftrag und Spartenprogramme: Kein Widerspruch"; in: epd / Kirche und Rundfunk vom 18.12.1996, Seite 3 ff.

KIRCHHOF, Ferdinand: Die Höhe der Gebühr. Grundlagen der Gebührenbemessung; Berlin 1981

KIRCHHOF, Ferdinand: Grundriss des Abgabenrechts; Heidelberg 1991

KIRCHHOF, Ferdinand: „Die Verleihungsgebühr als dritter Gebührentyp"; in: Deutsches Verwaltungsblatt, DVBl. 1987, Seite 559 ff.

KIRCHHOF, Paul: Staatliche Einnahmen; in: Isensee/Kirchhof (Hrsg.), Handbuch des Staatsrechts der Bundesrepublik Deutschland, Band IV: Finanzverfassung - Bundesstaatliche Ordnung; Heidelberg 1990

KIRCHHOF, Paul: „Die verfassungswidrige Investitionsabgabe im System öffentlicher Abgaben"; in: Zeitschrift für Wirtschaftsrecht, ZIP 1984, Seite 1423 ff.

KLEIN, Hans H.: Die Rundfunkfreiheit; in: Schriftenreihe des Instituts für Rundfunkrecht an der Universität zu Köln, Band 24, München 1978

KLEKATSKY, Hans R./ STEIN, Klaus/ WEBER, Ulrich/ BERGSTRÖM, Svante: Rundfunkrecht und Rundfunkpolitik; München 1969

KLOEPFER, Michael: „Die lenkende Gebühr"; in: Archiv des öffentlichen Rechts, AöR 97 (1972), Seite 232 ff.

KNEMEYER, Franz-Ludwig: „Anmerkung zum Urteil des BVerwG vom 15.3.68 - VII C 189.66"; in: Deutsches Verwaltungsblatt, DVBl. 1968, Seite 923 ff.

KNOTHE, Matthias/ SCHWALBA, Michael: „Die Positionierung des öffentlich-rechtlichen Rundfunks im digitalen Zeitalter"; in: Media Perspektiven 1999, Seite 111 ff.

KOCH, Steffen: Möglichkeiten der Beteiligung privater Rundfunkveranstalter am Rundfunkgebührenaufkommen der Bundesrepublik Deutschland; Frankfurt a.M. 1998

KOENIG, Christian/ KÜHLING, Jürgen: „How to cut a long story short: Das PreussenElektra-Urteil des EuGH und die EG-Beihilfenkontrolle über das deutsche Rundfunkgebührensystem"; in: Zeitschrift für Urheber- und Medienrecht, ZUM 2001, Seite 537 ff.

KOHL, Helmut: Die Freiheit des Rundfunks nach dem Nordrhein-Westfalen Urteil des Bundesverfassungsgerichts; Symposium aus Anlaß des 70. Geburtstags von Wolfgang Lehr; Konstanz 1991

KOHL, Helmut: Buchbesprechung von: Thomas Oppermann: „Deutsche Rundfunkgebühren und europäisches Beihilferecht", in: Zeitschrift für Urheber- und Medienrecht, ZUM 1999, Seite 661 f.

KOLLEK, Andreas: Rechtsfragen der Rundfunkfinanzierung; in: Europäische Hochschulschriften Reihe II Rechtswissenschaft, Band 648, Frankfurt a.M. 1987

KOPP, Ferdinand: „Der Rechtsweg bei Streitigkeiten gegen öffentlich-rechtliche Rundfunkanstalten"; in: Becker (Hrsg.), Beiträge zum Medienprozeßrecht; Festgabe für Carl Hermann Ule zum 80. Geburtstag, Seite 31 ff.; Baden-Baden 1988

KOSZUSZEK, Helmut: „Freier Dienstleistungsverkehr und nationales Rundfunkrecht"; in: Zeitschrift für Urheber- und Medienrecht, ZUM 1989, Seite 541 ff.

KRAUSE-ABLAß, Günter B.: Buchbesprechung; in: Die Öffentliche Verwaltung, DÖV 1962, Seite 238 f.

KREILE, Johannes: „Rundfunk im vereinten Deutschland"; in Zeitschrift für Urheber- und Medienrecht, ZUM 1991, Seite 569 ff.

KRESSE, Herrmann: „Grundversorgung und integrative Pluralismussicherung - Zu den Eckpunkten des klassischen Rundfunkauftrages"; in: Zeitschrift für Urheber- und Medienrecht, ZUM 1995, Seite 178 ff.

KRESSE, Herrmann: „Grundversorgung und noch viel mehr?"; in: Zeitschrift für Urheber- und Medienrecht, ZUM 1996, Seite 59 ff.

KRESSE, Herrmann/ HEINTZE, Matthias: „Rundfunk-Dynamik am Morgen des digitalen Zeitalters - Ein Beitrag zur funktionalen Entwicklung des Rundfunkbegriffs"; in: Archiv für Presserecht, AfP 1995, Seite 574 ff.

KRESSIN, Roger: Neue Medien zwischen Rundfunk und Individualkommunikation; Frankfurt a.M., 1998

KRÜGER, Peter R.: Die Rundfunkstiftung. Die Stiftung bürgerlichen Rechts als Organisationsform des Rundfunks; München 1976

KRÜGER, Udo Michael: „Stabile Programstrukturen trotz besonderer Fernsehereignisse"; in: Media Perspektiven 1999, Seite 322 ff.

KUCH, Hansjörg: „Die Finanzierung des öffentlich-rechtlichen Rundfunks im Lichte der Rechtsprechung des Bundesverfassungsgerichts"; in: Zeitschrift für Urheber- und Medienrecht, ZUM 1995, Seite 161 ff.

KÜBLER, Friedrich: Rundfunkauftrag und Programminformation - Zur Befugnis der Rundfunkanstalten, durch eigene Veröffentlichungen über die Rundfunkprogramme zu informieren; Frankfurt a.M. 1986

KÜBLER, Friedrich: „Neue Medien: Neue Aufgaben des Rechts?"; in: Media Perspektiven 1982, Seite 556 ff.

KULL, Edgar: „Auf dem Weg zum dualen Rundfunksystem"; in: Archiv für Presserecht, AfP 1987, Seite 462 ff.

KULL, Edgar: „Rundfunkrecht und Rundfunkmarkt“; in: Zeitschrift für Urheber- und Medienrecht, ZUM 1987, Seite 355 ff.

LADEUR, Karl-Heinz: „Finanzierung „nichtkommerzieller Rundfunkprogramme“ aus der Rundfunkgebühr ?“; in: Zeitschrift für Urheber- und Medienrecht, ZUM 1993, Seite 385 ff.

LANGE, Bernd-Peter: „Die Finanzierung des öffentlich-rechtlichen Rundfunks in der zukünftigen Wettbewerbssituation“; in: Zeitschrift für Urheber- und Medienrecht, ZUM 1995, Seite 529 ff.

LEHMENT, Cornelis: Rundfunkfreiheit und Finanzkontrolle - Zur Rechnungsprüfung bei den öffentlich-rechtlichen Rundfunkanstalten und den Landesmedienanstalten; Hamburg 1996

LERCHE, Peter: Rechtsprobleme des Werbefernsehens; Frankfurt a.M. 1965

LERCHE, Peter: „Die Rechtsnatur von Streitsachen aus Rundfunksendungen“; in: Studienkreis für Presserecht und Pressefreiheit (Hrsg.), Presserecht und Pressefreiheit; Festschrift für Martin Löffler, S. 217 ff.; München 1980

LERCHE, Peter: „Verfassungsfragen zum Entwurf der Landesregierung Nordrhein-Westfalen eines Gesetzes über den `Westdeutschen Rundfunk Köln´ (WDR-Gesetz)“; in: Archiv für Presserecht, AfP 1984, Seite 183 ff.

LIBERTUS, Michael: Grundversorgungsauftrag und Funktionsgarantie; München 1991

LIBERTUS, Michael: „Die Grundversorgung als Aufgabe des öffentlich-rechtlichen Rundfunks“; in: Zeitschrift für Urheber- und Medienrecht, ZUM 1990, Seite 124 ff.

LIBERTUS, Michael: „Grenzen entgeltfinanzierter öffentlich-rechtlicher Fernsehangebote“; in: Archiv für Presserecht, AfP 1998, Seite 149 ff.

LIBERTUS, Michael: „Zulässigkeit und Grenzen von Online-Angeboten öffentlich-rechtlicher Rundfunkanstalten de lege lata und de lege ferenda“; in: Zeitschrift für Gesetzgebung, ZG 1999, Seite 161 ff.

LIBERTUS, Michael: „Access-Providing durch öffentlich-rechtliche Rundfunkanstalten“; in: Zeitschrift für Urheber- und Medienrecht, ZUM 1999, Seite 889 ff.

LIBERTUS; Michael: „Beteiligung von ARD und ZDF an einem deutschen Auslandsfernsehen?“; in: Archiv für Presserecht, AfP 2000, Seite 1 ff.

LÜDERS, C.H.: Die Zuständigkeit zur Rundfunkgesetzgebung; Bonn 1953

MAIWALD, Beate: „Gebühren, Beiträge, Sonderabgaben, Kosten im Gewerbebereich“; in: Gewerbearchiv 1993, Seite 45 ff.

MANGOLDT, Hermann von/ KLEIN, Friedrich/ STRARCK, Christian: Das Bonner Grundgesetz - Kommentar; 4. Auflage, München 1999

MAUNZ, Theodor/ DÜRIG, Günter/ HERZOG, Roman: Grundgesetzkommentar; Loseblattsammlung, Stand: 38. Ergänzungslieferung, München 2001

MAUNZ, Theodor: Rechtsgutachten über die Frage der Vereinbarkeit des Gesetzesentwurfs über die „Wahrnehmung gemeinsamer Aufgaben auf dem Gebiet des Rundfunks“ mit dem Grundgesetz; in: Zehner (Hrsg.), Der Fernsehstreit vor dem Bundesverfassungsgericht I; Karlsruhe 1964

MAUNZ, Theodor: „Die Grenzen der Betätigung öffentlich-rechtlicher Rundfunkanstalten“; in: Deutsches Verwaltungsblatt, DVBl. 1974, Seite 1 ff.

MAYDELL, Bernd von: Zur rechtlichen Problematik der Befreiung von den Rundfunkanstalten; in: Beiträge zum Rundfunkrecht, Heft 38, Frankfurt a.M. 1987

MEDERER, Wolfgang: Vorbemerkung zu Art. 92-94 und Art. 92 EGV; in: V.d.Groeben/ Thiesing/ Ehlermann (Hrsg.), Kommentar zum EWG-Vertrag, Band 2; 5. Auflage, Baden-Baden 1999

MEIER, Christoph F.: „Vom öffentlich-rechtlichen Monopol zum globalen Kiosk“; in: Zeitschrift für Urheber- und Medienrecht, ZUM 1997, Seite 249 ff.

MERZNICHT, Roman: Der „Aufsichtsgroschen“ - Die verfassungsrechtliche Problematik der Finanzierung der Zulassungs- und Aufsichtsfunktionen der Landesmedienanstalten aus der Rundfunkgebühr; München 1992

MICHEL, Eva-Maria: Rechtliche und ökonomische Fragen der Finanzierung des öffentlich-rechtlichen Rundfunks im Lichte des Europäischen Rechts; Arbeitspapiere des Instituts für Rundfunkökonomie an der Universität zu Köln, Heft 96, Köln, 1998

MICHEL, Eva-Maria: „Rundfunk und Internet - Zulässigkeit von Internet-Aktivitäten der öffentlich-rechtlichen Rundfunkanstalten“; in: Zeitschrift für Urheber- und Medienrecht, ZUM 1998, Seite 350 ff.

MOSER, Artur: „Rundfunk und Grundgesetz“; in: Juristenzeitung, JZ 1951, Seite 70 ff.

MÜLLER-USING, Detlev/ LÜCKE, Richard: „Neue Teledienste und alter Rundfunkbegriff“; in: Archiv für das Post- und Telekommunikationswesen, ArchivPT 1995, Seite 32 ff.

MÜNCH, Ingo von: Besonderes Verwaltungsrecht; 8. Auflage, Berlin 1988

MÜNCH, Ingo von (Begr.)/ KUNIG, Philip (Hrsg.): Grundgesetz-Kommentar, Band 1, 5. Auflage, München 2000

MÜNCH, Ingo von: „Wie lange noch Rundfunk-Zwangsgebühr?“; in: Neue Juristische Wochenschrift, NJW 2000, Seite 634 ff.

MUSSGNUG, Reinhard: „Die zweckgebundenen öffentlichen Abgaben“; in: Schur (Hrsg.), Festschrift für Ernst Forsthoff zum 70. Geburstag, Seite 259 ff.; München 1972

NAGEL, Hannelore: Die Rechtsbeziehungen zwischen Rundfunkanstalt und Rundfunkteilnehmer und die Stellung der Post; Würzburg 1967

NIEPALLA, Peter: Grundversorgung durch die öffentlich-rechtlichen Anstalten; in: Schriftenreihe des Instituts für Rundfunkrecht an der Universität zu Köln, Band 55, München 1990

OPPERMANN, Thomas: Deutsche Rundfunkgebühren und europäisches Beihilferecht; in: Tübinger Schriften zum internationalen und europäischen Recht, Band 41; Berlin 1997

OPPERMANN, Thomas: „Deutsche Rundfunkgebühren und europäisches Beihilferecht"; in: Zeitschrift für Urheber- und Medienrecht, ZUM 1996, Seite 656 ff.

OPPERMANN, Thomas/ KILIAN, Michael: Rechtsgrundsätze der Finanzierung öffentlich-rechtlichen Rundfunks in der dualen Rundfunkverfassung der Bundesrepublik Deutschland; in: Beiträge zum Rundfunkrecht, Heft 41, Frankfurt a.M. 1989

ORY, Stephan: „Bestands- und Entwicklungsgarantie für den öffentlich-rechtlichen Rundfunk?"; in: Archiv für Presserecht, AfP 1987, Seite 466 ff.

ORY, Stephan: „Internet-Radio: Lizenz für Private, Gebühren für Anstalten?"; in: Archiv für Presserecht, AfP 1997, Seite 845 ff.

OSSENBÜHL, Fritz: Rundfunkfreiheit und Finanzautonomie; München 1969

OSSENBÜHL, Fritz: Rundfunkfreiheit und Rechnungsprüfung; Frankfurt a.M. 1984

OTT, Sieghart: Rechtmäßigkeit der Erhebung eines „Kabelgroschens"; in: Film und Recht - Zeitschrift für Urheber- und Medienrecht; FuR 1984, Seite 231 ff.

OTTEN, Ralf Gerhard: „Die Gebührenfinanzierung der öffentlich-rechtlichen Rundfunkanstalten im Rahmen des Art. 92 EGV"; in: Zeitschrift für Urheber- und Medienrecht, ZUM 1997, Seite 790 ff.

PASCHKE, Marian: Medienrecht; 2. Auflage, Berlin 2001

PATZIG, Werner: „Steuern - Gebühren - Beiträge und Sonderabgaben"; in: Die Öffentliche Verwaltung, DÖV 1981, Seite 729 ff.

PETERS, Hans: Die Zuständigkeit des Bundes im Rundfunkwesen; Berlin 1954

PETERS, Hans: „Anmerkung zum Urteil des OVG Hamburg vom 10.7.1956"; in: Die Öffentliche Verwaltung, DÖV 1957, Seite 120 f.

PETERSEN, Nikolaus: „Rundfunkfreiheit und EG-Vertrag; Baden-Baden 1994

PIETZCKER, Jost: „Abgrenzungsprobleme zwischen Benutzungsgebühr, Verleihungsgebühr, Sonderabgaben und Steuer"; in: Deutsches Verwaltungsblatt, DVBl. 1987, Seite 774 ff.

PROGRAMMKOMMISSION DES ARD/ZDF-KINDER KANALS: „Der Kinderkanal - Ziele und Programmphilosophie"; in: Media Perspektiven 1997, Seite 17 ff.

PUWALLA, Wolfgang: Qualifikation von Abgaben. Eine Untersuchung am Beispiel der Fehlbelegungsabgabe; Berlin 1987

RAECKE, Jürgen: Das Kostendeckungsprinzip - Möglichkeiten und Grenzen seiner Anwendung bei Verwaltungsgebühren; Köln 1971

RATH-GLAWATZ, Michael: „Betätigung öffentlich-rechtlicher Körperschaften und Anstalten im Online-Bereich"; in: Archiv für Presserecht, AfP 1998, Seite 261 ff.

RATH-GLAWATZ, Michael: „Referat anlässlich der 83. Tagung des Studienkreises für Presserecht und Pressefreiheit: Betätigung öffentlichrechtlicher Institutionen im Online-Bereich"; in: Neue Juristische Wochenschrift, NJW 1999, Seite 2953 ff.

RENCK-LAUFKE, Martha: „Anmerkung zur Entscheidung des Bundesverwaltungsgerichts vom 9. Dezember 1998 - BVerwG 6 C 13.97"; in: Zeitschrift für Urheber- und Medienrecht, ZUM 1999, Seite 474 f.

RESS, Georg: Kultur und europäischer Binnenmarkt; tuttgart 1991

RICKER, Reinhart: Rundfunkwerbung und Rundfunkordnung; München 1985

RICKER, Reinhart: „Zur Rangfolge der Kabeleinspeisung des `Kinderkanals´ und des `Ereignis- und Dokumentationskanals´"; in: Zeitschrift für Urheber- und Medienrecht, ZUM 1997, Seite 1 ff.

RICKER, Reinhart: „Rundfunkgebühren für Computer mit Internet-Zugang?"; in: Neue Juristische Wochenschrift, NJW 1997, Seite 3199 ff.

RICKER, Reinhart: „Digitalisierung und interaktive Medienangebote - Grenze für ARD und ZDF?"; in: Archiv für Presserecht, AfP 1998, Seite 437 ff.

RICKER, Reinhart: „Die Nutzung des Internets als dritte Säule des öffentlich-rechtlichen Rundfunks"; in Zeitschrift für Urheber und Medienrecht, ZUM 2001, Seite 28 ff.

RICKER, Reinhart/ SCHIWY, Peter: Rundfunkverfassungsrecht; München 1997

RING, Wolf-Dieter: „Pay-TV ist Rundfunk!"; in: Zeitschrift für Urheber- und Medienrecht, ZUM 1990, Seite 279 ff.

RING, Wolf-Dieter: „Die Finanzierung des öffentlich-rechtlichen Rundfunks im Lichte der Rechtsprechung des Bundesverfassungsgerichts - Ein Statement"; in: Zeitschrift für Urheber- und Medienrecht, ZUM 1995, Seite 171 ff.

RING, Wolf-Dieter: „Rundfunk und Internet"; in: Zeitschrift für Urheber- und Medienrecht, ZUM 1998, Seite 358 ff.

RING, Wolf-Dieter: „Der Vierte Rundfunkänderungsstaatsvertrag - Rechtsfolgen für die Praxis"; in: Zeitschrift für Urheber- und Medienrecht, ZUM 2000, Seite 177 ff.

ROGOSCH, Josef K.: Verfassungsrechtliche Bindungen des Staates bei der Erhebung von Benutzungsgebühren und privatrechtlichen Enteglten; Frankfurt a.M. 1985

RUDOLF, Walter: Presse und Rundfunk; in: v. Münch (Hrsg.), Besonderes Verwaltungsrecht, 8. Auflage, Seite 871 ff.; Berlin 1988

RÜHL, Manfred: „Die Rundfunkgebühr - ein wohlfahrtsstaatlicher Preis"; in: Media Perspektiven 1984, Seite 589 ff.

RÜHL, Ulli F.H.: „Die Finanzierung des öffentlich-rechtlichen Rundfunks im Lichte der Rechtsprechung des Bundesverfassungsgerichts"; in: Zeitschrift für Urheber- und Medienrecht, ZUM 1995, Seite 169 ff.

SCHATZ, Herbert/ IMMER, Nikolaus/ MARCINOWSKI, Frank: „Keineswegs zwangsläufig - Die Zukunft des dualen Rundfunksystems"; in: epd / Kirche und Rundfunk vom 8.7.1989, Seite 5 ff.

SCHEBLE, Roland: Perspektiven der Grundversorgung; in: UFITA-Schriftenreihe, Band 116, München 1994.

SCHEBLE, Roland: „Grundversorgung - Definition und Umfang"; in: Zeitschrift für Urheber- und Medienrecht, ZUM 1995, Seite 383 ff.

SCHERER, Joachim: „'Online' zwischen Telekommunikations- und Medienrecht - Regulierungsprobleme von Online-Systemen im Internet und außerhalb -"; in: Archiv für Presserecht, AfP 1996, Seite 213 ff.

SCHIPPAN, Martin: „Freie Bahn für Teleshopping-Kanäle?"; in: Neue Juristische Wochenschrift, NJW 1997, Seite 3205 ff.

SCHMIDT, Walter: Die Rundfunkgebühr in der dualen Rundfunkordnung; in: Beiträge zum Rundfunkrecht, Heft 40, Frankfurt a.M. 1989

SCHMIDT, Walter: „Der „Aufsichtsgroschen" - Verfassungsrechtliche Einwände gegen politische Anstöße zur teilweisen Umordnung der öffentlich-rechtlichen Rundfunkgebühr"; in: Media Perspektiven 1986, Seite 162 ff.

SCHMITZ, Afred: Rundfunkfinanzierung; in: Volkswirtschaftliche Schriftenreihe, Band 6, Köln 1990

SCHNEIDER, Hans: „Informationsfreiheit und Rundfunkgenehmigung"; in: Neue Juristische Wochenschrift, NJW 1961, Seite 53 ff.

SCHNEIDER, Hans-Peter/ RADECK, Peter: Verfassungsprobleme der Rundfunkfinanzierung aus Werbeeinahmen; in: Beiträge zum Rundfunkrecht, Band 42, Frankfurt a.M. 1989

SCHNEIDER-FREYERMUTH, Georg: „Einige Aspekte zur Auswirkung des Gebots der Staatsfreiheit der öffentlich-rechtlichen Rundfunkanstalten"; in: Zeitschrift für Urheber- und Medienrecht, ZUM 2000, Seite 564 ff.

SCHOCH, Friedrich: „Betätigung öffentlich-rechtlicher Anstalten im Online-Bereich"; in: Archiv für Presserecht, AfP 1998, Seite 253 ff.

SCHOCH, Friedrich: „Referat anlässlich der 83. Tagung des Studienkreises für Presserecht und Pressefreiheit: Betätigung öffentlichrechtlicher Institutionen im Online-Bereich"; in: Neue Juristische Wochenschrift, NJW 1999, Seite 2953 ff.

SCHOLZ, Rupert: Rundfunkeigene Programmpresse?; Berlin 1982

SCHOLZ, Rupert: Rundfunkfreiheit und Spartenfernsehen - Rechtsgutachten zur Verfassungsmäßigkeit des § 21 Rundfunkstaatsvertrag vom 31.8. 1991; o.O. 1994

SCHOLZ, Rupert: „Zukunft von Rundfunk und Fernsehen: Freiheit der Nachfrage oder reglementiertes Angebot?"; in: Archiv für Presserecht, AfP 1995, Seite 357 ff.

SCHRÖDER, Jürgen: „Rechtliche Grenzen von Marketing, Öffentlichkeitsarbeit und Eigenwerbung bei öffentlich-rechtlichen Rundfunkanstalten"; in: Zeitschrift für Urheber- und Medienrecht, ZUM 2000, Seite 6 ff.

SCHULZE-FIELITZ, Helmuth: „Betätigung öffentlich-rechtlicher Institutionen im Onlinebereich"; in: Archiv für Presserecht, AfP 1998, Seite 447 ff.

SCHUR, Roman: Festschrift für Ernst Forsthoff zum 70. Geburtstag; München 1972

SCHWARTZ, Ivo E.: „Rundfunk, EG-Kompetenzen und ihre Ausübung"; in: Zeitschrift für Urheber- und Medienrecht, ZUM 1991, Seite 155 ff.

SCHWARZ-SCHILLING, Christian: „Pay-TV - und doch kein Rundfunk"; in: Zeitschrift für Urheber- und Medienrecht, ZUM 1989, Seite 487 ff.

SEEGER, Julius: „Die Produktion von Bildton-Kassetten durch Rundfunkanstalten"; in: Die Öffentliche Verwaltung, DÖV 1972, Seite 253 ff.

SEEMANN, Klaus: „Ordnungspolitische Perspektiven eines dualen Rundfunksystems"; in: Zeitschrift für Urheber- und Medienrecht, ZUM 1987, Seite 255 ff.

SEIDEL, Lore: „Fernsehen ohne Grenzen - Zum Erlaß der EG-Rundfunkrichtlinie"; in: Neue Zeitschrift für Verwaltungsrecht, NVwZ 1991, Seite 120 ff.

SEIDEL, Norbert: „Finanzierungsgrundlagen des Programmbetriebes nach dem neuen Gesetz über den Westdeutschen Rundfunk"; in: Zeitschrift für Urheber- und Medienrecht, ZUM 1986, Seite 657 ff.

SELMER, Peter: Steuerinterventionismus und Verfassungsrecht; Frankfurt 1972

SELMER, Peter: Bestands- und Entwicklungsgarantie für den öffentlich-rechtlichen Rundfunk in der dualen Rundfunkordnung - Eine verfassungsrechtliche Untersuchung ihrer Zulässigkeit und Reichweite; Berlin 1988

SELMER, Peter: Sonderabfallabgaben und Verfassungsrecht - Ein Beitrag zum Umweltschutz durch Sonderabgaben und Steuern; in: Schriften zum Umweltrecht, Band 65, Berlin 1996

SELMER, Peter: „Verfassungsrechtliche und finanzrechtliche Rahmenbedingungen"; in: Breuer/ Kloepfer/ Marburger/ Schröder (Hrsg.), Umweltschutz durch Abgaben und Steuern, Schriftenreihe des Instituts für Umwelt- und Technikrecht der Universität Trier, Band 16, Seite 15 ff.; Heidelberg 1992

SELMER, Peter: „Zur Intensivierung der Wirtschaftlichkeitskontrolle durch die Rechnungshöfe"; in: Die Verwaltung, Band 23, 1990, Seite 1 ff.

SELMER, Peter: „Anmerkung zum Beschluß des VGH Kassel vom 12.11.1990"; in: Juristische Schulung, JuS 1992, Seite 528 f.

SELMER, Peter/ BRODERSEN, Carsten: „Die Indexierung der Rundfunkgebühr unter besonderer Berücksichtigung ihrer finanzrechtlichen Problematik"; in: Hoffmann-Riem (Hrsg.), Indexierung der Rundfunkgebühr; Baden-Baden 1991

SELMER, Peter/BRODERSEN, Carsten: „Die Verfolgung ökomischer, ökologischer und anderer öffentlicher Zwecke durch Instrumente des Abgabenrechts"; in: Deutsches Verwaltungsblatt, DVBl. 2000, Seite 1153 ff.

SELMER, Peter/ BRODERSEN, Carsten/ NICOLAYSEN, Gert: Straßenbenutzungsabgaben für Schwerverkehr - Verfassungs- und europarechtliche Probleme; Baden-Baden 1989

SELMER, Peter/ GERSDORF, Hubertus: Die Finanzierung des Rundfunks in der Bundesrepublik Deutschland auf dem Prüfstand des EG-Beihilferegimes; Berlin 1994

SELMER, Peter/ GERSDORF, Hubertus: „Rechtsprobleme einer Beteiligung privater Rundfunkveranstalter am Aufkommen der Rundfunkgebühr"; in: Deutsches Verwaltungsblatt, DVBl. 1992, Seite 79 ff.

STEIMER, Hans Jürgen: Grundprobleme der Rundfunkfinanzierung unter besonderer Berücksichtigung des „Zweiten Deutschen Fernsehens"; Mainz 1985

STEINER, Udo: Besonderes Verwaltungsrecht; 6. Auflage, Heidelberg 1999

STEINMETZ, Hans: Bundespost und Rundfunk; Hamburg 1960

STENDER, Jutta: „Staatsferne" und „Gruppenferne" in einem außenpluralistisch organisierten privaten Rundfunk; Regensburg 1987

STERN, Klaus: Funktionsgerechte Finanzierung der Rundfunkanstalten durch den Staat; Unter Mitwirkung von Herbert Bethge; München 1968

STERN, Klaus: Föderative und unitarische Aspekte im deutschen Rundfunkwesen; in: Klekatsky/Stein/Weber/Bergström (Hrsg.), Rundfunkrecht und Rundfunkpolitik, Seite 26 ff.; München 1969

STETTNER, Rupert: „Ist es öffentlich-rechtlichen Rundfunkanstalten, insbesondere dem Zweiten Deutschen Fernsehen, gestattet Pay-TV zu veranstalten?"; in: Zeitschrift für Urheber- und Medienrecht, ZUM 1995, Seite 293 ff.

THIEME, Werner: Rundfunkfinanzierung im Bundesstaat; Hamburg 1977

THIEME, Werner: „Der Finanzausgleich im Rundfunkwesen"; in: Archiv des öffentlichen Rechts, AöR Band 88 (1965), Seite 38 ff.

TRAUTWEIN, Thomas: „Grenzen der Dienstleistungsfreiheit im Fernsehbereich"; in: Zeitschrift für Urheber- und Medienrecht, ZUM 1995, Seite 324 ff.

TSCHENTSCHER, Axel: „Gebührenpflichtigkeit des Internet- und Handy-Rundfunks"; in: Archiv für Presserecht, AfP 2001, Seite 93 ff.

UFFHAUSEN, Karsten: Die Benutzungsgebühr; Göttingen 1970

UPHOFF, Boris: Fernsehmarkt und Grundversorgung - Zu den tatsächlichen und rechtlichen Voraussetzungen der Sonderbehandlung öffentlich-rechtlicher Rundfunkanstalten und ihrer Vereinbarkeit mit dem Beihilferecht der Europäischen Gemeinschaft; Konstanz 1996

VEHAR, Heinrich: „Die Postkosten als Rundfunkspezifikum"; in: Media Perspektiven 1983, Seite 761 ff.

VOSS, Peter: „Warum es nicht ohne die ARD geht"; in: Media Perspektiven 1999, Seite 278 ff.

WALLENBERG, Gisela von: Art. 92 EGV; in: Grabitz/Hilf (Hrsg.), Kommentar zur Europäischen Union - Maastrichter Fassung; Loseblattsammlung, Stand: 14. Ergänzungslieferung, München 1999

WENZEL, Frank: „Fernsehgebühren - Äquivalenz- oder Alimentationsprinzip?"; in: Zeitschrift für Urheber- und Medienrecht, ZUM 1990, Seite 497 ff.

WIELAND, Joachim: Die Konzessionsabgabe; Berlin 1991

WILKE, Dieter: Gebührenrecht und Grundgesetz; München 1973

WINKEL, Herbert: Die Finanzierung privaten Fernsehens in einem außenpluralen Modell; Saarbrücken 1985

WÖSLER, Marlene: „Nur knapp die Hälfte für Lizensierung und Kontrolle. Die Einnahmen und Ausgaben der Landesmedienanstalten 1985 bis 1990"; in: Media Perspektiven 1990, Seite 281 ff.

WOLFF, Hans J.: Verwaltungsrecht I; 6. Auflage, München 1965

WOLFF, Hans J./ BACHOF, Otto/ STOBER, Rolf: Verwaltungsrecht Band 1; 11. Auflage, München 1999

WUTZKE, Reinhold: „Neuordnung der Medienlandschaft"; in: Archiv für Presserecht, AfP 1991, Seite 501 ff.

ZEHNER, Günter: Der Fernsehstreit vor dem Bundesverfassungsgericht I; Karlsruhe 1964

ZEIDLER, Karl: Probleme der Rundfunkgebühr im Anschluß an das Urteil des Bundesverfassungsgerichts vom 28.2.1961; Baden-Baden 1961

ZIMMER, Jochen: „Interaktives Fernsehen - Durchbruch via Internet?"; in: Media Perspektiven 2000, Seite 110 ff.

Peter Lang · Europäischer Verlag der Wissenschaften

Volkmar Teichmann

Die Finanzbeziehungen zwischen den öffentlich-rechtlichen Rundfunkanstalten der Bundesrepublik Deutschland

Bestandsaufnahme und Reformvorschläge

Frankfurt/M., Berlin, Bern, Bruxelles, New York, Oxford, Wien, 2001.
226 S., 14 Abb., 16 Tab.
Schriften des Instituts für Finanzen. Universität Leipzig.
Herausgegeben von Udo Hielscher und Thomas Lenk. Bd. 5
ISBN 3-631-38011-9 · br. DM 74.– / € 37.80*

Ausgehend von der historischen Entwicklung wird der öffentlich-rechtliche Rundfunk der Bundesrepublik Deutschland auf bestehende Strukturprobleme hin untersucht. Dabei werden Vor- und Nachteile eines dezentralen Rundfunkangebots gegeneinander abgewogen. Den Schwerpunkt bildet eine Analyse der Kostenwirtschaftlichkeit und der Kostenwirksamkeit der Landesrundfunkanstalten. Die Analyseergebnisse bilden die Grundlage für einen Vorschlag zur Reform der Finanzbeziehungen und zur Neuverteilung der Gebühreneinnahmen.

Aus dem Inhalt: Charakteristika des Rundfunkangebots · Vor- und Nachteile eines dezentralen Rundfunkangebots · Beurteilung der Struktur des bundesdeutschen öffentlich-rechtlichen Rundfunks · Reformalternativen für den öffentlich-rechtlichen Rundfunk

Frankfurt/M · Berlin · Bern · Bruxelles · New York · Oxford · Wien
Auslieferung: Verlag Peter Lang AG
Jupiterstr. 15, CH-3000 Bern 15
Telefax (004131) 9402131

*inklusive der in Deutschland gültigen Mehrwertsteuer
Preisänderungen vorbehalten

Homepage http://www.peterlang.de

Kolibri 360 GmbH
Ferdinand-Jühlke-Straße 7
99095 Erfurt, Deutschland
produktsicherheit@kolibri360.de

Druck:
CPI Druckdienstleistungen GmbH
im Auftrag der
Kolibri 360 GmbH
Ferdinand-Jühlke-Str. 7
99095 Erfurt